计算机类技能型理实一体化新形态系列

信息技术

基础

（WPS视频版）

主　编　林少丹　姜　桦
　　　　　彭　阳
副主编　李焕春　黄炳乐
　　　　　吴　杉　杨薇薇

清华大学出版社
北京

内 容 简 介

本书根据《高等职业教育专科信息技术课程标准(2021年版)》编写,是一本全面而深入的信息技术教材,旨在为渴望深入了解现代信息技术应用的青年学生提供综合性的学习支持。本书内容丰富,覆盖了信息技术领域的诸多关键方面,包括信息素养与社会责任、图文处理技术、电子表格技术、信息展示技术、数字媒体技术、信息检索技术、信息安全技术、物联网、区块链、人工智能和程序设计基础11个线下部分,以及现代通信技术、云计算、大数据、虚拟现实、机器人与流程自动化、项目管理6个线上部分。各模块中的每个单元都通过"工作任务(导入案例)→技术分析→知识与技能→任务实现(案例实现)→能力拓展(知识拓展)→单元练习",提供了深入的学习体验,旨在为信息技术的学习提供一个全面且系统的支持体系。

本书结合较新的技术发展和实际应用场景,不仅讲解了必要的理论知识,还重视实践技能的培养,可供高等职业院校的学生使用,也可供应用本科及有关社会培训机构参考。

图书在版编目(CIP)数据

信息技术基础:WPS视频版/林少丹,姜桦,彭阳主编. —北京:清华大学出版社,2024.8
(计算机类技能型理实一体化新形态系列)
ISBN 978-7-302-65693-7

Ⅰ. ①信… Ⅱ. ①林… ②姜… ③彭… Ⅲ. ①办公自动化－应用软件－高等学校－教材 Ⅳ. ①TP317.1

中国国家版本馆 CIP 数据核字(2024)第 051083 号

责任编辑:张龙卿
封面设计:刘代书 陈昊靓
责任校对:刘 静
责任印制:宋 林

出版发行:清华大学出版社
  网 址:https://www.tup.com.cn,https://www.wqxuetang.com
  地 址:北京清华大学学研大厦 A 座   邮 编:100084
  社 总 机:010-83470000   邮 购:010-62786544
  投稿与读者服务:010-62776969,c-service@tup.tsinghua.edu.cn
  质量反馈:010-62772015,zhiliang@tup.tsinghua.edu.cn
  课件下载:https://www.tup.com.cn,010-83470410
印 装 者:天津鑫丰华印务有限公司
经 销:全国新华书店
开 本:185mm×260mm 印 张:23.25 字 数:606千字
版 次:2024 年 8 月第1版 印 次:2024 年 8 月第1次印刷
定 价:59.80 元

产品编号:106751-01

编写委员会

主　　编：

    林少丹　姜　桦　彭　阳

副 主 编：

    李焕春　黄炳乐　吴　杉　杨薇薇

编　　委：（排名不分先后）

    唐晓珊　吴梦炜　沈晓家　郝林倩

    周晶晶　熊丽君　康良芳　张雨晖

前　言

当前,数字化已成为经济社会转型发展的重要驱动力,以信息技术为基础的数字技术已经成为建设创新型国家、制造强国、质量强国、网络强国、数字中国、智慧社会的基础支撑。数字经济蓬勃发展,数字技术快速迭代,技术进步和社会发展对劳动者所需掌握的数字技能也提出了新要求、新标准。党的二十大报告提出:"加快发展数字经济,促进数字经济和实体经济深度融合,打造具有国际竞争力的数字产业集群。"《中华人民共和国国民经济和社会发展第十四个五年规划和 2035 年远景目标纲要》则具体部署了"加快数字化发展建设数字中国"的有关举措,其中提到"加强全民数字技能教育和培训,普及提升公民数字素养"。

如何有效提高青年学生的信息素养和数字技能,培养信息意识与计算思维,提升数字化创新与发展能力,促进专业技术与信息技术融合,树立正确的信息社会价值观和责任感,已成为高职院校关注的焦点。信息技术课程是高职专科各专业学生必修或限定选修的公共基础课程,2021 年 4 月,教育部制定出台了《高等职业教育专科信息技术课程标准(2021 年版)》(以下简称"新课标")。我们根据实际教学的需要,依据新课标要求,组织编写了《信息技术基础(WPS 视频版)》《信息技术综合实训(WPS 视频版)》两册教材。本书具有如下特点。

(1) 在编写理念上,本书全面贯彻党的教育方针,落实立德树人根本任务,满足国家信息化发展战略对人才培养的要求,围绕高职高专各专业对信息技术学科核心素养的培养需求,吸纳信息技术领域的前沿技术,旨在通过"理实一体化"教学,提升学生应用信息技术解决问题的综合能力,重点培养学生利用信息技术进行信息的获取、处理、交流和应用的能力,促进其养成信息素养,具备基本的信息道德和行为规范,为其职业发展、终身学习和服务社会打下坚实的基础。

(2) 在内容选择上,本书共计 17 个模块,覆盖新课标全部要求,做到知识达标,技能规范。以国产信创操作系统和 WPS Office 为基本应用环境组织编写。同时,根据对高职偏理工的专业大类学生对信息技术知识技能的调研,将新课标中的信息素养与社会责任(含新课标中的"新一代信息技术"有关内容)、图文处理技术、电子表格技术、信息展示技术、数字媒体技术、信息检索技术、信息安全技术、物联网、区块链、人工智能、程序设计基础作为线下学习模块进行有侧重的教学,将现代通信技术、云计算、大数据、虚拟现实、机器人与流程自动化、项目管理作为线上学习模块由学校根据需要选择教学。本书将

"立德树人"融入课程的每个环节，以科学精神和爱国情怀丰富课程内容。通过介绍中国在计算机领域的重要成就，如龙芯处理器、麒麟操作系统，培养学生的专业精神和爱国心。本书注重技术应用场景的选择，适当编入新知识、新技能、新产品、新工艺、新应用、新成就，并对行为规范和涉及的有关国家、行业标准、企业标准做了提示。本书还充分考虑青年学生的心理特点和职业教育特色，强化职业能力的培养：将探究学习、与人交流、与人合作、解决问题、创新能力的培养贯穿教材始终。

（3）在内容组织上，本书充分适应不断创新与发展的工学结合、工学交替、教学做合一和项目教学、任务驱动、案例教学、现场教学和实习等"理实一体化"教学组织与实施形式。本书对于偏理论的单元（节）采用案例导入的写作模式，对于偏实践的单元（节）采用工作任务到导入的写作模式。本书配套的《信息技术综合实训（WPS视频版）》的内容与安排顺序和本书完全一致，也分为线上教学模块、线下教学模块两部分。

（4）本书在内容呈现上，图文并茂、资源丰富，方便师生学习。本书配备二维码学习资源，实现纸质教材与数字资源的结合，方便学生随时学习。此外，本书还提供了PPT课件、电子教案、微课视频等，可在清华大学出版社网站免费下载。

总之，本书遵循新课标编写而成，反映了信息科技的最新发展，应用了职业教育较新的教改成果，在内容的选择、组织和呈现上进行了系统创新。

囿于编者的水平，书中难免存在对新课标把握不准、对信息技术新发展敏感度不够的情况，以及客观存在的编写时间仓促，基于新课标的课程教学实践积累还不够，教学配套资源和测评题库建设仍存在不足等条件的限制，恳请大家批评指正。

编　者
2024年3月

目　录

线 上 部 分

线 下 部 分

模块 1 信息素养与社会责任

学 习 提 示

　　信息素养与社会责任是指在信息技术领域,通过对信息行业相关知识的了解而内化形成的职业素养和行为自律能力。信息素养与社会责任对个人在各自行业内的发展起着重要作用。我们已经进入信息化时代,面对海量信息,需要及时有效地处理和吸取自己所需的信息,这就需要我们具备适应社会的新素质——信息素养。信息素养是一个内容丰富的概念,它不仅包括利用信息工具和信息资源的能力,还包括选择获取识别信息,加工、处理、传递信息并创造信息的能力。另外,它也包括人们对信息基本知识的了解,对信息工具使用方法的掌握及在未来的学习、工作和生活中所具备的信息知识的学习,还包括了对信息道德伦理的了解与遵守。

　　本单元主要介绍信息素养、信息技术发展史、信息伦理与行为自律等内容,通过学习提高自己的信息素养,积极履行社会责任,才能更好地适应信息社会的发展,为社会进步和发展作出贡献。

　　本模块知识技能体系如图 1-1 所示。

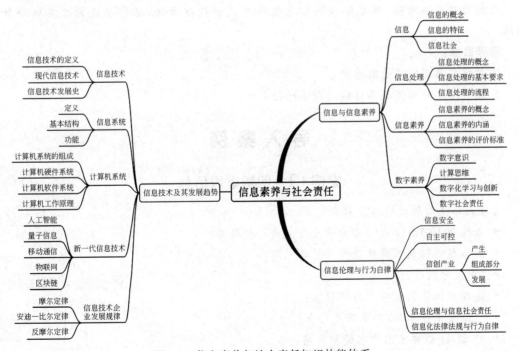

图 1-1　信息素养与社会责任知识技能体系

行 为 规 范

（1）《中国计算机学会职业伦理与行为守则》 中国计算机学会2023年7月发布

（2）《互联网行业从业人员职业道德准则》 中国网络社会组织2021年12月30日发布

（3）《中国公民信息素养教育提升行动倡议》 中国图书馆学会联合武汉大学信息管理学院等单位2019年8月共同发布

（4）《提升全民数字素养与技能行动纲要》 中央网络安全和信息化委员会2021年11月发布

单元1.1 信息与信息素养

学 习 目 标

知识目标：

1. 了解信息素养的基本概念及主要要素；

2. 理解数据、信息、情报、信息社会的基本概念；

3. 了解数据与信息的关系，用计算机进行信息处理的基本过程。

能力目标：

1. 针对任务需求，能确定所需信息的形式和内容，知道信息获取渠道，描述信息需求；

2. 能针对具体问题，确定恰当的信息表达方式和处理方法，选择合适的工具辅助解决问题。

素养目标：

1. 对信息具有较强的敏感度；

2. 能对信息的价值及其可能的影响进行判断。

导 入 案 例

案例1.1 明辨虚假信息

你在网络上看到过这些信息吗？

- 毒株XBB.1.5主攻心脑血管会令人大小便失禁？
- 风油精能抑制病毒感染？
- "中国时间银行"上市？
- 持续降雨导致北京卢沟桥坍塌？
- 上海要申办2036年夏季奥运会？
- 23省44城自来水检出疑似致癌物？
- 生猪140天饲养周期内用34种抗生素？
- 多地可低价代缴采暖费？

以上信息都是网络谣言。一些涉及公共政策谣言利用网民对社保、医疗等民生话题的关切,从公开发布的政策信息中摘取碎片,或断章取义,或歪曲解读,传递错误信息,误导公众认知。一些谣言借社会热点事件发酵,随着事件的高关注度而传播扩散,以"蹭热点""带节奏"形式,挑动公众敏感神经,干扰社会正常秩序。一些涉及经济金融领域谣言捕风捉影、招摇撞骗,或伪造文件,或假冒权威,散布虚假信息,大肆行骗敛财,造成群众财产损失,严重扰乱金融市场正常秩序。一些涉及自然灾害领域谣言或借灾害蹭流量,或用同情博眼球,蓄意歪曲事实,混淆视听,渲染社会恐慌情绪,干扰救援赈灾工作。一些涉及医疗健康类谣言披上伪科学外衣,或夸大其词,或以讹传讹,带偏公众判断,导致健康风险。

面对纷繁庞杂的网上信息,作为大学生必须提高警惕,增强谣言辨别能力和防范意识,积极参与监督举报,共同打造清朗网络空间。

技 术 分 析

当今社会是信息大爆炸的时代,我们可以随时了解到世界各地的新闻动态。然而,随着网络技术的不断发展,各种虚假信息、谣言等也随之出现,让人们在获取信息的同时也面临着诸多挑战。因此,如何辨别真假信息,提高自己的信息素养,已经成为当下非常重要的一项能力。

知识与技能

一、信息和信息处理

信息社会使用最为频繁的一个词就是"信息"。人们通常认为,"信息"一词最早出现在南唐诗人李中的律诗《暮春怀故人》中:"池馆寂寥三月尽,落花重叠盖莓苔。惜春眷恋不忍扫,感物心情无计开。梦断美人沈信息,目穿长路倚楼台。琅玕绣段安可得,流水浮云共不回。"这是汉语中"信息"一词最早的文字记载。古人所说的"信息"是指消息、音讯,侧重于口头或书面传递的内容。

在西方的文字体系中,信息的英文、德文、法文都写作 information,它源于 formation 与 forma,这两个词都有事实的定型、构造的意思。information 在拉丁文中指"消息"。最早,人们认为信息是对消息的接收者来说预先不知道的消息。

(一)信息

1. 信息的概念

迄今为止,信息存在着很多定义,我们还无法找到将统一的、具有权威性的信息定义。用描述性的文字,可将"信息"作如下描述。

信息是指以声音、文字、图像、动画、气味等方式所表示的实际内容,是事物现象及其属性标识的集合,是人们关心的事情的消息或知识,是由有意义的符号组成的。

说到信息,人们往往会想到与之相近的一些词汇,如数据、知识、情报等,这些概念既有联系又相互区别。

(1)数据(data)。数据是对客观事物的性质、状态以及相互关系等进行记载的物理符号或是这些物理符号的组合。它是记录下来可以被鉴别的符号,这些符号本身没有意义。

数据与信息既有联系,又有区别。数据是信息的载体,信息则需要依托数据来表达。它们是形与质的关系,两者密不可分。信息由数据加工得来,它可以由数字和文字表达,也可以表现为其他具有意义的符号,其承载形式不重要,重要的是信息能让我们了解一些事情,鉴别一些真伪,佐证一些观点。也就是说,尽管数据存在的形式多种多样,但我们真正想要获得的是信息。

（2）知识(knowledge)。知识是以某种方式把一个或多个信息关联在一起的信息结构,是人的主观世界对于客观世界规律性的概括和总结。如苹果是信息,每天吃一个苹果有利于健康是知识。

（3）情报(intelligence)。情报是激活、活化了的知识,是为特定目的服务的信息。如在搜集有关苹果的信息时,所获得的有关苹果新品种种植培育的信息就可以称为情报。一切情报都是为满足特定需求的,这是情报的本质属性,离开特定需求,也就没有情报。

2. 信息的特征

（1）可识别性。信息是可以识别的,不同的信息源有不同的识别方法。识别可分为直观识别、比较识别和间接识别等。

（2）可度量性。信息可采用某种度量单位进行度量,并进行信息编码。如现代计算机使用的二进制。

（3）可转换性。信息可以从一种形态转换为另一种形态。如自然信息可转换为语言、文字和图像等形态,也可转换为电磁波信号或计算机代码。输入计算机的各种数据文字等信息,可用显示、打印、绘图等方式再生成信息。

（4）可存储性。信息是可以存储的。大脑就是一个天然信息存储器。人类发明的文字、摄影、录音、录像以及计算机存储器等都可以进行信息存储。

（5）可处理性。人脑就是最佳的信息处理器。人脑的思维功能可以进行决策、设计、研究、写作、改进、发明、创造等多种信息处理活动。计算机也具有信息处理功能。

（6）可传递性。信息的传递是与物质和能量的传递同时进行的。语言、表情、动作、报纸、书籍、广播、电视、电话等是人类常用的信息传递方式。

（7）可压缩性。信息可以进行压缩,人们对信息进行加工、整理、概括、归纳,就可使之精练,从而浓缩。人们可以用不同的信息量来描述同一事物,用尽可能少的信息量描述一件事物的主要特征。

（8）时效性。信息是有寿命、有时效的,在特定的范围内是有效的,否则是无效的。

（9）可共享性。信息与物质不同,具有无磨损性,不会消失,不会因交易、利用而失去或减少。信息在一定的时间和空间,在一定的程度和范围内,可以为多个接收者分享。

3. 信息社会

信息社会也称为信息化社会,这是脱离农业和工业化社会后信息起主导作用的社会。

早在 1959 年,美国哈佛大学社会学家丹尼尔·贝尔就着手探讨信息社会问题,并首次提出了“后工业社会”的概念。著名管理学家彼得·德鲁克从社会劳动力结构变化趋势的分析中预言“知识劳动者”将取代“体力劳动者”成为社会劳动的主体,并提出了“知识社会”的概念。1963 年,日本社会学家梅棹忠夫的《信息产业论》首次提出了“信息社会”的概念。

当今社会,信息极其丰富,信息量剧增。20 世纪 60 年代信息总量约 72 亿字符,80 年代信息总量约 500 万亿字符,1995 年的知识总量是 1985 年的 2400 倍。人类科学知识在 19 世纪是每 50 年增加一倍,20 世纪中期约每 10 年增加一倍,目前是每 3 年增加一倍。

（二）信息处理

1. 信息处理的概念

信息处理是我们认识自然、认识世界、认识社会的基本生活方式,自从人类出现以来,信息处理就一直伴随着人类发展的进步的脚步,从来都没有停止过。信息处理就是对信息的接收、存储、转化、传送和发布等。

2. 信息处理的基本要求

信息作为一种资源,对人类及社会具有特别重要的意义,因此信息处理的基本要求就是要做到准确、安全和及时。

（1）准确。准确是指信息应真实地反映客观现实,失真度小。信息失真,轻则贻误工作,重则造成重大损失。

（2）安全。安全是指信息的完整性、可用性、保密性和可靠性。信息安全的实质就是要保护信息资源免受各种威胁、干扰和破坏。

（3）及时。及时是指信息能迅速、灵敏地反映最新动态,即既要对信息及时记录,又要使信息快速传递。这是因为信息都是具有时效性的,其价值与时间成反比。

3. 信息处理的流程

信息处理是指对收集到的原始信息采用某种方法或设备并根据需要,将原始信息进行加工,使之转变为可利用的有效信息的过程。信息处理的基本流程如下。

（1）收集信息。在信息处理的开始阶段需要收集所需的相关信息。这可以通过调查研究、采访、观察、文献阅读等方式进行,确保收集到的信息具有全面性和准确性。

（2）整理和分类。将收集到的信息进行整理和分类,以便更好地组织和理解。可以根据不同的特征、主题、类别等进行分类,并使用如表格、图表、数据库等工具对信息进行结构化处理。

（3）分析和评估。对整理和分类后的信息进行分析和评估。这涉及对信息的内容、关系、趋势、优劣等进行深入思考和判断,以获得更深层次的洞察和价值。可根据分析和评估的结果对信息进行加工和转化。

（4）存储和管理。将加工和转化后的信息进行存储和管理。但应选择合适的方式和工具,如电子文档、数据库、知识管理系统等,确保信息的安全性和易于检索。

（5）传递和共享。将处理好的信息进行传递和共享。这可以通过书面报告、口头演讲、电子邮件、会议等方式进行,确保信息及时传达给相关人员,并促进知识的共享和团队的协作。

（6）更新和反馈。定期更新信息,跟踪新的数据和趋势,并将反馈纳入信息处理的流程中。这有助于不断改进和完善信息处理的过程,提高其效率和质量。

二、信息素养

（一）信息素养的概念

信息素养是一个发展的概念,1974 年美国信息产业协会主席保罗·柯斯基（Paul Zurkowski)首次提出:"信息素养是人们在解决问题时利用信息的技术和技能。"

信息素养概念一经提出，便得到广泛传播和使用。世界各国的研究机构纷纷围绕如何提高信息素养展开了广泛的探索和深入的研究，对信息素养概念的界定、内涵和评价标准等提出了一系列新的见解。

1982年美国信息学家福斯特·霍顿将信息素养定义为："人们在处理问题和决策过程中，利用计算机对所需信息进行标识、存取的水平。"

1987年信息学家帕特里亚·布里维克将信息素养概括为一种基本技能，该技能包括了解提供信息的系统并能鉴别信息价值，选择获取信息的最佳渠道，掌握获取和存储信息。

1989年美国图书馆协会（American Library Association，ALA）给出了比较权威的定义，认为信息素养是个体能够认识到需要信息，并且能够对信息进行检索、评估和有效利用的能力。它包括文化素养（知识方面）、信息意识（意识方面）和信息技能（技术方面）三个层面，其中，最基本的信息素养是信息能力。

1992年信息学家道伊尔（Doyle）在《信息素养全美论坛的总结报告》将信息素养定义如下：一个具有信息素养的人，他能够认识到精确和完整的信息是做出合理决策的基础，确定对信息的需求。

1997年澳大利亚学者布鲁斯（Bruce）提出信息素养包括信息技术理念、信息源理念、信息过程理念、信息控制理念、知识建构理念、知识延展理念和智慧等。

2003年联合国教科文组织在捷克共和国的首都布拉格召开了国际信息素养专家会议。会议发表了著名的"布拉格宣言"，将信息素养定义为"确定、查找、评估、组织和有效地生产、使用和交流信息来解决问题的能力"。

2015年美国大学与研究图书馆协会（ACRL）理事会发布了《高等教育信息素养框架》，该文件对信息素养的定义为："信息素养是一种综合能力，包括批判性地发现信息，了解信息的产生和评价，以及如何使用信息创造新的知识并合理地参与社区学习。"

信息素养的概念并不是一成不变的，随着信息社会的发展，其内涵和外延在不断丰富。尽管如今的学术界对信息素养概念的界定尚未形成统一意见，但毫无疑问的是，信息素养涵盖人们获取、理解、评估、利用、交流和创造信息的全过程，涉及日常生活、学习、工作、娱乐的方方面面，信息素养教育会在今后的素质教育中扮演越来越重要的角色。

（二）信息素养的内涵

信息素养主要包括信息意识、信息知识、信息能力和信息道德四个要素，是一个不可分割的统一整体，其中信息意识是先导，信息知识是基础，信息能力是核心，信息道德是保证。

（1）信息意识。信息意识是指客观存在的信息和信息活动在人们头脑中的能动反应，表现为人们对所关心的事或物的信息敏感力、观察力和分析判断能力及对信息的创新能力。它是意识的一种，为人类所特有。信息意识是人们产生信息需求，形成信息动机，进而自觉寻求信息、利用信息、形成信息兴趣的动力和源泉。

信息意识是指人对信息敏锐的感受力、判断能力和洞察力。信息意识强调人对信息的敏感程度，是人们对自然界和社会的各种现象、行为、理论观点等从信息的角度理解、感受和评价。通俗地讲，就是面对不懂的东西，能积极主动地去寻找答案，并知道到哪里，用什么方法去寻求答案，这就是信息意识。

信息意识包括信息经济与价值意识、信息获取与传播意识、信息保密与安全意识、信息污染与守法意识、信息动态变化意识等内容。

（2）信息知识。信息知识是指对与信息技术有关的知识的了解，包括信息技术基本常识、信息系统的工作原理和了解相关的信息技术新发展问题。

（3）信息能力。信息能力是指信息接收者有效利用信息设备和信息技术，获取信息、加工处理信息以及创造新信息的能力。具体地说，信息处理能力是指人们通过各种方法和技术查找、获取、分析和整理信息资源，以文本、数据、图像和多媒体等形式为媒介，对信息进行组织、传递和展示的能力。主要表现为获取识别信息的能力、使用信息工具的能力、表现处理信息的能力和创造发布传递新信息的能力等几个方面。

（4）信息道德。信息道德是指人们在获取、利用和传递信息时应遵循的道德规范和准则。在信息社会中，应该尊重他人的知识产权，遵守信息获取和利用的法律法规，不传播虚假和不良信息，维护信息的真实性和可靠性。信息道德培养需要个体具备正确的价值观和道德观，能够在信息处理过程中保持良好的职业道德和社会责任感。

（三）信息素养的评价标准

国外的信息素养评价标准很多，其中以美国 ACRL 标准、澳大利亚与新西兰 ANZIIL 标准以及应用 SCONUL 标准最为著名。

（1）ACRL 标准。2000 年 1 月 18 日，美国大学与研究图书馆协会（ACRL）标准委员会审议通过了"高等教育信息素养能力标准"。该标准包括 5 大标准、22 项执行标准和 87 个表现效果。普林斯顿大学图书馆的白健于 2005 年 10 月将此标准译为中文《高等教育信息素养能力标准》。5 大标准如下。

- 标准一：能确定所需要信息的本质和范围。
- 标准二：能有效地、有能力地获取所需的信息。
- 标准三：能批判性地评价信息和信息源，并能将经过选择的信息融入自身的知识库和价值体系。
- 标准四：具有信息素养能力的学生，能独立地或作为小组成员有效地利用信息来完成特定的任务。
- 标准五：具有信息素养能力的学生，理解围绕信息和信息使用的经济、法律和社会问题，并能合理合法地获取和使用信息。

2015 年 2 月 5 日，美国大学与研究图书馆协会通过了《高等教育信息素养框架》，取代《高等教育信息素养能力标准》。同年，经美国大学与研究图书馆协会授权，清华大学图书馆将其译成中文，中文版发布于美国大学与研究图书馆协会网站，并在《大学图书馆学报》发表。该框架指出，信息素养由 6 个框架要素组成：权威的构建性与情境性、信息创建的过程性、信息的价值属性、探究式研究、对话式学术研究和战略探索式检索。

（2）ANZIIL 标准。2001 年澳大利亚与新西兰高校信息素养联合工作组（ANZIIL）正式发布了《澳大利亚与新西兰信息素养框架：原则、标准及实践（第一版）》，2004 年升级为第二版，提出了信息素养的思想综合准则和 6 项核心标准。其 6 项核心信息素养标准。

- 理解信息需求并能确定所需信息的性质和范围。
- 确实有效地查找出所需信息。
- 批判性地评价信息和信息查找过程。
- 对信息收集和生产进行管理。
- 优先应用新信息形成新概念或产生新认识。
- 通过信息的使用认识和处理有关文化、伦理、经济、法律和社会问题。

（3）SCONUL 标准。1999 年英国高校与国家图书馆学会（SCONUL）信息素养咨询委会发布了《高等教育信息技能意见书》，提出信息素养的七柱模型，2011 年 4 月更名为《信息素养的七柱：核心模型》。在宏观层面根据新的形势提出了信息素养的 7 个标准。

- 能够认识到自己的信息需求。
- 能明确信息鸿沟之所在，从而确定合适的获取信息方法。
- 能针对不同的检索系统，构建找到信息的策略。
- 能找到和获取所需信息。
- 能比较和评价从不同来源所获得的信息。
- 能以适当的方式组织、应用并交流信息。
- 能在已知信息的基础上进一步进行组织和构建，从而创造新的知识。

我国目前还没有正式的评价标准。在引入国外信息素养评价标准基础上，国内学者针对我国情况提出了多种关于信息素养的评价标准。清华大学 2003 年主持开展了北京大学图书馆学会项目——"北京地区大学信息素质能力示范性框架研究"，2005 年该项目发布了《北京地区高校信息素养能力指标体系》，这是我国第一个正式的并且比较有权威的信息素养评价标准体系。该指标体系分为 7 个一级指标、19 个二级指标、61 个三级指标，其一级指标如下。

- 指标一：具备信息素养的学生能够了解信息以及信息能力在现代社会中的作用、价值与力量。
- 指标二：具备信息素养的学生能够确定所需信息的性质与范围。
- 指标三：具备信息素养的学生能够有效地获取所需要的信息。
- 指标四：具备信息素养的学生能够正确地评价信息及其信息源，并且把选择的信息融入自身的知识体系中，重构新的知识体系。
- 指标五：具备信息素养的学生能够有效地管理、组织与交流信息。
- 指标六：具备信息素养的学生作为个人或群体的一员能够有效地利用信息来完成一项具体的任务。
- 指标七：具备信息素养的学生了解与信息检索、利用相关的法律、伦理和社会经济问题，能够合理、合法地检索和利用信息。

三、数字素养

（一）数字素养的内涵

2021 年 11 月由中央网络安全和信息化委员会印发《提升全民数字素养与技能行动纲要》，提出"数字素养与技能是数字社会公民学习工作生活应具备的数字获取、制作、使用、评价、交互、分享、创新、安全保障、伦理道德等一系列素质与能力的集合"。这是我国首次对数字素养的内涵进行了权威界定。数字素养与技能是人们生存于数字化社会的关键能力，提高全民的数字素养与技能是顺应数字时代要求，提升国民素质及促进人的全面发展的战略任务，是实现我国从网络大国迈向网络强国的必由之路。

联合国教科文组织（2018）将数字素养定义如下："面向就业、获得体面工作与创业，使用数字设备和网络技术安全且合理地获取、管理、理解、整合、交流、评估和创造信息的能力，包括各种能力，即计算机素养、信息和通信技术素养、信息素养和媒体素养。"这个定义明确指出了数字素养包含其他相关素养，并将就业、获得体面工作和创业作为发展数字素养的目的。

具体来看，数字素养包括以下方面。

（1）数字意识：包括内化的数字敏感性、数字的真伪和价值，主动发现和利用真实的、准确的数字的动机，在协同学习和工作中分享真实、科学、有效的数据，主动维护数据的安全。

（2）计算思维：包括分析问题和解决问题时，主动抽象问题、分解问题、构造解决问题的模型和算法，善用迭代和优化，并形成高效解决同类问题的范式。

（3）数字化学习与创新：包括在学习和生活中，积极利用丰富的数字化资源、广泛的数字化工具和泛在的数字化平台，开展探索和创新。它要求不仅将数字化资源、工具和平台用来提升学习的效率和生活的幸福感，还要将它们作为探索和创新的基础，不断养成探索和创新的思维习惯与工作习惯，确立探索和创新的目标，设计探索和创新的路线，完成实践探索和创新的过程，交流探索和创新的成果，从而逐步形成探索和创新的意识，积累探索和创新的动力，储备探索和创新的能力，同时也形成团队精神。

（4）数字社会责任：包括形成正确的价值观、道德观、法治观，遵循数字伦理规范。在数字环境中，保持对国家的热爱，对法律的敬畏，对民族文化的认同，对科学的追求和热爱，主动维护国家安全和民族尊严，在各种数字场景中不伤害他人和社会，积极维护数字经济的健康发展秩序和生态。

关于数字素养与信息素养的关系，学者们大多认为数字素养是上位概念，包含信息素养。例如，国内学者张静等（2016）认为，信息素养是数字素养的子概念，数字素养具有信息素养功能性特点，囊括了查找、识别、整合、评估、共享信息等基础性的能力。

信息素养是数字素养等众多素养的基础，数字素养包含了信息素养所强调的工具性能力，离不开信息素养的支撑。一般认为，数字素养是比信息素养更为复杂的素养，并包括了信息素养的内容。

（二）数字素养的培养

培养劳动者数字素养，要从以下几个方面着力。

（1）数字科学知识。数字科学知识是劳动者在数字环境下需了解的数字基础知识，囊括数字理论认识、数字技术发展、数字设备熟悉和数字内容识别。具体来说，一是对当前新技术本身的认知，了解大数据、区块链、人工智能、5G 技术的相关概念；二是对技术影响力的认知，了解数字技术的发展现状、未来趋势以及其对学习、社会、经济环境等的影响等；三是对数字设备的熟悉，熟悉学习生活和所学专业领域常用的技术工具、软件平台、网站、学习资源等；四是对数字内容的识别，能够辨别信息的真伪。

（2）数字应用能力。数字应用能力是劳动者在学习和工作中需掌握的基础技能，即前面所说的通用型技能，能够在数字环境中自在地学习、生活和沟通的必备能力之一，主要侧重于劳动者对数字资源的简单使用，数字内容的创建和编辑，与他人共享数据与交流，常用的软硬件设备的日常维护和对数字内容的评估。

（3）数字职业能力。数字职业能力是面向劳动者未来就业的技能，强调劳动者在所学专业领域与数字环境联系中的能力，能够利用数字设备解决专业领域的问题，并能主动将专业发展与数字技术发展联系起来，寻求两者融合发展的最优化。在此维度上，包含数字专业意识、仿真技能训练、专业问题解决和数字专业实践，通过实际问题和项目实践，使学生能够掌握相关技能并自如地解决专业上的问题，继而迁移到真实的工作岗位上。其中仿真技能训练有助于学生在虚拟环境下进行工作场景的观摩和体验，拉近学生与真实工作环境的距离。

（4）数字竞争力。数字竞争力是面向未来的能力，不仅能够适应复杂多样环境的变化，还能在数字时代保持创造力和竞争优势。这是劳动者在数字环境中寻求更优质生存的有利方式,更是获得新的知识及适应环境变化的重要途径。首要发展的是劳动者数字主动学习的能力,积极关注专业发展的前沿,注重所学专业与数字化融合的知识点和方向,拓展自身的知识面;其次是计算思维,这是利用计算机领域的逻辑化思想分析数据,从而更有效地解决问题;再次是数字创新创造,作为时代发展的主力军,劳动者需能够用逆向或超常规的视角去看待问题,保持好奇心;最后是数字批判思维,指能够在数字技术应用和学习过程中对数字内容进行质疑和批判。

案 例 实 现

针对案例1.1中的各种谣言,大学生要提高自身的信息素养,学会利用网络资源获取信息,判断信息的真伪和可靠性,并学会合理利用各种工具和平台进行学习、交流和创新。不要轻信谣言或不可靠的信息,并为自己和他人提供有价值的信息。面对网络谣言,要坚持做到"不造谣、不传谣、不信谣",加强自我防范。

(1) 保持警惕,对网上新出现的或不熟悉的信息及表达方式要保持清醒警惕,不轻信,提高对网上虚假信息的鉴别、识别能力。

(2) 及时关注辟谣信息,遇事先通过网上辟谣平台核实是否为虚假信息,利用好网上现有辟谣平台。

(3) 多方查证,对于专业领域信息难以判断的,可以向有关专家咨询,利用好网上现有的各种知识查询渠道。

(4) 重点关注权威信息,对于突发热点敏感事件,应及时关注事件发生地或有关方面发布的官方信息,防止被人带偏节奏而上当受骗。

(5) 规范自身网上言行,增强法律意识和社会责任感,不转发任何未经证实的信息,避免成为网络谣言传播的"二传手",消除"法不责众"的侥幸心理,要对自己的网络言行负责。

知 识 拓 展

职业数字化与数字职业

数字经济在不断改变生产要素的配置。职业作为劳动力结合生产要素的具体体现,必将受到影响并随之发生变化,主要表现在职业数字化和数字职业两方面。

1. 职业数字化

所有职业中都有数字技能的需求,传统职业的数字技能的占比也在增加,这可称为"职业数字化"。数字职业化主要表现在以下几方面。

(1) 职业分类体系适应数字化趋势。职业分类是对社会分工的客观描述。数字经济通过对劳动分工的影响,进一步促进职业总量与结构变化趋向适应数字经济需要的状态。一是传统老职业数字化在整个职业分类体系中的数字化程度增加;二是数字经济活动领域生产与服务规模的扩大会创造出新的数字就业机会。《中华人民共和国职业分类大典(2022年版)》收录的168个新增职业中,因数字经济活动产生的新职业占相当大的比例。

(2) 职业能力体现出数字化生产生活要求。数字经济对劳动者职业能力数字化提出了新要求。在数字经济活动各领域,都会因技术的创新与改变使相应职业活动范围逐步扩大化,对从业者职业能力的专业化或综合度提出了更高要求。

（3）职业数字化助推高质量充分就业和体面劳动。数字职业的产生,为劳动者提供了更多的工作机会,促进了传统就业、在家办公、自我雇佣等多种就业形式的发展,改善了工作环境,提高了工作尊严,有利于个人的发展和社会融入。

2. 数字职业

数字职业是以 ICT、DT 为技术基础,以数字劳动(digital labor,DL)为主要特征,由从事数字化信息的表达、传输以及数字化产品(或服务)的研发、设计、赋能、应用、维护、管控的人员为从业群体的职业群,并不是指某个职业。某项数字劳动(即将 ICT 和 DT 作为生产资料的脑力劳动和体力劳动的统称)的从业者达到一定规模后,如果该劳动符合职业的其他特征,经特定的评审程序后,可被认定为一个"数字职业"。《中华人民共和国职业分类大典(2022 年版)》中标识有 97 个数字职业。

单 元 练 习

一、填空题

1. _____是在特定的情境下所表达的具有一定意义的数字、信号、声音、图像和文字等。

2. _____是信息的载体。

3. _____是指在社会整个信息活动过程中,无论是信息生产者、加工者、传递者还是使用者都必须自觉遵守和维护的道德规范。

二、选择题

1. 关于信息,下列说法中错误的是(　　)。
　　A. 信息是可以传递和存储的　　　　　B. 虚假的信息不是信息
　　C. 信息是可以共享的　　　　　　　　D. 信息是普遍存在的

2. "机不可失,失不再来",主要体现了信息的(　　)。
　　A. 存储性　　　　B. 时效性　　　　C. 共享性　　　　D. 传递性

3. 下列属于信息的是(　　)。
　　A. 报纸　　　　　B. 电视机　　　　C. 一段天气预报　　D. 光盘

4. 互联网中存在一些虚假信息,以下不能对网络信息真伪进行辨别的行为是(　　)。
　　A. 判断是否来源于权威机构　　　　　B. 从多个渠道对信息真实性进行验证
　　C. 只要能搜到的都是真的　　　　　　D. 向专业人员询问,多方核实信息

5. 黄某在某网站上找工作时,对方称需要交纳一定的押金才能面试,黄某按对方的要求交纳了押金,黄某的行为是(　　)。
　　A. 正确,只要能找到工作交点钱无所谓
　　B. 正确,网站是正规网站,不存在欺骗
　　C. 正确,别人都交了钱,自己也可以交
　　D. 错误,所有的劳动招聘都不需要交纳费用

三、判断题

1. 信息意识是指人类对信息需求的自我意识，是人类在信息活动中产生的认识、观念和需求的总和。( )

2. 信息能力是指获取和评价信息、处理和保存信息、传递交流和利用信息等的能力。( )

3. 只要信息不会对我造成损失，我就可以任意使用他人发布的信息。( )

4. 以自己的名义发布虚假信息及恶意言论是允许的。( )

5. 通过网络获取的信息需要甄别，而通过电视、广播、报纸获取的信息不需要甄别。( )

四、简答题

1. 简述数据、信息、知识的概念和三者的区别与联系。

2. 信息最常见的特征有哪些？

3. 信息素养主要表现为哪些方面的能力？

五、思考题

1. 为什么信息素养对个人发展和职业发展至关重要？如何提高自己的信息素养？

2. 每年的 11 月、12 月是企业到高校招聘的高峰期，来年的 3 月、4 月也是大学生求职的黄金时段。面对铺天盖地的招聘信息，如何快速准确地鉴别真假信息，以避免上当受骗？

单元 1.2　信息技术及其发展趋势

学 习 目 标

知识目标：

1. 了解信息技术发展史及知名企业的兴衰变化过程；

2. 了解信息系统的组成与功能，能描述计算机系统工作原理；

3. 理解新一代信息技术及其主要代表技术的基本概念；

4. 了解新一代信息技术各主要代表技术的技术特点及其典型应用；

5. 了解新一代信息技术与制造业等产业的融合发展方式。

能力目标：

1. 能够进行软硬件的安装和配置，掌握相关操作技能；

2. 能主动了解和学习不同的信息系统，通过具体实践解决问题；

3. 能分析实际生活中的典型应用案例所运用的新一代信息技术，并能描述其作用。

素养目标：

1. 具备较强的信息技术核心素养；

2. 具备获取信息技术新知识、新技术的能力。

导 入 案 例

案例1.2 "九章三号"光量子计算原型机

中国科学院量子信息与量子科技创新研究院潘建伟、陆朝阳、刘乃乐等组成的研究团队与中国科学院上海微系统与信息技术研究所、国家并行计算机工程技术研究中心合作,成功构建255个光子的量子计算原型机"九章三号",再度刷新光量子信息的技术水平和量子计算优越性的世界纪录。

根据公开正式发表的最优经典精确采样算法,"九章三号"处理高斯玻色取样的速度比上一代"九章二号"提升一百万倍。"九章三号"在百万分之一秒时间内所处理的最高复杂度的样本,当前最强的超级计算机"前沿"需要花费超过200亿年的时间。

研究成果于2023年10月11日发表于《物理评论快报》。研究过程中,科研人员设计了时空解复用的光子探测新方法,构建了高保真度的准光子数可分辨探测器,提升了光子操纵水平和量子计算复杂度。这一成果进一步巩固了我国在光量子计算领域的国际领先地位,展示了中国科技创新和自主研发的强大能力和信心,这也为解决人类面临的一些重大挑战和难题提供了新的可能和希望,如加速药物开发,优化交通规划,提升密码安全,探索宇宙奥秘,等等。

技 术 分 析

量子计算机是一种利用量子力学原理进行信息处理和计算的新型计算机,它与传统的经典计算机有很大的不同。要了解量子计算机,需要我们了解一下信息技术和新一代信息技术。

知 识 与 技 能

一、信息技术及其发展

(一)信息技术的定义

随着信息技术的发展,信息技术的内涵也在不断变化,因此至今仍没有统一的定义。一般来说,信息采集、加工、存储、传输和利用过程中的每一种技术都是信息技术,这是一种狭义的信息技术。在现代信息社会中,技术发展能够促进虚拟现实的产生,信息本质也被改写,一切可以用二进制进行编码的东西都被称为信息。因此,联合国教科文组织对信息技术的定义如下:在信息加工和处理中的科学、技术与工程的训练方法、管理技巧和应用;计算机及其与人、机的相互作用;与之相应的社会、经济和文化等诸种事物。在这个目前世界范围内较为统一的定义中,信息技术一般是指一系列与计算机相关的技术。

信息技术不仅包括现代信息技术,还包括在现代文明之前的原始时代和古代社会中与当时相对应的信息技术。不能把信息技术等同为现代信息技术。

(二)现代信息技术

一般来说,现代信息技术包含三个层次的内容,即信息基础技术、信息系统技术和信息应用技术。

（1）信息基础技术。信息基础技术是信息技术的基础,包括新材料、新能源、新器件的开发和制造技术。近几十年来,发展最快、应用最广、对信息技术及整个高科技领域的发展影响最大的是微电子技术和光电子技术。

① 微电子技术是随着集成电路,尤其是超大规模集成电路而发展起来的一门新的技术。微电术包括系统电路设计技术、材料制备技术、自动测试技术以及封装和组装技术等一系列专门术,微电子技术是微电子学中各项工艺技术的总称。

② 光电子技术是由光子技术和电子技术结合而成的新技术,涉及光显示、光存储、激光等领域,是未来信息产业的核心技术。

（2）信息系统技术。信息系统技术是指有关信息获取、传输、处理、控制的设备和系统的技术。感测技术、通信技术、计算机与智能技术和控制技术是它的核心和支撑技术。

① 感测技术是获取信息的技术,主要是对信息进行提取、识别或检测,并能通过一定的计算方式计量结果。

② 通信技术一般是指电信技术,在国际上称为远程通信技术。

③ 计算机与智能技术是以人工智能理论和方法为核心,研究如何用计算机去模拟、延伸和扩展人的智能;如何设计和建造具有高智能水平的计算机应用系统;如何设计和制造更"聪明"的计算机的技术。一个完整的智能行为周期如下：从机器感知到知识表达,从机器学习到知识发现,从搜索推理到规划决策,从智能交互到机器行为再到人工生命等。这些构成了智能科学与技术学科特有的认识对象。

④ 控制技术是指对组织行为进行控制的技术。控制技术是多种多样的,常用的控制技术有信息控制技术和网络控制技术两种。

（3）信息应用技术。信息应用技术是针对各种实用目的,如信息管理、信息控制、信息决策而发展起来的具体的技术群类。如工厂的自动化、办公自动化、家庭自动化、人工智能和互联通信技术等,它们是信息技术开发的根本目的所在。

信息技术在社会的各个领域得到了广泛的应用,显示出了强大的生命力。纵观人类科技发展的历程,还没有一项技术像信息技术一样对人类社会产生如此巨大的影响。

（三）信息技术发展史

迄今为止,人类已经经历了五次信息技术的革命(简称信息革命),每次信息革命都是一次信息处理工具上的重大创新。

（1）第一次信息革命是语言的应用,语言的产生距今四五万年以前,语言是人类思维的工具,也是人类区别于其他高级动物的本质特征。同时,语言也是信息的载体,人类通过语言将大脑中存储的信息进行交流和传播,促进了人类文明的进程。

（2）第二次信息革命是文字的使用,距今大约3500年。文字的发明使得人类存储和传播信息的方式取得了重大的突破,信息超越了时间和地域的局限性,得以延续久远。

（3）第三次信息革命是印刷技术的应用,距今大约1000年(我国在1040年、欧洲在1451年开始使用印刷技术),印刷技术的广泛应用使得书籍和报纸成为信息存储和传播的重要媒介,有力地促进了人类文明的进步。

（4）第四次信息革命是电报、电话、广播、电视的发明和普及应用,起源于19世纪40年代。这些发明创造使得信息的传递手段发生了根本性的变革,大大加快了信息的传播速度,使得信息得以在瞬间传遍全球。

（5）第五次信息革命是计算机的普及应用及计算机和现代通信技术的结合,起源于20世纪 60 年代。在计算机技术的支持下,微波通信、卫星通信、移动电话通信、综合业务数字网、国际互联网络等通信技术,以及通信数字化、有线传输光纤化、广播电视和因特网络融合等技术都得到了迅速发展。

由于使用先进的计算机,人们处理信息与传送信息的能力大大提高,这就从根本上提高了人们改造自然和社会的能力与效率。所以,掌握信息技术已经成为现代社会人们的基本素质之一。同时,一种全新的信息文化正在向我们走来。

二、信息系统与计算机系统

(一) 信息系统

1. 信息系统的定义

信息系统(information system,IS)是指由计算机硬件、网络和通信设备、计算机软件、信息资源、信息用户和规章制度组成的以处理信息流为目的的人机一体化系统。简单地说,信息系统就是输入数据,通过加工处理产生信息的系统。可以简单地表述为"信息系统=信息基础设施+信息应用系统"。

2. 信息系统的基本结构

信息系统的基本结构一般分为基础设施、资源管理、业务逻辑、应用表现四个层次。

- 基础设施层:由支持计算机信息系统运行的硬件、系统软件和网络组成。
- 资源管理层:包括各类结构化、半结构化和非结构化的数据信息,以及实现信息采集、存储、传输、存取和管理的各种资源管理系统,主要有数据库管理系统、目录服务系统、内容管理系统等。
- 业务逻辑层:由实现各种业务功能、流程、规则、策略等应用业务的一组信息处理代码构成。
- 应用表现层:通过人机交互等方式,将业务逻辑和资源紧密结合在一起,并以多媒体等丰富的形式向用户展现信息处理的结果。

3. 信息系统的功能

信息系统主要有输入、存储、处理、输出和控制五个基本功能。

- 输入功能:它决定于系统所要达到的目的及系统的能力和信息环境的许可。
- 存储功能:存储功能指的是系统存储各种信息资料和数据的能力。
- 处理功能:基于数据仓库技术的联机分析处理(OLAP)和数据挖掘(DM)技术。
- 输出功能:信息系统的各种功能都是为了保证最终实现最佳的输出功能。
- 控制功能:对构成系统的各种信息处理设备进行控制和管理,对整个信息加工、处理、传输、输出等环节通过各种程序进行控制。

(二) 计算机系统

1. 计算机系统的组成

一个完整的计算机系统是由硬件系统和软件系统两部分组成的。硬件是组成计算机的物质实体,是人们能看见的部件,如主机、显示器、键盘、鼠标等。软件是各种程序、数据及其相关的文档(如用户使用说明书)的集合。计算机硬件系统和软件系统共同构造了一个完整的系统,两者相辅相成,缺一不可。

根据冯·诺依曼结构,计算机硬件系统由运算器、控制器、存储器、输入设备和输出设备五个基本部分组成,它们与各类总线共同组成计算机硬件系统,如图1-2所示。

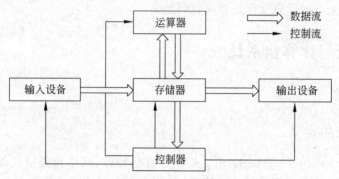

图1-2　计算机硬件系统的逻辑结构

作为计算机中的一类,微型计算机系统也是由硬件系统和软件系统两大部分组成。其基本组成如图1-3所示。

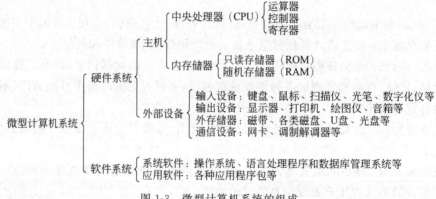

图1-3　微型计算机系统的组成

2. 计算机的硬件系统

(1)中央处理器。在微机中,控制器和运算器通常被集成在一块芯片上,一起组成中央处理器(central processing unit,CPU)。CPU的主要功能是从内存中取指令,解释并执行指令。它是计算机的核心部件,其性能常常代表整台计算机的整体性能水平。

CPU的运行速度通常用主频来表示,主频即CPU的时钟频率,简单地说,也就是CPU的内部工作频率(内频)。一般来说,主频越高,CPU的速度就越快,性能也就越好。

(2)存储器。存储器的主要功能是存放程序和数据。程序是计算机操作的依据,数据是计算机操作的对象。存储器与CPU的关系可用图1-4表示。

存储器可分为内存储器和外存储器两类。

内存储器简称内存,又称主存储器。内存按其工作方式可分为随机存储器(random access memory,RAM)和只读存储器(read-only memory,ROM)两类。RAM在计算机工作

图 1-4 存储器与 CPU 的关系

时,既可从中读出信息,也可随时写入信息。根据元器件结构的不同,RAM 又可分为静态随机存储器(static RAM,SARM)和动态随机存储器(dynamic RAM,DRAM)两种。RAM 存储当前使用的程序和数据,一旦机器断电,就会丢失数据,而且无法恢复。因此,用户在操作计算机过程中应养成随时存盘的习惯,以免断电时丢失数据。

外存储器简称外存,又称辅助存储器,大都采用磁性和光学材料制成。与内存相比,外存的特点是存储容量大、价格较低,而且在断电的情况下也可以长期保存信息,所以称为永久性存储器,缺点是存取速度比内存慢。常见的外存有硬盘、移动硬盘、U 盘、光盘等。

(3) 主板。主板或母板是连接 CPU、内存、各种适配器(如声卡、显卡等)和外设的中心枢纽。图 1-5 所示为主板的结构。CPU 插槽是安装 CPU 的地方。内存插槽是内存条的"安身"之处。电源插槽用于连接主机电源,给主板、键盘和所有接口卡(如显卡、声卡、网卡等)供电。IDE 插槽用于连接 IDE 硬盘和 IDE 光驱,需使用专用的 IDE 连线。一般主板上都有两个 IDE插槽,分别标注为 IDE1 和 IDE2(也有的主板分别标注为 Primary 和 Secondary)。PCI(周边设备互连)插槽是安装 PCI 适配卡的地方,一般用于连接声卡、网卡、电视卡等。PCI-E(显卡)插槽为新一代的显卡专用插槽,专门用于安装 PCI-E 显卡。

图 1-5 主板的结构

(4) 输入设备。输入设备用来接受用户输入的原始数据和程序,将它们转变为计算机可以识别的形式并存放到内存中(二进制)。目前常用的输入设备有键盘、鼠标、扫描仪、触摸屏、光笔数字化仪、传声器(俗称麦克风)、磁卡读入机、条形码阅读机、数码照相机和视频摄像机等。

(5) 输出设备。输出设备用以将计算机处理后的结果信息转换成外界能够识别和使用的数字、字符、声音、图像、图形等信息形式。常用的输出设备有显示器、打印机和绘图仪、影像输出系统、语音输出系统、磁记录设备等。有些设备既可以作为输入设备,也可以作为输出设备,如硬盘和磁带机等。

(6) 总线。计算机总线是一组连接各个部件的公共通信线。计算机中的各个部件是通过总线相连的,因此各个部件间的通信关系变成面向总线的单一关系。总线是一组物理导线,并非一根。根据总线上传送的信息不同,总线可分为地址总线、数据总线和控制总线。

① 地址总线。地址总线传送地址信息。地址是识别信息存放位置的编号,内存的每个存储单元及I/O接口中不同的设备都有各自不同的地址。地址总线是CPU向内存和I/O接口传送地址信息的通道,是自CPU向外传输的单向总线。

② 数据总线。数据总线传送系统中的数据或指令。数据总线是双向总线,一方面作为CPU向内存和I/O接口传送数据的通道;另一方面是内存和I/O接口向CPU传送数据的通道。数据总线的宽度与CPU的字长有关。

③ 控制总线。控制总线传送控制信号。控制总线是CPU向内存和I/O接口发出命令信号的通道,也是外界向CPU传送状态信息的通道。

3. 计算机的软件系统

计算机软件是指计算机系统中的程序及其文档。程序是计算任务的处理对象和处理规则的描述。文档是为了便于了解程序所需的阐明性资料(如用户使用说明书)。没有安装软件的微机称为裸机,无法完成任何工作。计算机软件根据其功能和面向的对象分为系统软件和应用软件两大类。

(1) 系统软件。系统软件是指控制计算机的运行,管理计算机的各种资源,并为应用软件提供支持和服务的一类软件。常用的系统软件包括操作系统、编译程序、语言处理程序和数据库管理系统(data base management system,DBMS)等。

① 操作系统:为了对计算机系统的硬件资源和软件资源进行控制和有效管理,合理地组织计算机的工作流程,以充分发挥计算机系统的工作效率和方便用户使用计算机而配置的一种系统软件。操作系统是操作现代计算机必不可少的最基本、最核心、最重要的系统软件,其他任何软件都必须在操作系统的支持下才能运行。在操作系统中,通常都设有处理器管理、存储器管理、设备管理、文件管理和作业管理等功能模块,它们相互配合,共同完成操作系统既定的全部功能。目前在微型计算机上,常用的操作系统有Windows、Linux、UNIX等。

② 程序设计语言:为了让计算机按照人的意图进行工作,人们通过编写程序提交给计算机执行,编写程序的过程称为程序设计,编写程序所采用的语言就是程序设计语言。计算机程序设计语言通常有机器语言、汇编语言和高级语言等几类。

a. 机器语言:计算机唯一能够识别并能直接执行的二进制代码指令,但用机器语言编写程序是十分烦琐的,且写出的程序可读性很差,为了方便使用计算机,人们一直在努力改进程序设计语言。

b. 汇编语言:不再使用二进制代码,而是使用比较容易识别和记忆的符号,所以人们又称汇编语言为助记符语言。将汇编语言翻译成机器语言的处理程序称为汇编程序。

c. 高级语言:接近于自然语言,不依赖于机器,通用性好。目前常用的高级语言有Python、Java、C语言等。用高级语言编写的源程序同汇编语言一样,也需要用翻译的方法把它的源程序翻译成目标程序才可以被计算机直接执行。

③ 数据库管理系统:用于管理数据库的软件系统。DBMS为各类用户或有关的应用程序提供了访问与使用数据库的方法,其中包括建立数据库、存储、查询、检索、恢复、权限控制、增加、修改、删除、统计、汇总和排序分类等各种手段。DBMS大都包含数据库的定义功能、数据库的操作功能、数据库的运行控制功能、数据库的建立与维护功能以及数据字典等。目前比较流行的DBMS有Oracle、MySQL、SQL Server等。

(2) 应用软件。应用软件是为了解决计算机应用中的实际问题而编制的程序,包括商品化的通用软件(如办公软件)和实用软件(如压缩工具软件),也包括用户自己编制的各种应用程序(如学校自编的排课软件)。

4. 计算机工作原理

"存储程序控制"原理是 1946 年由美籍匈牙利数学家冯·诺依曼提出的,所以又称为"冯·诺依曼原理"。该原理确立了现代计算机的基本组成的工作方式,直到现在,计算机的设计与制造依然沿着冯·诺依曼体系结构。

(1) 存储程序控制原理的基本内容。

① 采用二进制形式表示数据和指令。

② 将程序(数据和指令序列)预先存放在主存储器中(程序存储),使计算机在工作时能够自动高速地从存储器中取出指令,并加以执行(程序控制)。

③ 由运算器、控制器、存储器、输入设备、输出设备五大基本部件组成计算机硬件体系结构。

(2) 计算机工作过程。

① 将程序和数据通过输入设备送入存储器。

② 启动运行后,计算机从存储器中取出程序指令送到控制器去识别,分析该指令要做什么事。

③ 控制器根据指令的含义发出相应的命令(如加法、减法),将存储单元中存放的操作数据取出送往运算器进行运算,再把运算结果送回存储器指定的单元中。

④ 当运算任务完成后,就可以根据指令将结果通过输出设备输出。

三、新一代信息技术

(一) 新一代信息技术概述

习近平总书记在中国科学院第十九次院士大会、中国工程院第十四次院士大会上的讲话中指出:进入 21 世纪以来,全球科技创新进入空前密集活跃的时期,新一轮科技革命和产业变革正在重构全球创新版图、重塑全球经济结构。以人工智能、量子信息、移动通信、物联网、区块链、大数据为代表的新一代信息技术加速突破应用……科学技术从来没有像今天这样深刻影响着国家前途命运,从来没有像今天这样深刻影响着人民生活福祉。

信息技术的创新不断催生出新技术、新产品和新应用,新一代信息技术的概念和内涵在不断演化。新一代信息技术被国务院确定为七个战略性新兴产业之一。从产业的角度看,新一代信息技术主要包括集成电路、人工智能、云计算、大数据、物联网等,数字化、网络化、智能化是新一代信息技术的突出特征。新一代信息技术不只是指信息领域的一些分支技术如集成电路、计算机、无线通信等的纵向升级,更主要的是指信息技术的整体平台和产业的代际变迁。

(二) 新一代信息技术特点与典型应用

1. 人工智能

人工智能(artificial intelligence, AI)是指通过计算机程序或机器来模拟、实现人类智能的技术和方法。

人工智能的概念最早可以追溯到古希腊时期,但真正从科学角度给出人工智能定义的是艾伦·图灵在1950年发表的论文《计算机器和智能》。在这篇论文中，他提出了一个问题："机器能思考吗?"并设计了一个测试方法，即图灵测试，来判断计算机是否具有与人类相同的智能。1956年，约翰·麦卡锡在达特茅斯学院举办的第一次人工智能会议上创造了"人工智能"这个词。从那时起，人工智能就成为计算机科学的一个重要分支，吸引了无数科学家和工程师的兴趣和投入。

人工智能的主要技术包括机器学习、自然语言处理、计算机视觉、深度学习、图像识别等。

（1）机器学习：人工智能的基础，是让计算机能够在没有人为干预的情况下从数据中学习。

（2）自然语言处理：使用人工智能技术来理解和生成人类语言。

（3）计算机视觉：使用人工智能技术来让计算机理解和识别图像。

（4）深度学习：机器学习的一种，它使用多层神经网络来学习数据。

（5）图像识别：使用人工智能技术来识别图像中的对象。

人工智能的应用范围广泛，涵盖了自动驾驶汽车、智能家居、医疗诊断、金融投资、智能客服、智能推荐、智能制造等多个领域。随着技术的不断进步和社会需求的增加，人工智能的应用前景将更加广阔。

2. 量子信息

在量子力学中，量子信息（quantum information）是关于量子系统"状态"所带有的物理信息。通过量子系统的各种相干特性（如量子并行、量子纠缠和量子不可克隆等），进行计算、编码和信息传输的全新信息方式。量子信息主要包括量子通信、量子计算、量子精密测量等。

（1）量子通信：利用量子叠加态和纠缠效应进行信息传递的新型通信方式，基于量子力学中的不确定性、测量坍缩和不可克隆三大原理提供了无法被窃听和计算破解的绝对安全性保证，可应用于保密通信领域。

（2）量子计算：遵循量子力学规律进行高速数学和逻辑运算、存储及处理信息的新型计算模式，具有远超经典计算机的计算能力，可应用于天气预报、药物研制、交通调度、保密等场景。

（3）量子精密测量：在利用量子资源和效应实现超越经典方法的测量精度，是原子物理、物理光学、电子技术、控制技术等多学科交叉融合的综合技术。

"十三五"时期，我国发射了"墨子号"量子科学实验卫星，成功研制出量子计算机原型机"九章"，并在量子精密测量领域取得重要进展。"十四五"时期，我国将继续大力发展量子信息科技，加强原始创新和技术应用，为产业转型和经济发展提供支撑。

3. 移动通信

移动通信是指通信的双方至少有一方在移动中进行信息传输和交换的通信方式。这种通信方式包括移动体与固定体之间的通信，以及移动体之间的通信。移动体可以是人，也可以是汽车、火车、轮船、收音机等在移动状态中的物体。

（1）移动通信包括以下主要特点。

① 移动性。要保持物体在移动状态中的通信，必须是无线通信，或无线通信与有线通信的结合。

② 电波传播条件复杂。因移动体可能在各种环境中运动，电磁波在传播时会产生反射、折射、绕射、多普勒效应等现象，产生多径干扰、信号传播延迟和展宽等效应。

③ 噪声和干扰严重。在城市环境中的汽车火花噪声、各种工业噪声,移动用户之间的互调干扰、邻道干扰、同频干扰等。

④ 系统和网络结构复杂。它是一个多用户通信系统和网络,必须使用户之间互不干扰,能协调一致地工作。此外,移动通信系统还应与市话网、卫星通信网、数据网等互联,整个网络结构是很复杂的。

⑤ 要求频带利用率高、设备性能好。

移动通信技术经过第一代、第二代、第三代、第四代技术的发展,目前,已经迈入了第五代发展的时代(5G移动通信技术)。

5G具有超高速率、超大连接、超低时延三大特点。一是高速率,在实际应用中,5G网络的速率是4G网络的10倍以上;二是低时延,5G网络的时延为几十毫秒,比人的反应速度还要快;三是广连接,5G网络出现,配合其他技术,将会打造一个全新的万物互联景象。

5G的关键技术包括:基于OFDM优化的波形和多址接入,实现可扩展的OFDM间隔参数配置,OFDM加窗提高多路传输效率,灵活的框架设计,超密集异构网络,网络的自组织,网络切片,内容分发网络,设备到设备通信,边缘计算,软件定义网络和网络虚拟化等。

(2) 5G技术的应用场景。5G技术的应用场景非常广泛,以下是一些典型的应用场景。

① 智能交通:5G技术对智能交通的影响将是巨大的。通过提供更高速、低延迟的数据传输,5G可以实现车辆之间的协同驾驶和实时交通信息共享。这将有助于提高道路安全、减少交通拥堵以及节约时间和能源。例如,通过5G技术,车辆可以实时获取前方路况信息、红绿灯信号和行人警告,以避免事故和优化道路使用效率。此外,5G还可支持智能停车系统,使驾驶员能够远程找到空余的停车位并进行自动停车。

② 工业制造:5G技术将极大地促进工业制造的智能化和自动化。通过5G网络,工厂内的机器可以实现高速、低延迟的通信和协同工作,这将有助于提高生产效率、降低成本并增强生产线的灵活性。例如,5G技术可以实现远程操作和监控,使工人无须直接参与危险或复杂的工作环境。此外,5G还可以支持机器人和自动导航设备的协同工作,实现智能化的生产流程。

③ 医疗健康:5G技术在医疗健康领域也具有广泛的应用前景。通过5G网络,医生和患者可以进行远程诊断、手术和咨询。高速、低延迟的传输能够保证医学图像和实时数据的准确传输,提供更精确的诊断和治疗方案。例如,通过5G技术,医生可以远程监测患者的生命体征、药物反应和病情变化,及时调整治疗计划。此外,5G还可以促进医疗设备的互联互通,实现医疗信息的集中管理和共享,提高医疗资源的利用效率。

④ 媒体和娱乐:5G技术将为媒体和娱乐行业带来全新的体验。通过高速、低延迟的传输,5G网络可以实现更高清、更流畅的视频和音频传输。这将推动虚拟现实(VR)和增强现实(AR)等技术的发展,提供沉浸式的娱乐体验。例如,通过5G技术,用户可以在手机或其他设备上实时播放高清视频内容,无须缓冲或等待时间。此外,5G还可以支持云游戏,让用户能够享受到高质量的游戏体验而无须购买昂贵的游戏硬件设备。

⑤ 城市规划和智能化:5G技术有望推动智慧城市的建设和发展。通过连接各种物联网设备和传感器,5G网络可以实现城市内部各个领域的数字化和智能化。例如,通过5G技术,城市可以实现智能交通系统、智能照明和环境监测,以提高城市管理和服务的效率和质量。此外,5G还可以协助城市规划者进行土地使用规划、公共设施布局和环境保护,提高城市的可持续发展性。

除了以上领域,5G技术还可以应用于教育、农业、金融等各个行业。例如,在教育领域,通过 5G 技术，学生可以远程参与虚拟班级和在线教育资源，实现远程学习和互动。在农业领域，5G 技术可以支持智能农业系统，实现精准灌溉、精确施肥和病虫害预防，提高农产品质量和产量。在金融领域，5G 技术可以帮助金融机构进行移动支付和身份验证，提供更安全、快捷的金融服务。

4. 物联网

物联网是通过射频识别、红外感应器、全球定位系统、激光扫描器等信息传感设备，按通信协议，将任何物品与互联网连接起来进行信息交换和通信，以实现智能化识别、定位、跟踪、监控和管理的一种网络，实现在任何时间、任何地点，人、机、物的互联互通。它是在互联网基础上延伸和扩展的网络。

物联网最基本的三个特征分别是物体感知、信息传输、智能处理。从目前来看，物联网的基础技术主要有射频识别技术、产品电子编码、短距离通信技术、互联网等。物联网的关键技术是在物联网技术基础上的进一步扩展与深化，是支撑其发展的关键。

物联网的关键技术主要有 RFID 与 EPC 技术感知控制技术无网络技术中间件技术和智能处理技术等。

物联网已经广泛应用于智能交通、智慧医疗、智能家居、环保监测、智能安防、智能物流、智能电网、智慧农业、智能工业等领域，对国民经济与社会发展起到了重要的推动作用。

5. 区块链

区块链是一种按照时间顺序将数据区块以顺序相连的方式组合成的一种链式数据结构，并以密码学方式保证的不可篡改和不可伪造的分布式账本。

区块链的核心技术主要包括共识机制、分布式存储、智能合约以及密码学等。

区块链发展截至目前大致经历了三个阶段，即区块链 1.0 时代、区块链 2.0 时代和区块链 3.0 时代。区块链 1.0 时代应用主要聚焦于数字货币；区块链 2.0 时代引入了智能合约技术，应用也从单一的货币领域扩大到涉及合约功能的其他金融领域；进入 3.0 时代，区块链的去中心化和数据防伪功能开始在医疗、司法、物流、电子政务等众多领域受到重视。

（三）新一代信息技术与其他产业的融合

新一代信息技术与制造业等产业的融合发展方式已成为当前产业发展的主要趋势。随着人工智能、区块链、云计算等技术的不断发展，各行各业都在积极探寻如何将新技术与传统产业融合，实现更高效、更智能、更环保的生产方式。

工业和信息化部印发的《"十四五"信息化和工业化深度融合发展规划》中指出，信息化和工业化深度融合是中国特色新型工业化道路的集中体现，是新发展阶段制造业数字化、网络化、智能化发展的必由之路，也是数字经济时代建设制造强国、质量强国、网络强国和数字中国的扣合点。推动两化深度融合，对于加快新一代信息技术在制造业的深度融合，打造数据驱动、软件定义、平台支撑、服务增值、智能主导的现代化产业体系，推进制造强国、网络强国以及数字中国建设具有重要意义。

随着新一代信息技术向我国制造领域不断渗透扩散，先进的传感技术、数字化设计制造、机器人与智能控制系统应用日趋广泛，制造业研发设计、生产流程、企业管理乃至用户关系都呈现智能化趋势，企业的边界日趋模糊，制造业形态正在发生深刻变革。新一代信息技术与制造业融合发展的应用实践包括以下方面。

1. 互联网＋智能制造

互联网＋智能制造是信息技术与制造业融合发展的典型范例之一。例如，某汽车制造企业结合互联网技术和大数据分析，可以实现从订单到生产的全过程智能化管理。通过与供应商、经销商甚至用户的信息实时互动，企业能够更加精准地把握市场需求，实现定制生产，大幅缩短产品开发周期。另外，在制造过程中，利用传感器和物联网技术，可以实现设备的远程监控和故障预警，大大提高了生产效率和质量稳定性。这种互联网＋智能制造的模式，不仅加速了企业的反应速度，还有效降低了生产成本，提高了市场竞争力。

2. 人工智能与智能制造

人工智能在制造业中的应用，也是信息技术与制造业融合发展的一个亮点。以某电子设备制造厂为例，该企业引入了深度学习技术，实现了自动化的质检和组装过程。在质检环节，通过机器视觉系统，能够精准识别产品表面的缺陷和瑕疵，从而大大提高了产品质量和质检效率。在生产组装环节，机器人装配线实现了对产品组装的自动化操作，有效降低了用工成本，提高了生产效率。另外，该企业还利用人工智能技术对生产数据进行分析和预测，精准预测了市场需求和供应链的状况为企业提供了科学决策的依据。这种人工智能与智能制造的结合，为企业带来了巨大的生产效率提升和市场敏感度。

3. 大数据与智能制造

大数据技术在制造业中的应用也是一大亮点。某食品加工企业利用大数据分析技术实现了生产过程的全程可追溯。通过感知设备和传感器采集生产过程中的数据，再通过大数据分析技术对这些数据进行处理和挖掘，可以实现对生产过程的全面监控和管理，这样可以保证产品的质量安全，提高用户的信任度，提升企业品牌的竞争力。另外，利用大数据分析技术，企业还可以对市场和用户需求进行精准预测，实现对销售和供应链的优化调整。企业还可以通过大数据分析，挖掘和发现产品设计和生产过程中的优化空间，从而实现生产成本的降低和效率的提升。

新一代信息技术与制造业融合发展已经产生了许多成功的应用案例，这些案例不仅为企业带来了生产效率的提升和市场竞争力的增强，也为整个制造业的转型升级提供了有力的支撑。在未来，随着信息技术的不断发展和普及，相信这种融合发展模式将会有更加广泛的应用，为制造业的发展注入新的活力。

四、当代信息技术企业发展

（一）信息产业发展规律

整个信息技术产业包括很多领域、很多环节，这些环节都是相互关联的。与任何事物一样，信息技术产业也有自身发展的规律。摩尔定律、安迪—比尔定律、反摩尔定律被称为 IT 界的三大定律，是众多 IT 业界所共同遵守的行业规则，它们刺激 IT 界的良好发展，保持高速度，同时使科技不断进步，带动经济发展。

1. 摩尔定律

摩尔定律是由英特尔(Intel)创始人之一戈登·摩尔(Gordon Moore)在 1965 年首次提出

的,其核心内容如下:当价格不变时,集成电路上可容纳的晶体管数目每隔18~24个月会增加一倍,性能也将提升一倍。换言之,每一美元所能买到的计算机性能,将每隔18个月翻两倍以上。这一定律揭示了信息技术进步的速度。

摩尔定律主导着IT行业的发展。第一,遵照摩尔定律,IT公司必须在比较短的时间内完成下一代产品的开发。第二,在强有力的硬件支持下,诸多新应用会不断涌现。第三,摩尔定律使得各个公司当前的研发必须针对多年后的市场。

2. 安迪—比尔定律

安迪是指英特尔公司原CEO安迪·格罗夫,比尔是指微软公司创始人比尔·盖茨。安迪—比尔定律是对IT产业中软件和硬件升级换代关系的一个概括。原话是"Andy gives, Bill takes away."(安迪提供什么,比尔拿走什么。)该定律的核心观点是:硬件性能的提升很快会被软件消耗掉。安迪—比尔定律能够使得硬件市场竞争更加激烈,倒逼硬件的更新换代。安迪—比尔定律把本该属于耐用消费品的计算机、手机等商品变成了消耗性商品,刺激着IT行业的发展。

3. 反摩尔定律

反摩尔定律是Google的前CEO埃里克·施密特提出的:如果你反过来看摩尔定律,一个IT公司如果今天和18个月前卖掉同样多的、同样的产品,它的营业额就要降一半。IT界把它称为反摩尔定律。反摩尔定律逼着所有的硬件设备公司必须赶上摩尔定理规定的更新速度。它促成科技领域质的进步,并为新兴公司提供生存和发展的可能。

（二）信息技术企业发展一瞥

信息技术的发展是一个不断变化的过程,企业需要不断创新和适应市场变化,才能在激烈的竞争中生存和发展。在此过程中一些知名企业也经历了兴衰变化。

1982年2月24日,斯坦福大学毕业的安迪·贝克托森、斯科特·麦克尼利(Scott McNealy)、维诺德·科斯拉(Vinod Khosla)以及加州大学伯克利分校的比尔·乔伊(Bill Joy)共同创立的太阳计算机系统公司(Sun Microsystems,Inc.)诞生于美国斯坦福大学校园。Sun是斯坦福大学校园网Stanford University Network首字母的缩写。它是最早进入中国市场并直接与中国政府开展技术合作的计算机公司。在2000年太阳公司的巅峰期,全球有约5万名员工,市值超过两千亿美元。太阳公司曾经通过其主要产品工作站与小型机打败了包括IBM在内的所有设备公司,同时还依靠它的Solaris(一种UNIX)系统和风靡全球的Java编程语言成为在操作系统层面最有可能挑战微软的公司。2000年,美国互联网泡沫来临,大大小小的企业关停无数,太阳公司销量惨淡,从一年前盈利9亿美元,瞬间变成亏损5亿美元。到了2001年,太阳公司已经沦为美国二流的科技公司,再也无法和微软、IBM这样的巨头比肩了。2009年,太阳公司被甲骨文公司以74亿美元收购,从此一个强大的IT公司就此没落了。太阳公司从1982年成立到2000年达到顶峰用了近20年时间,而走下坡路只用了一年,其中的原因复杂多元,而太阳公司对于市场反应迟缓的问题,也正验证了反摩尔定律的恐怖所在。

2008年程炳皓和新浪的前同事共同创建了开心网。起步的开心网以SNS(社交网站性网络营销)为核心属性,依靠广受欢迎的"偷菜""抢车位"等社交游戏而在白领阶层中风靡一时,甚至掀起了"全民偷菜"的浪潮。至2009年,开心网注册用户数接近7000万,日活2000万,页面浏览量超过20亿,成为当时中国最大SNS网站。当时的开心网被认为是不同于门户模式和搜索模式外的第三类互联网模式,增长迅速的开心网在起步的两年内先后获取了北极光、新浪、启明创投等投资方的超过 2000 万美元的融资。然而,面对竞争对手的强势崛起,开心网缺乏创新,逐渐陷入产品瓶颈,错过了移动互联网的机遇,最终走向没落。从 2011 年后,开心网逐渐走向没落,用户访问量越来越少。2016 年,开心网被全资收购,创始人兼 CEO 程炳皓宣布离职。

案 例 实 现

案例 1.2 中提到的量子计算机是一种利用量子力学原理进行信息处理和计算的新型计算机。它与传统的经典计算机有很大的不同。经典计算机使用 bit(比特)作为信息的基本单位,每个 bit 只能表示 0 或 1 两种状态。而量子计算机使用量子比特作为信息的基本单位,每个量子比特可以同时表示 0 和 1 两种状态,或者说是 0 和 1 的叠加态。这就使得量子计算机可以同时处理多个信息,实现并行计算和指数加速。

量子计算是后摩尔时代的一种新的计算范式,它在原理上具有超快的并行计算能力,有望通过特定量子算法在一些具有重大社会和经济价值的问题方面相比经典计算机实现指数级别的加速。因而,研制量子计算机是当前世界科技前沿的最大挑战之一。

中国科学技术大学潘建伟院士领衔的陆朝阳教授课题组在理论上首次发展了包含光子全同性的新理论模型,实现了更精确的理论与实验的吻合;同时,发展了完备的贝叶斯验证和关联函数验证,全面排除了所有已知的经典仿冒算法,为量子计算优越性提供了进一步数据支撑。在技术上,研制了基于光纤时间延迟环的超导纳米线探测器,把多光子态分解到不同空间模式并通过延时把空间转化为时间,实现了准光子数可分辨的探测系统。这一系列创新使得研究团队首次实现了对 255 个光子的操纵能力,极大地提升了光量子计算的复杂度,处理高斯玻色取样的速度比"九章二号"提升了 100 万倍。在激烈的国际竞争角逐中,"九章三号"的实现进一步巩固了中国在光量子计算领域的国际领先地位。

单 元 练 习

一、填空题

1. 第五次信息技术革命的标志是_____。

2. 计算机的工作原理是_____。

3. AI 是_____的英文缩写。

二、选择题

1. 第一次信息革命是(　　)。

　　A. 语言的使用

　　B. 文字的创造

　　C. 印刷的发明和新载体纸张的创造

　　D. 电报、电话、广播和电视的发明和普及应用

2. 下列不属于冯·诺依曼计算机硬件体系结构的是(　　)。

　　A. 输入设备和输出设备　　　　　　　　B. 编译系统

C. 运算器 D. 控制器

3. 下列属于操作系统软件的是（　　）。
A. PHP B. Oracle C. MySQL D. Windows

4. 新一代信息技术与节能环保、生物、高端装备制造产业等成为国民经济的支柱产业，新一代信息技术中的（　　）可以广泛应用于机器视觉、视网膜识别、自动规划、专家系统。
A. 人工智能 B. 自动控制 C. 地理信息 D. 移动计算

5. 量子信息技术不包括（　　）。
A. 量子计算 B. 量子通信 C. 量子精密测量 D. 量子保健仪

三、判断题

1. 信息系统是由计算机硬件、软件、人员、信息流这四个要素组成的。（　　）
2. 我们常说的手机内存、计算机内存属于只读存储器 ROM。（　　）
3. 数据库是系统的核心组成部分，一个系统只能有一个数据库。（　　）
4. 量子测量是指利用量子特殊的效应实现超越经典极限的测量精度。（　　）
5. 物联网是在互联网基础上的延伸和拓展。（　　）

四、简答题

1. 简述存储程序控制的工作原理和计算机的工作过程。
2. 新一代信息技术包含哪些技术？

五、思考题

1. 物联网、云计算、大数据、人工智能之间有什么关系？
2. IT 行业的发展除了摩尔定律、安迪—比尔定律和反摩尔定律外还有哪些规律？

单元 1.3　信息伦理与行为自律

学习目标

知识目标：
1. 了解信息安全及自主可控的要求；
2. 掌握信息伦理知识；
3. 了解信息活动相关法律法规与职业行为自律的要求。

能力目标：
1. 能自觉地对所获信息的真伪和价值进行判断，对信息进行处理；
2. 在信息系统构建与应用过程中，能利用已有经验判断系统可能存在的风险并进行主动规避；
3. 对日常生活、学习和工作中常见的信息安全问题具备一定的防护能力。

素养目标：
1. 尊重知识产权，能遵纪守法、自我约束，识别和抵制不良行为，承担信息社会责任；
2. 树立正确的职业理念。

导入案例

案例1.3　知网再被罚

根据网络安全审查结论及发现的问题和移送的线索,国家互联网信息办公室依法对知网(CNKI)涉嫌违法处理个人信息行为进行立案调查。经查实,知网主要运营主体为同方知网(北京)技术有限公司、同方知网数字出版技术股份有限公司、《中国学术期刊(光盘版)》电子杂志社有限公司三家公司,其运营的手机知网、知网阅读等 14 款 App 存在违反必要原则收集个人信息、未经同意收集个人信息、未公开或未明示收集使用规则、未提供账号注销功能、在用户注销账号后未及时删除用户个人信息等违法行为。

2023 年 9 月 1 日,国家互联网信息办公室依据《中华人民共和国网络安全法》《中华人民共和国个人信息保护法》《中华人民共和国行政处罚法》等法律法规,综合考虑知网违法处理个人信息行为的性质、后果、持续时间,特别是网络安全审查情况等因素,对知网依法做出网络安全审查相关行政处罚的决定,责令停止违法处理个人信息行为,并处人民币 5000 万元罚款。

知网 9 月 6 日下午回应:诚恳接受,坚决服从。并表示将全面开展整改工作,进一步加强了网络安全、数据安全、个人信息保护等各项建设,接受主管部门的检查和指导与社会公众的批评和监督。

技 术 分 析

在信息时代,个人隐私权得到越来越多的关注。个人的隐私保护也是一个重要的信息伦理问题。除个人的隐私保护外我们还面临更多的信息伦理的挑战,如数据安全、信息诚信等。作为大学生需要掌握信息安全、信息伦理知识并能有效辨别虚假信息,了解相关法律法规与行为自律的要求。

知识与技能

一、信息安全与自主可控

(一)信息安全

国际标准化组织 ISO 提出信息安全的定义如下:为数据处理系统建立和采取的技术及管理保护,保护计算机硬件、软件、数据不因偶然及恶意的原因而遭到破坏、更改和泄露。这既包含了层面的概念,其中计算机硬件可以看作是物理层面,软件可以看作是运行层面,还有数据层面;又包含了属性的概念,其中破坏涉及的是可用性,更改涉及的是完整性,泄露涉及的是机密性。

信息安全的内容包含以下方面。

(1) 硬件安全:网络硬件和存储媒体的安全。要保护这些硬设施不受损害,能够正常工作。

(2) 软件安全:计算机及其网络中各种软件不被篡改或破坏,不被非法操作或误操作,功能不会失效,不被非法复制。

(3) 运行服务安全:网络中的各个信息系统能够正常运行并能正常地通过网络交流信

息。通过对网络系统中的各种设备运行状况的监测,发现不安全因素能及时报警并采取措施改变不安全状态,保障网络系统正常运行。

（4）数据安全:网络中存储及流通数据的安全。要保护网络中的数据不被篡改、非法增删、复制、解密、显示、使用等。它是保障网络安全最根本的目的。

（二）自主可控及信创产业

1. 自主可控

国家多次出台信息安全相关政策法规,将信息安全部署为国家重要战略。在 2016 年 10 月 9 日,习近平总书记在中共中央政治局第三十六次集体学习时就提出:"加快推进国产自主可控替代计划,构建安全可控的信息技术体系""实施网络信息领域核心技术设备攻坚战略"。网络空间已成为国家继陆、海、空、天四个疆域之后的第五疆域,与其他疆域一样,网络空间也需体现国家主权,保障网络空间安全也就是保障国家主权。自主可控是保障网络安全、信息安全的前提。能自主可控意味着信息安全容易治理、产品和服务一般不存在恶意后门并可以不断改进或修补漏洞;反之,不能自主可控就意味着具有"他控性",就会受制于人,其后果如下:信息安全难以治理、产品和服务一般存在恶意后门并难以不断改进或修补漏洞。

在评估信息领域重要项目或者制订发展规划时,常常需要论证是否达到自主可控的要求,倪光南院士对"自主可控"的一个全面诠释,可更准确地理解"自主可控"的概念和重要性。

（1）知识产权。在当前的国际竞争格局下,知识产权自主可控十分重要,做不到这一点就一定会受制于人。如果所有知识产权都能自己掌握当然最好,但实际上不一定能做到,这时如果部分知识产权能完全买断,或能买到有足够自主权的授权,也能达到自主可控。然而,如果只能买到自主权不够充分的授权,例如某项授权在权利的使用期限、使用方式等方面具有明显的限制,就不能达到知识产权自主可控。目前国家一些计划对所支持的项目,要求首先通过知识产权风险评估才能给予立项,这种做法是正确的、必要的。标准的自主可控化可归入这一范畴。

（2）技术能力。技术能力自主可控意味着要有足够规模的、能真正掌握该技术的科技队伍。技术能力可以分为一般技术能力、产业化能力、构建产业链能力和构建产业生态系统能力等层次。产业化能力的自主可控要求使技术不能停留在样品或试验阶段,而应能转化为大规模的产品和服务。产业链的自主可控要求在实现产业化的基础上,围绕产品和服务,构建一个比较完整的产业链,以便摆脱产业链上下游的制约,具备足够的竞争力。产业生态系统的自主可控要求能营造一个支撑该产业链的生态系统。

（3）发展。有了知识产权和技术能力的自主可控,一般是能自主发展的,但这里再特别强调一下发展的自主可控也是必要的。因为我们不但要看到现在,还要着眼于今后相当长的时期,对相关技术和产业而言,都能不受制约地发展。

（4）国产资质。一般来说,"国产"产品和服务容易符合自主可控要求,因此实行国产替代对于达到自主可控是完全必要的。不过现在对于"国产"还没有统一的界定标准。

现在人们大多是根据产品和服务提供者资本构成的"资质"进行界定,包括内资（国有、混合所有制、民营）、中外合资、外资等。如果是内资资质,则认为其提供的产品和服务是"国产"的。由于历史原因,中国网络公司很多是外资控股,为了改变资质,有的引入了"实际控制人"概念,有人将这类企业称为 VIE,对此,业界仍在讨论中。

实践表明,光考察资质是不够的,为了防止出现"假国产",建议对产品和服务实行"增值"评估,即仿照美国的做法,评估其在中国境内的增值是否超过 50%。如某项产品和服务在中国的增值很小,意味着它是从国外进口的,达不到自主可控要求。这样,可以防止进口硬件通过"贴牌"或"组装"变成"国产";防止进口软件和服务通过由国产系统集成商将它们集成在国产解决方案中,变成"国产"软件和服务。

2. 信创产业

(1)信创产业的产生。过去的很多年,由于历史的原因,我们国家在信息技术领域长期处于模仿和引进的地位。国际 IT 巨头占据了大量的市场份额,也垄断了国内的信息基础设施。他们制定了国内 IT 底层技术标准,并控制了整个信息产业生态。随着中国国力的不断崛起,某些国家主动挑起贸易和科技领域的摩擦,试图打压中国的和平发展。作为国民经济底层支持的信息技术领域,自然而然地成为他们的重点打击对象。面对日益增加的安全风险,我们国家必须尽快实现自主可控。于是,"信创"就正式被提了出来。

2016 年 3 月 4 日,24 家专业从事软硬件关键技术研究及应用的国内单位,共同发起成立了一个非营利社会组织,并将其命名为"信息技术应用创新工作委员会"。这个委员会简称"信创工委会",这就是"信创"这个词的最早由来。工委会成立后不久,全国各地相继又成立了大量的信创产业联盟。这些联盟共同催生了庞大的信息技术应用创新产业,也被称为"信创产业",简称"信创"。

(2)信创产业的组成部分。信创产业是一条庞大的产业链,主要涉及以下四大部分。

- IT 基础设置:CPU 芯片、服务器、存储、交换机、路由器、各种云等。
- 基础软件:操作系统、数据库、中间件、BIOS 等。
- 应用软件:OA、ERP、办公软件、政务应用、流版签软件等。
- 信息安全:边界安全产品、终端安全产品等。

其中,国产 CPU 和操作系统是信创产业的根基,也是信创产业中技术壁垒最高的环节。没有 CPU 和操作系统的安全可控,整个信创产业就是无根之木、无源之水。而操作系统在 IT 国产化中扮演着承上启下的重要作用,承接上层软件生态和底层硬件资源。操作系统国产化是软件国产化的根本保障,是软件行业必须要攻克的阵地。目前,国产操作系统经过多年的研发,已过了启蒙阶段、发展阶段、壮大阶段,已经比较好用易用。

(3)信创产业的发展。信创关系到网络安全和国家安全,一直以来受到国家的大力支持和推动,经历了以下发展阶段。

① 开始起步阶段(2006—2013 年):2006 年国家启动核高基战略,我国的自主芯片雏形初现,基础软硬件实现零的突破。

② 初步试点阶段(2014—2017 年):2014 年国家网络安全与信息化领导小组成立,2016 年信创工作委员会成立,该阶段国家选择 15 家单位开展党政信创工程第一批试点;在小型机领域,金融行业出现去 IOE(IBM 主机、Oracle 数据库、EMC 存储)信创案例。

③ 规模化试点阶段(2017—2019 年):2017 年全国网络安全与信息化工作会议召开,党政信创工程第二期试点启动,100 余家单位开展试点,2019 年党政信创工程二期试点完成。该阶段飞腾、鲲鹏、龙芯、申威、兆芯等多路线快速突破,基础软硬件从无到有,党政信创快速推进,产业生态逐渐丰富。

当前信创处在全面应用推广的新阶段(2020 年至今):2020 年党政信创三期开始招标,党政信创确定三年完成的计划表,并由党政信创为主,向金融、医院、教育、航空航天、石油、电力、电信、交通等重点行业领域全面推广。新阶段出现飞腾 2000＋、鲲鹏 920、麒麟操作系统 V10 等自主安全基础软硬件最新成果。

国务院印发的《"十四五"数字经济发展规划》中，"十四五"数字经济发展主要指标明确指出到 2025 年行政办公及电子政务系统要全部完成国产化替代。

2022 年 9 月底国资委下发 79 号文，全面指导国资信创产业发展和进度。政策要求所有央企国企在 2022 年 11 月基于计划上报替换的系统，2023 年每季度向国资委汇报。到 2027 年央企国企 100% 完成信创替代，替换范围涵盖芯片、基础软件、操作系统、中间件等领域。

党的二十大报告再定增强国家安全主基调，重申发展信创产业，实现关键领域信息技术自主可控的重要性。

二、信息伦理与社会责任

（一）信息伦理

信息伦理是指涉及信息开发、信息传播、信息的管理和利用等方面的伦理要求、伦理准则、伦理规约，以及在此基础上形成的新型的伦理关系。信息伦理又称信息道德，它是调整人们之间以及个人和社会之间信息关系的行为规范的总和。

信息伦理不是由国家强行制定和强行执行的，是在信息活动中以善恶为标准，依靠人们的内心信念和特殊社会手段维系的。信息伦理结构的内容可概括为两个方面和三个层次。

1. 信息伦理的两个方面

信息伦理有两个方面：主观方面和客观方面。

主观方面是指人类个体在信息活动中以心理活动形式表现出来的道德观念、情感、行为和品质，如对信息劳动的价值认同，对非法窃取他人信息成果的鄙视等，即个人信息道德。

客观方面是指社会信息活动中人与人之间的关系以及反映这种关系的行为准则与规范，如扬善抑恶、权利义务、契约精神等，即社会信息道德。

2. 信息伦理的三个层次

信息伦理有三个层次：信息伦理道德意识、信息伦理道德关系、信息伦理道德活动。

信息伦理道德意识：信息伦理的第一个层次，它包括与信息相关的道德观念、道德情感、道德意志、道德信念、道德理想等。这些元素构成信息道德行为的深层心理动因，并且集中体现在信息道德原则、规范和范畴之中。

信息伦理道德关系：作为信息伦理的第二个层次，它涉及个人与个人、个人与组织以及组织间的关系。这种关系是基于一定的权利和义务之上，并通过信息伦理道德规范的形式表现出来。它不仅受到经济关系和其他社会关系的制约，而且通过共同认同的信息道德准则和规范得以维系。

信息伦理道德活动：作为信息伦理的第三个层次，它涵盖信息道德行为、信息道德评价、信息道德教育以及信息道德修养等活动。这一层级的活动是信息道德实践的核心部分，体现了信息伦理在现实生活中的具体应用和发展方向。

总的来说，作为意识现象的信息伦理，它是主观的东西；作为关系现象的信息伦理，它是客观的东西；作为活动现象的信息伦理，则是主观见之于客观的东西。换言之，信息伦理是主观方面（即个人信息伦理）与客观方面（即社会信息伦理）的有机统一。

（二）信息社会责任

信息技术的发展给人类生活、学习带来诸多机遇，但社会成员在享受信息技术带来便利的同时,也要承担相应的信息社会责任。信息社会责任是指信息社会中的个体在文化修养、道德规范和行为自律等方面应尽的责任。社会成员在享有信息技术带来的充分便利时,也被赋予新的社会责任,即信息社会责任。

信息社会责任一般有两层含义:第一层含义是对信息技术负责,即负责任、合理、安全地使用技术;第二层含义是指对社会及他人负责任,即信息行为不能损害他人权利,要符合社会的法律法规、道德伦理等。

具备信息社会责任的学生包含以下几个方面。

(1) 具有一定的信息安全意识与能力,能够遵守信息法律法规,信守信息社会的道德与伦理准则,在现实空间和虚拟空间中遵守公共规范,既能有效维护信息活动中个人的合法权益,又能积极维护他人合法权益和公共信息安全。

(2) 关注信息技术革命所带来的环境问题与人文问题。

(3) 对于信息技术创新所产生的新观念和新事物,具有积极学习的态度、理性判断和负责行动的能力。

三、信息化法律法规与行为自律

(一)信息化法律法规

我国在信息产权方面的立法,先后颁布实施了《中华人民共和国商标法》《中华人民共和国专利法》《中华人民共和国著作权法》《计算机软件保护条例》《计算机软件著作权登记办法》《关于制作数字化制品的著作权规定》等。同时为与国际信息市场接轨,我国先后加入了世界知识产权组织及《保护工业产权巴黎公约》《世界版权公约》《商标国际注册马德里协定》《保护文学和艺术作品伯尼尔公约》《专利合作条约》等国际性知识产权保护公约。

在信息安全与保护方面的立法上已经制定了《中华人民共和国网络安全法》《中华人民共和国电子签名法》《中华人民共和国密码法》《中华人民共和国数据安全法》《中华人民共和国个人信息保护法》《中华人民共和国保守国家秘密法》《中华人民共和国档案法》以及各部委制定的相关法规。如国家科技部的《科学技术保密条例》,国家保密局和新闻出版署等共同颁布的《新闻出版保密规定》,以及国务院颁布的《计算机信息系统安全保护条例》等。

在信息市场方面的立法,先后颁布实施了《中华人民共和国技术合同法》《中华人民共和国反不正当竞争法》《中华人民共和国广告法》。

在计算机网络的管理方面,有《计算机信息网络国际联网管理暂行规定》《中国互联网络域名注册暂行管理办法》《计算机信息网络国际联网管理暂行规定实施办法》《关于维护互联网安全的决定》等。

在促进产业发展方面,颁布了《中华人民共和国电信条例》《软件企业认定标准及管理办法》《软件产品管理办法》等。

(二)行为自律

在信息社会中,无论从事何种职业,都应当自觉遵守信息伦理,保持行为自律。

(1) 坚守健康的生活情趣。生活情趣是人类精神生活的一种追求和境界。培养健康的生活情趣,要加强道德修养,树立正确的生活目的,坚持不断地学习和对不良信息的抵御。

(2) 培养良好的职业态度。职业态度主要是指从业人员对自己所从事职业的看法以及所表现的行为举止。职业态度包括选择方法、工作取向、独立决策能力与选择过程的观念。简而言之,职业态度就是指个人对职业选择所持的观念和态度。积极的职业态度可促使人自觉学习职业知识,钻研职业技术和技能,并对本职工作表现出极高的认同感。

（3）秉承端正的职业操守。职业操守是指人们在从事职业活动中必须遵从的最低道德底线和行业规范。良好的职业操守包括诚信的价值观、遵守公司法规、确保公司资产安全、诚实地制作工作报告、不要泄密给竞争对手等。

（4）尊重和保护知识产权。知识产权是指智力劳动产生的成果所有权,它是依照各国法律赋予符合条件的著作者及发明者或成果拥有者在一定期限内享有的独占权利。在工作中必须尊重知识产权和版权,不盗用他人的知识和成果,不复制、传播侵权的软件、音乐、电影等作品,不滥用他人的知识产权,损害他人的合法权益。此外,还应该尊重自己的知识产权,并对自己的创作进行版权保护。

（5）规避产生不良记录。"不良行为"泛指一切违反社会规范的行为,包括违反一般生活准则的行为,违反社会生活、学习、劳动纪律、企业管理等公共道德规范的行为,违反法律规范的行为和犯罪行为。为了规范行业行为,营造良好的行业环境,各行各业都在积极建立行业"黑名单"和行业禁入制度,有效防范市场经济中的失信行为。

案 例 实 现

案例1.3中知网在处理个人信息方面存在以下违法行如下。

（1）违反必要原则收集个人信息:知网在收集个人信息时未遵守必要性原则,收集了大量不必要的个人信息,侵犯了用户的隐私权。

（2）未经同意收集个人信息:公司在未获得用户充分同意的情况下,擅自收集用户的个人信息,违反了《中华人民共和国个人信息保护法》的相关规定。

（3）未公开或未明示收集使用规则:知网未充分披露个人信息的收集和使用规则,用户无法清楚地了解公司对其信息的处理方式。

（4）未提供账号注销功能:公司未提供便捷的账号注销功能,使用户难以退出平台,严重侵犯了用户的权利。

（5）未及时删除用户个人信息:在用户注销账号后,知网未能及时删除用户的个人信息,导致用户的信息得不到有效保护。

知网的事件也让我们看到了个人信息保护的重要性。个人信息从收集、储存到应用的各个环节,均存在泄露风险点。从"精准画像"到"大数据杀熟",从钓鱼网站、木马病毒到垃圾短信、骚扰电话……大数据时代,隐私"裸奔"的危害有目共睹。在这种情况下,保护我们的个人信息就显得尤为重要。首先,我们需要明确自己的个人信息被哪些应用收集,并了解这些应用如何使用和存储这些信息。其次,我们需要谨慎对待需要提供个人信息的行为,只在必要的情况下提供必要的个人信息。最后,我们还需要关注应用的隐私政策,了解自己的权利,并知道如何行使这些权利。

单 元 练 习

一、填空题

1. 信息伦理又称_____,它是调整人们之间以及个人和社会之间信息关系的行为规范的总和。

2. 任何个人和组织有权对危害网络安全的行为向_____等部门举报。

3. 信创全称为_____。

二、选择题

1. 小陈将某正版游戏软件破解后上传到自己的网盘,分享给其他同学下载使用,但同学不认同他的做法,主要原因是(　　)。

　　A. 软件不具有共享性　　　　　　　　B. 共享网盘中的软件不安全

　　C. 破解后的软件会感染病毒　　　　　D. 软件产权受法律保护

2. 下列不属于信息伦理范围的是(　　)。

　　A. 在检索信息的过程中,使用合适的检索方法与技巧

　　B. 不使用信息暴力

　　C. 在信息交流的过程中要保护别人的隐私信息

　　D. 在获取与利用信息的时候要尊重知识产权

3. 根据我国相关法律的规定,下列关于个人信息保护的说法,正确的是(　　)。

　　A. 作为公众人物,明星的住址、手机号等个人信息可以作为商品出售

　　B. 网络运营商可以向其他商业机构转发其收集的用户个人信息

　　C. 未经被收集者同意,不得向他人提供个人信息

　　D. 超市未经允许将会员信息提供给第三方

4. 为了保障个人信息安全,下列措施有效的是(　　)。

　　A. 关闭防火墙软件　　　　　　　　　B. 提升自身的信息安全意识

　　C. 个人敏感信息保存在 U 盘中　　　　D. 个人账户的密码不要定期更改

5. 大力发展信创的根本原因是(　　)。

　　A. 自主可控,解决本质安全问题　　　B. 市场行为,从中赚取利润

　　C. IT 行业发展需要　　　　　　　　　D. 国家政策要求

三、判断题

1. 可以在竞争公司计算机中植入木马程序以获取有利信息。　　　　　　　(　　)

2. 软件未经授权使用、复制都是非法的。　　　　　　　　　　　　　　　(　　)

3. 软件和书籍不同,可以不受知识产权法的保护。　　　　　　　　　　　(　　)

4. 存储、处理涉及国家秘密信息的网络的运行安全保护,除应当遵守《中华人民共和国网络安全法》外,还应当遵守保密法律、行政法规的规定。　　　　　　　　　　　　(　　)

5. 没有网络安全就没有国家安全。　　　　　　　　　　　　　　　　　　(　　)

四、简答题

1. 什么是信息安全?简要描述其概念和重要性。

2. 什么是信息伦理?

3. 列举一些常见的信息安全威胁和攻击方式。

五、思考题

1. 如何保护个人信息安全和隐私?

2. 为什么要大力发展信创产业?

模块 2　图文处理技术

学 习 提 示

在当今信息化的时代,随着计算机教育的普及和计算机技术的发展,社会对信息的需求越来越大,同时对人们的信息处理能力提出了更高的要求。在日常生活和实际办公中,最常见的信息处理就是图文信息处理。计算机的图文信息处理技术是利用计算机对文字、图片、图像、图形等资料进行录入、编辑、排版和文档管理。掌握图文处理技术,有助于更规范、更有效率地完成日常文字处理工作。

本模块主要介绍文档的基本编辑、图片的插入和编辑、表格的插入和编辑、样式与模板的创建和使用、多人协同编辑文档等内容,以便快速、高效地完成图、文、表等编辑排版,使文档更加专业、美观并易于阅读。

本模块知识技能体系如图 2-1 所示。

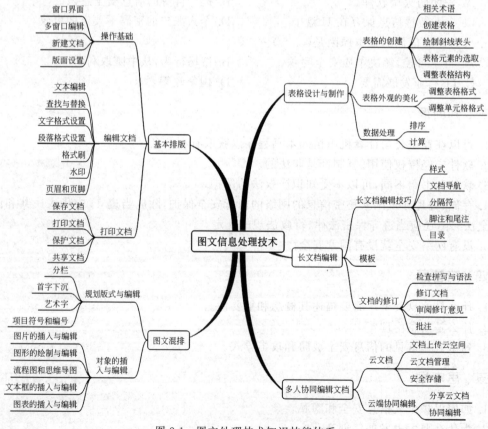

图 2-1　图文处理技术知识技能体系

工 作 标 准

- 《党政机关公文格式》　GB/T 9704—2012
- 《学术论文编写规则》　GB/T 7713.2—2022
- 《信息与文献——参考文献著录规则》　GB/T 7714—2015
- 《校对符号及其用法》　GB/T 14706—1993

单元 2.1　文档基本编辑技术

学 习 目 标

知识目标：

1. 了解 WPS 的基本功能和运行环境；

2. 掌握视图、页边距、段落缩进等基本概念；

3. 了解 PDF 文件格式。

能力目标：

1. 掌握文档的基本操作，如打开、复制、保存等；

2. 熟悉自动保存文档、联机文档、保护文档、检查文档、将文档发布为 PDF 格式、加密发布 PDF 格式文档、打印文档等操作；

3. 掌握文本编辑、文本查找和替换、段落的格式设置等操作。

素养目标：

1. 能够定义和描述信息需求；

2. 掌握信息的常用表达方式和处理方法，并将其与具体问题相联系。

工 作 任 务

任务 2.1　调研报告排版

　　某省份的科技发展协会组织以秦创原创作为新型科创企业代表并撰写了一份针对"创新驱动平台建设"的调研报告，如图 2-2 所示。

图 2-2　"调研报告"排版后效果

报告排版时应遵循整齐、美观的原则。

技 术 分 析

完成本任务涉及以下文档基本编辑技术：一是文档的建立与保存，文本的输入；二是文档的编辑与美化；三是文档的打印输出。

知识与技能

一、文档操作基础

（一）图文信息处理技术概述

图文信息处理是将文字、图片信息按要求进行加工和再现的技术。图文信息处理的过程大致分为图文的输入、图文的处理和图文的输出三个过程。图文的输入是将构成作品的文字、符号、图形、图像等以二进制数字编码方式存入计算机。文字和通用性较高的一般符号可直接用键盘输入，偶尔也采用光电扫描识别方式输入，但有一定误差，也可以通过软件将语音直接转换为文字。图形一般可借助相应软件用键盘配合鼠标输入，或用数字化仪输入。图像常用扫描方式输入，偶尔也利用视频捕获卡将视频文件中的画面截取输入。图文信息处理过程中常用的工具有 Microsoft Office、WPS Office 等。图文信息的输出是将计算机中制作好的图像和文字通过打印机等设备进行打印操作。

目前在计算机上常用到的图文编辑软件。

1. Microsoft Office

Microsoft Office 是目前全球最主流的文档处理软件，由微软公司开发。它包括了多个常用的办公软件，如 Word、Excel、PowerPoint 等。Microsoft Office 拥有强大的功能和丰富的模板库，可以满足各种办公需求。其界面友好、操作简单，支持多平台使用，具有良好的兼容性。此外，Microsoft Office 还提供了云端服务，用户可以随时随地进行文档编辑和共享，方便实用。

2. WPS Office

WPS Office 是金山软件公司开发的一款办公软件套装。它包含了 Writer、Spreadsheets 和 Presentation 三个主要组件，与 Microsoft Office 具有较高的兼容性。WPS Office 操作简单，界面简洁美观，同时还集成了海量的 Office 模板，方便用户使用。与此同时，WPS Office 还提供了 PDF 转换和压缩等实用功能，可以满足用户对于文档处理的多种需求。

3. Google Docs

Google Docs 是由 Google 公司推出的在线文档处理工具。它无须下载安装，只需在浏览器中打开就可以使用。Google Docs 与 Google Drive 相互集成，用户可以将文档直接存储在云端，方便多设备访问和共享。Google Docs 具备与 Microsoft Office 相当的功能，同时还支持协同编辑和实时评论，多人合作编写文档更加方便高效。同时，Google Docs 还提供了各种文档模板，用户可以选择适合自己的模板进行编辑。

4. iWork

iWork 是以 Mac 方式创建文档、电子表格和演示文稿的最轻松途径，适用于 iPad、iPhone 和 iPod touch，可与 Microsoft Office 兼容，是苹果公司深受用户欢迎的办公自动化套装软件。iWork 包括了三个部件：文字处理和排版软件 Pages、电子表单软件 Numbers 和幻灯片制作展示软件 Keynote。

（二）WPS 窗口界面

WPS 窗口由快速访问工具栏、标题栏、功能区、工作区、状态栏及文档视图工具栏、显示比例控制栏、滚动条、标尺等部分组成，如图 2-3 所示。

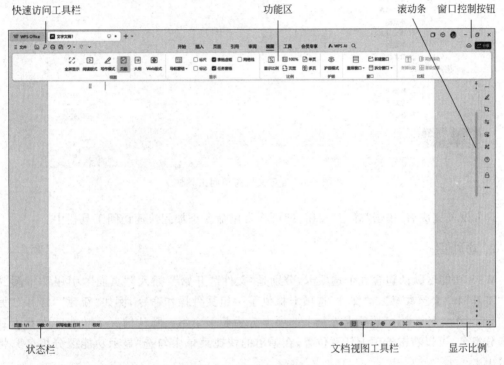

图 2-3　WPS 文字窗口

1. 快速访问工具栏

快速访问工具栏中可以放置用户常用的一些命令。默认情况下，该工具栏中包含"保存""输出为 PDF""打印""打印预览""撤销""重复"及"自定义快速访问工具栏"命令按钮。用户可以根据需要，通过"自定义快速访问栏"命令按钮对该工具栏中的命令按钮进行增删。操作步骤如下。

（1）单击"自定义快速访问工具栏"按钮，在弹出的快捷菜单中选择需要显示在快速访问工具栏中的命令即可添加。

（2）在上一步弹出的快捷菜单中选择"其他命令"，或者右击"快速访问工具栏"并在弹出的快捷菜单中选择"自定义快速访问工具栏"命令，打开"选项"对话框，如图 2-4 所示。

（3）在"选项"对话框左侧选项中选择"快速访问工具栏"，从中间的命令列表中选择需要的命令，单击"添加"按钮，将其添加至"自定义快速访问工具栏"命令列表中。

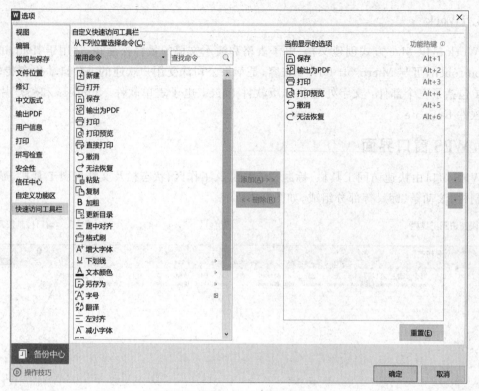

图 2-4　自定义快速访问工具栏

（4）设置完成后，单击"确定"按钮，即可将常用命令添加到快速访问工具栏中。

2. 功能区

WPS功能区默认包含九个选项卡，分别是"文件""开始""插入""页面""引用""审阅""视图""工具"和"会员共享"。"文件"选项卡提供了一组文件操作命令，例如"新建""打开""另存为""打印"等。除"文件"选项卡外每个选项卡分为若干个组。默认情况下功能区中看不到选项卡分组名，可以右击选项卡任意位置，在弹出的快捷菜单中勾选"显示功能区分组名"，将其显示出来。

右击功能选项卡任意位置，在弹出的快捷菜单中不勾选"显示功能区"命令，可将功能选项卡暂时隐藏起来，只显示各选项卡的名称，增加工作区面积，方便用户编辑文档。

3. 文档视图

视图是查看文档的方式。WPS有五种视图：阅读版式、写作模式、页面视图、大纲视图和Web版式视图。在WPS窗口下方的文档视图工具栏有"页面视图""大纲视图""阅读版式""Web版式视图"和"写作模式"5个视图按钮。或者在"视图"选项卡的"视图"组中单击各视图按钮，也可以按相应视图模式显示文档。

（1）页面视图。页面视图是最常用的视图模式，主要用于版式设计。用户看到的文档显示样式即是打印效果，主要包括页眉、页脚、图形对象、分栏设置、页面边距等元素，即"所见即所得"。

（2）大纲视图。大纲视图主要用于设置文档的设置和显示层级结构，并可以方便地折叠和展开各种层级的文档，也可以对大纲中的各级标题进行"上移"或"下移""提升"或"降低"等调整结构的操作。大纲视图适用于具有多重标题的文档,可以按照文档中标题的层次来查看文档。

(3)阅读版式。阅读版式适于阅读长篇文章,在字数多时会自动分成多屏。进入阅读视图后,窗口中的所有工具都隐藏了,没有页的概念,也不显示页眉和页脚,在屏幕的顶部显示文档当前的屏数和总屏数。在该视图下不能编辑或修改文档。

(4)Web 版式视图。Web 版式视图可以查看 Web 页在 Web 浏览器中的效果。Web 版式视图不显示页码和章节号信息,超链接显示为带下划线文本,适用于发送电子邮件和创建网页。

(5)写作模式。WPS 写作模式界面比较简洁,能够提供给用户专注的书写环境。包括护眼模式、历史版本、诗词库等。

(三)多窗口编辑技术

1. 文档前后文对比

WPS 的文档窗口可以拆分为两个窗口,在两个子窗口中可以同时查看一个文档的两个不同部分,也可以分别进行编辑、排版操作。拆分窗口的操作步骤如下。

(1)单击"视图"选项卡"窗口"组中的"拆分窗口"按钮,可以选择对当前窗口进行"水平拆分"或"垂直拆分",即当前窗口被一条双线型水平线条分割为上下相等的两个子窗口或一条双线型垂直线条分割为左右相等的两个子窗口。

(2)窗口拆分后,如果想调整窗口大小,将鼠标光标移到窗口分割线上,当鼠标光标变成上下箭头或左右箭头时,拖动鼠标可以随时调整窗口的大小。

拆分后的窗口重新合并为一个窗口的操作方法有以下两种。

(1)单击"视图"选项卡"窗口"组中的"取消拆分"按钮。

(2)按住窗口分割线不松开,当此时窗口分割线变成一条灰色水平线,拖动该水平线至上方子窗口编辑区顶部或下方子窗口编辑区底部,当此时窗口分割线变成一条灰色垂直线,拖动该水平线至上方子窗口编辑区左部或下方子窗口编辑区右部。

2. 多文档窗口对比

WPS 可以将两个文档窗口并排查看,方便进行文档比较。操作方法如下。

(1)单击"视图"选项卡中的"并排查看"按钮,两个文档进入"同步滚动"状态,当滚动鼠标滚轮时,两个文档将同时翻动,方便查找修改痕迹。

(2)单击"视图"选项卡"窗口"组中的"同步滚动"按钮,可以取消同步滚动功能,分别查看每个文档。

(四)创建空白新文档

创建空白的新文档的操作步骤如下。

(1)在 Windows 10 的"开始"菜单中选择 WPS Office 命令,打开 WPS 应用程序窗口,单击"文字"按钮,选择模板后,系统自动创建文档编辑窗口,并用"文字文稿 1"命名,如图 2-5 所示。

(2)如果已经启动了 WPS 应用程序,在已打开的文档中,在"文件"选项卡中选择"新建"命令,单击"空白文档"选项(图 2-5),系统会自动创建一个基于 Normal 模板的空白文档。

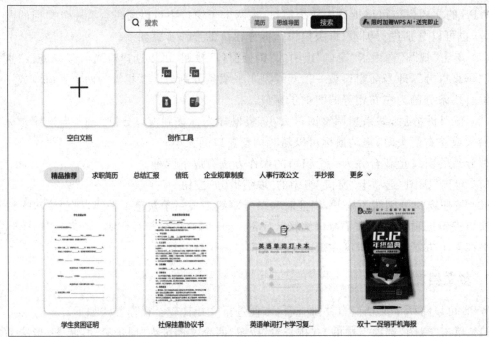

图 2-5　新建 WPS 空白文档

（五）文档版面设置

页面设置功能对文档的纸张方向、大小、页边距等页面布局进行调整。其中页边距是页面中正文部分到页面四周的距离（图 2-6），在页边距内部的可打印区域中既可以插入文字和图形，也可以将某些项目放置在页边距区域中（如页眉、页脚和页码等）。

不同类型的文档对页面有不同的要求。在对页面有特殊要求或者页面内有特殊对象（如表格、图形、公式等）的文档进行排版时，应先进行页面设置，可以简化后期排版工作。页面设置的操作如下。

在"页面"选项卡中可以通过单击"页边距""纸张方向""纸张大小"和"文字方向"按钮设置

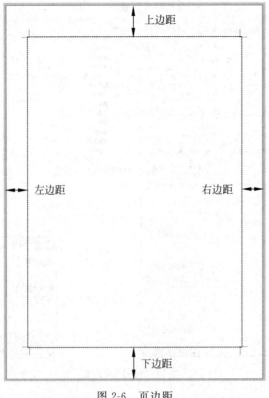

图 2-6 页边距

文档的页面;也可以单击"页面设置"组右下角的箭头按钮 ⤵,在打开的"页面设置"对话框中进行相应的设置。

二、编辑与美化文档

(一)文本的编辑

1. 插入特殊符号

在 WPS 文档中输入文本时,有时需要输入键盘上没有的特殊符号,操作步骤如下。

(1) 利用 WPS 插入特殊符号。在"插入"选项卡中单击"符号"按钮,在下拉菜单中选择"其他符号"命令,打开"符号"对话框。在"符号"选项卡中可以查看特殊字符。在"特殊字符"选项卡中也包含一些特殊符号,如图 2-7 所示。

(2) 利用输入法插入特殊字符。以搜狗拼音输入法为例,说明插入特殊字符的操作步骤。单击输入法工具栏上的"输入方式"按钮,在弹出的菜单中选择"特殊符号"按钮,打开"符号大全"对话框,选择需要的特殊符号。或者单击"软键盘"按钮,在弹出的软键盘上再单击"软键盘"按钮,选择需要输入的特殊符号相应的软键盘,然后在软键盘上单击需要的特殊符号。

2. 移动与复制文本

在编辑文档的过程中,常常需要移动或复制文本内容,操作步骤如下。

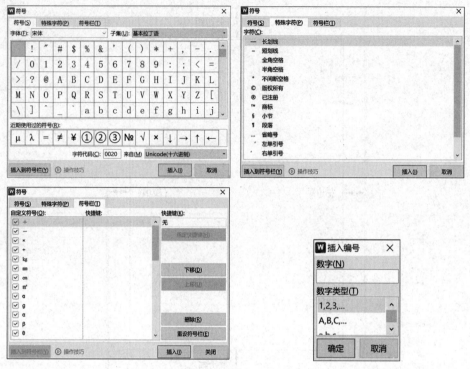

图 2-7 "符号"对话框

（1）使用剪贴板移动、复制文本。选中要移动（或复制）的文本，在"开始"选项卡"剪贴板"组中单击"剪切"按钮（或"复制"按钮），或者按 Ctrl＋X（或 Ctrl＋C）组合键；将鼠标光标移动至新位置，然后在"开始"选项卡"剪贴板"组中单击"粘贴"按钮，或者 Ctrl＋V 组合键，将文本移动（或复制）至新位置。

（2）使用命令移动、复制文本。选中要移动（或复制）的文本，右击在弹出的快捷菜单中选择"剪切"（或复制）命令；然后将光标移动至新位置，右击，在弹出的快捷菜单中选择"粘贴"命令，将文本移动（或复制）至新位置。

（3）使用鼠标光标移动、复制文本。选中要移动（或复制）的文本，单击并拖动鼠标至新位置，松开鼠标，即可移动文本。如果在移动鼠标的同时按住 Ctrl 键，即可复制文本。

3. 选择性粘贴

选择性粘贴是一种粘贴选项，通过使用选择性粘贴，能够将剪贴板中的内容粘贴为不同于内容源的格式，此功能在跨文档之间进行粘贴时非常实用。选择性粘贴的操作步骤如下。

复制选中的文本后，将光标移动至目标位置，在"开始"选项卡"剪贴板"组中单击"粘贴"下三角按钮，在列表中选择粘贴选项或者"选择性粘贴"命令，在弹出的"选择性粘贴"对话框中选择需要的粘贴选项，单击"确定"按钮即可，如图 2-8 所示。

（二）查找与替换

1. 查找文本

查找文本的操作步骤如下。

单击"视图"选项卡的"文档窗格"选项，在文档左侧会出现"导航"窗格。在该窗格中输入

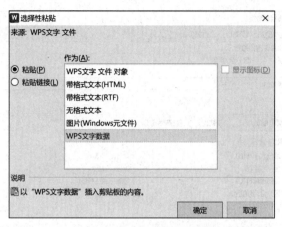

图 2-8　"选择性粘贴"对话框

要查找的内容后,窗格下方会显示查找结果,同时在文档中会将查找到的内容以黄色突出显示出来,如图 2-9 所示。

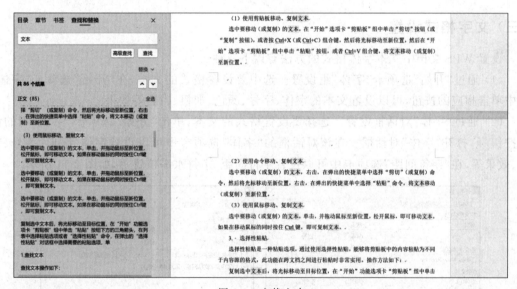

图 2-9　查找文本

2. 替换文本

替换文本的操作步骤如下。

(1) 单击"开始"选项卡"查找替换"中的"替换"按钮,弹出"查找和替换"对话框。

(2) 在"查找和替换"对话框的"替换"选项卡中如果进行查找,选择"查找"选项卡;如果进行替换,选择"替换"选项卡。在"查找内容"和"替换为"的文本框中输入要查找或要替换的内容。"查找和替换"对话框中的"高级搜索""格式""特殊格式"按钮可以对文档进行格式替换、特殊字符替换等操作,如图 2-10 所示。

(3) 单击"查找和替换"对话框中的"查找下一处"按钮,会选中文档中的查找内容,单击"替换"按钮,将其替换。如果单击"全部替换"按钮,可以一次将文档中所有查找到的内容替换,全部替换之后会出现提示总共替换了多少处的提示。

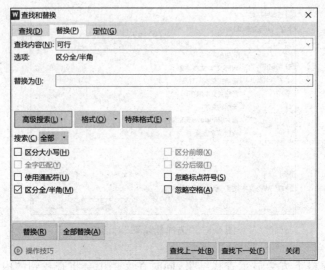

图 2-10　"查找和替换"对话框

（三）文字格式设置

设置 WPS 文档中文本字体格式的方法有以下三种。

（1）通过"开始"选项卡"字体"组设置。选中要设置格式的文本，在"开始"选项卡"字体"组中单击相应的按钮，可以设置文本的字体、字号、颜色、加粗、阴影等效果。

（2）通过"字体"对话框设置。选择要设置格式的文本，单击"开始"选项卡"字体"组的箭头按钮 ↘，打开"字体"对话框。在该对话框的"字体"选项卡中可以设置字体、字形、字号、颜色、效果等，在"字符间距"选项卡中可以设置字符间距、字符水平位置等，如图 2-11 所示。

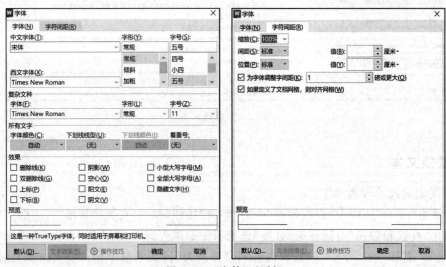

图 2-11　"字体"对话框

（3）通过浮动工具栏设置。选中要设置格式的文本，此时在文本右上侧会出现一个若隐若现的"浮动工具栏"，鼠标指针越靠近它，它就显示得越清晰，直至完全清晰显示出来。在"浮动工具栏"中提供了常用的字体格式化命令（图 2-12），根据需要单击相应按钮，即可将设置快速应用到选中的字体上。

图 2-12　浮动工具栏

（四）段落格式设置

设置 WPS 文档文本段落格式的方法有以下两种。

（1）通过"开始"选项卡设置。选中要设置格式的段落，在"开始"选项卡"段落"组中单击相关按钮，可以设置段落的对齐方式、行距、底纹等格式。

（2）通过"段落"对话框设置。选择要设置格式的段落，单击"开始"选项卡中"段落"组的箭头按钮 ↳，打开"段落"对话框（图 2-13），在其中可以进行对齐方式、行距、段前或段后间距等设置。

其中段落缩进是指文档中为了突出某个段落而设置的在段落两侧留出的空白位置，包括以下四种缩进方式。

① 首行缩进：每个段落中第一行第一个字符的缩进空格位。中文段落普遍采用首行缩进两个字符。

② 悬挂缩进：段落的首行起始位置不变，其余各行一律缩进一定距离。这种缩进方式常用于词汇表、项目列表等文档。

③ 左（右）缩进：整个段落都向左（右）缩进一定距离。

图 2-13　"段落"对话框

（五）格式刷

格式刷是 WPS 中的一种工具，可以快速将指定段落或文本的格式沿用复制到其他段落或文本上，以减少重复性的排版操作，提高排版效率。使用格式刷的操作方法如下。

（1）选定要复制格式的文本或段落。

（2）如果仅复制一次格式，则在"开始"选项卡"剪贴板"组中单击"格式刷"按钮；如果要将格式复制多次，则双击"格式刷"按钮 ⬚ 。

（3）将光标移至要改变格式的文本处，按住鼠标左键选定要应用此格式的文本，即可完成格式复制。如果是双击"格式刷"，复制格式完成后，需要按 Esc 键退出格式刷模式。

（六）页眉和页脚

1. 设置页眉和页脚

页眉位于一页的顶部，通常用于设置整个文档的名称或某页文档的名称；页脚位于一页的底部，通常用于设置文档的页码、文档作者的姓名、文档写作的日期等。页眉和页脚只有在页面视图和打印预览方式中才能看到。

如果文档已经存在页眉、页脚，可以双击页面的顶部或底部的页眉、页脚区域，快速进入页眉、页脚编辑区。如果是首次设置页眉和页脚，操作步骤如下。

（1）单击"插入"选项卡中的"页眉页脚"按钮，或者双击页眉页脚空白处。

（2）当前页的页眉页脚进入编辑状态，输入页眉内容。此时功能区会出现"页眉页脚"选项卡，对页眉样式进行编辑，如图2-14所示。

图2-14 "页眉页脚"选项卡

（3）编辑完成后，单击"关闭"按钮，即退出页眉编辑状态。

2. 插入页码

可以在页眉或页脚中插入页码，操作步骤如下。

（1）单击"插入"选项卡中的"页码"按钮，在列表中选择页码的位置和版式，即可在页眉或页脚中插入页码。

（2）此时进入页眉页脚编辑状态，单击"页眉页脚"选项卡中的"页码"按钮，在列表中选择"页码"命令，弹出"页码"对话框，可以在其中设置页码格式，如图2-15所示。

图2-15 "页码"对话框

（七）水印

水印功能可以给文档中添加任意的图片和文字作为背景图片。通过水印告诉别人这篇文档是保密的，或者是谁制作，或者需要紧急处理等。如果将水印设置为图片也可以美化文档。添加水印的操作步骤如下。

（1）单击"页面"选项卡中"水印"按钮，在列表中可以选择已经定义好的水印。

（2）如果自定义水印，在列表中选择"插入水印"命令，打开"水印"对话框，在该对话框中设置水印，如图2-16所示。添加水印后的效果如图2-17所示。

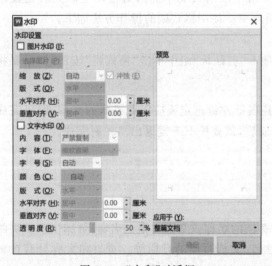

图2-16 "水印"对话框

图2-17 "水印"效果

三、保存与打印文档

（一）保存并发布文档

1.保存文档

在退出 WPS 前,要将已经输入或修改完毕的文档进行保存。对新建文档,首次保存文档的操作步骤如下。

（1）单击"文件"选项卡中的"保存"按钮,或按 Ctrl＋S 组合键,打开"另存为"对话框。

（2）在"另存为"对话框左侧选择文档的保存位置,在"文件名称"下拉列表中选择或输入所保存的文档名称,在"文件类型"下拉列表中选择合适的类型,如图 2-18 所示。

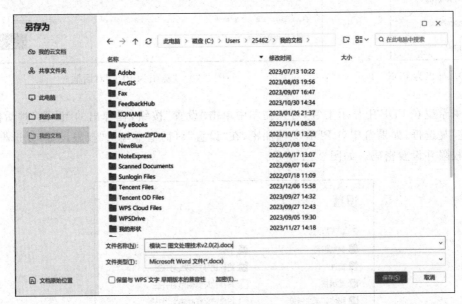

图 2-18　另存文件

（3）单击"保存"按钮完成保存。

保存文档后,WPS 文字窗口标题栏上的文件名称会随之更改,保存后的文档窗口不会关闭,仍可继续录入或编辑该文档。

如果要把正在编辑的文档以另外的名字保存起来,则要执行"另存为"操作,方法如下:选择"文件"→"另存为"命令,打开"另存为"对话框,进行保存操作。执行"另存为"操作后,原来的文件依然存在。

2.文档发布为 PDF 格式

PDF 格式是一种可移植文档格式。这种文件格式与操作系统平台无关,这一特点使它成为在 Internet 上进行电子文档发行和数字化信息传播的理想文档格式。PDF 文件无论在哪种打印机上都可保证精确的颜色和准确的打印效果,即 PDF 会忠实地再现原稿的每一个字符、颜色以及图像。将文档保存为 PDF 格式,既可以保证文档的只读属性,同时又确保没有安装 Office 的用户可以正常浏览文档内容。其操作步骤如下。

（1）选择"文件"→"输出为 PDF"命令,如图 2-19 所示。

（2）在图 2-20 所示的"保存位置"下拉列表中选择文档保存的位置，单击✍图标，可设置文档名称；单击"开始输出"按钮，即可将文档输出为 PDF。

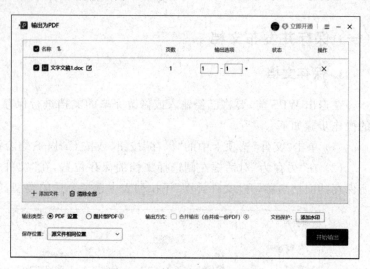

图 2-19　导出为 PDF

图 2-20　"输出为 PDF"对话框

如果希望在 PDF 中显示书签，可以在图中单击"设置"按钮，在弹出的"设置"对话框中勾选"书签"复选框；如果希望对 PDF 文档加密，在"设置"对话框中勾选"权限设置"复选框，勾选相应的权限并设置密码。如图 2-21 所示。

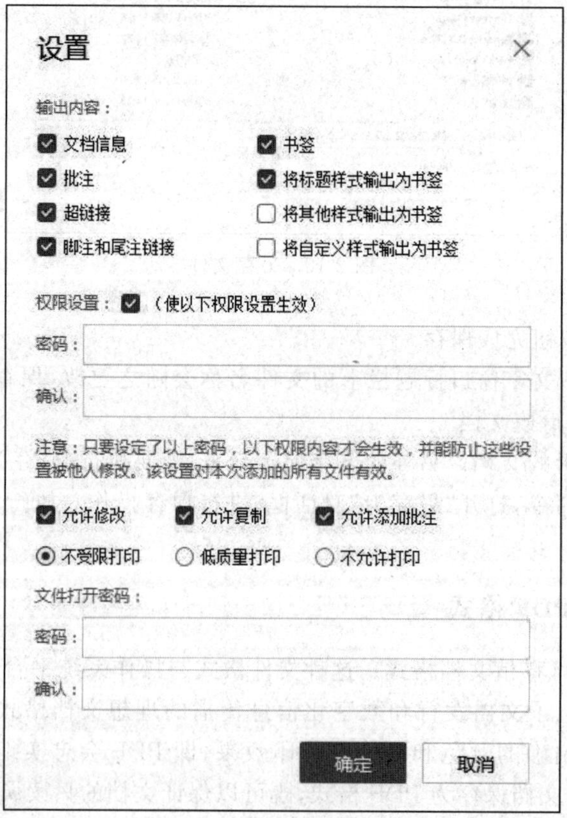

图 2-21　"选项"对话框

（3）打开导出后的 PDF 文档，单击 PDF 界面左侧的"书签"按钮 📖，界面左侧出现类似于 WPS 文字中导航的文档书签，单击书签可以跳转到文档中相应位置，如图 2-22 所示。

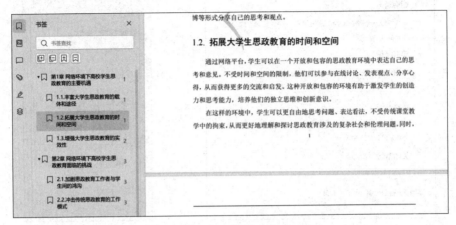

图 2-22　PDF 文档

3. 设置自动保存时间间隔

在输入或修改一个较大的文档时，由于所耗时间较长，为避免计算机故障或其他因素导致的前功尽弃，应随时对文档进行保存操作。此外，也可以通过设置自动保存时间间隔的方法来进行自动保存，操作步骤如下。

（1）选择"文件"→"选项"命令，弹出"选项"对话框。

（2）在"选项"对话框中左侧单击"备份中心"选项，在打开"备份中心"对话框中单击"本地备份设置"选项，再在"本地备份设置"对话框中选中"定时备份"单选按钮，在该项下可设置自动生成备份的时间间隔，如图 2-23 所示。

（二）保护文档

1. 限制编辑

当保护文档不被修改，只能查看时，可以使用限制编辑功能，操作步骤如下。

（1）单击"审阅"选项卡"保护"组中的"限制编辑"按钮，打开"限制编辑"面板，如图 2-24 所示。

（2）在"限制编辑"面板中选中"设置文档的保护方式"复选框，并在下拉列表中选择一项，然后单击"启动保护"按钮，打开"启动保护"对话框，如图 2-25 所示。在该对话框中输入密码，单击"确定"按钮。

设置完成后，对于被保护的文档内容，只能进行上述选定的编辑操作。

2. 加密文档

（1）在"另存为"对话框中单击"加密"按钮，弹出"密码加密"对话框。

（2）在"密码加密"对话框中单击"高级"链接，则可以选择"XOR 加密"或"标准加密"两种类型。如果单击"转为加密文档"选项并进行选择，则可设置文档仅指定的人能查看、编辑，如图 2-26 所示。

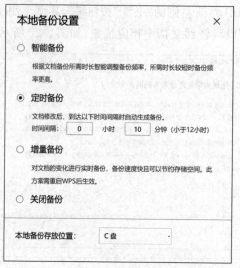

图 2-23　设置自动生成备份的时间间隔

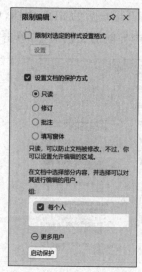

图 2-24　"限制编辑"面板

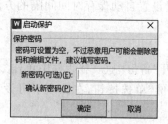

图 2-25　"启动强制保护"对话框

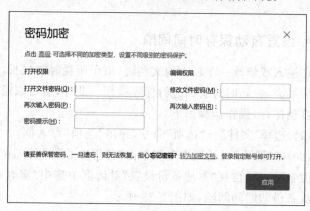

图 2-26　"密码加密"对话框

（三）打印文档

文档编辑完成后，可以通过下列步骤进行打印操作。

（1）选择"文件"→"打印"命令，打开"打印"后台视图。

（2）在该打印视图的右侧可以即时预览文档的打印效果。同时，可以在打印设置区域中对打印机或打印页面进行相关调整，例如页码范围、打印份数、制定单面或双面打印、每版打印页数、纸张大小等。

（3）设置完成后，单击"确认"按钮，即可将文档打印输出。

任 务 实 现

完成任务 2.1，即对调研报告排版，操作步骤如下。

1. 打开文件

打开素材文件，或新建空白文档，输入调研报告内容。

任务 2.1

2. 调整页面布局

打开"页面"对话框进行如下设置(图 2-27):调整页边距,上边距为 3.7 厘米,下边距为 3.5 厘米,左边距为 2.8 厘米,右边距为 2.6 厘米,纸张大小为 A4(210mm×297mm),页脚距边界为 2.5 厘米,奇偶页不同。

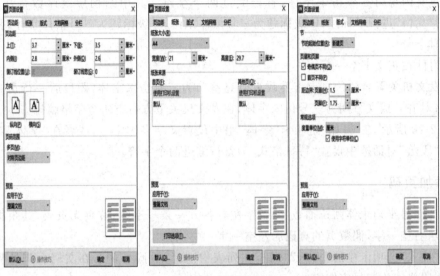

图 2-27　页面设置 1

另外,每面排 22 行,每行排 28 个字,并撑满版心。

为保证撑满版心,单击"页面设置"对话框的"文档网格"选项卡中的"字体设置"按钮,在弹出的"字体"对话框中设置字体为仿宋,字号为三号;然后在"页面设置"对话框的"文档网格"选项卡中设置行数和列数,如图 2-28 所示。

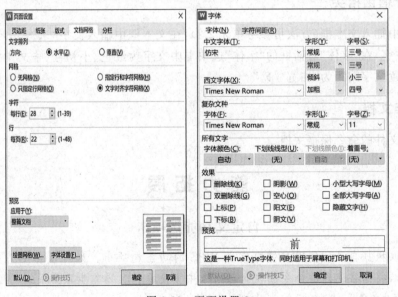

图 2-28　页面设置 2

3. 字体与段落格式

（1）标题（"关于……的调研报告"）前空两行，设置为方正小标宋简体二号，居中。默认情况下字体中没有"方正小标宋简体"字体，需要下载安装使用。

（2）标题下空一行为主送机关（"各有关企业"），设置为三号仿宋字体，居左顶格。

（3）正文内容为三号仿宋字体，首行缩进两个字符。其中结构层次序数依次用"一、""（一）""1.""（1）"进行了标注，一级标题为三号黑体字体，二级标题为三号楷体字体，其余为三号仿宋字体。

（4）附件在正文下空一行。

（5）发文机关署名（"××市市委政策研究室"）为三号仿宋字体，距最后一行正文内容三个空行，右对齐。成文日期为三号仿宋字体，在发文机关下方右空4个字格编排。

如图2-28所示，在"开始"选项卡"字体"组中设置文字字体字号，或者在"字体"对话框中设置。在"段落"对话框中设置"特殊格式"为首行缩进两个字符。

4. 添加页码

页码为四号半角宋体阿拉伯数字；数字左右各方一条一字线；首页无页码，其余页中奇数页的页码居右空一字，偶数页的页码居左空一字。

单击"插入"选项卡中的"页码"按钮，在列表中选择"页脚外侧"，在文档页脚外侧添加页码，设置页码格式为四号宋体字。

在页眉页脚编辑状态下，单击"页眉页脚"选项卡中的"页码"按钮，在列表中选择"设页码"命令，在弹出的"页码格式"对话框中设置页码格式为"-1-"的形式。

将光标置于首页页码，在"页眉页脚"选项卡"选项"组中勾选"首页不同"复选框，然后将首页页码删除。

5. 设计信函抬头

在文档中插入文本框（方法可参考单元2.2），在文本框中输入文字"××××科技发展协会"。选中文字，在"字体"对话框的"字体"选项卡中文字为红色、小初号、华文中宋，在"高级"选项卡中设置文字间距为"加宽6磅"。

6. 保存文档

用保存文件的命令保存文档。

能 力 拓 展

自定义功能选项卡

用户可以根据自己的使用习惯自定义WPS的功能选项卡。如可以自定义一个"数字化编辑"选项卡，将经常使用的命令放在此选项卡中方便操作。操作步骤如下。

（1）选择"文件"→"选项"命令，打开"选项"对话框。

（2）在"选项"对话框左侧选择"自定义功能区"选项，再单击该对话框右下方的"新建选项卡"按钮，然后单击"重命名"按钮，在弹出的"重命名"对话框中输入新建选项卡的名称，如"数字化编辑",单击"确定"按钮,如图 2-29 所示。

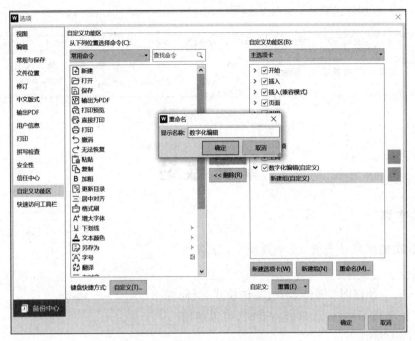

图 2-29　重命名新选项卡

（3）在"选项"对话框中选中"新建组",然后单击"重命名"按钮,给新建组重命名后,单击"确定"按钮。

（4）在"选项"对话框中的"从下列位置选择命令"下拉列表中选择"主选项卡"选项,在下面的选项列表中依次选择"开始"→"字体"→"上标"→"上标"选项,单击"添加"按钮,完成"上标"命令的载入,如图 2-30 所示。重复此步骤可载入其他命令。

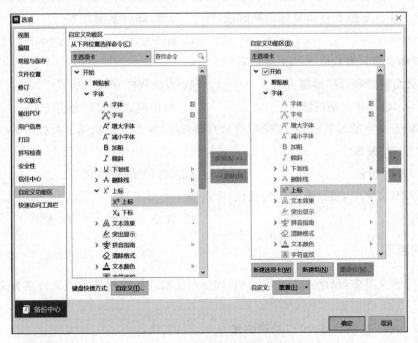

图 2-30　在新建组中添加命令

（5）重复步骤（3）和（4），添加其他的组和命令。设置完成后，单击"确定"按钮，在功能区中将出现新定义的功能选项卡，如图2-31所示。

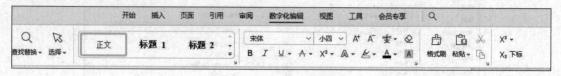

图2-31 新定义的功能选项卡

单元练习

一、填空题

1. WPS功能区默认包含10个选项卡，分别是_____、_____、_____、_____、_____、_____、_____、_____、_____、_____。

2. WPS有5种视图：阅读版式、写作模式、页面视图、_____和_____。

3. 当保护文档不被修改，只能查看时，可以使用_____。

二、选择题

1. 选中要移动（或复制）的文本，在"开始"选项卡"剪贴板"组中单击"剪切"按钮（或"复制"按钮），或者按（   ）组合键。

    A. Ctrl＋X（或 Ctrl＋C）   B. Ctrl＋X（或 Ctrl＋A）

    C. Ctrl＋C（或 Ctrl＋X）   D. Ctrl＋C（或 Ctrl＋A）

2. 使用鼠标光标移动文本需选中要移动的文本，按下左键并拖动鼠标至新位置，松开鼠标即可移动文本。如果在移动鼠标的同时按住（   ）键，即可复制文本。

    A. Start   B. Ctrl   C. Alt   D. Shift

3. 页眉和页脚只有在（   ）下才能看到。

    A. 页面视图和打印预览方式   B. 页面视图和阅读版式

    C. 写作模式和大纲视图   D. 写作模式和打印预览方式

4. 在WPS文字的编辑状态，要模拟显示打印效果，应当单击快速工具栏中的（   ）。

    A. "保存"按钮   B. "打印机"按钮

    C. "打印"按钮   D. "打印预览"按钮

5. 在WPS文字中，要设置文字的颜色，应选择（   ）工具。

    A. 字体   B. 颜色   C. 大小   D. 样式

三、判断题

1. 在WPS文字中，新建一个空白文档，该空白文档在标签栏显示的文件名为文档1。

                                    （   ）

2. 使用Ctrl＋N组合键，可以快速创建一个空白文档。   （   ）

3. 阅读版式适于阅读长篇文章，在字数多时会自动分成多屏。进入阅读视图后，窗口中

的所有工具都隐藏了,没有页的概念,也不显示页眉和页脚。　　　　　　　　　　（　　）

4.格式刷是 WPS 中的一种工具,可以快速将指定段落或文本的格式沿用复制到其他段落或文本上,以减少重复性的排版操作,提高排版效率。　　　　　　　　　　（　　）

5.WPS 水印功能可以给文档中添加任意的图片和文字作为背景图片。　　　　（　　）

四、操作题

1.草拟一份租赁合同并进行排版。

2.草拟一份会议通知并进行排版。

五、思考题

1.WPS 支持用户将常用格式设置为默认值,这样可以避免很多重复工作。如何将常用的页边距设置为默认值?

2.在书籍或杂志等需要双面打印的文档中可以设置"对称页边距",使纸张正反两面的内、外侧均具有同等大小,这样装订后会显得更整齐美观。如何设置对称页边距?

单元 2.2　图文混排技术

学 习 目 标

知识目标:

1.了解项目符号和编号的作用和常用的形式;

2.了解 SmartArt 图形的作用。

能力目标:

1.掌握图片、图形、文本框等对象的插入、编辑和美化等操作;

2.学会分栏、首字下沉、插入艺术字、添加项目符号和编号等操作。

素养目标:

1.能以多种数字化方式对信息、知识进行展示交流;

2.能创造性地运用数字化资源和工具解决实际问题。

工 作 任 务

任务 2.2　宣传材料排版

随着信息技术的发展,某单位要为员工普及大数据的基本知识,需要为员工制作相关宣传材料,如果不想使用太复杂的专业软件排版,也可以通过常用的、大家较为熟悉的 WPS 进行排版制作,如图 2-32 所示。

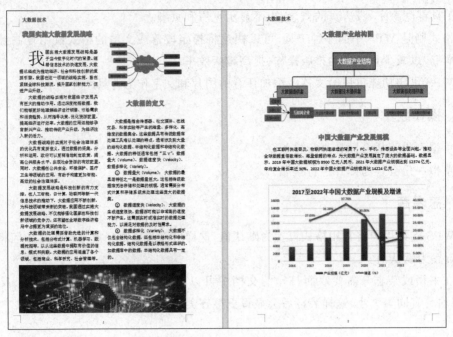

图 2-32　刊物内页效果

技 术 分 析

通过 WPS 图文混排功能可以完成本任务，涉及文本框、图片、形状、图表等对象的插入与编辑操作。

知识与技能

一、规划版式与编辑

（一）分栏

在杂志和报纸的排版中经常会看到分栏的现象，分栏可以使版面更生动，阅读更方便。分栏的操作步骤如下。

（1）选中要分栏的文本内容。如果不选择，将对整个文档进行分栏处理。

（2）单击"页面"选项卡中的"分栏"按钮，在弹出的下拉列表中可以选择所需的分栏方式完成分栏。如果预设的分栏方式不满足分栏需求，可以单击列表中的"更多分栏"命令，打开"分栏"对话框进行详细设置，如图 2-33 所示。

（二）首字下沉

首字下沉是指文章段落的第一个字符放大显示，以使内容醒目。其操作步骤如下。

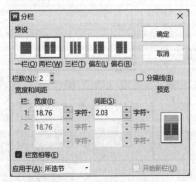

图 2-33　"分栏"对话框

（1）将插入点移至要设置首字下沉的段落的任意位置。

（2）在"插入"选项卡中单击"首字下沉"按钮,打开"首字下沉"对话框。在该对话框中选择下沉的位置,设置下沉的首字字体、下沉行数、距正文的距离等,如图 2-34 所示。

（3）编辑完成后单击"确定"按钮。

图 2-34　"首字下沉"对话框

（三）艺术字

以艺术字的效果呈现文本,可以有更亮丽的视觉效果。在文档中插入艺术字的操作步骤如下。

（1）在文档中选择需要添加艺术字效果的文本,或者将光标定位于需要插入艺术字的位置。

（2）在"插入"选项卡中单击"艺术字"按钮,打开艺术字样式列表。从列表中选择一个艺术字样式,即可在当前位置插入艺术字文本框。

（3）在艺术字文本框中输入或编辑文本,此时功能区中会出现"绘图工具"和"文本工具"选项卡,可以对艺术字的形状、样式、颜色、位置及大小进行设置。

（4）编辑完成后单击"确定"按钮。

（四）项目符号和编号

在文档的某些段落前加上编号或者某种特定符号(即项目符号),可以提高文档的可读性。对于有顺序的段落应使用编号,而对于并列关系的项目则使用项目符号。

1. 添加编号和项目符号

添加编号的操作步骤如下。

（1）在"开始"选项卡中单击"编号"按钮旁的下三角按钮≡ ·,在弹出的下拉列表中有多种不同的编号样式可供选择。

（2）如果需要自定义编号样式,则在下拉列表中选择"自定义编号"命令,弹出"项目符号与编号"对话框,选定样式后,单击"自定义"按钮,打开"自定义编号列表"对话框,在该对话框中设置编号格式、字体、编号样式等,如图 2-35 所示。

（3）编辑完成后单击"确定"按钮。

添加项目符号的方法与添加编号的方法类似,单击"开始"→"项目符号"按钮即可。

图 2-35　定义新编号格式

2. 撤销和停止自动编号

撤销自动编号的操作步骤有如下。

（1）若要结束自动编号列表,可以按一次 Enter 键或两次 Backspace 键删除列表中最后一个编号即可。

（2）在输入编号 1 并按 Enter 键后,自动出现编号 2,单击编号,此时在编号右侧出现"编号调整"选项,在列表中选择"撤销自动编号"可以撤销出现的自动编号,如图 2-36 所示。

（3）在"开始"选项卡中选择"选项"命令,打开"选项"对话框。在该对话框左侧单击"编辑"按钮,取消勾选"键入时自动应用自动编号列表"复选框和"自动带圈编号"复选框,然后单击"确定"按钮,如图 2-37 所示。

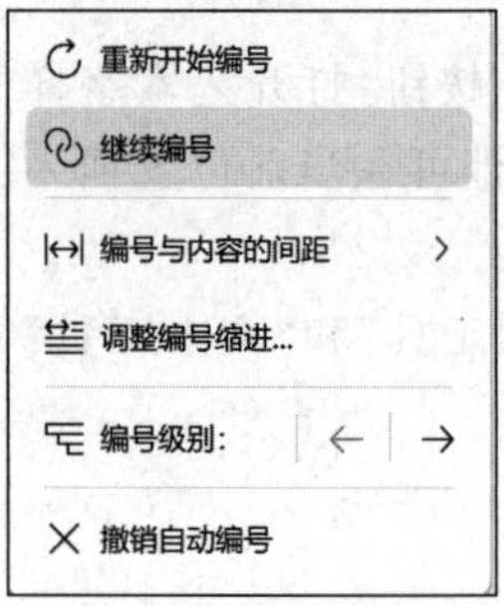

图 2-36 "编号调整
选项"列表

图 2-37 撤销自动编号

二、对象的插入与编辑

(一) 图片的插入与编辑

1. 插入图片

在 WPS 文字中插入的图片可以是来自外部的图片文件,也可以是联机图片,还可以直接插入屏幕截图,丰富文档的表现力。

(1) 插入计算机上的图片。在 WPS 中可以插入各类格式的图片文件,操作步骤如下。

① 在"插入"选项卡中单击"图片"按钮,在下拉菜单中选择"本地图片"命令,打开"插入图片"对话框。

图 2-38 连接手机

② 在"插入图片"对话框中选择图片所在的路径,找到并选中该图片,单击"打开"按钮,即可将图片插入文档。

(2) 插入外部来源图片。在 WPS 文字中插入外部来源图片的操作步骤如下。

① 在"插入"选项卡中单击"图片"按钮,在下拉菜单中选择"手机图片/拍照"命令,通过扫码连接手机设备,如图 2-38 所示。

② 在手机中单击"拍照"或"相册"按钮,即可找到所想要的照片,如图 2-39 所示。

（3）插入屏幕截图。WPS 文字具有屏幕图片捕获能力，可以方便地在文档中直接插入已经在计算机中开启的屏幕画面，并且可以按照选定的范围截取屏幕内容。插入屏幕画面的操作步骤如下。

① 在"插入"选项卡中单击"截屏"按钮，在下拉列表（图 2-40）中根据需要选择截图区域的形状。

② 当鼠标光标变成彩虹三角形状时，将鼠标光标移至需截图区域，长按并拖动鼠标即可截图。截图完成后，截图区域下方将出现浮动工具栏，单击浮动工具栏上的"√"即可将截图插入文档。

图 2-39　单击"拍照"或"相册"按钮

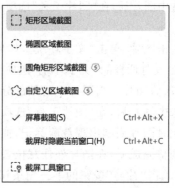

图 2-40　插入屏幕截图

2. 调整图片格式

在文档中插入图片并选中图片后，功能区将出现"图片工具"选项卡，通过该选项卡可以调整图片的大小、格式、显示效果等。

（1）调整图片样式。在"图片工具"选项卡中通过"扣除背景""设置透明色""色彩""边框""效果"命令按钮可以调整图片的效果。

单击"图片样式"组右下角的箭头按钮 ↘，会在文档右侧出现"属性"任务窗格，可以对图片的颜色、效果等格式进行设置，如图 2-41 所示。

（2）设置图片的文字环绕方式。默认情况下，图片作为字符插入 WPS 文字中，其位置随着其他字符位置的改变而改变，用户不能自由移动图片。而通过为图片设置文字环绕方式，即可以自由移动图片的位置。

WPS 提供以下七种文字环绕方式。

图 2-41　"属性"任务窗格

- 嵌入型。将图片插入到文字中，只能从一个段落标记移动到另一个段落标记。通常使用在简单文档和正式报告中。

- 四周型环绕。不管图片是否为矩形图片，文字以矩形方式环绕在图片四周。通常使用在带有大片空白的新闻稿和宣传单中。

- 紧密型环绕。如果图片是矩形，则文字以矩形方式环绕在图片周围；如果图片是不规则图形，则文字将紧密环绕在图片四周。通常使用在纸张空间很宝贵且可以接受不规则形状(甚至希望使用不规则形状)的出版物中。

- 穿越型环绕。文字可以穿越不规则图片的空白区域环绕图片。
- 上下型环绕。文字环绕在图片的上方和下方,但不会出现在图片的旁边。
- 衬于文字下方。图片在下、文字在上分为两层,文字位于图片上方。通常用作水印或页面背景图片。
- 浮于文字上方。图片在上、文字在下分为两层,文字位于图片上方。通常用在有意用某种方式来遮盖文字实现某种特殊效果。

设置图片的文字环绕方式的操作步骤如下。

① 选中图片后,在"图片工具"选项卡中单击"环绕"按钮,在下拉列表中选择某一种文字环绕方式。

② 右击图片,单击"文字环绕",如果在下拉列表中选择"其他布局选项"命令,打开"布局"对话框,在该对话框的"文字环绕"选项卡中进行更详细的设置,如图 2-42 所示。

(3) 裁剪图片。当图片中的某部分多余时,可以将其裁减掉,操作步骤如下。

① 选中图片后,在"图片工具"选项卡中单击"裁剪"按钮。

② 此时图片周围出现裁剪标记,拖动图片四周的裁剪标记,调整到适当的图片大小。

③ 调整完成后,在图片外任意位置单击或者按 Esc 键退出裁剪操作。

如果单击"裁剪"按钮的下三角按钮,在弹出的下拉列表中可以选择按形状裁剪或按比例裁剪。也可以在选中图片后,利用浮动功能按钮完成。

实际上,在裁剪完成后,图片的多余区域依然保留在文档中,只不过看不到而已。如果希望彻底删除图片中被裁剪的部分,可以单击"压缩图片"按钮,在打开的"压缩图片"对话框(图 2-43)中勾选"删除图片的裁剪区域"复选框,单击"完成压缩"按钮即可。

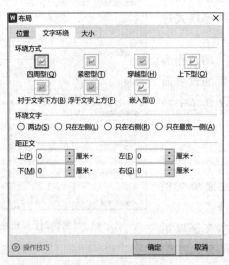

图 2-42 "布局"对话框的"文字环绕"选项卡

图 2-43 "压缩图片"对话框

(4) 调整图片的大小和位置。调整图片大小的操作步骤如下。

① 选中图片后,图片四周会出现调整点,用鼠标拖动图片边框上的圆形调整点,可以快速调整图片大小。调整点 ⟳ 可用来旋转图形。当光标变为 ✥ 时,拖动鼠标即可移动形状至合适的位置。

② 如果要精确调整图片大小,单击"图片工具"选项卡中"大小"组的箭头按钮 ↘,在"布局"对话框"大小"选项卡组中对图片大小进行精确调整。

在使用鼠标调整图片大小时,如果要锁定图片的长宽比例,在拖动鼠标的同时按住 Shift 键;如果要固定图片的中心位置,在拖动鼠标的同时按住 Ctrl 键;如果要固定图片的中心并且锁定图片长宽比例,可在拖动鼠标的同时按住 Shift+Ctrl 组合键。

(二)图形的绘制与编辑

1. 绘制图形

绘制图形的操作步骤如下。

(1) 插入绘图画布。绘图画布可用来绘制和管理多个图像对象。使用绘图画布,可以将多个图形对象作为一个整体,也可以对其中的单个图形对象进行格式化操作。

在"插入"选项卡中单击"形状"按钮,在下拉列表中选择"新建绘图画布"命令,在文档中插入绘图画布。选中画布,拖动画布四周的调整点可以调整画布大小。

(2) 绘制形状。单击"插入"→"形状"按钮,在下拉列表中选择需要的形状,可以绘制直线、箭头、星形等各种图形,当光标变成"十"字时,拖动鼠标即可绘制图形。

(3) 图形大小和位置的调整与图片大小与位置的调整类似,此处不再赘述。

(4) 在形状中添加文字。选中需要添加文字的图形,右击并在弹出的快捷菜单中选择"编辑文字"命令,再将插入点移至图形内部,输入相应的文字。

(5) 设置形状的效果。通过"绘图工具"的命令按钮设置形状效果。或者右击选中的形状并在弹出的快捷菜单中选择"设置对象格式"命令进行设置。

2. 调整图形的叠放次序

当两个或多个图形对象重叠在一起时,最近绘制的图形会覆盖原来的图形,可以通过调整图形的叠放次序,得到不同的效果。如图 2-44 所示,左侧的图月亮在云形的上层,右侧的图月亮在云形的下层。

要调整图形的叠放次序,选中要调整的图形后,通过"绘图工具"选项卡中的"上移"或"下移"按钮调整图形的叠放方式。

图 2-44　图形的叠放次序

或者右击要调整的图形,在弹出的快捷菜单中选择"置于顶层"或"置于底层"命令中的子命令,调整图形叠放次序。

3. 图形的组合

当利用多个简单的图形组成一个复杂的图形时,每一个简单图形都是独立的对象,如果要移动整个图形需要单独移动每一简单图形,移动起来非常困难,而且可能破坏刚刚构成的图形结构。WPS 可以将多个图形进行组合,把多个简单图形组合成一个整体,进行移动或旋转等操作。组合图形的操作步骤如下。

选定要组合的所有图形对象后,在"绘图工具"选项卡中单击"组合"按钮,在下拉列表中选择"组合"命令可以组合图形,选择"取消组合"命令,可以取消刚才的组合。

或者右击选中图形,在弹出的快捷菜单中选择"组合"→"组合"命令,即可组合图形。选择"组合"→"取消组合"命令,即可取消图形的组合。

（三）逻辑类图形的插入与编辑

图文混排时为了更直观地展示文档内容本身的逻辑性,可在文档中插入对应的逻辑类图形。在 WPS 文字中主要提供了 3 种逻辑类图形:智能图形、流程图和思维导图。3 种逻辑类图都是在"插入"选项卡中单击对应功能按钮完成的,此处以思维导图为例说明添加思维导图的操作步骤。

（1）在"插入"选项卡中单击"思维导图"按钮,打开"思维导图"对话框。在该对话框中列出了"思维导图"的分类,如图 2-45 所示。

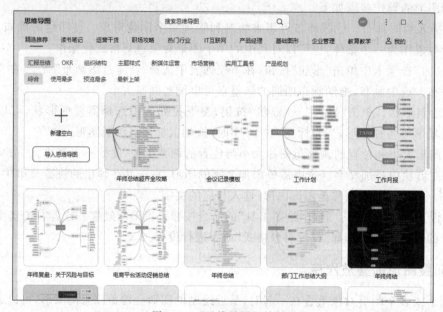

图 2-45　"思维导图"对话框

（2）单击选中的思维导图样式后,进入思维导图编辑模式,完成编辑后单击"插入"按钮,在文档中插入思维导图。

（3）插入"思维导图"后,双击图形,可以进入思维导图的编辑模式,对思维导图的布局、样式、颜色、轮廓等格式进行设置。

（四）文本框的插入与编辑

文本框是一个独立的对象,其中的文字和图片可随文本框移动,可以很方便地放置到指定位置,而不必受到段落格式、页面设置等因素的影响。

在文档中插入文本框的操作步骤如下。

（1）在"插入"选项卡中单击"文本框"按钮,在弹出的下拉列表中可以选中预设好的文本框类型。如果绘制横向或竖向文本框,在下拉列表中选择"横向"命令或"竖向"命令,然后在文档中的合适位置拖动鼠标即可绘制一个文本框。

（2）调整文本框格式与调整形状格式的方法类似。

（五）图表的插入与编辑

在 WPS 中可以插入图表,如果数据源发生变化,则图表相应地进行变化。插入图表的操作步骤如下。

（1）在"插入"选项卡中单击"图表"按钮,打开"图表"对话框。

（2）在"图表"对话框中选择要插入的图表的类型,插入图表效果,如图 2-46 所示。

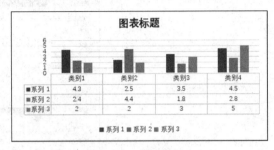

图 2-46　插入图表

（3）单击"图表工具"选项卡中的"编辑数据"按钮,打开"WPS 文字中的图表"窗口,在其中修改数据的同时 WPS 文档中会显示相应的图表。

（4）关闭"WPS 文字中的图表"窗口,在"绘图工具"换个"文本工具"选项卡中可以对插入的图表进行格式设置。

任 务 实 现

完成任务 2.2,即对宣传材料进行排版,操作步骤如下。

1. 基本格式设置

任务 2.2

（1）打开素材文件后,设置页面上、下、左、右页边距均为 2 厘米。

（2）将"大数据产业结构图"前面的内容进行分栏,分为两栏,栏宽相等,有分割线。

（3）将第一段设置首字下沉,下沉两行。

（4）将标题"我国实施大数据发展战略""大数据的定义""大数据产业结构图""中国大数据产业发展规模"设置为艺术字,字体为隶书,字号为三号。

（5）为大数据定义中的内容添加项目符号。

2. 对象的插入与编辑

（1）图片的插入与编辑。在分栏内容的下方插入所给素材图片,并按照样例进行裁剪后调整位置和大小。

（2）图形的绘制与编辑。首先绘制画布,在画布中插入形状"矩形"。单击"插入"→"编辑形状"→"形状填充"按钮,修改形状颜色,在弹出的快捷菜单中选择"添加文字"命令,输入相应的文本内容,如图 2-47 所示。其他相同形状可以进行复制。

其他形状的绘制与编辑方法相似。

修改矩形和直线的宽度和线型的方法如下:绘制完直线后,选中直线右击,在弹出的快捷菜单中选择"属性"命令,在弹出的"属性"任务窗格中将"宽度"设为 1.75 磅,"短划线类型"选择虚线类型,如图 2-48 所示。

大数据产业结构

图 2-47　矩形　　　　　　　　　图 2-48　"设置形状格式"任务窗格

（3）文本框的插入与编辑。在本任务中需要插入无填充无边框的文本框,方法如下:选中文本框后,单击"形状填充"按钮,修改形状颜色。单击"形状轮廓"按钮,修改形状轮廓,则可设置无轮廓无填充的文本框。

（4）图表的插入与编辑。在本任务中插入图表时选择"组合图","系列1"为"簇状柱形图","系列2"为"簇状柱形图","系列3"为"折线图",如图2-49所示。

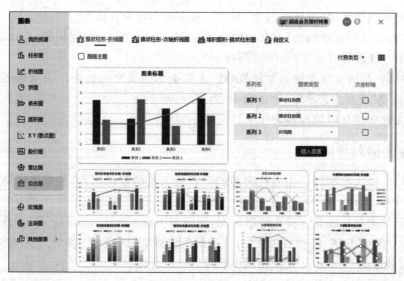

图 2-49　"插入图表"对话框

系统会自动打开 WPS 模块和图表模板。在 WPS Excel 表中修改相应的,图表会随着数据的变化而变化,如图2-50和图2-51所示。

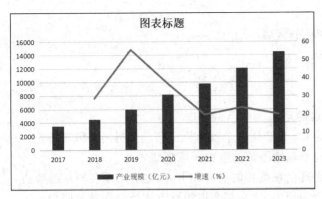

图 2-50　生成图表 1

图 2-51　生成图表 2

数据输入完成后,关闭 WPS Excel 模块,输入图表标题。

选中"产业规模"系列,在"图表设计"选项卡的"图表布局"组中单击"添加图表元素"按钮,在弹出的下拉列表中选择"数据标签"→"数据标签外",为系列添加数据标签。

能 力 拓 展

标尺的使用

WPS 文字中标尺分别有水平标尺和垂直标尺。标尺的作用常常用于对齐文档中的文本、图形、表格和其余一些元素。WPS 文字界面默认情况下不显示标尺,可以通过勾选"视图"选项卡中的"标尺"复选框,显示或隐藏标尺。

(1) 使用标尺设置段落缩进。水平标尺上有"首行缩进""悬挂缩进"和"右缩进"三个滑块,通过移动这三个滑块可以快速地设置段落(选定的或是光标所在段落)的左缩进、右缩进和首行缩进,如图 2-52 所示。

图 2-52　水平标尺

(2) 使用标尺设置页边距。将光标放到水平和垂直标尺的灰白交界处,待光标变为"双向箭头"时,按住鼠标左键拖动,可快速调整上、下、左、右的页边距。

(3) 使用标尺作为制表位。利用标尺的制表符功能还可以快速实现文字对齐。选中内容,将鼠标光标移动到标尺中间(即需对齐的位置)位置,按住鼠标左键,此时,将出现一个 L 形状,这就是制表符。将鼠标光标移动到文字前面,并按下键盘上的 Tab 键,就可以快速将内容移动到刚才设置的位置了。

单 元 练 习

一、填空题

1. 在 Word 文档中插入的图片可以是来自外部的图片文件,也可以是_____,还可以直接插入屏幕截图,丰富文档的表现力。

2._____可以选择连续的相似颜色的区域。

3. WPS中提供_____种文字环绕方式。

二、选择题

1. 关于文字环绕方式,下列表述错误的是(　　)。

A."嵌入型"是将图片插入到文字中,只能从一个段落标记移动到另一个段落标记

B."穿越型环绕"是文字可以穿越不规则图片的空白区域环绕图片

C."上下型环绕文字环绕"是文字既会在图片的上方和下方,也会出现在图片的旁边

D."四周型环绕"是不管图片是否为矩形,文字都会以矩形方式环绕在图片四周

2. 在WPS文字中进行图片编辑时,如果要固定图片的中心并且锁定图片长宽比例,可在拖动鼠标的同时按住(　　)组合键。

A. Alt+Ctrl　　　　B. Shift+Ctrl　　　　C. Shift+Alt　　　　D. Shift+Fn

3. 在WPS文字中,关于页眉和页脚的设置,下列叙述错误的是(　　)。

A. 允许为文档的第一页设置不同的页眉和页脚

B. 允许为文档的每个节设置不同的页眉和页脚

C. 允许为文档的奇数页和偶数页设置不同的页眉和页脚

D. 不允许页眉和页脚的内容超出页边距范围

4. 在WPS文字中,为了将图形置于文字的上一层,应将图形的环绕方式设为(　　)。

A. 四周型环绕　　　B. 衬于文字下方　　　C. 衬于文字上方　　　D. 无法实现

5. 在WPS文字中项目符号和编号是对于(　　)来添加的。

A. 整篇文档　　　　B. 段落　　　　　　C. 行　　　　　　　D. 节

三、判断题

1. 在WPS文字中,打开"插入"选择卡,单击"符号"命令,可以插入特殊字符和符号。

(　　)

2. WPS对艺术字的处理,更类似于对图形的处理,而不同于对字符的处理。　(　　)

3. 与打印预览相同的视图方式是大纲视图。　　　　　　　　　　　　　(　　)

4. 四周型环绕是指不管图片是否为矩形图片,文字都会以矩形方式环绕在图片四周。通常使用在带有大片空白的新闻稿和宣传单中。　　　　　　　　　　　　　(　　)

5. 如果要任意移动图片,右击图片,将图片的文字环绕方式设置为"嵌入型"。(　　)

四、操作题

1. 利用WPS图文混排的功能为自己家乡的春节民俗制作一张活动页。

2. 利用WPS图文混排的功能制作一份宣传页,介绍一首古诗词。

五、思考题

1. 在WPS中可以给不认识的汉字添加拼音,如何操作?

2. 如何在WPS文档里去掉图片的背景色(如给一寸证件照换底色)?

单元 2.3　表格设计与表格制作

学习目标

知识目标：

1. 了解表、行、列、单元格的概念；
2. 掌握表格中数据处理的方法。

能力目标：

1. 掌握在文档中插入和编辑表格的方法；
2. 能够对表格进行美化；
3. 能够灵活运用公式对表格中数据进行处理。

素养目标：

1. 培养良好的审美观，提高解决问题的能力；
2. 培养创新意识，能够将信息技术创新应用于日常生活、学习和工作中。

工作任务

任务 2.3　制作报名表

某企业在招聘人才的时候有规范的报考制度和审核条件，应在报考报名表上有所体现。如何制作图 2-53 所示的报名表？

某企业单位报考报名表							
姓名		性别		民族			
身份证号		出生日期					
政治面貌		户籍所在地					
生源地		兵源地					
学历		学位		毕业时间			
毕业院校		所学专业具体名称					
工作单位		工作年限		参加工作时间			
专业职称为		专业职务					
职业（从业）资格证		电子邮箱					
是否为“基层服务项目”							
服务起止时间及服务部门							
是否满足简章及职位一览表要求的报考条件		联系电话					
主要简历（从高中开始填写）							
报考单位及代码		报考职位及代码					
考试科目							
报考信息确认栏	以上填写信息均为本人真是情况，若有虚假、遗漏、错误、责任自负。考生签名：　代报人员签名：						

图 2-53　某企业报名表效果图

技 术 分 析

要完成此任务涉及 WPS 文字中对表格的操作：一是要创建表格；二是编辑美化表格。

知识与技能

一、表格的创建

（一）表格相关术语

WPS 文字中表格的术语与 WPS 表格中的有关术语一致，如图 2-54 所示。

图 2-54 表格的结构

（1）单元格。单元格是指表格中容纳数据的基本单元。

（2）表格的行与列。表格中横向的所有单元格组成一行，行号以 1、2、3……命名；竖向的单元格组成一列，列号以 A、B、C……命名。

（3）单元格名字。行列交叉点处单元格的列号和行号组成了该单元格的名字，如 3 行 B 列交叉点单元格的名字是 B3。

（4）表格的标题栏和项目栏。它们位于表格上部，用来输入表格各栏名称的一行称为表格的标题栏，表格左侧的一列是表格的项目栏。

创建表格

（二）创建表格

在 WPS 文字中创建表格的方法有以下几种。

1. 即时预览创建表格

（1）在"插入"选项卡"表格"组中单击"表格"按钮。

（2）在弹出的下拉列表中用滑动鼠标的方式指定表格的行数和列数。此时，用户可以在文档中根据颜色变化实时预览到表格的大小变化。选定表格的行数和列数后，单击即可在文档中插入指定行列数的表格。

2. 使用"插入表格"命令创建表格

（1）单击"插入"→"表格"按钮，在弹出的下拉列表中选择"插入表格"命令。

（2）打开"插入表格"对话框，在对话框中可以设置表格的行数、列数、列宽等属性。

3. 手动绘制表格

如果要创建不规则的复杂表格,可以采用手动绘制表格的方法,操作步骤如下。

(1) 单击"插入"→"表格"按钮,在弹出的下拉列表中选择"绘制表格"命令。

(2) 此时光标将变成铅笔状,进入绘制模式。将铅笔状光标移至需要添加绘制表格的位置,按住鼠标左键拖动,会出现表格框虚线,放开鼠标左键后,出现实线表格外框。如果水平拖动铅笔状光标,则可以绘制出一行多列的表格;如果垂直拖动铅笔状光标,则可以绘制出一列多行的表格;如果斜着拖动铅笔光标,则可以绘制出多行多列的表格。在表格中拖动铅笔状光标,则可以在表格中绘制出分割表格的水平线、垂直线和斜线。

4. 文本与表格的互相转换

将文本转换为表格的操作步骤如下。

(1) 选定要制作成表格的文本。

(2) 单击"插入"→"表格"按钮,在下拉列表中选择"文本转换成表格"命令。在弹出的"将文字转换成表格"对话框中输入表格列数,在"文字分隔位置"选项中选择相应的分隔标记,如图 2-55 所示。

(3) 单击"确定"按钮,可将选中的文字自动转换为表格形式。

将 WPS 文字中的表格转换为文本的操作步骤如下。

(1) 将插入点移至表格某单元格内,或选中整个表格。

(2) 单击"插入"→"表格"按钮,在弹出的下拉菜单中选择"表格转换成文本"。或者在"表格工具"中单击"转为文本"按钮,均会弹出"表格转换成文本"对话框,从中选择使用的文字分隔符,单击"确定"按钮,可将表格转换为文本,如图 2-56 所示。

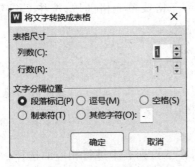

图 2-55　将文字转换为表格　　　　　图 2-56　将表格转换为文本

插入表格后,功能区会出现"表格工具"和"表格样式"两个选项卡,通过其中的工具按钮可以对表格进行编辑美化。

(三) 绘制斜线表头

在绘制表格的时候,经常需要绘制斜线的表头,操作步骤如下。

(1) 将插入点置于绘制斜线表头的单元格中。

(2) 在"表格样式"选项卡中单击"斜线表头"按钮 斜线表头 ,弹出"斜线单元格类型"对话框,在该对话框中选择需要的斜线表头样式,单击"确定"按钮,即可在当前单元格中添加斜线,如图 2-57 所示。

（3）在表头单元格中输入文字，通过空格和 Enter 键控制位置，如图 2-58 所示。

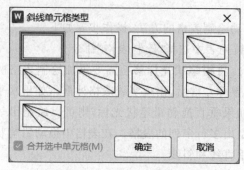

图 2-57　斜线单元格类型

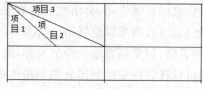

图 2-58　斜线表头

（四）表格元素的选取

（1）选择整个表格。将鼠标光标停留在表格上，直到表格的左上角出现表格移动控点⊞，单击此控点，即可选中整个表格。

（2）选择一行。将鼠标光标移至该行的左边，光标变成一个斜向上的空心箭头⇗，单击即可选中该行。按住鼠标左键拖动则可选择多行。

（3）选择一列。将鼠标光标移至该列顶部的上边框上，光标变成一个竖直朝下的实心箭头↓时，单击即可选中该列。按住鼠标左键拖动则可选择多列。

（4）选择一个单元格。将鼠标光标移至该单元格的左下角，光标变成一个斜向上的实心箭头↗，单击即可选中该单元格。按住鼠标左键拖动则可选择多个单元格。

（5）选择连续的单元格区域。在区域的左上角单击后，按住鼠标不放拖到区域的右下角松开。

（6）选择分散的多个单元格。先选中第 1 个单元格或单元格区域，按住 Ctrl 键再选其余单元格或单元格区域。

（五）调整表格结构

1. 插入行、列或单元格

插入行、列或单元格的操作步骤如下。

（1）单击"表格工具"选项卡中的"插入"按钮，在下拉列表中进行相应的选择。

（2）单击"表格工具"→"插入"按钮，在下拉列表中选择"插入单元格"命令，将会弹出"插入单元格"对话框，进行相应的选择，如图 2-59 所示。

调整表格

（3）单击表格右下角的箭头按钮⬊，在弹出的"表格"选项卡中单击"插入"按钮，然后在下拉列表中选择相应的选项。

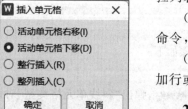

图 2-59　"插入单元格"对话框

（4）选中单元格后右击，在弹出的快捷菜单中选择"插入"命令，在下级子菜单中选择相应的选项。

（5）把鼠标光标悬停在表格上，表格下方和右方会出现增加行或列按钮+，单击后即可增加一行或一列。

2. 删除行、列或单元格

删除行、列和单元格的操作步骤如下。

（1）在"表格工具"选项卡中单击"删除"按钮，进行相应的选择。如果选中"删除单元格"命令，将会弹出"删除单元格"对话框，如图 2-60 所示。

（2）单击表格右下角的箭头按钮，在弹出的"表格"选项卡中单击"删除"按钮，然后在下拉列表中进行相应的选择。

（3）右击选中的单元格，在弹出的快捷菜单中选择"删除单元格"命令，同样会弹出如图 2-60 所示的"删除单元格"对话框。

3. 拆分表格

拆分表格的操作步骤如下。

（1）单击选中表格的一个单元格，在"表格工具"选项卡中单击"拆分表格"按钮；或者右击并在弹出的快捷菜单中选择"拆分表格"命令。

图 2-60　"删除单元格"对话框

（2）在"拆分表格"按钮或命令的下拉列表中如果选择"按行拆分"命令，则从单元格所在的行开始拆分成另一个表格；如果选择"按列拆分"命令，则从单元格所在的列开始拆分成另一个表格。

4. 拆分单元格

拆分单元格的操作步骤如下。

（1）将插入点置于要拆分的单元格内。

（2）在"表格工具"选项卡中单击"拆分单元格"按钮，或者右击并在弹出的快捷菜单中选择"拆分单元格"命令，弹出"拆分单元格"对话框，如图 2-61 所示。

（3）在该对话框中设置要拆分成的行数和列数，单击"确定"按钮。

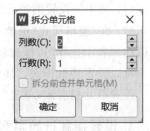

图 2-61　"拆分单元格"对话框

5. 合并单元格

合并单元格的操作步骤如下。

（1）选中要合并的单元格。

（2）在"表格工具"选项卡中单击"合并单元格"按钮；或者右击，在弹出的快捷菜单中选择"合并单元格"命令，即可将选中的单元格合并。

二、表格外观的美化

（一）调整表格格式

1. 自动套用表格样式

除了采用手动的方式设置表格中的字体、颜色、底纹等表格格式以外，使用 WPS 文字中的表格"自动套用格式"功能可以快速将表格设置为较为专业的表格格式。先单击表格，在"表格样式"选项卡的"表格样式"组中，选择预设好的表格样式即可将表格自动套用该样式。

2. 设置表格行高与列宽

设置表格行高与列宽的方法有以下五种。

（1）直接拖动表格表框线，改变行高和列宽。将光标置于要改变的行或列的边框线上，当光标外观变为双向箭头时，按住鼠标左键将行或列的边框线拖动到目标位置即可。

（2）在"表格工具"选项卡中，在"表格行高""表格列宽"输入框中输入所需的数值进行设置。

（3）使用表格属性菜单，改变行高和列宽。选中要修改行高（列宽）的行（列）。在"表格工具"中单击"表格属性"按钮，会弹出"表格属性"对话框，设置相应的行高或列宽即可，如图2-62所示。

（4）拖动表格右下角的箭头按钮 ，进行表格大小调节。

（5）通过表格的自动调整，改变行高和列宽。在"表格工具"中单击"自动调整"按钮。在弹出的下拉菜单中选择"适应窗口大小""根据内容自动调整表格""行列互换""平均分布各行""平均分布各列"命令。

图 2-62 "表格属性"对话框

3. 设置单元格边框和底纹

设置单元格边框的操作步骤如下。

（1）选中需设置的单元格或表格。

（2）在"表格样式"选项卡中单击"边框"按钮，在弹出下拉列表中选择已定义好的边框；也可以在列表中选择"边框和底纹"命令，打开"边框和底纹"对话框。在该对话框的"边框"选项卡中可以设置边框样式，"底纹"选项卡可以设置底纹颜色。

设置单元格底纹，单击"表格工具"→"底纹"按钮，在下列列表中选择相应的颜色接即可。

4. 设置标题行跨页重复

如果文档中表格较大，有可能会出现表格跨页，此时如果希望每一页都出现表格的标题，操作步骤如下。

（1）将插入点移至表格的标题行中任意位置。

（2）在"表格工具"选项卡中选择"重复标题"按钮。

（二）调整单元格格式

设置单元格对齐方式的操作步骤如下。

（1）在"表格工具"选项卡中，可以设置"靠上两端对齐""靠上居中对齐""靠上右对齐"等九种单元格对齐方式。

（2）在"表格工具"选项卡中，单击"文字方向"按钮，可以将选中单元格的文字方向进行调整，如垂直方向从后往左，垂直方向从左往右，所有文字顺时针旋转90°等。

三、数据的排序和计算

（一）排序

对表格中的数据进行排序的操作步骤如下。

（1）将插入点移至要排序的表格中。

（2）在"表格工具"选项卡中单击"排序"按钮，在弹出的"排序"对话框中设置主要和次要关键字，如图 2-63 所示。

（3）单击"确定"按钮。

（二）计算

函数由函数名和参数组成，具体格式如下。

函数名(参数 1,参数 2,...)

其中，函数名说明了函数要执行的运算；参数是函数用以生成新值或完成运算的数值或单元格区域地址；返回的结果称函数值。

对表格中的数据进行计算的操作步骤如下。

（1）将插入点移至需计算的单元格中。

（2）在"表格工具"选项卡中单击"公式"按钮，弹出"公式"对话框。

（3）在"公式"对话框的"公式"文本框中输入公式，如"＝SUM(left)"。函数名可以在"粘贴函数"下拉列表框中选择，在"数字格式"文本框中选择相应的格式，如图 2-64 所示。

图 2-63　"排序"对话框

图 2-64　"公式"对话框

（4）单击"确定"按钮。

任 务 实 现

完成任务 2.3，即制作企业单位报名表，主要操作步骤如下。

1. 绘制表格

新建一个空白文档，创建一个 17 行 5 列的表格。

2. 调整表格布局

（1）合并第一行单元格。

（2）合并第二、三、四、五行最后一列单元格。

（3）合并第二行第二、三列单元格，再使用拆分单元格，拆成三个单元格。第二行的第四个单元格拆成两个单元格。设置完成后调整列宽。

（4）用同样方法调整第六行到第十七行。

调整完的表格如图 2-65 所示。

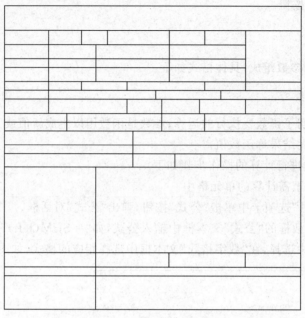

图 2-65　调整后的表格

3. 调整表格格式

（1）按照样例在表格的单元格中输入相应的文字。

（2）根据文字内容，调整表格的行高、列宽和单元格大小。

（3）隐藏边框线。选中第一行单元格，在"边框和底纹"对话框的"边框"选项卡中左侧"设置"区域选择"自定义"，在"预览"区域中单击上、左和右边框后，隐藏边框，如图 2-66 所示。

（4）添加底纹。选中整个表格，在"边框和底纹"对话框的"底纹"选项卡中设置单元格填充颜色为浅灰色，如图 2-67 所示。

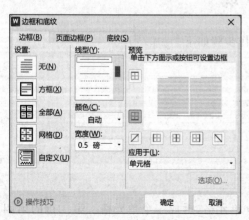

图 2-66　自定义边框

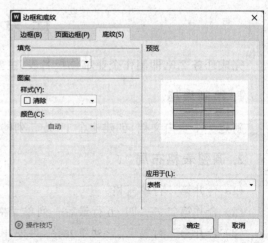

图 2-67　修改底纹

单 元 练 习

一、填空题

1. 打开"插入表格"对话框,在对话框中可以设置表格的_____、_____、_____等属性。

2. 在"表格样式"中选择"底纹"按钮,在_____选项卡中可以设置底纹样式。

3. 将鼠标光标停留在表格上,直到表格的左上角出现表格移动控点⊞,单击此控点即可选中_____。

二、选择题

1. 在 WPS 文字中使用(　　)选项卡中的相关按钮可以在文档中建立一张空表。

    A. 编辑　　　　　　B. 插入　　　　　　C. 表格　　　　　　D. 格式

2. 若要计算表格中某列数值的总和,可使用的统计函数是(　　)。

    A. Sum()　　　　　B. Total()　　　　　C. Count()　　　　　D. 不做操作

3. 若将 WPS 文字中的表格中的 m 行×n 列个单元格并成一个单元格,则选择(　　)操作。

    A. 删除单元格　　B. 合并单元格　　C. 合并表格　　D. 拆分单元格

4. 在 WPS 文字中选择了整个表格,然后按 Delete 键,则(　　)。

    A. 整个表格被删除　　　　　　　　B. 表格中的一列被删除

    C. 表格中的一行被删除　　　　　　D. 表格中的字符被删除

5. 若要将表格转换成文本,可以单击"插入"→"表格"按钮,在弹出的下拉菜单中选择(　　)命令。

    A. 文本　　　　　B. 表格转换成文本　　C. 自动套用格式　　D. 工具

三、判断题

1. "拆分表格"命令把表格拆分为左右两部分。　　　　　　　　　　　　(　　)

2. 出现表格跨页,希望每一页都出现表格的标题,只能在每一页手动绘制表头。(　　)

3. 设置表格的行高,可以在"表格工具"中的"表格行高""表格列宽"输入框中输入所需的数值进行设置。　　　　　　　　　　　　　　　　　　　　　(　　)

4. 先选中第 1 个单元格或单元格区域,按住 Ctrl 键再选其余单元格或单元格区域,可以选中连续单元格。　　　　　　　　　　　　　　　　　　　　　　(　　)

5. 行列交叉点处单元格的列号和行号组成了该单元格的名字,如 3 行 B 列交叉点单元格的名字是 B3。　　　　　　　　　　　　　　　　　　　　　　　　(　　)

四、操作题

1. 使用即时预览创建一个 3 行×5 列的表格。

2. 在第 1 题所制作的表格中插入一行。

五、思考题

1. 如果将 WPS 表格中的数据复制到 WPS 文字中,当 WPS 表格中的数据发生变化时,如何使 WPS 文字中的数据也同时更新?

2. 如何在 WPS 文字的表格中直接批量输入序号?

单元 2.4 长文档编辑技术

学习目标

知识目标：

1. 了解脚注与尾注的作用；
2. 了解分隔符的类型及作用。

能力目标：

1. 熟悉分页符和分节符的插入操作；
2. 掌握样式和模板的创建和使用，掌握目录的制作方法；
3. 掌握页眉、页脚、页码的插入和编辑。

素养目标：

1. 培养自觉地充分利用信息解决生活、学习和工作中的实际问题的能力；
2. 能使用文档处理软件工具对信息进行加工、处理。

工 作 任 务

任务 2.4 毕业论文排版

学院要求学生在毕业前撰写毕业论文。撰写毕业论文后小王要按学校对毕业论文格式的要求进行排版，毕业论文属于长文档编辑，如何利用 WPS 对长文档进行编辑，又有哪些技巧能够提高长文档编辑的速度。毕业论文排版样例如图 2-68 所示。

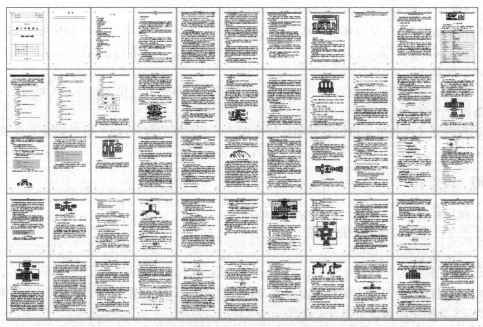

图 2-68 毕业论文排版效果图

技 术 分 析

要完成此任务,涉及长文档编辑的操作:一是长文档编辑技巧;二是文档排版完成后对文档的修订与共享。

知识与技能

一、长文档编辑

(一)样式

样式是系统或用户定义并保存的字符和段落格式,包括字体、字号、字形、行距、对齐方式等。样式可以帮助用户在编排重复格式时,无须重复进行格式化操作,而直接套用样式即可。此外,样式可以用来生成文档目录。

1.新建样式

如果系统预定义的样式不能满足文档需求,可以新建样式。其操作步骤如下。

(1)单击"开始"选项卡"样式"组右下角的箭头按钮 ,打开"样式和格式"任务窗格,如图 2-69 所示。

(2)单击"样式和格式"任务窗格上部的"新样式"按钮,打开"新建样式"对话框,在该对话框中对新建样式的格式进行设置,如图 2-70 所示。

图 2-69　"样式和格式"任务窗格　　　　　图 2-70　新建样式

2. 修改样式

如果系统预定义的样式不能满足文档需求，也可以将当前已有的样式进行修改。其操作步骤如下。

（1）在"开始"选项卡"样式"组中右击样式名称，如"标题1"；或者在"样式"任务窗格中右击样式名称，在弹出的下拉列表中选择"修改样式"命令。

（2）在打开的"修改样式"对话框中对样式进行修改。修改方法与新建样式一致。

3. 套用样式

设置好样式后，将插入点置于要使用样式的行中，单击"开始"选项卡"样式"列表中的样式名称，或单击"样式"任务窗格中的样式名称，即可将其样式套用到相应的段落中。

（二）文档导航

在"视图"选项卡"显示"组中单击"导航窗格"按钮，在下拉列表中可以选择在文档左侧还是右侧出现"导航"任务窗格。

（1）文档标题导航。WPS会对文档进行智能分析，并将文档标题在导航窗格中列出，只要单击标题，就会自动定位到相关段落，如图2-71所示。但是在使用文档标题导航前必须事先设置有标题。如果没有设置标题，就无法用文档标题进行导航。

（2）文档页面导航。用WPS编辑文档会自动分页，文档页面导航就是根据WPS文档的默认分页进行导航的，导航窗格中的"章节"将以缩略图形式列出文档分页，只要单击分页缩略图，就可以定位到相关页面查阅，如图2-72所示。

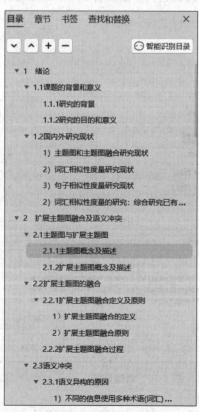

图2-71　文档标题导航

图2-72　文档页面导航

80

（3）关键字(词)导航。在"导航"窗格的"查找和替换"输入框中输入关键字(词)，在"结果"中会列出包含关键字(词)的导航链接，单击这些导航链接，就可以快速定位到文档的相关位置。

（三）分隔符

文档中的分隔符有分页符和分节符两大类。

（1）分页符。分页符主要包括以下三类。

- 分页符：标记一页终止并开始下一页的点。
- 分栏符：指示分栏符后面的文字将从下一栏开始。
- 换行符：分隔网页上的对象周围的文字，如分隔题注文字与正文。

（2）分节符。WPS 文档的最小单位为"字"，许多字组成"行"，许多行组成"段"。许多"段"组成"页"。在许多页的基础上，整个 WPS 文档可分隔成一个节或多个节，便于一页之内或多页之间采用不同的版面布局。节是 WPS 文档设计中页面设置的基本单位。

分节符主要包含以下几种。

- 下一页：插入分节符，并在下一页上开始新节。当不同的页面采用不同的页码样式、页眉和页脚或页面的纸张方向等时使用。
- 连续：插入分节符，并在同一页上开始新的一节。
- 偶数页：插入分节符，并在下一个偶数页上开始新的一节。
- 奇数页：插入分节符，并在下一个奇数页上开始新的一节。

单击"插入"选项卡中的"分页"按钮，在弹出的下拉列表中可以选择分隔符类型。系统默认情况下会将分隔符标记隐藏，此时插入分隔符后，不会出现分隔符标记。此时单击"开始"选项卡中的"显示/隐藏编辑标记"按钮 ⇆，即可显示分隔符。

（四）脚注和尾注

在文档中，有时需要给文档内容加上一些注释、说明或补充，这些内容如果出现在当前页面的底部，称为"脚注"；如果出现在文档末尾，则称为"尾注"。

1. 插入脚注和尾注

插入脚注的操作步骤如下。

（1）将插入点置于要添加注释的文字后。

（2）单击"引用"选项卡中的"插入脚注"按钮，在当前页面底部出现会出现一条横线，横线下面有脚注编号，在编号后输入注释内容即可，如图 2-73 所示。单击"引用"选项卡中的"脚注/尾注分隔线"按钮可以添加或删除横线。

如果在同一页中添加多个脚注，每次出现的脚注编号会自动排序，默认情况下脚注编号为阿拉伯数字"1，2，3，…"。添加脚注后，在设置脚注的正文处会出现一个类似上标的编号，每个编号对应着页面底部的一条脚注内容。

插入尾注的操作步骤与插入脚注的操作步骤类似，此处不再赘述。

2. 脚注和尾注编号的修改

如果对脚注或尾注的显示效果不满意，可以调整脚注或尾注的编号格式。其操作步骤如下。

（1）单击"引用"选项卡中的"脚注"组右下角的箭头按钮 ，打开"脚注和尾注"的对话框。

表 5-1　测试数据集

领域	学科名	数据规模（个）[1]	测试对数[2]	备注
专业领域	计算机网络	1333	888848	
	计算机组成原理	1560	1195674	
	数据结构	351	104133	
	Java语言	494	312478	
	操作系统	744	277140	
	平面几何	392	77028	
	计算机系统结构	1275	798339	

[1] 数据规模指学科或领域内被测试的术语个数

[2] 测试对象指经过算法计算形成的词语与词语相似性的对数

图 2-73　脚注

（2）在"脚注和尾注"对话框中可以修改编号格式、起始编号等属性，如图 2-74 所示。

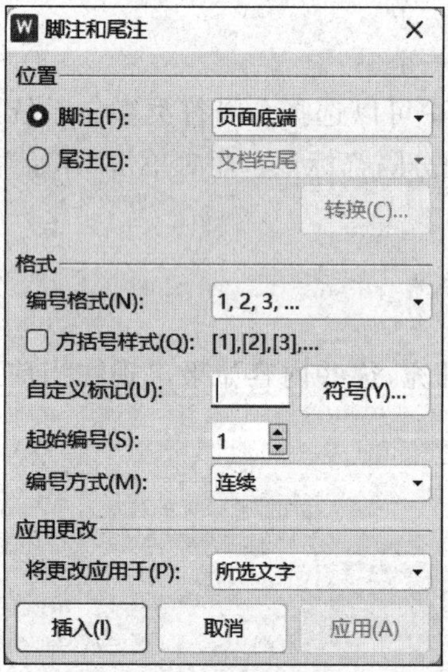

3. 删除脚注和尾注

要删除脚注（尾注），只需要删除文中的脚注（尾注）序号即可，这样下方的脚注（尾注）序号和脚注（尾注）内容就会自动删除。

（五）目录

目录是文档中各级标题的列表，旨在方便阅读者快速地检阅或定位到感兴趣的内容，同时比较容易了解文章的纲目结构。创建目录前，应对文档中各级标题实现样式的应用。

1. 创建目录

对长文档格式排版好后，WPS 文字可以自动生成目录。自动生成目录后，按住 Ctrl 键同时单击目录中章节标题，可自动连接到此节内容，帮助文档阅读者快速查找内容。其操作步骤如下。

图 2-74　"脚注和尾注"对话框

（1）在"引用"选项卡"目录"组中单击"目录"按钮，在弹出的下拉列表中可以选择内置的目录样式；或者选择"自定义目录"命令，打开"目录"对话框。

（2）在"目录"对话框中选择"目录"选项卡，单击"选项"按钮，在打开的"目录选项"对话框中对目录的有效标题样式进行设置，单击"确定"按钮，返回到"目录"对话框，如图 2-75 所示。

2. 更新目录

如果在创建好目录后，又添加、删除或更改文档中的标题或其他目录项，需要更新目录，操作步骤如下。

（1）在"引用"选项卡"目录"组中单击"更新目录"按钮；或者在目录处右击，在弹出的快捷

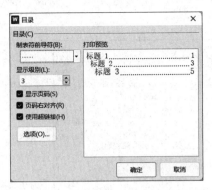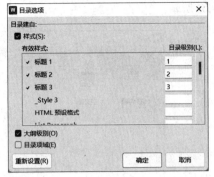

图 2-75　插入目录

菜单中选择"更新域"命令,打开"更新目录"对话框,如图 2-76 所示。

（2）在"更新目录"对话框中选择"只更新页码"或"更新整个目录",单击"确定"按钮,即可按照要求更新目录。

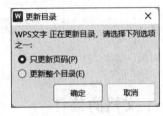

图 2-76　更新目录

二、模板

模板是指 WPS 文字中内置的包含固定格式设置和版式设置的模板文件,用于帮助用户快速生成特定类型的 WPS 文档。

（一）自定义模板

将文档编辑后保存时,在"另存为"对话框中选择"文件类型"为"WPS 文字 模板文件(* .wpt)",即可将文档保存为模板,后缀名为.wpt,如图 2-77 所示。

图 2-77　保存为模板

（二）使用本地模板

使用模板创建文档的操作步骤如下。

（1）选择"文件"选项卡的"新建"→"本机上的模板"命令,打开"模板"对话框。

（2）在"模板"对话框中选择定义好的模板,单击"导入模板"按钮,即可根据模板创建文档,如图 2-78 所示。

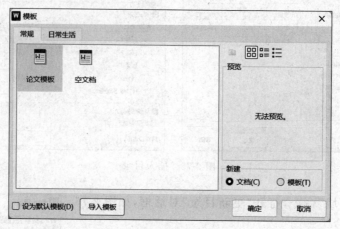

图 2-78　利用模板创建文档

三、文档的修订

（一）检查文档中文字的拼写与语法

在 WPS 文字中开启拼写和语法检查功能后,如果文档中出现拼写错误,则系统自动用红色波浪线进行标记,如果文档中出现语法错误,则系统自动用绿色波浪线进行标记。开启拼写和语法功能的操作步骤如下。

（1）选择"文件"→"选项"命令,弹出"选项"对话框。

（2）在"选项"对话框的左侧列表中选择"拼写检查",在右侧勾选"输入时拼写检查"复选框,如图 2-79 所示。

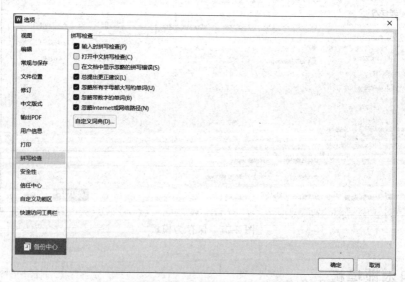

图 2-79　开启拼写和语法检查功能

（3）编辑完成后单击"确定"按钮。

（二）修订文档

当用户在修订文档状态下修改文档时，WPS 文字将跟踪文档中所有内容的变化状况，同时会把用户在当前文档中修改、删除、插入的每一项内容标记下来。

打开所要修订的文档，在"审阅"选项卡"修订"组中单击"修订"按钮，则可进入修订状态。用户在修订状态下直接插入的文档内容会标为红色和下划线，删除的内容会在右侧的页边空白处显示出来。

WPS 文字能记录不同用户的修订记录，用不同的颜色表示出来。这个功能为以电子方式审阅书稿、总结归纳不同用户的意见提供了很大的方便。

（三）审阅修订意见

对修订意见可以接受也可以拒绝，方法如下：将插入点移到当前修订的位置，右击并在弹出的快捷菜单中根据需要选择接受或者拒绝；也可以单击"审阅"→"接受"或"拒绝"按钮，在下拉列表中进行相应选择。

（四）批注

将文档初步排版完成后，可根据需要将文档发送给有关人员审阅。如果遇到一些不能确定是否要更改的地方，可以通过插入批注的方法暂时做记号。

"批注"与"修订"的不同之处在于："批注"并不在原文上进行修改，而是在文档页面的空白处添加相关的注释信息，并用有颜色的方框括起来。

在 WPS 文档中添加批注的操作步骤如下。

选中需要进行批注的文字，在"审阅"选项卡的"批注"组中单击"插入批注"按钮，此时被选中的文字就会添加一个用于输入批注的编辑框，并且该编辑框和所选文字显示为粉红色。在编辑框中可以输入要批注的内容，如图 2-80 所示。

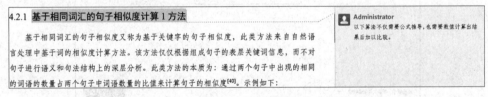

图 2-80 新建批注

如果要删除某处批注，右击此批注框，在弹出的快捷菜单中选择"删除批注"命令，即可将其删除；或者单击"审阅"→"批注"→"删除"按钮，在下拉列表中选择删除当前批注还是文档中所有批注。

四、多个文档拆分和合并

在使用 WPS 时，合并和拆分文档是常见的需求。拆分文档功能可以将文档拆分成多个部分。每个部分都可以单独保存并进行编辑。例如，将长文档"毕业论文"拆分成多个部分进行处理时，操作步骤如下。

（1）单击"会员专享"→"批量工具箱"→"更多批量功能"→"文档拆分和合并"打开"拆分

合并器"，如图 2-81 所示。

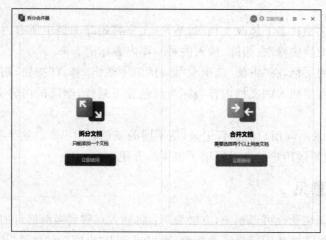

图 2-81　拆分合并器

（2）单击上图"拆分合并器"中的"拆分文档"。选择需要被拆分的文档后，可以有三种拆分方法，分别是"平均拆分""标题拆分""选择范围"，如图 2-82 所示。这里选择按照"标题拆分"，并在右下角选择按需选择输出目录。再输出目录即可得到被拆分的文档。

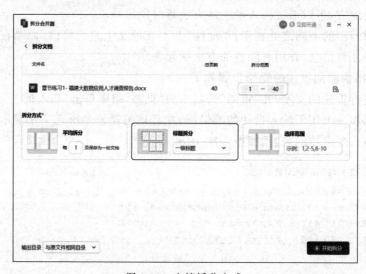

图 2-82　文档拆分方式

文档合并功能可以将多个文档进行汇总，合并成一个文档。其操作步骤如下。

（1）打开"拆分合并器"中的"合并文档"。

（2）选择需要被合并的多份文档，选择"输出目录"，设置"输出名称"后，即可得到被合并的文档。

任 务 实 现

完成任务 2.4，即对毕业论文进行排版，操作步骤如下。

（1）页面布局。打开素材文档，在页面布局中设置上边距和左边距为 2.5 厘米，设置下边距和右边距为 2 厘米。

（2）样式设置。在"开始"菜单中打开样式,右击各级标题进行样式的修改,修改的内容如下。

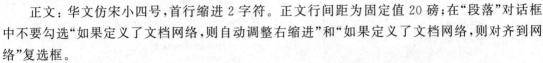

页面布局和样式设置

一级标题：黑体小二号,段前段后各一行。

二级标题：黑体三号,段前一行,段后 0.5 行。

三级标题：黑体四号,段前一行,段后 0.5 行。

四级标题：华文仿宋小四号,段后 0.5 行。

插入分节符

正文：华文仿宋小四号,首行缩进 2 字符。正文行间距为固定值 20 磅;在"段落"对话框中不要勾选"如果定义了文档网络,则自动调整右缩进"和"如果定义了文档网络,则对齐到网络"复选框。

在文档相应的部分应用样式。

插入页码

（3）插入分节符。选择"插入"→"分页"命令,然后分别在封面、摘要页、目录页后插入"下一页分节符"。另外,在每一章末尾插入"分节符"。

（4）插入页码(封面不能有页码)。

① 单击"插入"→"页码"→"页码命令",目录页码选择罗马字体(如Ⅰ、Ⅱ、Ⅲ等);正文页码和页眉从第一页开始,使用宋体四号字;页码在页脚处居中。

② 单击"插入"→"页眉页脚",再单击"奇偶页不同"复选框。接着在奇数页眉写上学校的名称,在偶数页眉写上论文名称。

（5）生成目录。在目录页选择"引用"→"目录"命令,生成论文的目录。

（6）将排好版的论文转换为 PDF 格式。

（7）打印毕业论文。

能 力 拓 展

题注和交叉引用

在 WPS 文字中,针对图片、表格、公式一类的对象,为它们建立的带有编号的说明段落,即称为"题注"。添加了题注之后,在添加或删除带题注的图片、表格和公式时,所有图片、表格和公式的编号会自动改变,以保持编号的连续性。

1. 插入题注

插入"图 1"样式的题注的操作步骤如下。

（1）单击"引用"选项卡中的"题注"按钮,打开"题注"对话框。

（2）在"题注"对话框的"标签"下拉列表中选择标签。如果没有需要的,可以单击"新建标签"按钮,在弹出的"新建标签"对话框中输入标签名,如图 2-83 所示。

2. 交叉引用

为图片和表格等设置题注后,还要在正文中设置引用说明,引用说明文字和图片、表格等是相互对应的,这一引用关系被称为"交叉引用"。在插入题注后,就可以利用编号做交叉引用了。其操作步骤如下。

（1）将插入点置于要插入图表题注或编号的位置。

（2）在"引用"选项卡"题注"组中单击"交叉引用"按钮,弹出"交叉引用"对话框。

（3）在"交叉引用"对话框中选择引用类型，引用内容和引用哪一个题注，单击"插入"按钮，如图 2-84 所示。

图 2-83　"题注"对话框　　　　　图 2-84　"交叉引用"对话框

3. 多级编号

如果要为图、表或公式设置带有章节的编号，如"图 1-1"的编号，需要在插入题注前为文档标题设置多级列表。其操作步骤如下。

（1）单击"开始"选项卡中的"编号"按钮，在下拉列表中选择"自定义编号"选项，打开"项目符号和编号"对话框。

（2）在该对话框中选择预设好的多级编号格式，单击"自定义"按钮，打开"自定义多级编号列表"对话框。

（3）在"自定义多级编号列表"对话框中设置级别对应的样式，单击"高级"按钮（单击后变为"常规"按钮），"将级别 1 链接到样式"设为"标题 1"，单击"确定"按钮如图 2-85 所示。

（4）设置好多级编号后，插入题注时，在"题注"对话框（图 2-83）中单击"编号"按钮，在弹出的"题注编号"对话框中勾选"包含章节号"复选框，如图 2-86 所示。

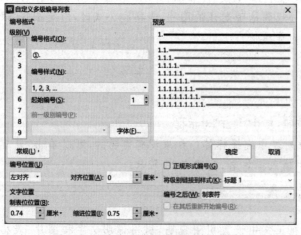

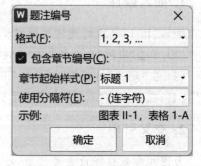

图 2-85　"自定义多级编号列表"对话框　　　　图 2-86　"题注编号"对话框

（5）单击"确定"按钮，返回"题注"对话框，再单击"确定"按钮，可添加"图 1-1"样式的题注。

单 元 练 习

一、填空题

1. _____是系统或用户定义并保存的字符和段落格式。

2. _____是指 WPS 文字中内置的包含固定格式设置和版式设置的模板文件,用于帮助用户快速生成特定类型的 WPS 文档。

3. 在文档中,有时需要给文档内容加上一些注释、说明或补充,这些内容如果出现在当前页面的底部,称为_____。

二、选择题

1. 以下选项中是导航窗格没有的选项的是(　　)。

A. 目录　　　　　　B. 章节　　　　　　C. 书签　　　　　　D. 段落导航

2. 插入手动分页符的步骤是(　　)。

A. 单击"页面布局"并选择"分隔符"→"分页符"命令

B. 按 Ctrl+J 组合键

C. 按 Alt+Enter 组合键

D. 按 Shift+Enter 组合键

3. 目录可以通过(　　)选项卡插入。

A. 插入　　　　　　B. 页面　　　　　　C. 引用　　　　　　D. 视图

4. 连续分节符是指(　　)。

A. 插入分节符,并在下一页上开始新节。当不同的页面采用不同的页码样式、页眉和页脚或页面的纸张方向等时使用

B. 插入分节符,并在同一页上开始新的一节

C. 插入分节符,并在下一个偶数页上开始新的一节

D. 插入分节符,并在下一个奇数页上开始新的一节

5. "批注"与"修订"的不同之处在于(　　)。

A. "批注"并不在原文上进行修改,而是在文档页面的空白处添加相关的注释信息,并用有颜色的方框括起来

B. "批注"是原文上进行修改,并用有颜色的方框括起来

C. "批注"是原文上进行修改,并在文档页面的空白处添加相关的注释信息

D. "批注"并不在原文上进行修改,而是在文档页面的空白处添加相关的注释信息,并且将字体增大

三、判断题

1. 可以新建样式但不能修改样式。　　　　　　　　　　　　　　　　　　　　(　　)

2. 节是 WPS 文档设计中页面设置的基本单位。　　　　　　　　　　　　　　(　　)

3. 在"引用"选项卡"目录"组中单击"更新目录"按钮,或者在目录处右击,在弹出的快捷菜单中选择"更新域"命令,都可以更新目录。　　　　　　　　　　　　　　　　(　　)

4. WPS没有自定义模板。   （   ）

5. 修订文档状态下修改文档时，WPS应用程序将跟踪文档中所有内容的变化状况，同时会把用户在当前文档中修改、删除、插入的每一项内容标记下来。   （   ）

四、操作题

1. 对自己所学专业进行调研，撰写一份调研报告。

2. 利用WPS文字中的模板制作个人简历。

五、思考题

1. 在编辑较长文章时，常会重复性的长条词语，如人物名称、公司名称、联系电话等，如果每次都输入耗费时间，可以使用WPS中提供的自动图文集功能存储需要重复使用的文字、段落、图片、表格等。如何使用自动图文集功能？

2. 学校对毕业论文不光格式有要求，对字数也同样有要求，如何统计论文中的字数？

单元2.5　多人协同编辑文档

学 习 目 标

知识目标：

1. 了解共享的作用；

2. 了解协作的意义。

能力目标：

1. 掌握文档共享的方法；

2. 掌握多人协同编辑文档的方法和技巧。

素养目标：

1. 能够利用信息系统进行分享与合作；

2. 能够高效地进行信息处理，实现信息的更大价值。

工 作 任 务

任务2.5　协同论文文档编辑和论文审阅

为了提高效率，要求大家共同完成修改论文，准备使用WPS云文档来进行协同工作，如图2-87所示。

WPS作为一款功能强大的办公软件，提供了多种实用的工具和功能，使得多人协同办公变得更加高效和便捷，那么如何使用云文档完成协同编辑呢？

下面将详细介绍有关操作。

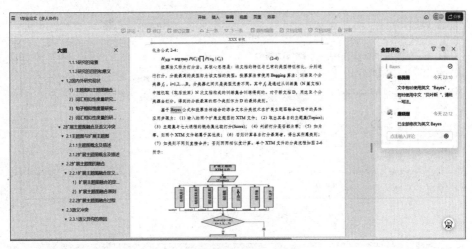

图 2-87　协同编辑云文档

技 术 分 析

要完成此任务涉及云文档的使用，一是云文档的创建和管理；二是云文档的协同编辑；三是对云文档权限的统一设定，也就是使用团队文档。

知 识 与 技 能

云文档

一、云文档

云文档是一种新型的文档存储方式，它利用云计算技术来存储文档，从而替代传统的本地存储方式。传统的本地存储方式有一定的局限性，比如容量有限、无法进行多人同时编辑以及保护数据安全难度较大等问题，而云文档则通过云计算的优势实现了有效的解决方案。

WPS 用户可以将办公文档保存在 WPS 云端，实现实时的文档共享和协作。

（一）文档上传云空间

（1）打开文档，在窗口右上方，单击 图标按钮，打开"上传至云空间"对话框，如图 2-88 所示。在该对话框中，单击"立即上传"按钮，即可将文档上传到 WPS 云空间。当 图标按钮变成 时，表示该文档的存储位置为 WPS 云空间。

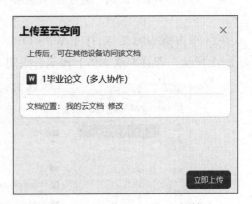

图 2-88　"上传至云空间"对话框

（2）打开"WPS 云盘"，如图 2-89 所示。登录账号后，在"我的云文档"界面的右侧单击"新建"按钮；或者在浏览器打开金山文档官方网址的网址，如图 2-90 所示。登录账号后，单击"我的云文档"左侧菜单栏"新建"按钮。这种方法新建文档的存储位置为 WPS 云空间。

（3）在 WPS 云盘中"我的云文档"右侧单击"导入"按钮，或者在金山文档官方网址的左侧单击"导入"按钮，即可将本地文件或文件夹上传至 WPS 云空间，支持同时选中多个文件进行

图 2-89　WPS 云盘

图 2-90　"金山文档"官网

批量上传。

（二）云文档管理

1. 查看云文档

（1）打开"WPS 云盘"或者在浏览器中打开金山文档官方网站，即可查看在云空间的文档。

（2）单击 **K WPS** 图标，打开 WPS Office 客户端，可以同时管理本地和云空间的文档，如图 2-91 所示。若将本地文档上传至云空间，则本地和云空间各自存储文档。

图 2-91　WPS Office 客户端

2. 云空间文档的其他管理操作

在云端空间可以对文档进行目录调整、移动、复制、重命名、删除、添加星标等操作。

- 移动/复制：单击文档右侧的⋯按钮并选择"移动到"/"复制到"命令，即可将文档移动/复制到目标文件夹中。
- 重命名：单击文档右侧的⋯按钮并选择"重命名"命令，即可将文档重命名。
- 删除：单文档右侧的⋯按钮并选择"删除"命令，即可将文档从云空间删除。
- 星标：单文档右侧的⋯按钮并选择"星标"命令或☆符号，即可添加星标，并在左侧菜单栏"星标"文档中查找。

3. 云空间文档的导出

（1）单击文档右侧的⋯按钮并选择"导出"命令，即可将云空间的文档下载到本地。

（2）在文件列表的左侧勾选要导出的文件，然后单击右侧的⋯按钮并选择"导出"命令，可将云空间文档批量下载到本地，如图 2-92 所示。

图 2-92　批量导出云空间文档

（3）若已打开某个文档，在菜单栏选择"文件"→"另存为"命令，打开"另存为"对话框，选择本地路径进行保存。同样，也可以将本地文档通过"另存为"操作保存到云空间。

（三）安全存储

1. 历史版本

每一次保存都有对应的历史版本，方便随时找回和恢复过程性的版本，单击文档右侧的⋯按钮并选择"历史版本"命令，打开历史版本列表，如图 2-93 所示。可以查看到修改的时间，更新者以版本名称。除了"最新版本"，在之前版本右侧单击⋯按钮并选择"恢复到该版本"命令。

2. 回收站

单击左侧的"回收站"按钮，可以查看从云空间中删除的文档，如图 2-94 所示。单击右侧的⋯按钮并选择"还原"命令，将文档从回收站中还原到原位置；也可以选择"彻底删除"命令，将不需要使用的文档删除。

二、云端协同编辑

云端协同编辑是指基于云技术实现的协同办公方式，通过互联网连接多个设备和用户，实现文件的多人实时编辑、共享和管理。相比传统的本地文件操作方式，云端协作具有更高的实时性和协同性，不受地域和时间限制，方便团队合作和文件的远程管理。

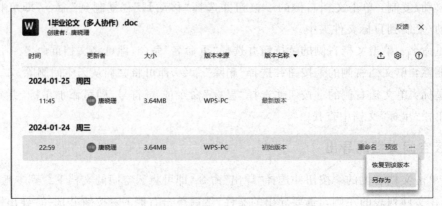

图 2-93　历史版本列表

图 2-94　回收站文档列表

WPS 用户组成的团队成员可以随时访问和编辑文档，多人同时编辑不会造成版本冲突。

（一）分享云文档

1. 分享文档

选择"文件"→"打开"命令，打开云文档列表，将光标悬浮于某个文档上，右侧会出现"分享"按钮；或者打开某个文档，单击菜单栏右边菜单栏的"分享"按钮，进入分享设置界面。

2. 和他人一起编辑

在分享设置界面中打开"协作"面板进行设置，如图 2-95 所示。

（1）复制链接。可将文档网址通过微信、朋友圈、企业通信录等方式发给其他用户。

（2）链接权限。可对同协作的其他用户进行权限设置。默认权限是任何人可查看。链接权限对象分为任何人、本企业成员和仅指定用户。

链接权限具体如下。

- 仅查看：只能查看，不能复制、下载、打印等。
- 可查看：支持查看、复制、下载、打印。
- 可评论：支持查看、复制、下载、打印和评论。
- 可编辑：支持查看、复制、下载、打印、评论和编辑等。

（3）管理协作者。若对其中一些用户有特定的权限要求，可以使用管理协作者来进行特殊的权限管理配置。先添加特定的用户，再指定其特殊权限，使之与其他用户的权限区分开，如图 2-96 所示。

图 2-95　"协作"面板

图 2-96　管理协作者

3. 查看共享文档

在 WPS Office 客户端或者 WPS 云盘或者金山文档官网的左侧单击"共享"按钮,查看共享文档列表,如图 2-97 所示。

图 2-97　共享文档列表

(1) 单击"我收到的"链接,查看别人发给我的文档。单击文档右侧的⋯按钮并选择"退出共享"命令,可以退出此文档的协同编辑。

(2) 单击"我发出的"链接,查看我分享给其他的文档。单击文档右侧的⋯按钮并选择"取消共享"命令,可以停止此文档的协同编辑。

（二）协同编辑

1. 编辑协作文档

当该文档在云端正在在线编辑时,文档右上方会显示正在参与协作的人员的头像,同时,在文档中也会标注在文档的哪个位置正在编辑,如图 2-98 所示。

2. 评论协作文档

(1) 鼠标光标停留在文档中某个位置,或者选中一段文字并单击右边悬浮的 🖸 按钮,如图 2-99 所示;或者在菜单栏中选择"审阅"→"评论"→"插入评论"命令,可以对文档的内容进行评论。

95

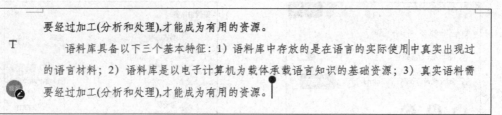

图 2-98　显示协作者和协作者编辑的内容

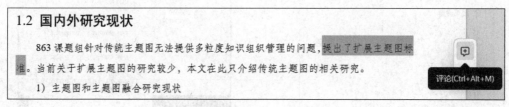

图 2-99　评论协作文档

（2）协作文档打开时，可以查看其他协作者对文档的评论，以及回复评论，如图 2-100 所示；也可以在菜单栏中选择"审阅"→"评论"→"显示评论面板"命令，在右侧窗口查看所有的评论内容。

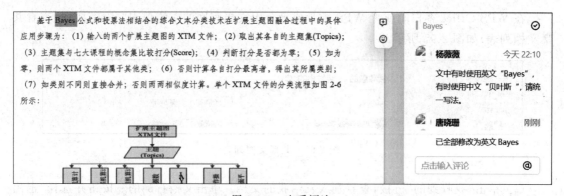

图 2-100　查看评论

（3）将云文档导出到本地时，评论将以批注的形式存于本地文档中。

3. 协作文档定稿与审批

在菜单栏中选择"审阅"→"文档定稿"命令，将协作文档定稿。定稿后，将停止协同编辑和评论，同时可将定稿文档发送审批。单击"定稿"对话框中的"文档审批"按钮，可在打开的对话框中选择审批人报送审批，如图 2-101 所示。

4. 文档评审

在菜单栏中选择"审阅"→"评审"命令，打开"评审"面板，再添加评审人对文档进行审阅，如图 2-102 所示。

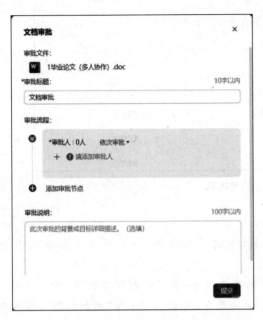

图 2-101　审批定稿文档

图 2-102　"评审"面板

任 务 实 现

完成任务 2.5，即对毕业论文进行多人协作编辑，操作步骤如下。

（1）新建协作团队。打开云平台，在"团队文档"中新建团队，添加团队成员，设置团队的文件权限。

（2）上传"毕业论文"至"团队文档"中。

（3）团队成员对"毕业论文"云文档进行协同编辑、评论等操作。

（4）完成协同编辑后，将"毕业论文"进行定稿操作。

（5）导出定稿后的"毕业论文"至本地。

任务 2.5

能 力 拓 展

协 同 团 队

在云平台上创建团队，可以方便地统一设置团队队员的编辑权限，并进行团队的共享和协作。

1. 新建团队

单击云平台左侧"团队文档"右边的 ＋ ，或者单击"新建团队"按钮，如图 2-103 所示。填写团队名以及选择团队成员后，即可创建自己的团队。

2. 团队管理

单击团队名称右边的 ··· 按钮，可以对团队进行相应的设置。

图 2-103　新建团队

（1）重命名团队：可对团队的名字重命名。

（2）添加成员：可以将链接发给其他用户，邀请其加入团队；也可以从联系人中添加成员。

（3）文档权限：可以对团队的成员统一设置编辑权限；也可以自定义权限，如图 2-104 所示的"编辑"权限为自定义权限。若默认权限不满足需求，可单击左下角"添加权限"，填写自定义的权限名称后，勾选所需的权限。

权限名称	查看	复制内容	打印	下载/另存	评论	新建/上传/重命名	编辑	分享 ⓘ	移动/删除	权限设置 ⓘ
仅查看	☑	☐	☐	☐	☐	☐	☐	☐	☐	☐
可查看	☑	☑	☑	☑	☐	☐	☐	☐	☐	☐
可评论	☑	☐	☐	☐	☑	☐	☐	☐	☐	☐
可编辑	☑	☐	☐	☐	☐	☑	☑	☐	☐	☐
可管理	☑	☑	☐	☐	☐	☑	☑	☑	☑	☑
编辑	☑	☑	☑	☑	☑	☑	☑	☑	☐	☐

団队文件权限定义

+ 添加权限 ⓘ ⌄　　　　　　取消　确定

图 2-104　自定义团队权限

3. 团队文档管理

双击团队的名称后，右侧出现团队文档列表，可以对文档进行管理，其操作和其他云文档类似。团队成员对团队文档拥有统一权限，若需要设定特定成员的权限，可以打开云文档中"管理协作者"进行权限配置。

单 元 练 习

一、填空题

1._____是一种新型的文档存储方式，它利用云计算技术来存储文档，从而替代传统的本地存储方式。

2. 打开文档,在菜单栏的右边,单击 图标按钮,打开＿＿＿＿＿＿＿对话框。

3. ＿＿＿＿＿＿＿中可以查看到文档修改的时间,更新者以版本名称。

二、选择题

1. 以下不能将文档上传至云空间的是(   )。

A. 单击 图标按钮

B. 在"我的云文档"界面的右侧单击"新建"按钮

C. 在"我的云文档"界面的右侧单击"上传"按钮

D. 在"我的云文档"界面的右侧单击"导入"按钮

2. 单文档右侧的 ⋯ 按钮并选择"星标"命令或 ☆ 符号,即可(   )。

A. 添加星标　　　　B. 重命名　　　　C. 删除　　　　D. 添加收藏

3. "和他人一起编辑"所需要的设置是(   )。

A. 协同编辑　　　　B. 分享链接　　　　C. 设置团队名称　　D. 设置分享时间

4. 将云文档导出到本地时,评论将以(   )的形式存于本地文档中。

A. 评论　　　　B. 批注　　　　C. 修订记录　　　　D. 修改记录

5. 将协作文档定稿,可以(   )。

A. 选择"审阅"→"定稿"命令　　　　B. 选择"视图"→"文档定稿"命令

C. 选择"页面"→"文档定稿"命令　　　　D. 选择"审阅"→"文档定稿"命令

三、判断题

1. 图标按钮变成 时,表示该文档的存储位置为 WPS 云空间。　　　　(   )

2. 不会保存都有对应的历史版本和过程性的版本。　　　　(   )

3. 云端删除文档后不可还原。　　　　(   )

4. 分享云文档时,可以对分享对象进行权限设置。　　　　(   )

5. 不能在云端协作时,回复他人的评论。　　　　(   )

四、操作题

1. 分享一个云文档给特定用户,并为之设定"可编辑"权限。

2. 导出一个云文档。

五、思考题

1. 如何对用户进行批量的权限设置?

2. 如何明显地查看其他协作者正在编辑的内容?

模块 3　电子表格技术

学习提示

在当今信息化的时代,计算机技术已经渗透到我们生活的方方面面。其中,电子表格是一项非常重要的应用技术。无论是在生活还是日常工作中,我们都可以通过电子表格来进行数据分析和处理,并广泛应用于财务、管理、统计、金融等领域。然而,要发挥电子的最大功效,我们需要掌握一些应用技巧。

本单元主要介绍电子表格的基本编辑、数据编辑与格式设置、公式和函数的使用、数据分析处理、图表、透视表制作与美化、数据的排序、筛选与分类汇总等内容,以便快速、高效地完成图、文、表等编辑排版,使电子表格更加专业、美观并易于阅读。

本模块知识技能体系如图 3-1 所示。

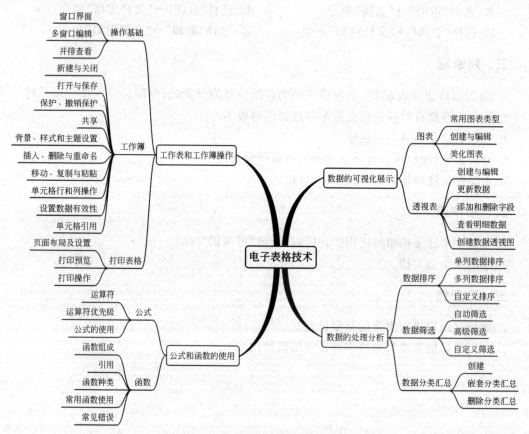

图 3-1　电子表格技术知识技能体系

工 作 标 准

1.《表格格式和代码标准》　ZC 0004—2001

2.《学术出版规范 表格》　CY/T 170—2019

单元 3.1　工作表和工作簿操作

学 习 目 标

知识目标：

1. 了解电子表格的应用场景，熟悉电子表格相关工具的功能和操作界面；

2. 理解单元格绝对地址、相对地址的概念和区别；

3. 熟悉工作簿的保护、撤销保护和共享，同时熟悉工作表的保护、撤销保护，以及熟悉工作表的背景、样式、主题设定；

4. 掌握页面布局的方法。

能力目标：

1. 掌握电子表格的基本操作，如新建、保存、打开和关闭工作簿，切换、插入、删除、重命名、移动、复制、冻结、显示及隐藏工作表等操作；

2. 掌握单元格、行和列的相关操作，掌握使用控制句柄、设置数据有效性和设置单元格格式的方法；

3. 掌握数据录入的技巧，如快速输入特殊数据，使用自定义序列填充单元格，快速填充和导入数据；

4. 掌握设置保护表格数据的方法，掌握格式刷、边框、对齐等常用格式的设置；

5. 掌握相对引用、绝对引用、混合引用及工作表外单元格的引用方法；

6. 掌握页面布局、打印预览和打印操作的相关设置。

素养目标：

能使用信息技术工具，结合所学专业知识，运用计算思维形成生产、生活情境中的融合应用解决方案。

工 作 任 务

任务 3.1　制作学生成绩汇总表

学校期末考试后，辅导员让苏小俊统计班级同学的期末成绩，并以"学生成绩汇总表"为文件名进行命名，效果如图 3-2 所示。

序号	学号	姓名	性别	信息基础	信息安全	程序设计	高数	英语	体育
				计 算 机 应 用 技 术 1 班 成 绩 汇 总 表					
1	202303001	吴英	女	100	89	93	62	95	中等
2	202303002	雷文	男	75	94	92	68	92	不及格
3	202303003	吕家勤	男	74	86	60	72	80	良好
4	202303004	陈浩川	男	81	82	90	72	94	优秀
5	202303005	苏小俊	男	87	98	88	97	93	良好
6	202303007	涂玉铭	男	99	95	90	68	91	优秀
7	202303008	林显娜	女	67	85	100	82	88	良好
8	202303009	林杰	男	93	80	92	73	89	中等
9	202303010	陈兴文	男	67	70	80	68	61	优秀
10	202303011	王霖诚	男	88	69	95	85	92	及格
11	202303012	谭晓峰	男	94	85	96	54	88	良好
12	202303013	肖丽丽	女	88	93	74	71	94	中等

图 3-2　学生成绩汇总表

技 术 分 析

完成本任务涉及以下电子表格基本编辑技术：一是电子表格的建立与保存，单元格的输入，自动填充，自动生成序号；二是电子表格的编辑与美化；三是通过"条件格式"设置数据有效性等操作。

知识与技能

一、电子表格简介

（一）电子表格技术概述

电子表格是一种广泛使用的办公软件，它允许用户输入、组织和计算数据。下面介绍电子表格的主要技术，包括单元格和单元格区域、公式和函数、数据格式、图表和图形、数据验证和条件格式、宏和自动化以及导入和导出数据。电子表格是一种广泛使用的办公软件，它允许用户输入、组织和计算数据。

目前在计算机上常用到的电子表格软件有以下几种。

1. Microsoft Excel

Microsoft Excel 是 Microsoft 公司开发的电子表格软件，它是一种广泛使用的办公软件，适用于 Windows 和 Mac 操作系统。Excel 具有直观的界面和出色的计算功能，它提供了各种工具来帮助用户组织和计算数据。通过使用公式和函数，用户可以轻松地进行各种计算和统计分析。此外，Excel 还提供了丰富的图表和图形功能，可以帮助用户更好地理解数据。

2. WPS Excel

WPS Excel 是金山软件公司开发的电子表格软件，与 Microsoft Excel 类似，它提供了电子表格的基本功能和工具。与 Microsoft Excel 相比，WPS Excel 在一些方面可能存在一些差异。例如,在处理大型文件时,Microsoft Excel 可能具有更好的性能和稳定性。此外,Microsoft Excel 的函数和公式库更加丰富,而 WPS Excel 可能在某些特定的行业和领域具有更强的针对性。

3. Google Sheets

Google Sheets 是 Google 公司推出的一款在线电子表格程序,它是 Google Drive 的一部分,可与 Microsoft Office 进行竞争。Google Sheets 允许用户在任何设备上实时创建和协作处理在线电子表格,具有强大的数据计算和分析功能,以及丰富的图表和图形展示能力。用户可以通过共享和实时编辑功能,为在线电子表格中的数据创建标准答案。此外,Google Sheets 还支持评论和分配待办项,可通过内置的智能功能更快地获取分析结果,具有强大的数据导入和导出功能,并可与其他 Google 应用无缝连接,如 Gmail 和 Google Meet。

4. Apple Numbers

Apple Numbers 是苹果公司推出的一款电子表格软件,它允许用户在 Mac 或 iPad 上创建、编辑和共享电子表格。Numbers 具有直观的界面和强大的功能,包括公式和函数计算、图表和图形创建、数据导入和导出等。用户可以在 Numbers 中创建各种类型的电子表格,如财务、销售、人力资源等,并可以通过实时协作功能与他人共享和编辑表格。此外,Numbers 还支持智能数据建议和快速填充功能,可帮助用户更快地完成表格。Numbers 电子表格文件可以保存为 WPS 表格文件格式(.et),并可与其他 Mac 或 iPad 应用程序进行集成。

5. iSheets

iSheets 是一款基于云端的电子表格软件,它具有直观的界面和强大的功能,可以满足个人和企业在数据管理和分析方面的需求。iSheets 主要特点:包括实时协作、强大的计算能力、数据可视化、数据导入和导出、灵活的定制功能、丰富的模板库等,适用于个人和企业用户。无论需要处理简单的数据表格还是进行复杂的数据分析,iSheets 都可以满足需求。

(二) WPS 表格的工作界面

WPS 表格的工作界面与 WPS 文字的工作界面基本相似,由快速访问工具栏、标题栏、“文件”菜单、功能选项卡、功能区、编辑栏、工作表编辑区和状态栏等部分组成,如图 3-3 所示。

1. 快速访问工具栏

快速访问工具栏中可以放置用户常用的一些命令。默认情况下,该工具栏中包含“保存”“撤销”“重复”及“自定义快速访问工具栏”命令按钮。用户可以根据需要,对“快速访问工具栏”命令按钮进行增、删。其操作步骤如下。

(1)单击“自定义快速访问工具栏”按钮 ∨,在弹出的快捷菜单中选择需要显示在快速访问工具栏中的命令即可添加。

(2)在上一步弹出的快捷菜单中选择“其他命令”按钮,或者右击“快速访问工具栏”并在弹出的快捷菜单中选择“自定义快速访问工具栏”命令,打开“选项”对话框。

(3)在“选项”对话框左侧选项中选择“快速访问工具栏”,从中间的命令列表中选择需要的命令(如“另存为”命令),单击“添加”按钮,将其添加至“当前显示的选项”命令列表中,如图 3-4 所示。

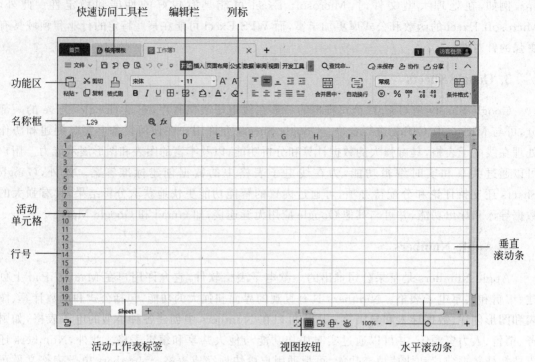

图 3-3　WPS 表格的工作界面

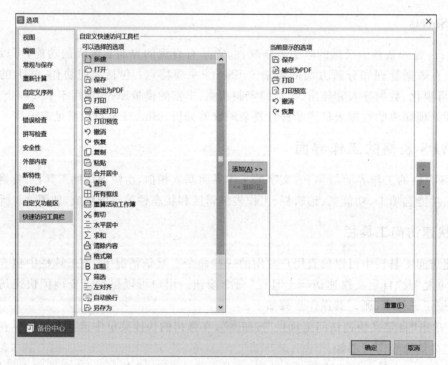

图 3-4　自定义快速访问工具栏

（4）设置完成后，单击"确定"按钮，即可将常用命令添加到快速访问工具栏中。

2. 功能区

WPS表格功能区默认包含十一个选项卡,分别是"文件""开始""插入""设计""页面布局""公式""数据""审阅""视图""开发工具"和"特色功能"。"文件"选项卡提供了一组文件操作命令,例如"新建""打开""另存为""打印"等。除"文件"选项卡外每个选项卡分为若干个组。

如果双击功能选项卡名称,或者单击功能区右上角"折叠功能区"按钮 ∧ ,或者右击功能选项卡任意位置并在弹出的快捷菜单中选择"折叠功能区"命令,均可将功能选项卡暂时隐藏起来,只显示各选项卡的名称,增加工作区面积,方便用户编辑表格。

3. 数据编辑区

数据编辑区位于选项卡的下方,由名称框和编辑栏两个部分组成。

(1)名称框:也称活动单元格地址框,用于显示当前活动单元格的位置。

(2)编辑栏:用于显示和编辑活动单元格中的数据和公式,选定某单元格后,即可在编辑框中输入或编辑数据。其左侧有以下三个按钮。

① "取消"按钮:该按钮位于左侧,用于恢复到单元格输入之前的状态。

② "输入"按钮:该按钮位于中间,用于确认编辑框中的内容为当前选定单元格的内容。

③ "插入函数"按钮:该按钮位于右侧,用于在单元格中使用函数。

4. 文档视图

视图是查看文档的方式。WPS表格有四种视图模式,包括普通视图、分页预览、全屏显示和自定义视图。在WPS表格窗口下方的文档视图工具栏有普通视图、分页视图和阅读视图三个视图按钮。或者在"视图"选项卡的"视图"组中单击各视图按钮,也可以按相应视图模式显示。

(1)普通视图:这是最常用的视图模式,是WPS表格的默认视图方式。在这种视图下,用户可以通过拖曳滑块和滚动条在文档中浏览。普通视图下,用户可以进行文本编辑、插入图片、设置文档格式等操作。这种视图方式适用于一般的文档编辑和查看。

(2)分页预览:在打印时会用到,将蓝色框线范围调整到刚好包含所有内容,就可以将这些内容打印到一页。如果内容过多不适合打印到一页中,会进行压缩或分页显示。

(3)全屏显示:可以让操作栏消失,只显示表格数据,使阅读更加专注。按键盘左上角的Esc键可以退出全屏显示。

(4)自定义视图:允许用户自己设定视图规则,将当前的显示和打印设置保存为一种自定义的视图,建表时可以使用。

(5)阅读模式:这是一个贴心的功能,使用之后,会自动高亮所选单元格的所在行和列,方便用户阅读。

(三)多窗口编辑技术

1. 拆分窗口

WPS电子表格中的拆分窗口可以拆分为两个窗口,可以使用"拆分窗口"功能来将当前工作表窗口拆分为最多四个大小可以设定的区域。这有助于在处理长表格时更方便地查看和对比数据。

2. 重排窗口

WPS电子表格支持多窗口编辑技术，可以让用户同时在一个界面内打开多个表格进行编辑，从而提高工作效率。

3. 并排比较

WPS表格可以将两个工作簿窗口并排查看，方便对文档内容进行比较。

（四）工作簿、工作表和单元格的概念

（1）工作簿：用来存储和处理数据的主要文档，也称为电子表格，其默认扩展名是.et。

（2）工作表：用来显示和分析数据的工作场所，它存储在工作簿中。默认情况下，一个工作簿中只包含一张工作表，以Sheet1命名。

（3）单元格：WPS表格中基本的存储数据单元，它通过对应的行号和列标进行命名和引用。

在计算机中，工作簿以文件的形式独立存在，工作簿中包含了一张或多张工作表，工作表又是由排列成行和列的单元格组成的，它们三者的关系是包含与被包含的关系，如图3-5所示。

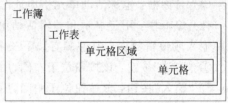

图3-5　工作簿、工作表和单元格关系

1. 工作簿基本操作

（1）新建空白工作簿。WPS表格的工作界面与WPS文字的工作界面基本相似，由快速访问工具栏、标题栏、"文件"菜单、功能选项卡、功能区、编辑栏、工作表编辑区和状态栏等部分组成，打开WPS表格程序，选择"新建"或"空白文档"，并用"工作簿1"命名，如图3-2所示。

（2）保存工作簿。创建新工作簿以后，就可以编辑表格，或者进行数据计算和数据分析。完成对工作簿的操作后，可以将工作簿保存起来，以便下次查看与使用。保存工作簿可以分为保存新建的工作簿和保存已有的工作簿。

（3）关闭工作簿。

① 在"标题"选项卡中单击"关闭"按钮，可关闭工作簿但不退出WPS Office。

② 单击WPS表格工作界面右上角的"关闭"按钮，或按Alt＋F4组合键，可关闭工作簿并退出WPS Office。

③ 打开"打开文件"对话框，选择保存工作簿的位置，选择所需工作簿，单击"打开"按钮。

（4）加密保护工作簿。为保护数据安全，可以对工作簿设置密码进行保护，可以对工作簿的结构设置密码，也可以对工作簿的打开和修改设置密码。

① 保护工作表。在WPS表格主界面中，单击"审阅"→"保护工作表"按钮，在弹出的对话框中勾选需要保护内容的复选框，在"密码"文本框中输入密码，然后单击"确定"按钮。在弹出的"重新输入密码"文本框中再次输入刚才的密码，然后单击"确定"按钮，完成对工作表结构和窗口的保护，如图3-6所示。

在WPS表格主界面中单击"文件"→"文档加密"→"密码加密"，在"密码加密"文本框中输入密码，单击"应用"按钮，完成对工作簿的加密，如图3-7所示。

② 撤销保护工作表。如果不再需要对工作表进行保护，可在WPS表格主界面中单击"审

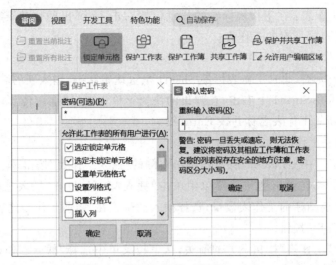

图 3-6 保护工作簿

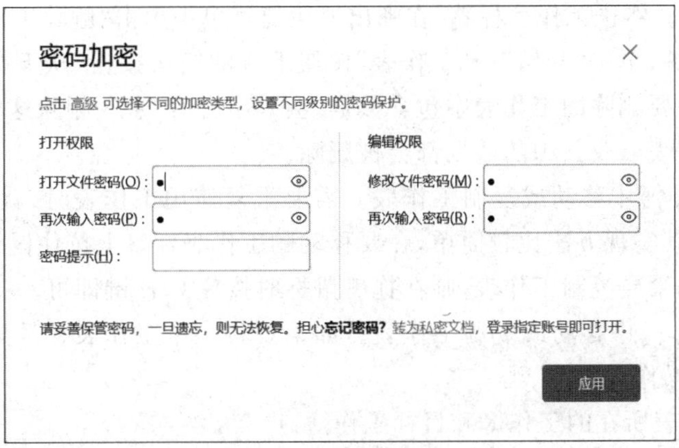

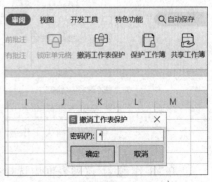

图 3-7 文档加密的对话框

阅"→"撤销工作表保护"按钮,在弹出的对话框输入之前设置的密码,完成撤销工作表的保护,如图 3-8 所示。

撤销对整个工作簿的保护。在 WPS 表格主界面中单击"文件"→"文档加密",在"密码加密"文本框中删除密码,单击"应用"按钮,取消对工作簿的加密。

2. 工作表基本操作

(1) 选择工作表。

① 选择一张工作表:单击相应的工作表标签,即可选择该工作表。

② 选择连续的多张工作表:选择一张工作表并按住 Shift 键,再选择不相邻的另一张工作表,可同时选择这两张工作表之间的所有工作表。

③ 选择不连续的多张工作表:选择一张工作表并按住 Ctrl 键,再依次单击其他工作表标签,可同时选择所单击的工作表。

图 3-8 撤销保护工作表

④ 选择所有工作表：在工作表标签的任意位置右击，在弹出的快捷菜单中选择"选定全部工作表"命令，可选择所有的工作表。

（2）重命名工作表。

① 双击工作表标签，此时工作表标签 Sheet1 呈可编辑状态，输入新的名称后按 Enter 键。

② 在工作表标签 Sheet1 上右击，在弹出的快捷菜单中选择"重命名"命令，工作表标签呈可编辑状态，输入新的工作表名称并按 Enter 键。

（3）插入与删除工作表。

① 插入工作表。在工作表标签区域，单击右侧的"插入工作表"按钮 ＋ 。

右击工作表标签，在弹出的快捷菜单中单击"插入"命令，打开"插入工作表"对话框。在"插入数目"中选择要新建的工作表数量，选择插入的位置在"当前工作表之后"或者"当前工作表之前"，并单击"确定"按钮。

单击"开始"→"工作表"按钮下方的箭头，从下拉菜单中选择"插入工作表"命令，如图 3-9 所示。如果想一次性插入多张工作表，按住 Shift 键，依次选择工作表标签，然后使用以上方法插入工作表，则 WPS 表格会根据所选标签数增加相同数量的工作表。

② 删除工作表。右击工作表标签，在弹出的快捷菜单中单击"删除工作表"命令。

单击工作表标签，单击"开始"→"工作表"按钮下方的箭头按钮，从下拉菜单中选择"删除工作表"命令。如果要删除的工作表中包含数据，会弹出含有"永久删除这些数据"提示框。单击"确定"按钮，工作表以及其中的数据都会被删除。

（4）在同一工作簿中移动或复制工作表。需要重复使用工作表时，就可能出现移动或复制工作表的情况。其实现方法比较简单，在要移动的工作表标签上按住鼠标左键不放，将其拖到目标位置即可；如果要复制工作表，则在拖曳鼠标时按住 Ctrl 键即可。

（5）在不同工作簿中移动或复制工作表。如果要将一个工作表移动到另一个工作簿中，参照以下步骤进行操作。

① 打开源工作表所在的工作簿和目标工作簿。

② 右击要移动的工作表标签，在弹出的快捷菜单中选择"移动工作表"命令，打开"移动或复制工作表"对话框，勾选"建立副本"复选框，如图 3-10 所示。

图 3-9　插入工作表

图 3-10　移动或复制工作表

③ 在"工作簿"下拉列表框中选择接收工作表的工作簿。若选择"（新工作簿）"选项，可以将选定的工作表移动或复制到新的工作簿中。

④ 单击"确定"按钮,完成工作表的移动或复制处理。

(6) 设置工作表标签的颜色。WPS 表格中默认的工作表标签颜色是相同的,为了区别工作簿中的各个工作表,除了对工作表进行重命名,还可以为工作表的标签设置不同的颜色加以区分。设置工作表标签颜色的具体操作如下:在需要设置颜色的工作表标签上右击,在弹出的快捷菜单中选择"工作表标签颜色"命令,在打开的列表的"主题颜色"栏中选择需要的颜色选项即可,如图 3-11 所示。

(7) 冻结工作表。单击标题行下一行中的任意单元格,然后切换到"视图"→"冻结窗格"按钮,并从下拉菜单中选择"冻结首行"命令,可以冻结工作表标题以使其位置固定不变,从而方便数据的浏览,如图 3-12 所示。

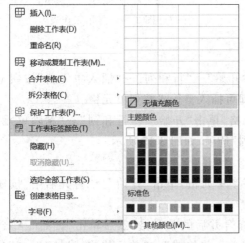

图 3-11　设置工作表标签颜色　　　　　　图 3-12　冻结工作表

如果要取消冻结,切换到"视图"→"冻结窗格"按钮,并选择"取消冻结窗格"命令。

(8) 隐藏和显示工作表。选择所需工作表,在工作表标签上右击,在弹出的快捷菜单中选择"隐藏"命令,或者在"开始"功能选项卡中单击"工作表"按钮,在打开的列表中选择"隐藏工作表"命令,即可隐藏工作表,如图 3-13 所示。

将被隐藏的工作表显示出来的方法如下:在工作簿显示出的工作表标签上右击,在弹出的快捷菜单中选择"取消隐藏"命令,或者在"开始"功能选项卡中单击"工作表"按钮,在打开的列表中选择"取消隐藏工作表"命令,打开的对话框如图 3-14 所示。

3. 单元格的基本操作

(1) 选择单元格。当一个单元格成为活动单元格时,它的边框会变成绿线,其行号、列标会突出显示,用户可以在名称框中看到其坐标。

① 选择单个单元格:单击单元格,或在名称框中输入单元格的行号和列号并按 Enter 键。

② 选择所有单元格:单击行号和列标左上角交叉处的"全选"按钮,或按 Ctrl+A 组合键。

③ 选择相邻的多个单元格:选择起始单元格后,按住鼠标左键不放,拖动鼠标光标到目标单元格,或在按住 Shift 键的同时选择目标单元格,即可选择相邻的多个单元格。

④ 选择不相邻的多个单元格:在按住 Ctrl 键的同时依次单击需要选择的单元格。

⑤ 选择整行:将鼠标光标移动到需选择行的行号上,当光标改变形状时,单击即可选择该行。

⑥ 选择整列:将鼠标光标移动到需选择列的列标上,当光标改变形状时,单击即可选择该列。

图 3-13　隐藏工作表

图 3-14　显示工作表

（2）插入与删除单元格。

① 插入单元格：选择单元格，单击"开始"→"行和列"→"插入单元格"按钮，在打开的子列表中选择"插入行"或"插入列"选项，即可插入整行或整列单元格。

② 删除单元格：选择要删除的单元格，单击"开始"→"行和列"→"删除单元格"按钮，在打开的子列表中选择"删除行"或"删除列"选项，如图 3-15 所示。

（3）合并与拆分单元格。

① 合并单元格：选择需要合并的多个单元格，单击"开始"→"合并居中"按钮，即可合并单元格，并使其中的内容居中显示。

② 拆分单元格：在拆分时需先选择合并后的单元格，然后单击"开始"→"合并居中"按钮，如图 3-16 所示。或右击并单击"设置单元格格式"→"单元格格式"→"对齐"按钮，再单击选项卡中的"文本控制"栏，取消选中"合并单元格"复选框，然后单击"确定"按钮，即可拆分已合并的单元格。

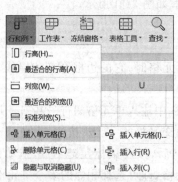

图 3-15　"行和列"下拉菜单

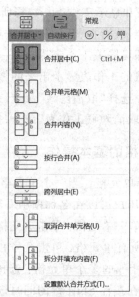

图 3-16　合并与拆分单元格

二、编辑与美化表格

（一）调整表格样式

1. 调整行高和列宽

对表格的编辑经常需要调整特定行的行高或列的列宽，例如，当单元格中输入的数据超出该单元格宽度时，需要调整单元格的列宽。可以使用鼠标拖动的方法调整行高和列宽，也可以使用命令调整行高和列宽。

（1）手动调整行高。选择相应的单元格，选择"开始"→"行和列"→"行高"或"列宽"命令，可在打开的"行高"或"列宽"对话框中输入适当的数值来调整行高和列宽，如图 3-17 所示。

拖动鼠标调整行高和列宽：将鼠标光标移到行号或列标的分割线上，当光标变为 ✛ 时，按住鼠标左键不放，此时会显示当前位置处的行高或列宽值，拉动鼠标即可调整该表行高或列宽，改变后大小的值将显示在光标右上角的提示条中。

（2）自动调整行高。选择相应的单元格，选择"开始"→"行和列"→"最合适的行高"或"最合适的列宽"命令，WPS 表格将根据单元格中的内容自动调整行高和列宽。

2. 表格的边框与底纹

WPS 表格默认显示的网格线只用于辅助单元格编辑，它们在打印时并不显示，如果想为单元格添加边框效果，就需要另外设置。具体操作步骤如下。

（1）在工作表中选中要设置表格边框的单元格区域，单击"开始"→"字体设置"选项组右下角的"对话框启动器"→"边框"按钮，在"线条"的"样式"中，先选择外边框的样式，接着在"颜色"中选择外边框样式的颜色，即可将设置的样式和颜色应用到表格外边框中，在下面的预览区域中可以看到应用后的效果。设置完成后，单击"确定"按钮，如图 3-18 所示。

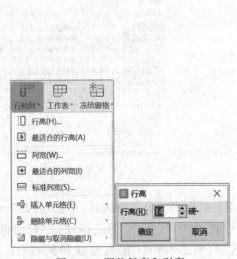

图 3-17　调整行高和列宽

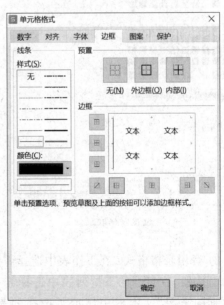

图 3-18　设置表格边框

（2）选择要设置的单元格区域，单击"开始"→"字体"选项组中的"所有框线"按钮，在展开的下拉菜单中选中要设置的边框样式。

3. 设置表格底纹效果

设置表格底纹效果有以下两种方法。

（1）单击"开始"→"字体"选项组中的"填充颜色"按钮，展开颜色选取下拉菜单。在"主题颜色/标准色"中，鼠标光标指向颜色时，表格中的选中区域即可进行预览，单击即可应用填充颜色。

（2）单击"开始"→"字体设置"选项组右下角的"对话框启动器"按钮→"图案"→"图案样式"右侧的下拉按钮，选择图案样式。设置完成后，单击"确定"按钮完成图案样式设置，如图 3-19 所示。单击"单元格格式"→"图案"→"填充效果"按钮，可以打开"填充效果"对话框设置渐变填充效果，设置完成后，单击"确定"按钮完成填充效果设置。

4. 套用样式美化表格

WPS 表格提供了"表"功能，用于对工作表中的数据套用"表"格式，从而实现快速美化表格外观的目的。

（1）应用单元格样式：在工作表中选择需要应用样式的单元格，单击"开始"→"表格样式"按钮，在打开的下拉列表中选择"样式"选项，再在打开的子列表中选择相应选项即可，如图 3-20 所示。

图 3-19　设置表格底纹效果

图 3-20　应用单元格样式

（2）套用表格格式：在工作表中选择需要套用表格格式的单元格区域，单击"开始"→"表格样式"按钮，在打开的下拉列表中选择需要的样式选项，打开"套用表格样式"对话框，在"表数据的来源"文本框中显示了选择的表格区域，单击"确定"按钮完成设置，如图 3-21 所示。

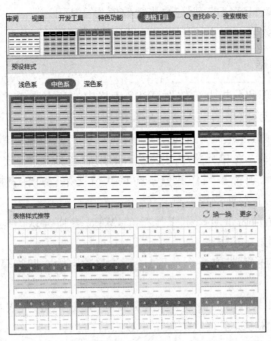

图 3-21 套用表格格式

（二）编辑表格数据

创建 WPS 表格以后，就需要输入相关的数据，根据实际操作的需要，可能需要输入多种不同类型的数据，如文本型数据、货币型数据、数值型数据、日期型数据等。

1. 数据类型

在 WPS 表格单元格中可以输入的数据类型有多种，如数值、日期和时间、文本、逻辑值、错误值以及公式等。

（1）数值。任何由数字组成的单元格输入项均被视为数值，数值里可以包含一些特殊字符，如正负号、百分比符号、千位分隔符、货币符号和科学计数法符号。

（2）日期和时间。WPS 表格把日期和时间视为特殊类型的数值。一般情况下，这些值都经过了格式设置，当在单元格中输入系统可识别的日期或时间数据时，单元格的格式会自动转换为相应的日期或时间格式，无须用户进行专门设置。如果是系统不能识别的日期或时间格式，则输入的内容将被视为文本。

（3）文本。通常所说的文本是指字符型数据，是字符和数字的组合。任何输入到单元格中的字符串，只要不是指定为数字、公式、日期和时间及逻辑值的都被认为是文本。

（4）逻辑值。WPS 表格的逻辑值有 AND(与)、OR(或)和 NOT(非)。

- AND(与)：全真为真，其余为假。
- OR(或)：有真为真，全假为假。
- NOT(非)：真变假，假变真。

逻辑值表示的是"是"和"否"的问题，表示为 TRUE 或 FALSE。用下面这三条互换准则来解析 WPS 表格中数、文本、逻辑值之间的关系。

- 在四则运算中，TRUE=1，FALSE=0。

- 在逻辑判断中，0＝FALSE，所有的非 0 数值为 TRUE。
- 在比较运算中，数值＜文本＜FALSE＜TRUE。

2. 输入和编辑数据

作为专业的数据处理和分析办公软件，WPS 表格中的所有高级功能包括图表分析等都建立在数据处理的基础之上，数据的输入通常是在单元格中进行的。

在单元格中输入数据，首先需要选定单元格，然后再向其中输入数据，所输入的数据将会显示在编辑栏和单元格中。在单元格中可以输入的内容包括文本、数字、日期和公式等，任何由数字组成的单元格输入项都被当作数值。在默认情况下，WPS 表格将数字沿单元格右对齐，数值里也可以包含以下六种特殊字符。

（1）正号：如果数值前面带有一个正号"＋"，WPS 表格会认为这是一个正数（正号不显示），但输入正数时可不输入正号。

（2）负号：如果数值前面带有一个负号"－"，或将数字输在圆括号中，WPS 表格会认为这是一个负数。

（3）百分比符号：如果数值后面有一个百分比符号"％"，WPS 表格会认为这是一个百分数，并且自动应用百分比格式，系统默认保留小数点后两位。

（4）千位分隔符：如果在数字里包含了一个或者多个系统可以识别的千位分隔符（如逗号），WPS 表格会认为这个输入项是一个数字，并采用数字格式来显示千位分隔符。

（5）货币符号：假如数值前面有系统可以识别的货币符号（如＄），WPS 表格会认为这个输入项是一个货币值，并且自动变成货币格式，为数字插入千位分隔符。

（6）科学记数法符号：如果数值里包含了字母 E，WPS 表格会认为这是一个科学记数法符号。

3. 日期和时间的输入

在单元格中输入的日期或时间数据采取右对齐的默认对齐方式，如果系统不能识别输入的日期或时间格式，则输入的内容将被视为文本，并在单元格中左对齐。

（1）输入日期。在 WPS 表格中允许使用破折号、斜线、文字以及数字组合的方式来输入日期。

在 WPS 表格工作表中，用户可以设置日期格式，选择需要转换日期显示格式的单元格或单元格区域，右击，在弹出的快捷菜单中单击"设置单元格格式"命令，打开"设置单元格格式"对话框，在"数字"选项卡中选择"日期"，并选择需要的日期类型，单击"确定"按钮。

（2）输入时间。时间由时、分和秒三个部分构成，在输入时间时要以冒号"："将这三个部分隔开。在输入时间时，系统默认按 24 小时制输入，因此要按照 12 小时制输入时间，就要在输入的时间后输入一个空格，并且上午时间要以字母 AM 或者 A 结尾；下午时间要以 PM 或 P 结尾。

在 WPS 表格工作表中，用户可以设置时间格式，选择需要转换时间显示格式的单元格或单元格区域。右击，在弹出的快捷菜单中单击"设置单元格格式"命令，打开"设置单元格格式"对话框，在"数字"选项卡中选择"时间"，并选择需要的时间类型，单击"确定"按钮，当前单元格中的时间将使用新的格式显示。

4. 填充数据

在工作表特定的区域中输入相同的数据时，可以使用数据填充功能来快速输入相同的数据。
（1）使用鼠标填充项目序号。向单元格中输入数据后，在控制句柄处按住鼠标左键并向下或向右拖动(也可以向上或向左拖动),如果原单元格中的数据是文本,则鼠标光标经过的区域中会用原单元格中相同的数据填充;如果原数据是数值,WPS 表格会进行递增式填充,如图 3-22 所示。在按住 Ctrl 键的同时拖动控制句柄进行数据填充时,则在拖动的目标单元格中复制原来的数据。在单元格 A1 中输入数字 1,向下填充单元格后,单击右下角的"自动填充选项"按钮,从下拉菜单中选择所需的填充选项,如"以序列方式填充",可改变填充方式。

(2) 使用鼠标填充等差数列。在开始的两个单元格中输入数列的前两项,然后将这两个单元格选定,并沿填充方向拖动控制句柄,即可在目标单元格区域填充等差数列。

(3) 使用对话框填充序列。用鼠标填充的序列范围比较小,如果要填充等比数列,可以使用对话框方式。选中单元格输入第 1 个日期或时间"2023 年 1 月 1 日",切换到"开始"选项卡,单击"填充"按钮,从下拉菜单中选择"序列"命令,打开"序列"对话框,"类型"选择"日期","日期单位"选择"日",单击"确定"按钮,选项后的结果如图 3-23 所示。

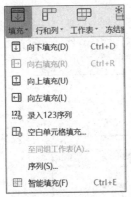

图 3-22 使用鼠标填充项目序号

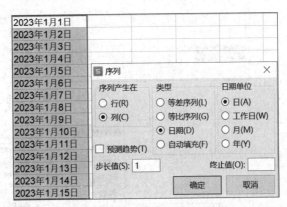

图 3-23 使用对话框填充序列

(4) 自定义序列。根据实际工作需要,可以更加快捷地填充固定的序列,方法如下:单击快速访问工具栏左侧的"文件"按钮,在下拉菜单中选择"选项"命令,打开"选项"对话框,在该对话框中选择"自定义序列"选项卡,在"输入序列"文本框中输入自定义的序列项,每项输入完成后按 Enter 键进行分隔。然后单击"添加"按钮,新定义的序列就会出现在"自定义序列"列表框中。单击"确定"按钮,回到工作表窗口,在单元格中输入自定义序列的第 1 个数据,通过拖动控制句柄的方法进行填充,到达目标位置后释放鼠标按键即可完成自定义序列的填充,如图 3-24所示。

5. 数据有效性输入

选定要设置的数据区域后,单击"数据"→"有效性"→"有效性"按钮。可设置数据有效范围,本例设置数据允许"整数"是介于 0～100 的整数,如图 3-25 所示。然后在"出错警告"选项卡中设置错误信息,如果输入了无效数据,本例输入了 101,就会出现错误提示,如图 3-26 所示。

(三)打印表格

1. 页面设置

WPS 表格默认对页面已经进行了设置,可直接打印工作表。如有特殊需要,使用"页面布局"功能可以重设工作表的打印方向、缩放比例、纸张大小、页边距、页眉、页脚等。

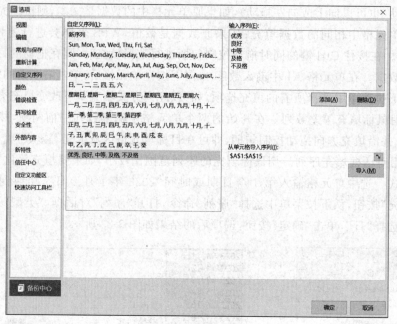

图 3-24　自定义序列

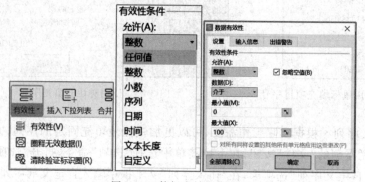

图 3-25　数据有效性对话框

图 3-26　设置"出错警告"的出错信息提示

2. 打印预览

　　打印预览就是在屏幕显示将要打印的效果，以便确定是否需要修订。单击"页面布局"→"纸张大小"按钮，如图 3-27 所示，从下拉菜单中可以选择所需的纸张。单击"页面布局"→"页边距"按钮，如图 3-28 所示，从下拉菜单中可以选择所需页边距方案。

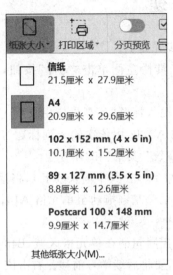

图 3-27 设置纸张大小

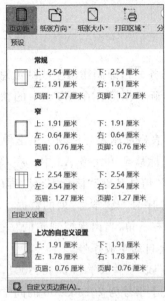

图 3-28 设置页边距

3. 设置打印标题

如果要使行和列在打印后更容易识别,可以显示打印标题。可以指定要在打印纸的顶部或左侧重复出现的行或列,操作步骤如下。

(1) 单击"页面布局"→"打印标题"按钮,打开"页面设置"对话框。

(2) 在"工作表"选项卡的"顶端标题行"文本框中输入标题所在的区域,如图 3-29 所示;也可以单击文本框右侧的"折叠对话框"按钮,直接用鼠标光标在工作表中选定标题区域,选定后单击右侧的"展开对话框"按钮。

图 3-29 设置打印标题

(3) 单击"确定"按钮,完成设置。

任 务 实 现

任务 3.1

要完成任务 3.1，即制作学生成绩汇总表，操作步骤如下。

（1）创建新工作簿。在 WPS 中的快速访问工具栏左侧单击"文件"按钮，新建空白工作簿。

（2）输入表格标题及列标题。单击单元格 A1，输入标题"计算机应用技术 1 班成绩汇总表"，然后将光标移至单元格 A2 中。在单元格区域 A2:J2 中依次输入列标题"序号""学号""姓名""性别""信息基础""信息安全""程序设计""高数""英语"和"体育"。

（3）输入"序号"及"学号"列的数据。单击单元格 A3，在其中输入数字 1，将鼠标光标移至单元格 A3 的右下角，当出现控制句柄"＋"时，按住鼠标左键拖动至单元格 A14，单元格区域 A43:A14 内会自动生成序号。

在单元格 B3 中输入学号 202303001，然后利用控制句柄在单元格区域，B43:B14 中自动填充学号。由于学号为 202303006 的同学已退学，需要将后续学号前移。右击该单元格，从弹出的快捷菜单中选择"删除"命令，然后在弹出的级联菜单中选择"下方单元格上移"命令，如图 3-30 所示。然后将光标移至单元格 B7 的控制句柄上，按住鼠标左键拖动至单元格 B14，在单元格区域 B43:B14 中重新填充学号。

复制(C)	Ctrl+C		100	82	
剪切(T)	Ctrl+X		92	73	
粘贴(P)	Ctrl+V		80	68	
只粘贴文本(Y)			95	85	
选择性粘贴(S)...			96	54	
插入(I)	▶		74	71	
删除(D)	▶	右侧单元格左移(L)			
清除内容(N)	▶	下方单元格上移(U)			
筛选(L)	▶	整行(R)			
排序(U)	▶	整列(C)			

图 3-30 删除单元格

（4）输入姓名及课程成绩。在输入课程成绩前，先使用"数据验证"功能将相关单元格的值限定在 0～100，输入的数据一旦越界，就可以及时发现并改正。

① 选定单元格区域 E3:I14，单击"数据"→"有效性"按钮，打开"数据有效性"对话框。在"设置"选项卡中，将"允许"设置为"整数"，将"数据"设置为"介于"，在"最小值"和"最大值"文本框中分别输入数字 0 和 100，如图 3-31 所示。

② 切换到"输入信息"选项卡，在"标题"文本框中输入"注意"，在"输入信息"文本框中输入"请输入 0～100 的整数"，如图 3-32 所示。

③ 切换到"出错警告"选项卡，在"标题"文本框中输入"出错啦!"，在"错误信息"文本框中输入"请输入 0～100 内的数据"，最后单击"确定"按钮。

④ 在单元格区域 E3:I14 中依次输入学生课程成绩。如果不小心输入了错误数据，会弹出"出错警告"提示框。此时，可以在单元格中重新输入正确的数据。

图 3-31　设置数据有效性

图 3-32　设置输入信息提示

⑤ 体育成绩只能是"优秀""良好""中等""及格"和"不及格"中的某一项,将其制作成有效序列,输入数据时只需从中选择即可。选定单元格区域 J3:J14,打开"有效性"对话框。切换到"设置"选项卡,将"允许"设置为"序列",在"来源"文本框中输入构成序列的值"优秀,良好,中等,及格,不及格"。应注意,序列中的逗号需要在英文状态下输入。

⑥ 单击单元格区域 J3:J14 中的任意单元格,其右侧均会显示一个下拉箭头按钮,单击该按钮,会弹出含有自定义序列的列表,如图 3-33 所示,使用列表中的选项依次输入学生的体育成绩。基础数据输入完成后,按 Ctrl+S 组合键,在打开的"另存文件"对话框中选择适当的保存位置,以"学生成绩汇总表"为文件名保存工作簿。

图 3-33　设置自定义序列

(5) 设置单元格格式。

① 选定单元格区域 A1:J1,单击"开始"→"合并居中"按钮使标题行居中显示。单击"开始"→"单元格格式"→"字体"按钮,将"字体"设置为"黑体","字号"设置为 16,并将完成标题行设置。

② 选定单元格区域 A2:J14,单击"开始"→"框线"→"其他框线"→"边框"按钮,打开"单元格格式"对话框,选择"边框"选项卡,单击"外边框"按钮和"内部"按钮,并单击"确定"按钮。接着单击"开始"选项卡中的"水平居中"按钮,完成表格区域的格式。

③ 选定单元格区域 A2:J2,单击"开始"→"框线"→"其他框线"→"图案"按钮,设置单元格底纹颜色,实现对行标题的美化效果。

④ 然后设置条件格式,可以将学生成绩表中数字型成绩小于 60 分和文本型成绩为"不及格"的单元格设置为倾斜、加粗、红色字体。

选定单元格区域 E3:I14,单击"开始"→"条件格式"→"新建规则"命令,打开"新建格式规则"对话框。在"选择规则类型"列表框中选择"只为包含以下内容的单元格设置格式"选项,将"编辑规则说明"组中的条件设置为"小于",并在后面的数据框中输入数字 60。接着单击"格式"按钮,打开"单元格格式"对话框。切换到"字体"选项卡,在"字形"组合框中选择"加粗 倾斜"选项,将"颜色"设置为"标准色"组中的"红色"选项,如图 3-34 所示。选定单元格区域 J3:

J14，再次打开"新建格式规则"对话框，参照上述步骤完成对体育成绩的条件格式设置。

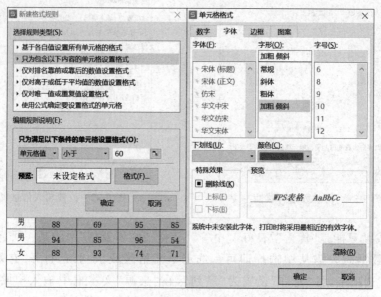

图 3-34　设置单元格格式规则

（6）重命名工作表。双击工作表标签 Sheet1，在突出显示的标签中输入新的名称"成绩汇总表"，然后按 Enter 键，完成工作表的重命名。最后，再次保存工作簿，任务完成，如图 3-35所示。

计算机应用技术1班成绩汇总表										
序号	学号	姓名	性别	信息基础	信息安全	程序设计	高数	英语	体育	体育成绩转换	平均成绩
5	202303005	苏小俊	男	87	98	88	97	93	良好	80	91
6	202303007	涂玉铭	男	99	95	90	68	91	优秀	90	89
1	202303001	吴英	女	100	89	93	62	95	中等	70	85
4	202303004	陈浩川	男	81	82	90	72	94	优秀	90	85
7	202303008	林显娜	女	67	85	100	82	88	良好	80	84
8	202303009	林杰	男	93	80	92	73	89	中等	70	83
11	202303012	谭晓峰	男	94	85	96	*54*	88	良好	80	83
12	202303013	肖丽丽	女	88	93	74	71	94	中等	70	82
10	202303011	王霖诚	男	88	69	95	85	92	及格	60	82
2	202303002	雷文	男	75	94	92	68	92	*不及格*	55	79
3	202303003	吕家勤	男	74	86	60	72	80	良好	80	75
9	202303010	陈兴文	男	67	70	80	68	61	优秀	90	73

图 3-35　成绩汇总表完成结果

单元练习

一、填空题

1. 在 WPS 中，如果要选择连续的多张工作表，可以选择一张工作表后按住＿＿＿＿＿＿＿键，再选择不相邻的另一张工作表，可同时选择这两张工作表之间的所有工作表。

2. 在 WPS 中,单元格的地址通常由_____和_____组成。

3. 工作表是用来显示和分析数据的工作场所,它存储在_____中。

二、选择题

1. WPS 电子表格文件的默认扩展名是(　　)。

　　A. .xls　　　　　　B. .et　　　　　　C. .ett　　　　　　D. .xlsx

2. 在 WPS 中,在工作表按(　　)组合键,可以保存工作簿。

　　A. Ctrl+O　　　　B. Ctrl+S　　　　C. Alt+F4　　　　D. Ctrl+A

3. 使用填充句柄时,应将鼠标光标定位于单元格的(　　)。

　　A. 左上角　　　　B. 左下角　　　　C. 右上角　　　　D. 右下角

4. A3 单元格对应于工作表的(　　)行、(　　)列。

　　A. 5,3　　　　　　B. 3,5　　　　　　C. 3,1　　　　　　D. 1,3

5. 工作表被保护后,该工作表中的单元格的内容、格式(　　)。

　　A. 可以修改、删除　　　　　　　　　B. 不可修改、删除

　　C. 可以被复制、填充　　　　　　　　D. 可移动

三、判断题

1. 数据编辑区位于选项卡的上方,由名称框和编辑栏两个部分组成。　　　　　(　　)

2. 工作表标签显示的内容是工作表名称。　　　　　　　　　　　　　　　　(　　)

3. 在 WPS 表格中存储和处理数据的文件是工作簿。　　　　　　　　　　　(　　)

4. 默认情况下,一个工作簿中包含三张工作表。　　　　　　　　　　　　　(　　)

5. 右击工作表标签,选择"删除工作表"命令,可以删除工作表。　　　　　　(　　)

四、简答题

1. 工作表是什么?

2. 如何保存已有的工作簿?

3. 如何选定不连续多张工作表?

五、操作题

1. 练习制作一份"班级花名册",如图 3-36 所示。

班级花名册			
序号	学号	姓名	性别
1	202355001	林晓娜	男
2	202355002	陈晨	男
3	202355003	肖小杰	男
4	202355004	陈英	女
5	202355005	苏林伟	男
6	202355006	王欣	女
7	202355007	吴小莹	女
8	202355008	林依婷	女
9	202355009	王智伟	男

图 3-36　班级花名册完成效果图

2.练习制作一份"宿舍楼出入登记表"，如图3-37所示。

宿舍楼出入登记表						
序号	楼栋	来访时间	来访原因	被访人姓名	被访人宿舍号	来访人姓名
1	25号楼	2023年12月10日12:00	找同学	王伟东	203	林彬彬
2	25号楼	2023年12月10日12:00	拿东西	林小杰	508	王伟
3	25号楼	2023年12月10日12:25	找同学	陈林杰	501	吴杰
4	25号楼	2023年12月10日12:35	找同学	李春林	313	林志聪
5	25号楼	2023年12月11日09:00	找同学	肖林斌	207	王杰斌
6	25号楼	2023年12月11日09:50	拿东西	吴天池	109	陈森
7	25号楼	2023年12月11日09:50	找同学	陈斌	211	肖春生
8	25号楼	2023年12月11日11:30	找同学	苏伟豪	406	陈建杰
9	25号楼	2023年12月11日13:00	拿东西	林池	303	苏永杰

图3-37 宿舍出入登记表完成效果图

六、思考题

1.如何确保在输入学生成绩时数据的准确性？

2.如何确保学生成绩数据的安全性？

单元3.2 公式和函数的使用

学 习 目 标

知识目标：

1.熟悉WPS表格公式的使用；

2.熟悉WPS表格函数的使用。

能力目标：

1.掌握求和、最大/最小值等函数的使用；

2.掌握平均值、计数等常规函数的使用。

素养目标：

1.能合理运用数字化资源与工具；

2.能创造性地运用数字化资源和工具解决实际问题。

工 作 任 务

任务3.2 制作销售分析表

某公司要统计一下上半年各销售员的销售情况。林经理让苏小俊统计每位销售员上半年的销售情况，再制作"公司上半年销售分析表"，以便根据销售情况评出优秀销售员并予以奖励。苏小俊按照林经理提出的要求，使用WPS表格制作了上半年销售分析表，效果如图3-38所示。

某公司上半年销售员销量分析表

姓名	营业额(万元)						销售总额	月平均销售额	名次	评优
	一月	二月	三月	四月	五月	六月				
林小轩	23.2	20.7	20.7	22.0	21.7	20.5	128.8	21.5	1	优秀
许小明	22.4	20.5	20.7	20.7	21.5	22.0	127.8	21.3	2	优秀
陈浙	20.7	21.5	21.2	20.5	20.5	20.2	124.6	20.8	4	合格
王静缘	19.5	20.0	21.0	21.5	19.8	19.5	121.3	20.2	6	合格
谭洪	21.2	21.7	21.0	20.5	20.2	21.5	126.1	21.0	3	优秀
肖美方	21.0	20.5	20.7	19.8	19.5	20.0	121.5	20.3	5	合格
吴静仪	17.3	17.8	16.8	18.0	16.8	18.8	105.5	17.6	11	合格
肖楠	16.8	18.0	18.5	17.6	18.5	15.9	105.3	17.6	12	合格
陈勤	18.5	17.6	17.6	18.8	17.6	19.5	109.6	18.3	9	合格
易川	17.6	18.8	19.5	20.0	21.0	21.5	118.4	19.7	7	合格
万若冰	21.5	17.1	19.5	19.3	18.8	18.3	114.5	19.1	8	合格
林逸飞	18.0	15.9	19.0	18.8	16.6	17.8	106.1	17.7	10	合格
月最高销售额	23.2	21.7	21.2	22.0	21.7	22.0				
月最低销售额	16.8	15.9	16.8	17.6	16.6	15.9				

月份	月销售总额(万元)
一月	237.7
二月	230.1
三月	236.2
四月	237.5
五月	232.5
六月	235.5

内容	销售金额(万元)	
查询肖楠二月销售额	18.0	18.0
查询陈浙五月销售额	20.5	20.5
	使用INDEX函数	使用VLOOKUP函数

图 3-38 上半年销售分析表

技 术 分 析

通过 WPS 表格的公式和函数可以完成本任务,主要涉及以下知识和技能:一是单元格的引用和引用分类;二是使用函数计算数据;三是表格的美化。

知识与技能

一、公式和函数基础知识

WPS 表格具有强大的计算功能,借助于其提供的丰富的公式和函数,可以大大方便用户对工作表中数据的分析和处理。当数据源发生变化时,由公式和函数计算的结果将会自动更改。

(一)公式

公式在 WPS 表格中的用途很多,利用它可以很容易地计算表格中的数据。如在单元格中输入公式,WPS 表格就会自动按公式对数据进行计算。如果公式引用的单元格数据有变化,WPS 表格会自动更正,这是电子表格的一大优势。

1. 运算符

运算符是公式的基本元素，也是必不可少的元素，在 WPS 表格中有四类运算符类型，主要包括算数运算符、比较运算符、连接运算符、引用运算符等，每类运算符和作用如表 3-1 所示。

表 3-1 运算符种类和作用

运算符类型	运算符	作 用	示 例
算术运算符	＋	加法运算	A1＋B1,1＋2
	－	减法运算	A1－B1,1－2
	×	乘法运算	A1×B1,1×2
	÷	除法运算	A1÷B1,1÷2
	%	百分比运算	50%
	ˆ	乘幂运算	2ˆ4
比较运算符	＝	等于运算	A1＝B1
	＞	大于运算	A1＞B1
	＜	小于运算	A1＜B1
	＞＝	大于或等于运算	A1＞＝B1
	＜＝	小于或等于运算	A1＜＝B1
	＜＞	不等于运算	A1＜＞B1
连接运算符	&	用于连接多个单元格中的文本字符串	A1&B1
引用运算符	:(冒号)	特定区域引用运算	A1:C4
	,(逗号)	联合多个特定区域引用运算	SUM(A1:C4,C4:D8)
	(空格)	对两个引用区域中共有的单元格进行交叉运算	SUM(A1:C4C4:D8)

2. 运算符的优先级

当用户在公式中同时用到多个运算符时，应该了解运算符的优先级。WPS 按照表 3-2 中的优先级顺序进行运算。如果公式中包含了相同优先级的运算符，则按照从左到右的原则进行运算。如果要更改计算的顺序，要将公式中先计算的部分用圆括号括起来。

表 3-2 运算符的优先级

优先级别	符 号	说 明
1	:(冒号),(逗号)(空格)	引用运算符
2	－	算术运算符：负号
3	%	算术运算符：百分比
4	^	算术运算符：乘幂
5	×和÷	算术运算符：乘和除
6	＋和－	算术运算符：加和减
7	&	文本运算符：连接文本
8	＝,＞,＜,＞＝,＜＝,＜＞	比较运算符：等于、大于、小于、大于或等于、小于或等于、不等于

括号的优先级高于上表中所有的运算符，可以利用括号来调整运算符号的优先级别，如果公式中使用了括号，就应该由最内层的括号逐级向外进行运算。

（二）函数

函数是 WPS 表格内部预定义的特殊公式,它可以对一个或多个数据进行操作,并返回一个或多个值,其作用是简化公式操作,把固定用途的公式表达式用"函数"的格式固定下来,实现方便的调用,避免了公式编辑的麻烦,大大提高了对表格中数据的处理效率。

1. 函数的组成

函数是由标识符、函数名称和函数参数组成。例如,"=SUM(A1:A10)"中,"="是标识符,SUM 是函数名称,"A1:A10"是函数参数。在表格中输入函数式时,必须先输入"="。"="通常被称为函数的标识符。

（1）函数名称:代表要执行的函数,通常是其对应功能的英文单词缩写。本例中,函数名称为 SUM,意味着求和。

（2）函数参数:紧跟在函数名称后面的是一对半角圆括号"()",被括起来的内容是函数的处理对象,即参数表。如函数参数为"A1:A10",表示 A1 到 A10 单元格区域。

2. 函数参数的类型

函数的参数既可以是常量或公式,也可以是其他函数。常见的函数参数类型有以下几种。

（1）常量参数:主要包括文本(如"信息")、数值(如 1、2、3…)及日期(如 2023-1-1)等内容。

（2）逻辑值参数:主要包括逻辑真(如 TURE)、逻辑假(如 FALSE)及逻辑判断表达式等。

（3）单元格引用参数:主要包括引用单个单元格(如 A1)和引用单元格区域(如 A1:C2)等。

（4）数组参数:函数参数既可以是一组常量,也可以为单元格区域的引用。注意,当一个函数式中有多个参数时,需要用英文状态的逗号","将其隔开。

3. 公式和函数中的引用

在使用公式进行计算时,可以引用单元格或单元格区域来代替工作表中的一个或多个单元格中的具体数据,或者引用其他工作表中的单元格,也可以在多个公式中使用同一个单元格中的数据,以达到快速计算的目的。根据引用方式的不同,可分为相对引用、绝对引用和混合引用。

在同一张工作表上,引用其他单元格的方法有绝对引用、相对引用和混合引用三种。

（1）相对引用:当公式在复制时,公式中的引用单元格地址会随之改变。如在 E3 单元格中输入公式"=B3+C3+D3",当把该公式复制到 E4 单元格时,单元格引用的公式就自动调整为"=B4+C4+D4"。

（2）绝对引用:被引用的单元格与引用的单元格的位置关系是绝对的,公式将不随位置的改变而变化。在 WPS 中,是通过在行号和列号前面都添加"$"符号来实现的。如在 E3 单元格中输入公式"=$B$3+$C$3+$D$3",当把该公式复制到 E4 单元格时,单元格引用的公式还是"=$B$3+$C$3+$D$3"。

（3）混合引用:一种介于相对引用和绝对引用之间的引用,也就是说,引用的单元格的行和列之中一个是相对的引用,另一个是绝对的引用,如 $A1 或 A$1。当公式复制到新的位置时,公式中的单元格的相对地址部分会随着位置而变化,而绝对地址部分仍不变。如在 E3 单元格中输入公式"=$B3+C$3+D3",当把该公式复制到 E4 单元格时,单元格引用的公式就自动调整为"=$B4+C$3+D4"。

引用工作表外的单元格。上述三种引用方式都是在同一个工作表中完成的,如果要引用其他工作表的单元格,则应在引用地址之前说明单元格所在的工作表名称,其形式为"工作表名! 单元格地址"。

4. 函数的种类

- 财务函数：用于进行一般的财务计算。
- 日期与时间函数：用于分析和处理日期值和时间值。
- 数学与三角函数：用于处理简单的算数计算。
- 统计函数：用于对选定区域的数据进行统计分析。
- 查找与引用函数：用于在数据清单或工作表中查找特定的数据,或者查找某一单元格的引用。
- 数据库函数：用于分析和处理数据清单(数据库)中的数据。
- 文本函数：用于处理字符串。
- 逻辑函数：使用逻辑函数可以进行真假值判断,或者进行复合检验。
- 信息函数：用于确定存储在单元格中的数据类型。
- 工程函数：用于工程分析。

5. 常用函数

(1) TODAY 函数。TODAY 函数用于返回当前日期。语法格式如下：

`=TODAY( )`

该函数没有参数,每次打开工作簿时,会自动更新至当前日期。

(2) DATEDIF 函数。DATEDIF 函数用于用指定的单位计算起始日和结束日之间的天数。语法格式如下：

`=DATEDIF(开始日期,终止日期,比较单位)`

参数说明如下。

开始日期：一串代表起始日期的日期。

终止日期：一串代表终止日期的日期。

比较单位：所需信息的返回类型。

(3) COUNTIF 函数。COUNTIF 函数用于求满足给定条件的数据个数。语法格式如下：

`=COUNTIF(区域,条件)`

参数说明如下。

区域：要计算满足给定条件非空单元格数目的区域。

条件：以数字、表达式或文本形式定义的条件。

(4) IF 函数。IF 函数用于执行真假值判断,根据逻辑测试值返回不同的结果。语法格式如下：

`=IF(测试条件,真值,[假值])`

参数说明如下。

测试条件：计算结果可判断为 TRUE 或 FALSE 的数值或表达式。

真值：当测试条件为 TRUE 时的返回值。

假值：当测试条件为 FALSE 时的返回值。如果忽略,则返回 FALSE。

（5）RANK 函数。RANK 函数用于返回一个数值在一组数值中的排位。语法格式如下：

=RANK(数值,引用,[排位方式])

参数说明如下。

数值：指定的数字。

引用：一组数或对一个数据列表的引用。非数字值将被忽略。

排位方式：指定排位的方式。如果为 0 或忽略，为降序。升序时指定为 1。

（6）SUM 函数。SUM 函数用于对单元格区域中所有数值求和。语法格式如下：

=SUM(数值 1,数值 2,...)

参数说明如下。

"数值 1,数值 2,..."为 1~255 个待求和的数值。单元格中的逻辑值和文本将被忽略。但当作为参数时，逻辑值和文本有效。

（7）SUMIF 函数。SUMIF 函数用于根据指定条件对若干单元格求和。语法格式如下：

=SUMIF(区域,条件,[求和区域])

参数说明如下。

区域：用于条件判断的单元格区域。

条件：以数字、表达式或文本形式定义的条件。

求和区域：用于求和计算的实际单元格。如果省略，将使用区域中的单元格。

（8）VLOOKUP 函数。VLOOKUP 函数用于查找指定的数值，并返回当前行中指定列处的数值。语法格式如下：

=VLOOKUP(查找值,数据表,列序数,[匹配条件])

参数说明如下。

查找值：为需要在数组第一列中查找的数值。可以为数值、引用或字符串。

数据表：为需要在其中查找数据的数据表，可以使用对区域或区域名称的引用。

列序数：为待返回的匹配值的列序号。为 1 时，返回数据表第一列中的数值。

匹配条件：指定在查找时，是要求精确匹配，还是大致匹配。如果为 FALSE，为精确匹配；如果为 TRUE 或忽略，为大致匹配。

二、公式和函数的操作技能

（一）选择性粘贴

在 WPS 表格中，除了能够复制选中的单元格外，还可以进行有选择的复制。例如，对单元格区域进行转置处理等。执行选择性粘贴的操作步骤如下。

（1）选定包含数据的单元格区域，单击"开始"→"复制"按钮。

（2）选定粘贴单元格区域或区域左上角的单元格，然后选择"开始"→"粘贴"→"选择性粘贴"命令，打开"选择性粘贴"对话框，在不同栏目中选择需要的粘贴方式，如图 3-39 所示。

图 3-39　选择性粘贴界面

- "粘贴"栏：用于设置粘贴"全部"还是"公式"等。
- "运算"栏：如果选中了除"无"之外的单选按钮，则复制单元格中的公式或数值将与粘贴单元格中的数值进行相应的运算。
- "跳过空单元"复选框：选中后，可以使目标区域单元格的数值不被复制区域的空白单元格覆盖。
- "转置"复选框：用于实现行、列数据的位置转换。

（3）单击"确定"按钮，完成有选择的复制数据操作。

（二）使用公式计算数据

公式的输入必须以等号（=）开头，其后为常量、函数、运算符、单元格引用和单元格区域等。一般都可以直接输入，操作方法如下：先选定单元格，输入"="号，然后再输入公式，最后按 Enter 键或单击工具栏中的"√"按钮确认。

在单元格中输入公式后，按 Enter 键可在计算出公式结果的同时选择同列的下一个单元格；按 Tab 键可在计算出公式结果的同时选择同行的下一个单元格；按 Ctrl＋Enter 组合键则可在计算出公式结果后，仍保持选择当前单元格。

1. 输入公式

在 WPS 表格中可以创建的公式分为算术公式、比较公式、文本公式和引用公式等几大类。在工作表的空白单元格中输入等号，WPS 表格就默认该单元格将输入公式。公式既可以直接手动输入，也可以通过单击或拖动鼠标来引用单元格或单元格区域输入。

2. 修改公式

公式输入后，如果出现错误可以对公式重新进行编辑。双击公式运算结果所在的单元格，即可重新显示输入的公式，或者也可以在编辑栏中重新编辑公式。

3. 复制公式

为了提高工作效率，当需要完成相同计算时，可以在单元格中输入公式后，使用拖动或填充的方式将公式复制到其他单元格中。具体操作步骤如下。

（1）打开 WPS 表格，选中要填充的单元格，选择"开始"→"填充"→"向下填充"命令，如图 3-40 所示。

（2）选中要向下填充的单元格，将光标移至其右下角的"填充句柄"上，当光标变成"十"字形状，按住鼠标左键不放并向下拖动，拖动鼠标时经过的单元格就显示了计算结果，选中任意复制了公式的单元格，在编辑栏中将显示应用的公式。

（三）使用函数计算数据

1. 直接输入函数

下面以获取一组数字中的最大值为例进行说明，操作步骤如下。

选定要输入函数的单元格，输入等号"="，然后输入函数名的第 1 个字母，WPS 会自动列出以该字母开头的函数名，找到我们需要的函数进行选择。函数 WPS 表格会出现一个带有语法和参数的工具，选定要引用的单元格或单元格区域，然后按 Enter 键，如图 3-41 所示，以求苹果一月、二月、三月的月销量最高,用 MAX 函数计算的结果。

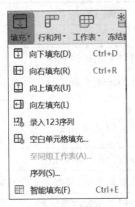

图 3-40 向下填充公式

品名	月销量(箱)			季度销售总额	月销量最高
	一月	二月	三月		
苹果	95	85	85	265	=MAX(B3:D3)
香蕉	92	84	85	262	
梨	85	88	87	257	
橘子	80	82	86	251	MAX(数值1,...)
猕猴桃	87	89	86	258	
葡萄	86	84	85	256	

图 3-41 用函数求最大值

2. 使用函数向导插入函数

对于初学者或者使用不常见函数的时候,当用户记不住函数的名称或参数时,可以从函数库选择函数的方法,即启动函数向导引导建立函数运算公式,操作步骤如下。

选定需要应用函数的单元格,单击"公式"→"插入函数"按钮,如图 3-42 所示,可以直接在"查找函数"输入函数名称,也可以从"选择类别"列表框中选择要使用的函数,然后单击"确定"按钮,打开"函数参数"对话框。在参数框中输入数值、单元格或单元格区域,如图 3-43 所示,单击"确定"按钮,在单元格中显示出公式的结果。

图 3-42 函数库选项组

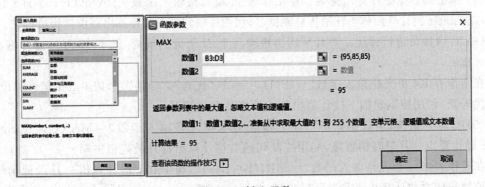

图 3-43 插入函数

(四)常见错误

在 WPS 表格中输入计算公式或函数后,经常会出现错误信息,这是由于执行了错误的操作所致,WPS 表格会根据不同的错误类型给出不同的错误提示,便于用户检查和排除错误。表 3-3 给出了 WPS 表格中常见的错误信息及出错原因和处理方法。

表 3-3　WPS 表格中常见的错误信息及出错原因和处理方法

错误代码	产 生 原 因	解 决 方 法
＃＃＃＃＃	列宽不够无法完全显示其中数据	调整单元格列宽
＃NAME?	无法识别公式中的文本	检查公式中是否包含不正确的字符
＃NULL!	指定两个不相交的区域的交点	检查公式中是否使用了不正确的区域操作符或不正确的单元格引用
＃VALUE!	在公式或函数中使用的参数或操作类型错误	检查公式中的数据类型是否一致
＃DIV/0!	除数为 0	检查公式中是否存在分母为 0 的情况
＃NUM!	公式或函数中使用了无效的数值	检查公式中函数的参数数量、类型等是否正确
＃REF!	单元格引用无效	检查公式中是否引用了无效的单元格
＃N/A	数值对函数或公式不可用	检查公式中所引用的单元格是否有不可用数据

任 务 实 现

要完成任务 3.2，即制作某公司上半年销售员销量分析表，操作步骤如下。

（1）打开素材文件。在 WPS 中的快速访问工具栏左侧单击"文件"按钮，选择"公司上半年销量分析表"，打开素材文件。

任务 3.2

（2）计算每位销售员一月到六月销售总额。在工作表 H4 单元格输入函数＝SUM(B4：G4)，按 Enter 键计算出林小轩一月到六月销售总额，利用控制句柄下拉计算出每位销售员一月到六月销售总额。

（3）计算每位销售员月平均销售额。在工作表 I4 单元格输入函数＝AVERAGE(B4：G4)，按 Enter 键计算出林小轩销售员一月到六月的平均销售额，利用控制句柄下拉计算出每位销售员一月到六月的平均销售额。

（4）根据销售总额计算出排名。在工作表 J4 单元格输入函数＝RANK(H4，＄H＄4：＄H＄15)，按 Enter 键计算出林小轩销售总额排名，利用控制句柄下拉计算出每位销售员排名。

（5）对销售员进行评优。对月平均销售额高于 21 万元为优秀，低于 21 万元为合格，进行表彰评比。

在工作表 K4 单元格输入函数"＝IF(I4＞＝21,"优秀","合格")"，按 Enter 键计算出林小轩评优等级，利用控制句柄下拉计算出每位销售员评优情况。

（6）计算月最高、最低销售额。在工作表 B16 单元格输入函数"＝MAX(B4：B15)"，按 Enter 键计算出一月最高销售额，利用控制句柄右拉计算出每月最高销售额。

在工作表 B17 单元格输入函数"＝MIN(B4：B15)"，按 Enter 键计算出一月最低销售额，利用控制句柄右拉计算出每月最低销售额，如图 3-44 所示。

（7）计算月销售总额。选定单元格区域 B3：G3，然后按 Ctrl＋C 组合键将其复制到剪贴板中。右击单元格 A20，从弹出的快捷菜单中选择"选择性粘贴"→"选择性粘贴"命令，在打开的"选择性粘贴"对话框中勾选"转置"复选框，如图 3-45 所示，然后单击"确定"按钮，将月份名称粘贴到单元格 A20 开始的列中的连续单元格区域，接着将这些单元格的填充颜色去掉。

在工作表 B20 单元格输入函数"＝SUM(B4：B15)"，按 Enter 键计算出一月份销售总额排

姓名	营业额(万元)						销售总额	月平均销售额	名次	评优
	一月	二月	三月	四月	五月	六月				
林小轩	23.2	20.7	20.7	22.0	21.7	20.5	128.8	21.5	1	优秀
许小明	22.4	20.5	20.7	20.7	21.5	22.0	127.8	21.3	2	优秀
陈浙	20.7	21.5	21.2	20.5	20.5	20.2	124.6	20.8	4	合格
王静缘	19.5	20.0	21.0	21.5	19.8	19.5	121.3	20.2	6	合格
谭洪	21.2	21.7	21.0	20.5	20.2	21.5	126.1	21.0	3	优秀
肖美方	21.0	20.5	20.7	19.8	19.5	20.0	121.5	20.3	5	合格
吴静仪	17.3	17.8	16.8	18.0	16.8	18.8	105.5	17.6	11	合格
肖楠	16.8	18.0	18.5	17.6	18.5	15.9	105.3	17.6	12	合格
陈勤	18.5	17.6	17.6	18.8	17.6	19.5	109.6	18.3	9	合格
易川	17.6	18.8	19.5	20.0	21.0	21.5	118.4	19.7	7	合格
万若冰	21.5	17.1	19.5	19.3	18.8	18.3	114.5	19.1	8	合格
林逸飞	18.0	15.9	19.0	18.8	16.6	17.8	106.1	17.7	10	合格
月最高销售额	23.2	21.7	21.2	22.0	21.7	22.0				
月最低销售额	16.8	15.9	16.8	17.6	16.6	15.9				

图 3-44 上半年销售分析表

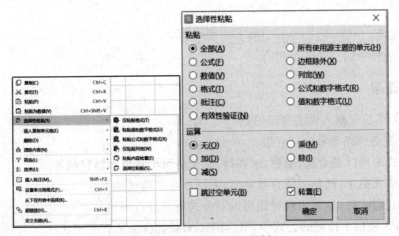

图 3-45 "选择性粘贴"对话框

名,利用控制句柄下拉计算出每月销售总额。

(8) 查询销售员对应月份的销售金额。

① 使用 INDEX 函数。在工作表 F20 单元格输入函数"＝INDEX(＄A＄4:＄G＄15,8,3)",按 Enter 键计算出肖楠二月的销售额。在工作表 F21 单元格输入函数"＝INDEX(＄A＄4:＄G＄15,3,6)",按 Enter 键计算出陈浙五月的销售额,如图 3-46 所示。

② 使用 VLOOKUP 函数。在工作表 G20 单元格输入函数"＝VLOOKUP(A11,A:G,3,FALSE)",按 Enter 键计算出肖楠二月的销售额。在工作表 G21 单元格输入函数"＝VLOOKUP(A6,A:G,6,FALSE)",按 Enter 键计算出陈浙五月的销售额,如图 3-47 所示。

月份	月销售总额（万元）
一月	237.7
二月	230.1
三月	236.2
四月	237.5
五月	232.5
六月	235.5

图 3-46　计算月销售总额

内容	销售金额（万元）	
查询肖楠二月销售额	18.0	18.0
查询陈浙五月销售额	20.5	20.5
	使用 INDEX 函数	使用 VLOOKUP 函数

图 3-47　查询销售员对应月份的销售金额

单元练习

一、填空题

1. WPS 表格中有四类运算符类型，主要包括_____、_____、连接运算符、引用运算符。

2. 函数是由_____、_____和_____组成。

3. WPS 表格中的公式的引用有_____、_____和_____ 3 种。

二、选择题

1. 下列关于公式输入说法错误的是（　　）。

　　A. 公式必须以等号"＝"开头

　　B. 公式中可以是常量、函数、运算符、单元格引用和单元格区域等

　　C. 在单元格中，列标必须直接给出，而行号可以通过计算

　　D. 公式输入后，如果出现错误可以对公式重新进行编辑。

2. 在 WPS 表格工作表的公式中，SUM(B4:G4)的含义是（　　）。

　　A. 对 B4 与 G4 两个单元格中的数据求和

　　B. 对 B4 与 G4 区域内所有单元格中的数据求和

　　C. 计算 B4 与 G4 两个单元格中的数据平均值

　　D. 计算 B4 到 G4 的区域内所有单元格中的数据平均值

3. 在 WPS 表格工作表的公式中，AVERAGE(B4:G4)的含义是（　　）。

　　A. 对 B4 与 G4 两个单元格中的数据求和

　　B. 对 B4 与 G4 的区域内所有单元格中的数据求和

　　C. 计算 B4 与 G4 两个单元格中的数据平均值

　　D. 计算从 B4 到 G4 的区域内所有单元格中的数据平均值

4. 设单元格 A1:A4 的内容为 1、2、3、4，则公式"＝MIN(A1:A4)"的返回值为（　　）。

　　A. 1　　　　　　　　B. 2　　　　　　　　C. 3　　　　　　　　D. 4

5. 函数 RANK( )的功能是（　　）。

A. 求和　　　　　　B. 求均值　　　　　　C. 求个数　　　　　　D. 求排位

三、判断题

1. SUM 函数用于对单元格区域中所有数值求和。 （　　）
2. COUNTIF 函数用于求满足给定条件的数据个数。 （　　）
3. VLOOKUP 函数用于查找指定的数值，并返回当前行中指定列处的数值。 （　　）
4. "＃＃＃＃＃"这个错误类型表示无法识别公式中的文本。 （　　）
5. 将单元格 D2 的公式"＝SUM(B2：C2)"复制到单元格 D3 中显示的公式是"＝SUM(B3：C3)"。 （　　）

四、简答题

1. 什么是相对引用？
2. SUMIF 函数作用是什么？
3. "＃N/A"这个错误类型是表示什么？

五、操作题

1. 练习制作一份"员工工资表"，如图 3-48 所示。

员工工资表

编号	姓名	部门	职务	基本工资	奖金	补贴	扣款	工资总额
23001	吴英	文秘部	部门经理	3000	3200	280		6480
23002	雷文	研发部	职员	2000	3600	180	-150	5630
23003	吕家勤	采购部	职员	2000	2600	90	-100	4590
23004	陈浩川	文秘部	职员	2000	2200	90		4290
23005	苏小俊	销售部	部门经理	3000	3600	280		6880
23006	涂玉铭	广告部	部门经理	3000	3200	280		6480
23007	林显娜	研发部	职员	2000	3600	180		5780
23008	林杰	研发部	部门经理	3000	4000	280		7280
23009	陈兴文	研发部	职员	2000	3000	180		5180
23010	王霖诚	广告部	职员	2000	2200	180	-50	4330

图 3-48　员工工资表完成效果图

2. 练习制作一份"员工培训成绩表"，如图 3-49 所示。

员工培训成绩表

编号	所属部门	姓名	性别	文化素养	职业素养	人力资源	办公软件	法律知识	总成绩	平均成绩	成绩排名	等级
CZXX03001	文秘部	吴小雪	女	100	89	93	62	95	439	88	3	优秀
CZXX03002	研发部	雷杰弛	男	75	88	92	68	92	415	83	9	合格
CZXX03003	采购部	吕铭金	男	74	86	60	72	80	372	74	11	合格
CZXX03004	文秘部	陈英杰	男	81	82	90	72	94	419	84	8	合格
CZXX03005	销售部	苏勇	男	87	98	88	97	93	463	93	1	优秀
CZXX03006	广告部	涂家桥	男	99	95	90	68	91	443	89	2	优秀
CZXX03007	研发部	林萌	女	67	85	98	82	88	420	84	7	良好
CZXX03008	研发部	林宇帆	男	93	80	92	73	89	427	85	5	良好
CZXX03009	研发部	陈云帆	男	67	70	80	68	61	346	69	12	合格
CZXX03010	广告部	王明	男	88	69	95	85	92	429	86	4	良好
CZXX03011	采购部	谭杰斌	男	94	85	96	62	88	425	85	6	良好
CZXX03012	文秘部	肖里芳	女	88	93	74	71	86	412	82	10	合格

图 3-49　员工培训成绩表完成效果图

六、思考题

1. 如何利用函数显示当前的日期？
2. 如何对表格标题进行转置粘贴？

单元 3.3　数据的可视化展示

学习目标

知识目标：

1. 了解常见的图表类型及电子表格处理工具提供的图表类型；
2. 理解数据透视表的概念。

能力目标：

1. 掌握利用表格数据制作常用图表的方法；
2. 掌握创建数据透视表、更新数据、添加和删除字段、查看明细数据等操作，能利用数据透视表创建数据透视图。

素养目标：

1. 能从信息化角度分析问题的解决路径；
2. 能以多种数字化方式对信息、知识进行展示交流。

工 作 任 务

任务 3.3　公司销售统计表

任务 3.3 及单元练习部分彩色图片

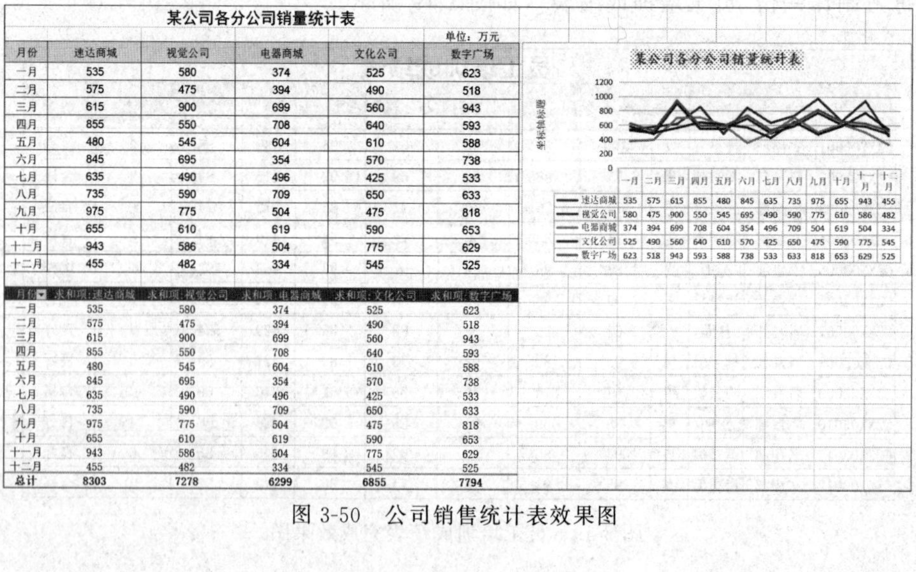

　　年关将至，总经理需要在年终总结会议上确定来年的销售方案，因此，需要一份今年的销售数据分析图表。行政部负责人让肖磊参与该表格的制作，并在一周之内提交最终文件，制作完成后的效果如图 3-50 所示。

图 3-50　公司销售统计表效果图

任 务 分 析

要完成此任务,涉及三个方面:一是图表的创建与美化;二是数据透视表的创建与美化;三是使用图表和数据透视表的注意事项。

知识与技能

一、图表的基本操作

(一)常用图表

图表是 WPS 最常用的对象之一,它是依据选定区域中的数据按照一定的数据系列生成的,是对工作表中数据的图形化表示方法。图表使抽象的数据变得形象化,当数据源发生变化时,图表中对应的数据也会自动更新,使得数据显示更加直观、一目了然。

对于初学者而言,如何挑选合适的图表类型来表达数据是一个难点。不同的图表类型所表达的重点有所不同,因此首先要了解各类型图表的应用范围,学会根据当前数据源以及分析目的选用最合适的图表类型来直观地表达。

WPS 表格内置了九种图表类型,包括柱形图、折线图、饼图、条形图、面积图、XY(散点图)、股价图、雷达图、组合图等,如图 3-51 所示。其中,使用频率较高的是以下四种。

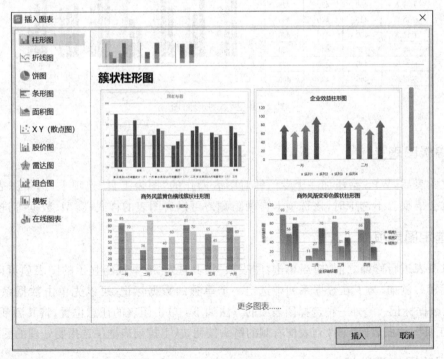

图 3-51　常用图表

(1)柱形图:常用于多个类别的数据比较。

(2)折线图:主要用来表现趋势,侧重于表现数据点的数值随时间推移而产生的大小变化。

（3）条形图：更加适合多个类别数值的大小比较。常用于表现排行名次。

（4）饼图：常用来表达一组数据的百分比占比关系。

（二）创建与编辑图表

在 WPS 表格中，图表就是以图形化的方式表示数据的方法，帮助用户更方便、更直观地分析和比较数据，找出其中的差异或关系。图表创建后，可以根据整体页面版式对图表进行相应调整，例如，对图表的大小和位置进行调整，复制和删除图表，以及更改图表的类型等。

1. 创建图表

创建图表时，首先在工作表中选定要创建图表的数据，单击"插入"→"全部图表"按钮，即可根据需求创建图表，如图 3-52 所示。如在"某公司各地销量统计表"中选择单元格区域 A2:D9，单击"插入"→"全部图表"按钮，打开"插入图表"对话框，选中"柱形图"，单击"插入"按钮，工作表中就生成了默认效果的柱形图图表，如图 3-53 所示。

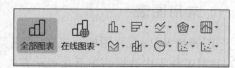

图 3-52 "图表"组及图表类型

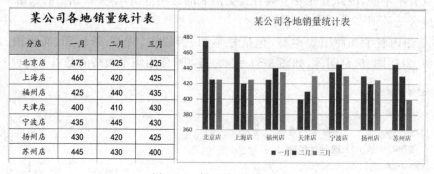

图 3-53 插入柱形图图表

2. 编辑图表

建立图表后，WPS 会添加一个专门针对图表操作的"图表工具"选项卡，选中图表时这个选项卡就会出现。不选中时，该选项卡自动隐藏。可以对图表的样式、类型、数据等进行编辑。

3. 选定图表项

在对图表进行修饰之前，应当单击"图表项"将其选定，有些成组显示的图表项可以细分为单独的元素。例如，为了在数据系列中选定一个单独的数据标记，可以先单击数据系列，再单击其中的数据标记。另外一种选择图表项的方法如下：单击图表的任意位置，将其激活，然后单击"图表工具"→"图表区"下拉列表框右侧的箭头按钮，从下拉列表框中选择要处理的图表项。

4. 更改图表源数据

图表创建完成后，可以在后续操作中根据需要向其中添加新数据，或者删除已有的数据。

（1）重新添加所有数据。单击"图表工具"→"选择数据"按钮，打开"编辑数据源"对话框，如图 3-54 所示。然后单击"图表数据区域"右侧的 ，在工作表中重新选择数据源区域。选取完成后,单击"展开"按钮,返回"编辑数据源"对话框,WPS将自动输入新的数据区域,并添加相应的图例和水平轴标签。单击"确定"按钮,即可在图表中添加新的数据。

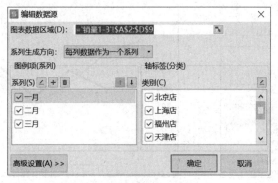

图 3-54　编辑数据源对话框图

(2) 添加部分数据。用户还可以根据需要只添加某一列数据到图表中,方法如下:在"编辑数据源"对话框中找到"图例项(系列)"栏,单击 🞧 按钮,进行数据源"添加",再单击"折叠"按钮分别选择"系列名称"和"系列值",然后单击"确定"按钮,返回"编辑数据源"对话框,可以看到添加的图例项。再单击"确定"按钮,图表中出现了选择的数据区域,如图 3-55 所示。

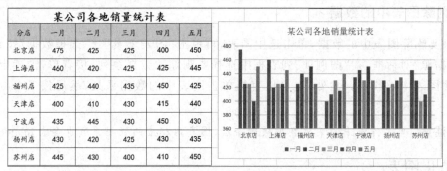

图 3-55　添加完部分数据图表

5. 调整图表的大小和位置

(1) 如果要调整图表的大小,将鼠标光标移动到图表边框的控制点上,当光标形状变为双向箭头时,按住鼠标左键拖动即可。也可以切换到"图表工具"选项卡,单击"设置格式"按钮,打开"属性"任务窗格,自动切换到"图表选项"选项卡,在"大小与属性"选项卡中精确地设置图表的高度和宽度。

(2) 移动图表位置分为在当前工作表中移动和在工作表之间移动两种情况。

① 在当前工作表中移动图表时,只要单击图表区并按住鼠标左键进行拖动即可。

② 将图表在工作表之间移动,具体操作步骤如下。

单击选中图表,再单击"图表工具"→"移动图表"按钮,在打开的"移动图表"对话框中选择放置图表的位置,此处选择"对象位于"选项,再从下拉菜单中选中要将图表移至的工作表,单击"确定"按钮即可,如图 3-56 所示。

6. 更改图表类型

单击选中图表,再单击"图表工具"→"更改类型"按钮,打开"更改图表类型"对话框。此处将柱形图更改为折线图,在"图表类型"列表框中选择"折线图",然后从右侧列表项中选择"折线图"选项,单击"插入"按钮,结果如图 3-57 所示。

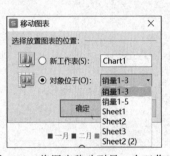

图 3-56　将图表移动到另一个工作表

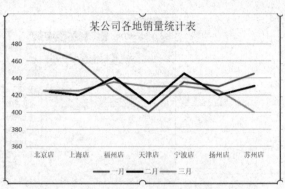

图 3-57　更改图表类型为折线图

7. 交换图表的行与列

创建图表后,如果用户发现其中的图例与分类轴的位置颠倒了,可以很方便地对其进行调整。方法如下:单击选中图表,再单击"图表工具"→"切换行列"按钮。

8. 删除图表中的数据

如果要删除图表中的数据,单击选中图表,再单击"图表工具"→"选择数据"按钮,打开"编辑数据源"对话框,在"图例项"列表框中选择要删除的数据系列,接着单击"确定"按钮,即可删除图表中的数据。此外,也可以直接单击图表中的数据系列,然后按 Delete 键将其删除。

🐟 注意:当工作表中的某项数据被删除后,图表内相应的数据系列也会自动消失。

（三）美化图表

1. 添加图表标题

单击选中图表,再选择"图表工具"→"添加元素"→"图表标题"命令,然后从其级联菜单中选择一种放置标题的方式,如图 3-58 所示。

2. 修改图表标题

右击标题文本,再选择"设置图表标题格式"命令,打开"属性"任务窗格,自动切换到"标题选项"选项卡,可以在标题选项中设置填充效果和边框样式等。

3. 设置坐标轴及标题

单击选中图表,再选择"图表工具"→"添加元素"→"坐标轴"命令,从其级联菜单中选择"主要横向坐标轴"或"主要纵向坐标轴"命令进行设置,如图 3-59 所示。

右击选中图表坐标的纵（横）坐标轴数值,在弹出的快捷菜单中选择"设置坐标轴格式"命令,可打开"属性"任务窗格,自动切换到"坐标轴选项"选项卡,可对坐标轴进行设置。

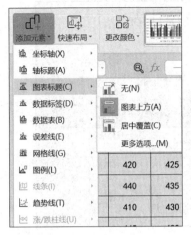

图 3-58 "图表标题"级联菜单　　　　　图 3-59 设置"坐标轴"

4. 添加图例

单击选中图表,再选择"图表工具"→单击"添加元素"→"图例"命令,从其级联菜单中选择一种放置图例的方式,WPS会根据图例的大小重新调整绘图区的大小,如图 3-60 所示。若选择"更多选项"命令,会打开"属性"任务窗格,自动切换到"图例选项"选项卡,可以在其中设置图例的位置、填充色、边框颜色、边框样式和阴影效果等,如图 3-61 所示。

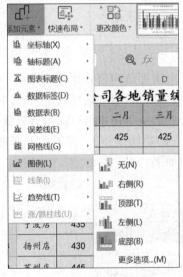

图 3-60 设置图例

图 3-61 设置图例格式

5. 设置图表样式

可以使用 WPS 提供的快速布局和图表样式快速设置图表的外观,其步骤如下:单击选中图表,再单击"图表工具"→"快速布局"按钮,从下拉列表中选择图表的布局类型,然后选择图表的颜色搭配方案。例如,选择"布局 5"和"样式 3"时的效果如图 3-62 所示。

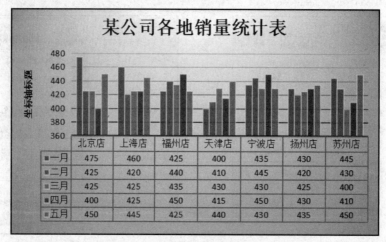

图 3-62 设置图表布局和样式后的效果

二、数据透视表的基本操作

（一）创建与编辑数据透视表

对于高级别的数据分析工作,需要从不同的分析角度对同一张数据表的不同指标进行分类汇总。这一过程被人们形象地称为"透视分析"。数据透视表和数据透视图就是为了快速、方便地实现这种分析功能而设置的。

1. 创建数据透视表

数据透视表是一种交互式表格,它有机地结合了分类汇总和合并计算的优点,可以对大量数据进行快速汇总、建立交叉列表分析、浏览和提供摘要数据,通过选择其中页、行和列中的不同数据元素,快速查看源数据的不同统计结果。这个特点使得用户可以深入分析数值数据,并且以多种不同的方式来展示数据的特征。数据透视表的功能很强大、灵活。下面通过某公司各地的销量统计表介绍数据透视表的使用,具体操作如下。

（1）选择要分析的数据,如图 3-63 所示。

某公司各地销量统计表					
分店	一月	二月	三月	四月	五月
北京店	475	425	425	400	450
上海店	460	420	425	425	445
福州店	425	440	435	450	425
天津店	400	410	430	415	440
宁波店	435	445	430	450	430
扬州店	430	420	425	430	435
苏州店	445	430	400	410	450

图 3-63 选择要分析的数据

（2）单击"插入"→"数据透视表"按钮,打开"创建数据透视表"对话框,选择放置数据透视表的位置为"新工作表",单击"确定"按钮,在工作表的右侧会自动弹出"数据透视表字段"窗格。

2. 设置数据透视表的行、列字段

在工作表中得到数据透视表,如图 3-64 所示。在"数据透视表字段"窗格中选择要添加到报表的字段,将列表中的"品名"使用鼠标左键拖曳到"行"列表框中。将列表中的"一月到五月"使用鼠标左键拖曳到"值"列表框中,完成数据透视表区域设置。

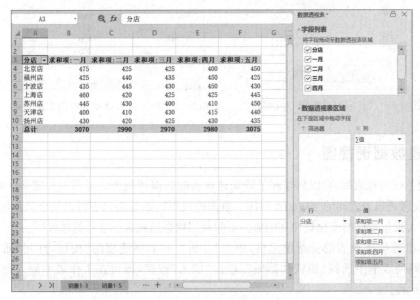

图 3-64 数据透视表

3. 更新数据透视表数据

对于建立了数据透视表的数据区域,修改其数据并不影响数据透视表。因此,当数据源发生变化后,右击数据透视表的任意单元格,从弹出的快捷菜单中选择"刷新"命令,以便及时更新数据透视表中的数据。

4. 添加和删除数据透视表字段

数据透视表创建完成后,用户也许会发现其中的布局不符合要求,这时可以根据需要在数据透视表中添加或删除字段。如果要增加某个数据透视表字段,直接将列表中的"字段内容"使用鼠标左键拖曳到数据透视表区域对应列表框中。如果要删除某个数据透视表字段,在"数据透视表字段"任务窗格中取消勾选"字段列表"列表框中相应的复选框。

5. 查看数据透视表中的明细数据

在 WPS 中,可以显示或隐藏数据透视表中字段的明细数据,操作步骤如下。

(1) 选中要查看明细的字段,单击"分析"→"展开字段"按钮,打开"显示明细数据"对话框,如图 3-65 所示。

(2) 在"显示明细数据"对话框的字段列表框中选择要查看的字段名称,如"姓名",如图 3-66 所示。

(3) 单击"确定"按钮,明细数据显示在数据透视表中。单击行标签前面的按钮,即可展开

或折叠数据透视表中的数据。

图 3-65 "显示明细数据"对话框

分店	一月	求和项:一月	求和项:二月
北京店		475	425
	475	475	425
福州店		425	440
	425	425	440
宁波店		435	445
	435	435	445
上海店		460	420
		460	420
苏州店		445	430
	445	445	430
天津店		400	410
	400	400	410
扬州店		430	420
	430	430	420
总计		3070	2990

图 3-66 查看数据透视表中的明细数据

（二）创建数据透视图

在创建数据透视表后，可以创建基于数据透视表的数据透视图。与图表和数据区域之间的关系相同，各数据透视表之间的字段相互对应。数据透视图比数据透视表可以从全局角度出发，更加直观地把控大批量数据的变化规律和趋势。下面利用数据透视表创建数据透视图。

（1）单击数据透视表的任意单元格，单击"分析"→"数据透视图"按钮，打开"插入图表"对话框，从右侧列表框中选择"簇状柱形图"，单击"插入"按钮，即可在工作表中插入数据透视图，如图 3-67 所示。

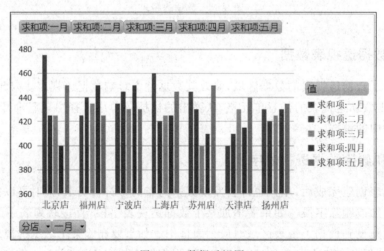

图 3-67 数据透视图

（2）如果不想显示四月和五月的数据，在"数据透视图"右边字段列表中取消选中"四月""五月"的复选框即可，结果如图 3-68 所示。

（3）切换到"图表工具"选项卡，可以利用其中的相关命令更改图表类型、图表布局和图表样式。

（4）在"分析"选项卡中，可以更改数据源、移动图表等。

（5）在"绘图工具"选项卡中，可以对数据透视图进行外观上的设计，设置内容和方法与普通图表类似。

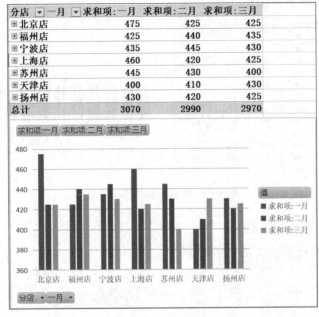

分店 ▼	一月 ▼	求和项:一月	求和项:二月	求和项:三月
⊞ 北京店		475	425	425
⊞ 福州店		425	440	435
⊞ 宁波店		435	445	430
⊞ 上海店		460	420	425
⊞ 苏州店		445	430	400
⊞ 天津店		400	410	430
⊞ 扬州店		430	420	425
总计		3070	2990	2970

图 3-68　更新完的数据透视表、数据透视图

（三）数据透视图与普通图表主要区别

（1）数据透视图不能通过"编辑数据源"对话框切换数据透视图的行/列方向。

（2）数据透视图不能制作 XY 散点图、股价图或气泡图。

（3）普通图表默认为嵌入当前工作表，而数据透视图默认为图表工作表。

（4）刷新数据透视图时，将保留大多数格式，但不能保留趋势线、数据标签、误差线，以及对数据集执行的其他更改。

（5）标准图表直接链接到工作表单元格，数据透视图则基于关联数据透视表的数据。

任 务 实 现

要完成任务 3.3，即制作某公司各分公司销量统计表，操作步骤如下。

（1）打开素材文件。在 WPS 中的快速访问工具栏左侧单击"文件"按钮，打开"某公司各分公司销量统计表"素材文件。

（2）创建图表。选择单元格区域 A3:F15，单击"插入"→"全部图表"按钮，打开"插入图表"对话框，从右侧列表框中选择"簇状柱形图"，单击"插入"按钮，工作表中就生成了默认效果的簇状柱在图表，如图 3-69 所示。

任务 3.3

（3）设置图表样式。为了使图表更美观，需对默认创建的图表进行样式设置。单击图表中的文字"图表标题"，重新输入标题文本"某公司各分公司销量统计表"；将鼠标光标移至图表的边框上，当光标变成十字形箭头形状时，拖动图表到合适的位置；再次将鼠标光标移至图表边框的控制点上，当光标变为双向箭头形状时，按住鼠标左键拖动调整图表大小，如图 3-70 所示。

（4）设置图表标题。在图表标题区域右击，从弹出的快捷菜单中选择"字体"命令，打开"字体"对话框。在"中文文体"下拉列表中选择"华文楷体"选项，将"字形"设置为"加粗"，将"字号"设置为 14，"字体颜色"设置为"红色"，然后单击"确定"按钮，如图 3-71 所示。

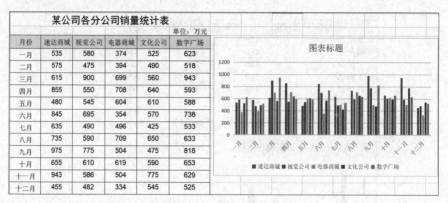

某公司各分公司销量统计表					
				单位：万元	
月份	速达商城	视觉公司	电器商城	文化公司	数字广场
一月	535	580	374	525	623
二月	575	475	394	490	518
三月	615	900	699	560	943
四月	855	550	708	640	593
五月	480	545	604	610	588
六月	845	695	354	570	738
七月	635	490	496	425	533
八月	735	590	709	650	633
九月	975	775	504	475	818
十月	655	610	619	590	653
十一月	943	586	504	775	629
十二月	455	482	334	545	525

图 3-69　插入簇状柱形图图表

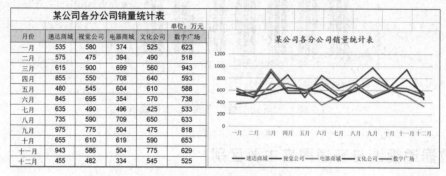

某公司各分公司销量统计表					
				单位：万元	
月份	速达商城	视觉公司	电器商城	文化公司	数字广场
一月	535	580	374	525	623
二月	575	475	394	490	518
三月	615	900	699	560	943
四月	855	550	708	640	593
五月	480	545	604	610	588
六月	845	695	354	570	738
七月	635	490	496	425	533
八月	735	590	709	650	633
九月	975	775	504	475	818
十月	655	610	619	590	653
十一月	943	586	504	775	629
十二月	455	482	334	545	525

图 3-70　设置样式后的图表

选中图表标题文本，并保持其选中状态，单击"图表工具"→"添加元素"按钮，从下拉菜单中选择"图表标题"→"更多选项"命令，打开"属性"任务窗格。在"填充与线条"选项卡中选中"图案填充"单选按钮，然后在下方的列表框中选择 20％选项，如图 3-72 所示。单击"关闭"按钮，图表标题格式设置完毕，效果如图 3-73 所示。

图 3-71　设置图表标题字体

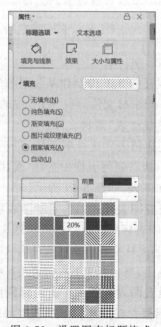

图 3-72　设置图表标题格式

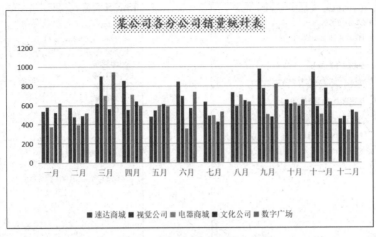

图 3-73　设置完图表标题的效果

（5）更改图表类型。由于统计的月份和分公司比较多，图表的直观性下降，需要将图表的类型修改为折线图，以便更好地反映数据的变化趋势。

① 选中图表，单击"图表工具"→"更改类型"按钮，打开"更改图表类型"对话框。

② 在"更改图表类型"对话框中选择"折线图"，然后从右侧列表项中选择"折线图"选项，单击"插入"按钮，更换为"折线图"。

③ 单击"图表工具"→"快速布局"按钮，选择"布局 5"，结果如图 3-74 所示。

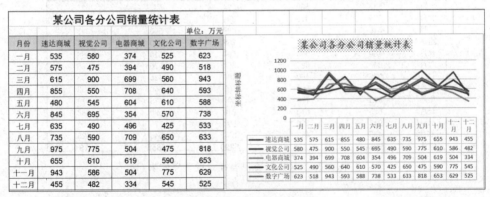

图 3-74　将图表改为折线图

（6）创建数据透视表。选择单元格区域 A3:F15，单击"插入"→"数据透视表"按钮，打开"创建数据透视表"对话框，在"请选择放置数据透视表的位置"选项区选中"新工作表"单选按钮，再选择单元格范围 A17:N40，如图 3-75 所示。

在"数据透视表字段"窗格中选择要添加到报表的字段，将列表中的"月份"使用鼠标左键拖曳到"行"列表框中。将列表中的"速达商城、视觉公司、电器商城、文化公司、数字广场"使用鼠标左键拖曳到"值"列表框中，完成数据透视表区域设置，如图 3-76 所示。

（7）对数据透视表美化。为了使数据透视表更美观，需对默认创建的数据透视表进行样式设置。单击"设计"→"数据透视表样式"下拉菜单按钮，选择"蓝色"→"数据透视表样式 3"，对透视表样式进行设置，如图 3-77 所示。至此完成成本任务的制作。

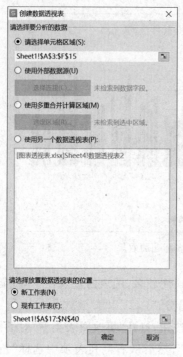

图 3-75　创建数据透视表

图 3-76　完成数据透视表区域设置

月份	求和项:速达商城	求和项:视觉公司	求和项:电器商城	求和项:文化公司	求和项:数字广场
一月	535	580	374	525	623
二月	575	475	394	490	518
三月	615	900	699	560	943
四月	855	550	708	640	593
五月	480	545	604	610	588
六月	845	695	354	570	738
七月	635	490	496	425	533
八月	735	590	709	650	633
九月	975	775	504	475	818
十月	655	610	619	590	653
十一月	943	586	504	775	629
十二月	455	482	334	545	525
总计	8303	7278	6299	6855	7794

图 3-77　对数据透视表样式设置完效果

能 力 拓 展

工作表的共享与修订

　　一张工作表若需要多人协同完成，可以在 WPS 中创建共享工作簿。当多人一起在共享工作簿上工作时，WPS 会自动保持信息不断更新。而若将工作表打印出来，则需要先对打印页面以及工作表进行设置。

　　在 WPS 中，可以设置工作簿的共享来加快数据的录入速度，而且在工作过程中还可以随时查看各自所做的改动。当多人一起在共享工作簿上工作时，WPS 会自动保持信息不断更新。在一个共享工作簿中，各个用户可以输入数据、插入行和列以及更改公式等，甚至还可以筛选出自己关心的数据，保留自己的视窗。

1. 共享工作簿

（1）创建共享工作簿。要通过共享工作簿实现伙伴间的协同操作,必须首先创建共享工作簿。在局域网中创建共享工作簿能够实现多人协同编辑同一个工作表,同时方便让其他人审阅工作簿。具体操作方法如下:打开工作簿,单击"审阅"→"共享工作簿"按钮,打开"共享工作簿"对话框。在该对话框中勾选"允许多用户同时编辑,同时允许工作簿合并"复选框,如图 3-78 所示。完成设置后,单击"确定"按钮,在弹出的提示框中单击"确定"按钮保存文档。此时文档的标题栏中将出现"共享"字样。

图 3-78　"共享工作簿"对话框

（2）创建受保护的共享工作簿。工作簿在共享时,为了避免用户关闭工作簿的共享或对修订记录随意修改,往往需要对共享工作簿进行保护。要实现对共享工作簿的保护,打开工作簿,单击"审阅"→"保护并共享工作簿"按钮;如果要撤销对共享工作簿的保护,单击"审阅"→"撤销对共享工作簿的保护"即可。

2. 修订工作簿

（1）跟踪工作簿的修订。当需要把工作簿发送给其他人审阅时,WPS 可以跟踪对工作簿的修订,文件返回后用户可以看到工作簿的变更,并根据情况接受或拒绝这些变更。下面介绍实现跟踪工作簿修订的设置方法。

① 打开共享工作簿,单击"审阅"→"修订"按钮,选择下拉列表中的"突出显示修订"选项,如图 3-79 所示。

② 打开"突出显示修订"对话框,勾选"编辑时跟踪修订信息,同时共享工作簿"复选框,在"时间"下拉列表中选择需要显示修订的时间为"起自日期"选项,"时间"文本框中此时会自动输入当前日期,如图 3-80 所示。

图 3-79　选择"突出显示修订"选项

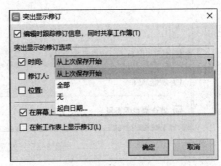

图 3-80　选择"起自日期"选项

③ 勾选"修订人"复选框，在右侧的下拉列表中选择查看哪个修订人的修订，如图3-81所示。

④ 勾选"位置"复选框，在右侧的文本框中输入需要查看修订的单元格区域地址，完成设置后单击"确定"按钮，关闭对话框，如图3-82所示。

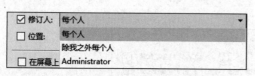

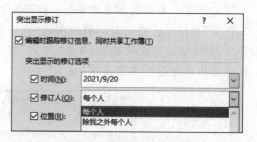

图 3-81　选择查看哪个修订人的修订　　　　图 3-82　指定单元格地址

⑤ 设置完成后，工作表中将突出显示指定的修订人在指定时间之后进行的修改，将鼠标光标放置在该单元格上，WPS将给出提示，如图3-83所示。

（2）分享文档。为了方便文档共享编辑，可以通过以下3种方式分享协作。打开设置好共享的工作簿，在右上角菜单中单击"分享"按钮，打开"分享"对话框。

① 通过链接发起共享编辑，如图3-84所示。

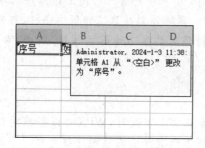

图 3-83　显示修订　　　　　　　　图 3-84　通过链接发起共享编辑

② 发送到手机进行文档编辑，如图3-85所示。

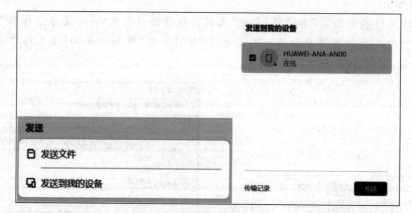

图 3-85　发送文件到手机

③ 以文件方式发送，用户可以在局域网查看文件并进行共享编辑，如图3-86所示。

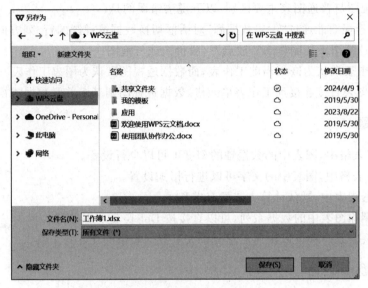

图 3-86 局域网共享文件

单 元 练 习

一、填空题

1. 图表创建完成后，_____在后续操作中根据需要向其中添加新数据或者删除已有的数据。

2. 建立图表后，WPS 会添加一个专门针对图表操作的_____选项卡，选中图表时这个选项卡就会出现；不选中时，该选项卡自动隐藏。

3. 移动图表位置分为在_____移动和_____移动两种情况。

二、选择题

1. 关于 WPS 表格中的图表，说法正确的是(　　)。
   A. 图表与生成的工作表数据是相对独立，并不会自动更新
   B. 图表类型一旦确定，生成后不能再更改
   C. 图表创建后可以根据用户需求修改数据
   D. 图表一旦创建，就不能删除

2. 产生图表的数据发生变化后，图表(　　)。
   A. 会发生相应的变化　　　　　　　B. 会发生变化，但与原始数据无关
   C. 不会发生相应的变化　　　　　　D. 必须进行编辑后才会发生变化

3. 柱形图类型图表中不包括以下(　　)图形。
   A. 簇状柱形图　　　　　　　　　　B. 堆积柱形图
   C. 百分比堆积柱形图　　　　　　　D. 数据标记柱形图

4. WPS 表格提供的数据透视表，(　　)进行汇总。
   A. 只能对多字　　　　　　　　　　B. 只能对一个字段
   C. 既能对多字段也能只对一个字段　D. 不是用来汇总的

5. 数据透视图与普通图表主要区别，以下说法错误的是（　　　）。

　　A. 数据透视图能通过"编辑数据源"对话框切换数据透视图的行/列方向

　　B. 数据透视图不能制作 XY 散点图、股价图或气泡图

　　C. 普通图表默认为嵌入当前工作表，而数据透视图默认为图表工作表

　　D. 标准图表直接连接到工作表单元格，数据透视图则基于关联数据透视表的数据

三、判断题

1. 在 WPS 表格中，图表中的数据轴的刻度不可以自行设置。　　　　　　　　（　　）

2. 在 WPS 表格中，图表中的文字可以进行格式设置。　　　　　　　　　　（　　）

3. 在数据透视表中，默认计算方式只有求和。　　　　　　　　　　　　　　（　　）

4. 如果只删除图表中的数据系列，可以直接按 Delete 键将其删除。　　　　　（　　）

5. 数据透视表是一种可以快速汇总分析大量数据表格的交互式工具。　　　　（　　）

四、简答题

1. 如何为工作表中的数据创建图表？

2. 如何为图表添加图例？

3. 如何更新数据透视表中的数据？

五、操作题

1. 练习制作一份"公司宣传用品支出柱形图"，如图 3-87 所示。

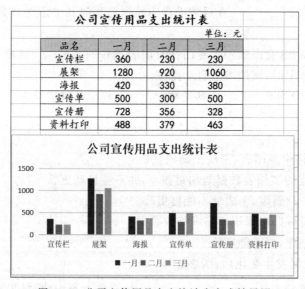

图 3-87　公司宣传用品支出统计表完成效果图

2. 练习制作一份"办公经费支出簇状条形图"，如图 3-88 所示。

六、思考题

1. 是否可以交换已创建图表的行和列？

2. 是否可以为已经创建的图表更改图表类型？

办公经费支出统计表							
							单位：元
部门	日常办公	电话费	交通费	培训费	清洁费	部门合计	平均值
文秘部	225	200	200	400	230	1255	251
行政部	198	200	100	400	230	1128	225.6
研发部	120	100	100	800	88	1208	241.6
采购部	185	200	100	300	180	965	193
销售部	196	200	200	300	128	1024	204.8
广告部	180	100	100	300	149	829	165.8
平均值	184.0	166.7	133.3	416.7	167.5		

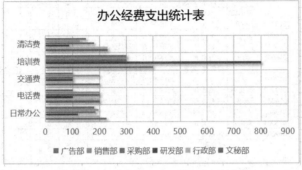

图 3-88　办公经费支出统计表完成效果图

单元 3.4　数据的处理分析

学 习 目 标

知识目标：

1. 掌握自动筛选、自定义筛选、高级筛选的概念；

2. 掌握数据排序和分类汇总的概念。

能力目标：

1. 掌握单列数据排序、多列数据排序和自定义排序等操作；

2. 掌握自动筛选、自定义筛选、高级筛选等操作；

3. 掌握分类汇总相关操作。

素养目标：

1. 能进行信息资源的获取、加工和处理；

2. 能开展自主学习、协同工作、知识分享与创新创业实践，形成可持续发展能力。

工 作 任 务

任务 3.4　制作公司一月员工出勤表

吴英由于业务能力比较强，公司让他对公司各部门一月份出勤情况进行统计分析，并整理出缺勤汇总超过 5 次的名单，以便制定公司接下去的考核制度，结果如图 3-89 所示。

某公司一月员工出勤表

序号	员工编号	姓名	部门	入职时间	职务	旷工	迟到	早退	请假	合计
3	2015001	吕家勤	采购部	2015年1月	职员	0	3	2	1	6
11	2013002	谭晓峰	采购部	2013年1月	部门经理	0	0	0	0	0
19	2015003	林棠亮	采购部	2015年1月	部门主管	0	0	0	0	0
			采购部 汇总			0	3	2	1	6
6	2013001	涂玉铭	广告部	2013年1月	部门经理	0	0	0	0	0
10	2015002	王霖诚	广告部	2015年1月	职员	0	1	1	0	2
			广告部 汇总			0	1	1	0	2
1	2021001	吴英	文秘部	2021年1月	部门经理	0	0	0	0	0
4	2022001	陈浩川	文秘部	2022年1月	职员	0	0	0	0	0
12	2020001	肖丽丽	文秘部	2020年1月	职员	1	1	1	0	3
16	2022002	姜彩虹	文秘部	2022年1月	职员	0	2	1	0	3
			文秘部 汇总			1	3	2	0	6
5	2016001	苏小俊	销售部	2016年1月	部门经理	0	0	0	0	0
13	2023013	杨森	销售部	2018年1月	职员	1	1	1	1	4
14	2016003	王宇豪	销售部	2016年1月	职员	0	1	1	1	3
15	2023015	林丽丽	销售部	2018年1月	部门主管	0	0	0	0	0
18	2016005	刘昕	销售部	2016年1月	职员	0	3	2	0	5
			销售部 汇总			1	5	4	2	12
2	2019001	雷文	研发部	2019年1月	职员	0	1	1	0	2
7	2019002	林显娜	研发部	2019年1月	职员	0	1	0	1	2
8	2014001	林杰	研发部	2014年1月	部门经理	0	0	0	0	0
9	2016002	陈兴文	研发部	2016年1月	职员	0	2	1	0	3
17	2016004	李伟奇	研发部	2016年1月	部门主管	0	0	0	0	0
20	2019003	王维浩	研发部	2019年1月	职员	1	1	0	1	3
			研发部 汇总			1	5	2	2	10
			总计			3	17	11	5	36

合计
>3

序号	员工编号	姓名	部门	入职时间	职务	旷工	迟到	早退	请假	合计
3	2015001	吕家勤	采购部	2015年1月	职员	0	3	2	1	6
			采购部 汇总			0	3	2	1	6
			文秘部 汇总			1	3	2	0	6
13	2023013	杨森	销售部	2018年1月	职员	1	1	1	1	4
18	2016005	刘昕	销售部	2016年1月	职员	0	3	2	0	5
			销售部 汇总			1	5	4	2	12
			研发部 汇总			1	5	2	2	10
			总计			3	17	11	5	36

图 3-89 公司一月员工出勤表

技 术 分 析

要完成此任务,涉及 WPS 表格的操作,主要包括三个方面：一是按部门对数据表排序;二是利用数据分类汇总对表格数据进行处理;三是利用高级筛选计算出考勤数据汇总次数超过3次的名单。

知识与技能

一、表格数据的分析

（一）数据排序

数据排序是统计工作中的一项重要内容,在 WPS 表格中,可将数据按照指定的顺序排列。用户 WPS 表格中录入数据后,内容可能杂乱无章,不利于查看和比较,这个时候就需要对数据进行排序。所谓排序,是指对表格中的某个或某几个字段按照特定规律进行重新排列。在 WPS 表格中,一般情况下,数据排序分为以下三种情况。

1. 单列数据排序

单列数据排序是指在工作表中以一列单元格中的数据为依据,对工作表中的所有数据进行排序,下面针对成绩汇总表的"水果店一月到五月销量统计"进行排序操作。

打开水果店一月到五月销量统计表,将光标定位在"销量合计"H3:H18任意一个单元格中。单击"数据"→"排序"按钮,打开"排序"对话框,主要关键字选择"销量合计",次序选择"降序",单击"确定"按钮。可以看到销量合计由之前顺序排从高到低排列,最高销量合计为93,如图 3-90 所示。

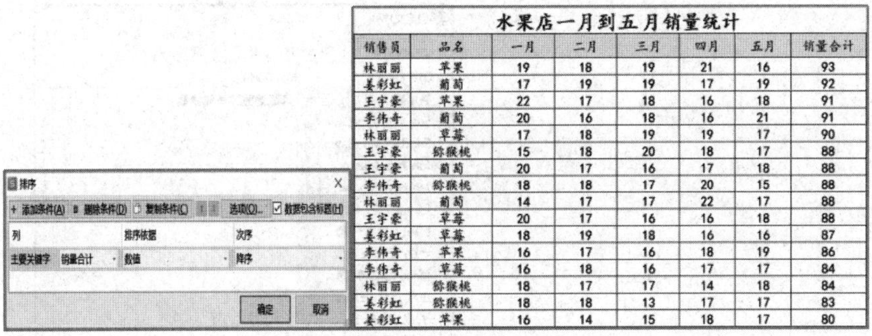

图 3-90 按销量合计降序进行排序

2. 多列数据排序

在对多列数据进行排序时,需要按某个数据进行排列,该数据则称为"关键字"。以关键字为依据进行排序,其他列中的单元格数据将随之发生变化。多个条件排序用于按主要关键字排序时出现重复记录的时候,再按次要关键字进行排序。例如在水果店一月到五月销量统计表中,"销量合计"列中出现了两个91、五个88,两个84,可以先按"销量合计"进行排序,然后再根据"姓名"进行排序,从而方便查看排序情况,具体操作如下。

选中表格编辑区域任意单元格,单击"数据"→"排序"按钮,打开"排序"对话框。在"主要关键字"下拉列表中选择"销售合计",在"次序"下拉列表中选择"降序"。单击"添加条件"按钮,添加"次要关键字",选择"姓名",在"次序"下拉列表中选择"升序",单击"确定"按钮,就可以看到表格中首先按"销量合计"降序排序,对总分相同的记录按"姓名"升序排序,如图 3-91 所示。

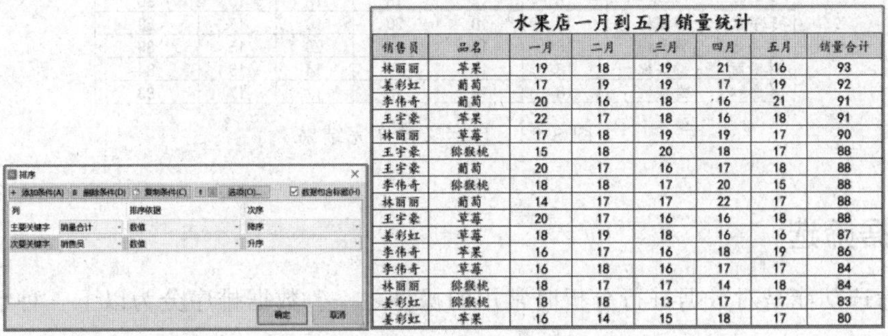

图 3-91 设置多个条件排序

3. 自定义排序

使用自定义排序可以通过设置多个关键字对数据进行排序,并可以通过其他关键字对相同的数据进行排序。例如,在"水果店一月到五月销量统计表中"中按指定的序列"草莓,葡萄,苹果,猕猴桃"对品名进行排序,这就需要使用"自定义排序"功能,操作步骤如下。

单击数据区域的任意单元格,单击"数据"→"排序"按钮箭头按钮,打开"排序"对话框。在"主要关键字"下拉列表框中选择"品名",在"次序"下拉列表框中选择"自定义序列"选项,打开"自定义序列"对话框。

在"自定义序列"选项卡的"输入序列"列表框中依次输入排序序列,全部输完后单击"添加"按钮,序列就被添加到"自定义序列"列表框中。如图 3-92 所示,单击"确定"按钮,返回"排序"对话框,然后单击"确定"按钮,数据区域按上述指定的序列排序完成,结果如图 3-93 所示。

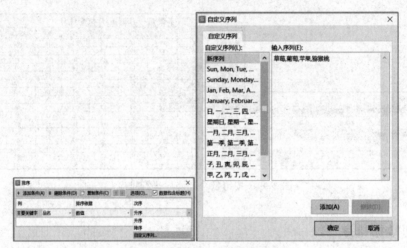

图 3-92　设置自定义排序序列

水果店一月到五月销量统计

销售员	品名	一月	二月	三月	四月	五月	销量合计
林丽丽	草莓	17	18	19	19	17	90
王宇豪	草莓	20	17	16	16	18	88
姜彩虹	草莓	18	19	18	16	16	87
李伟奇	草莓	16	18	16	17	17	84
姜彩虹	葡萄	17	19	19	17	19	92
李伟奇	葡萄	20	16	18	16	21	91
王宇豪	葡萄	20	17	16	17	18	88
林丽丽	葡萄	14	17	17	22	18	88
林丽丽	苹果	19	18	19	21	16	93
王宇豪	苹果	22	17	18	16	18	91
李伟奇	苹果	16	17	16	18	19	86
姜彩虹	苹果	16	14	15	18	17	80
王宇豪	猕猴桃	15	18	20	18	17	88
李伟奇	猕猴桃	18	18	17	20	15	88
林丽丽	猕猴桃	18	17	17	14	18	84
姜彩虹	猕猴桃	18	18	13	17	17	83

图 3-93　自定义排序完结果

（二）数据筛选

数据筛选功能是对数据进行分析时常用的操作之一。数据排序分为以下三种情况。

1. 自动筛选

自动筛选数据即根据用户设定的筛选条件,用户单击数据选项卡的"自动筛选"按钮添加自动筛选功能,勾选需要筛选的项目,自动将表格中符合条件的数据显示出来,而表格中的其他数据将被隐藏。就可以筛选出符合条件的数据,具体操作如下。

打开水果店一月到五月销量统计表中,选中表格编辑区域任意单元格,在"数据"选项卡的"自动筛选"按钮,就可以在表格所有列标识上添加筛选下拉按钮,如图 3-94 所示。

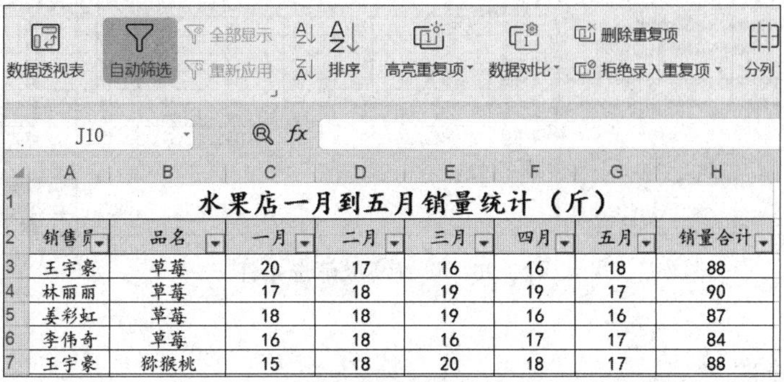

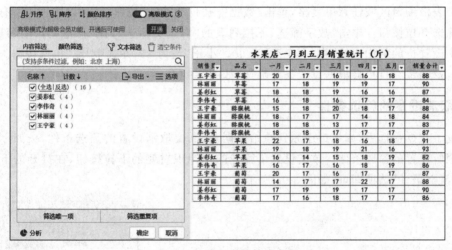

图 3-94 自动筛选

单击要进行筛选的字段右侧按钮,如此处单击"销售员"筛选下拉按钮,可以看到下拉菜单中显示了表格包含所有销售员的数据。取消"全选"复选框,选中要查看的销售员,此处选中"姜彩虹",单击"确定"按钮,即可得到要筛选出来的姜彩虹所有销售记录,其他记录被自动隐藏,如图 3-95 所示。

图 3-95 设置自动筛选条件

2. 高级筛选

若需要根据自己设置的筛选条件对数据进行筛选,则需要使用高级筛选功能,在高级筛选方式下可以实现只满足一个条件的"或"条件筛选,也可以实现同时满足两个条件的"与"条件筛选。高级筛选要求在工作表中无数据的地方指定一个区域用于筛选条件,称为条件区域。条件区域和数据区域中间必须要有一行以上的空行隔开,由标题和值组成。例如利用高级筛选功能在水果店一月到五月销量统计表筛选出"销量合计"大于 90 斤或者小于 85 斤的记录。具体操作如下。

设置条件区域,如果筛选条件是"或",筛选条件要写在不同行内;如果筛选条件是"与",筛选条件要写在同一行内。在本例中在 H22、H23 分别输入单元格内容">90""<85",选中表格编辑区域任意单元格,单击"开始"→"筛选"→"高级筛选"按钮,设置"列表区域"为单元格区域 A2:H18,设置"条件区域"为单元格区域 H21:H23,设置"复制到"位置为"在原有区域显示

筛选结果"。设置完成后，单击"确定"按钮，完成根据设置条件筛选，如图 3-96 所示。

		水果店一月到五月销量统计（斤）					
销售员	品名	一月	二月	三月	四月	五月	销量合计
林丽丽	草莓	17	18	19	19	17	90
李伟奇	草莓	16	18	16	17	17	84
林丽丽	猕猴桃	18	17	17	14	18	84
姜彩虹	猕猴桃	18	18	13	17	17	83
王宇豪	苹果	22	17	18	16	18	91
林丽丽	苹果	19	18	19	21	16	93
姜彩虹	苹果	16	14	15	18	19	82
							销量合计
							>90
							<85

图 3-96　设置高级筛选条件

3. 自定义筛选

自定义筛选是在自动筛选的基础上进行的，即单击自动筛选后，需自定义字段名称右侧的下拉按钮，在打开的下拉列表框中选择相应的选项确定筛选条件，然后在打开的"自定义筛选方式"对话框中进行相应的设置。

例如，利用自定义筛选功能在水果店一月到五月销量统计表中筛选出"销量合计"大于 90 斤或者小于 85 斤的纪录。具体操作步骤如下。

选中表格编辑区域任意单元格，单击"数据"→"自动筛选"按钮，就可以在表格所有列标识上添加筛选下拉按钮。单击"数字筛选"下拉列表的"自定义筛选"，在"自定义自动筛选方式"对话框中设置行的平均成绩，将"大于"设为 90，"小于"设为 85，并选中"或"单选按钮。设置完成后，单击"确定"按钮，会根据设置条件筛选，如图 3-97 所示。

4. 取消设置的筛选条件

设置了数据筛选后，如果想还原到原始数据表，需要取消设置的筛选条件，按如下方法可快速取消所设置的筛选条件。单击设置了筛选的列标识右侧的下拉按钮，在打开的下拉菜单中单击"清空条件"选项即可，如图 3-98 所示。

图 3-97　设置自定义筛选条件

图 3-98　取消设置的筛选条件

二、表格数据的管理

（一）数据分类汇总

分类汇总是指根据指定的类别将数据以指定的方式进行统计,从而快速地将大型表格中的数据汇总与分析,获得所需的统计结果。

1. 创建分类汇总

在插入分类汇总之前需要将数据区域按关键字排序,从而使相同关键字的行排列在相邻行中。下面以统计工作表"水果店一月到五月销量统计表"为例,介绍创建分类汇总的操作步骤。

（1）单击数据区域中"品名"列的任意单元格,单击"数据"→"排序"按钮,打开"排序"对话框,主要关键字选择"品名",次序选择"升序"命令,即可对该字段进行升序排序。

（2）选中数据区域 A2:H18,单击"数据"→"分类汇总"按钮,打开"分类汇总"对话框。在"分类字段"下拉列表中选择"品名"字段,在"汇总方式"下拉列表中选择汇总计算方式"求和",在"选定汇总项"列表框中勾选"一月""二月""三月""四月""五月"复选框,单击"确定"按钮,即可得到分类汇总结果。分类汇总后,在数据区域的行号左侧出现了一些层次按钮,这是分级显示按钮,在其上方还有一排数值按钮 123,用于对分类汇总的数据区域分级显示数据,以便用户看清其结构,如图 3-99 所示。

水果店一月到五月销量统计（斤）							
销售员	品名	一月	二月	三月	四月	五月	销量合计
王宇豪	草莓	20	17	16	16	18	88
林丽丽	草莓	17	18	19	19	17	90
姜彩虹	草莓	18	18	19	16	16	87
李伟奇	草莓	16	18	16	17	17	84
	草莓 汇总	72	71	70	68	68	350
王宇豪	猕猴桃	15	18	20	18	17	88
林丽丽	猕猴桃	18	17	17	14	18	84
姜彩虹	猕猴桃	18	18	13	17	17	83
李伟奇	猕猴桃	18	18	17	17	17	87
	猕猴桃 汇总	69	71	67	66	70	343
王宇豪	苹果	22	17	18	16	18	91
林丽丽	苹果	19	19	19	21	15	93
姜彩虹	苹果	16	14	15	18	19	82
李伟奇	苹果	16	17	16	18	19	86
	苹果 汇总	73	66	68	73	72	352
王宇豪	葡萄	20	17	16	17	17	87
林丽丽	葡萄	14	17	22	17	17	88
姜彩虹	葡萄	17	19	19	17	17	90
李伟奇	葡萄	17	16	18	17	17	86
	葡萄 汇总	68	69	70	74	69	351
	总计	282	277	276	282	279	1396

图 3-99　分类汇总结果

2. 嵌套分类汇总

当需要在一项指标汇总的基础上按另一项指标进行汇总时,使用分类汇总的嵌套功能。下面以统计工作表"水果店一月到五月销量统计表"为例,介绍创建嵌套分类汇总的操作步骤。

对数据区域中要实施分类汇总的多个字段进行排序,选中数据区域 A2:H18。切换到"数据"选项卡,然后使用上面介绍的方法,按第一关键字对数据区域进行分类汇总。再次选中数据区域 A2:H18,单击"分类汇总"按钮,打开"分类汇总"对话框,在"分类字段"下拉列表中选择次要关键字为"销售员"，将"汇总方式"和"选中汇总项"保持与第一关键字相同的设置，并取消选中"替换当前分类汇总"复选框，单击"确定"按钮，完成操作。

（二）删除分类汇总

对于已经设置了分类汇总的数据区域，单击"数据"→"分类汇总"→"全部删除"按钮，即可删除当前的所有分类汇总。

任 务 实 现

要完成任务 3.4，即制作某公司一月员工出勤汇总表，操作步骤如下。

（1）打开素材文件。在 WPS 中的快速访问工具栏左侧单击"文件"按钮，打开"某公司一月员工出勤表"素材文件。

任务 3.4

（2）计算每位员工缺勤合计。在工作表 K43 单元格输入函数"＝SUM(G3:J3)"，按 Enter 键计算吴英的缺勤情况汇总，利用控制句柄下拉计算出每位员工的汇总数据。

（3）根据"部门"对表格进行排序。选中表格编辑区域任意单元格，单击"数据"→"排序"→"自定义排序"按钮，打开"排序"对话框。在"主要关键字"下拉列表中选择"部门"，在"次序"下拉列表中选择"升序"，单击"确定"按钮，可以看到表格中按"部门"升序排序，如图 3-100 所示。

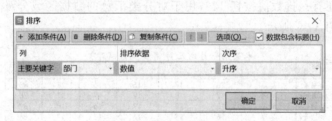

图 3-100　按部门排序设置

（4）分类汇总各部门考勤情况。在工作表选中数据区域 A2:K22，单击"数据"→"分类汇总"按钮，打开"分类汇总"对话框。在"分类字段"下拉列表框中选择"部门"字段，在"汇总方式"下拉列表框中选择汇总计算方式"求和"，在"选定汇总项"列表框中选中"旷工""迟到""早退""请假""合计"复选框，单击"确定"按钮，即可得到分类汇总结果。如图 3-101 所示。

分类汇总后，在数据区域的行号左侧出现了一些层次按钮，这是分级显示按钮，在其上方还有一排数值按钮 123，用于对分类汇总的数据区域分级显示数据，以便用户看清其结构。

（5）设置标题填充底纹效果。选定单元格 A2:K2，选择"开始"→"填充颜色"命令，再选择"浅绿 着色 6 浅色 60％"，实现对标题行的美化效果。

（6）统计员工缺勤合计超过 35 次的数据。在工作表 K30、K31 中分别输入单元格内容"合计"和"＞5"，选择"开始"→"筛选"→"高级筛选"命令，打开"高级筛选"对话框，"方式"选择"将筛选结果复制到其他位置"。

设置"列表区域"为单元格区域 A2:K28，设置"条件区域"为单元格区域 K30:K31，设置"复制到"为单元格区域 A32:K43。设置完成后单击"确定"按钮，根据设置条件筛选数据，如图 3-102 所示。

某公司一月员工出勤表

序号	员工编号	姓名	部门	入职时间	职务	旷工	迟到	早退	请假	合计
3	2015001	吕家勤	采购部	2015年1月	职员	0	3	2	1	6
11	2013002	谭晓峰	采购部	2013年1月	部门经理	0	0	0	0	0
19	2015003	林荣亮	采购部	2015年1月	部门主管	0	0	0	0	0
			采购部 汇总			0	3	2	1	6
6	2013001	涂玉铭	广告部	2013年1月	部门经理	0	0	0	0	0
10	2015002	王霖诚	广告部	2015年1月	职员	0	1	1	0	2
			广告部 汇总			0	1	1	0	2
1	2021001	吴英	文秘部	2021年1月	部门经理	0	0	0	0	0
4	2022001	陈浩川	文秘部	2022年1月	职员	0	0	0	0	0
12	2020001	肖丽丽	文秘部	2020年1月	职员	1	1	1	0	3
16	2022002	姜彩虹	文秘部	2022年1月	职员	0	2	1	0	3
			文秘部 汇总			1	3	2	0	6
5	2016001	苏小俊	销售部	2016年1月	部门经理	0	0	0	0	0
13	2023013	杨森	销售部	2018年1月	职员	1	1	1	1	4
14	2016003	王宇豪	销售部	2016年1月	职员	0	1	1	1	3
15	2023015	林丽丽	销售部	2018年1月	部门主管	0	0	0	0	0
18	2016005	刘昕	销售部	2016年1月	职员	0	3	2	0	5
			销售部 汇总			1	5	4	2	12
2	2019001	雷文	研发部	2019年1月	职员	0	1	1	0	2
7	2019002	林显娜	研发部	2019年1月	职员	0	1	0	1	2
8	2014001	林杰	研发部	2014年1月	部门经理	0	0	0	0	0
9	2016002	陈兴文	研发部	2016年1月	职员	0	2	1	0	3
17	2016004	李伟奇	研发部	2016年1月	部门主管	0	0	0	0	0
20	2019003	王维浩	研发部	2019年1月	职员	1	1	0	1	3
			研发部 汇总			1	5	2	2	10
			总计			3	17	11	5	36

图 3-101　分类汇总各部门考勤情况

	合计										
	>3										
序号	员工编号	姓名	部门	入职时间	职务	旷工	迟到	早退	请假	合计
3	2015001	吕家勤	采购部	2015年1月	职员	0	3	2	1	6
			采购部 汇总			0	3	2	1	6
			文秘部 汇总			1	3	2	0	6
13	2023013	杨森	销售部	2018年1月	职员	1	1	1	1	4
18	2016005	刘昕	销售部	2016年1月	职员	0	3	2	0	5
			销售部 汇总			1	5	4	2	12
			研发部 汇总			1	5	2	2	10
			总计			3	17	11	5	36

图 3-102　筛选各部门缺勤超过 3 的数据

单 元 练 习

一、填空题

1. 在 WPS 表格中，一般情况下数据排序分为_____、_____和_____。

2. 在 WPS 表格中，一般情况下数据筛选分为_____、_____和_____。

3. 使用 WPS 表格的_____功能可以把暂时不需要的数据隐藏起来，只显示符合设置条件的数据记录。

二、选择题

1. WPS 表格排序操作中，若想按姓名的拼音来排序，则在排序方法中应选择(　　)。

　　A. 读音排序　　　　B. 笔画排序　　　　C. 字母排序　　　　D. 以上均错

2. 在 WPS 表格中，关于排序，下列说法正确的是(　　)。

A. 排序时只能添加一个主要关键字

B. 排序时可以添加多个主要关键字

C. 进行排序时，先按次要关键字排序，再按主要关键字排序

D. 进行排序时，先按主要关键字排序，再按次要关键字排序

3. 在使用 WPS 进行分类汇总时，不能进行的操作是(　　)。

　A. 对汇总的数据进行筛选　　　　　　B. 对汇总的数据进行排序

　C. 对汇总的数据进行求和　　　　　　D. 对汇总的数据进行手动修改

4. 进行分类汇总前的必要操作是对数据列进行(　　)操作。

　A. 排序　　　　　B. 筛选　　　　　C. 求和　　　　　D. 合并计算

5. 在 WPS 中，可以使用(　　)对数据进行分类汇总(　　)。

　A. 数据透视表　　B. 图表　　　　　C. 条件格式　　　　D. 分类汇总

三、判断题

1. 在 WPS 表格中，可以根据字号大小对数据进行排序。　　　　　　　　(　　)

2. 在进行高级筛选的时候，条件区域和数据区域中间必须要有一行以上的空行隔开，由标题和值组成。　　　　　　　　　　　　　　　　　　　　　　　　　　　(　　)

3. 分类汇总只能按一个字段分类。　　　　　　　　　　　　　　　　　(　　)

4. 分类汇总前首选应按分类字段值对数据进行排序。　　　　　　　　　(　　)

5. 批注是指附加在工作表标签中，对工作表标签内容进行说明注释。　　(　　)

四、简答题

1. 单列数据排序是什么？

2. 数据分类汇总是什么？

3. 如何删除分类汇总？

五、操作题

1. 练习对员工档案表进行分类汇总，如图 3-103 所示。

| 员工档案表 | | | | | |
员工编号	姓名	性别	年龄	学历	籍贯
GX001	杨森	男	29	本科	福建福州
GX002	林丽丽	女	29	本科	福建厦门
GX010	苏小俊	男	31	本科	广东广州
GX012	王宇豪	男	31	本科	甘肃兰州
			本科 计数	4	
GX006	肖丽丽	女	26	大专	福建泉州
			大专 计数	1	
GX003	陈浩川	男	27	硕士	湖南长沙
GX004	姜彩虹	女	27	硕士	浙江杭州
GX005	吴英	女	28	硕士	福建福州
GX007	雷文	男	30	硕士	安徽阜阳
GX008	林显娜	女	30	硕士	山东济南
GX009	王维浩	男	30	硕士	江苏南京
GX011	陈兴文	男	33	硕士	江苏南京
GX013	李伟奇	男	33	硕士	吉林长春
			硕士 计数	8	
			总计数	13	

图 3-103　员工档案表完成效果图

2. 练习对家电销售统计表进行分类汇总，如图 3-104 所示。

销售员	物品	第一季度	第二季度	第三季度	第四季度	年度销量合计
陈英杰	冰箱	20	18	16	17	71
林美芝	冰箱	22	17	18	16	73
肖斌	冰箱	18	18	19	19	74
肖芳芳	冰箱	18	18	17	19	72
冰箱 汇总						290
陈英杰	电脑	19	18	19	21	77
林美芝	电脑	17	18	16	17	68
肖斌	电脑	16	14	15	18	63
肖芳芳	电脑	18	18	19	16	71
电脑 汇总						279
陈英杰	电视	15	18	20	18	71
林美芝	电视	18	19	19	18	74
肖斌	电视	19	18	18	16	71
肖芳芳	电视	18	18	13	17	66
电视 汇总						282
陈英杰	洗衣机	17	16	18	19	70
林美芝	洗衣机	14	18	18	22	72
肖斌	洗衣机	16	17	16	18	67
肖芳芳	洗衣机	20	17	16	18	71
洗衣机 汇总						280
总计						1131

家电销售统计表

图 3-104　家电销售统计表完成效果图

六、思考题

1. 如何让姓名列按笔画顺序排序？

2. 如何让工作表按行进行排序？

模块 4　信息展示技术

学 习 提 示

　　演示文稿制作是信息化办公的重要组成部分。借助演示文稿制作软件,可快速制作出图文并茂、富有感染力的演示文稿,并且可通过图片、视频和动画等多媒体形式展现复杂的内容,从而使表达的内容更容易理解。在演讲、教学、产品演示、商务沟通、经营分析、工作报告等方面得到广泛应用,是企事业单位展示形象和进行宣传的有力工具。

　　本模块主要介绍演示文稿制作软件的基本操作、动画效果设计、母版制作和使用、演示文稿的放映和导出等方面的知识,旨在帮助我们使用演示文稿制作软件制作出符合工作需要的演示文稿,进行信息展示呈现。

　　本模块知识技能体系如图 4-1 所示。

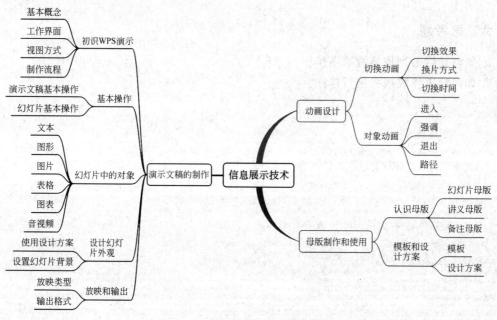

图 4-1　信息展示技术知识技能体系

工 作 标 准

　　(1)《中文办公软件文档格式规范》 GB/T 20916—2007

　　(2)《WPS 办公应用职业技能等级标准(1.0 版)》 北京金山办公软件股份有限公司 2021年 4 月发布

　　(3)《信息技术　学习、教育和培训　在线课程》 GB/T 36642—2018

　　(4)《智慧教育平台　数字教育资源技术要求》 JY/T 0650—2

单元 4.1　演示文稿的制作

学 习 目 标

知识目标：

1. 了解演示文稿的应用场景和制作流程；
2. 熟悉相关演示软件的操作界面及功能；
3. 认识演示文稿的不同视图方式；
4. 理解幻灯片的设计及布局原则；
5. 熟悉幻灯片的放映和导出。

能力目标：

1. 掌握演示文稿的创建、打开、保存、退出等基本操作；
2. 掌握幻灯片的创建、复制、删除、移动等基本操作；
3. 掌握在幻灯片中插入各类对象的方法，如文本框、图形、图片、表格、音频、视频等对象；
4. 学会使用排练计时进行放映；
5. 掌握幻灯片不同格式的导出方法。

素养目标：

1. 能以多种数字化方式对信息、知识进行展示交流；
2. 能创造性地运用数字化资源和工具解决实际问题。

工 作 任 务

任务 4.1　制作"工作总结"演示文稿

临近年底，出版社要求每个员工结合自己的工作情况写一份工作总结，并在年终总结会议上通过 PPT 演讲。编辑刘晓琳梳理自己本年度的工作任务及业绩，准备在年终总结时进行演示汇报，如图 4-2 所示为制作完成后的"工作总结"演示文稿。

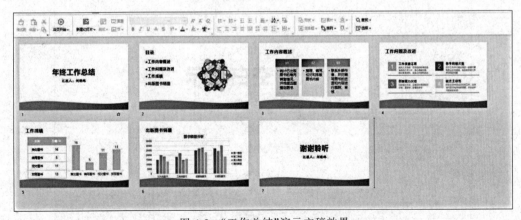

图 4-2　"工作总结"演示文稿效果

技 术 分 析

完成本任务，涉及以下演示文稿的基本编辑技术：一是演示文稿的基本操作；二是幻灯片的相关操作；三是幻灯片的放映和输出。

知 识 与 技 能

一、初识 WPS 演示

（一）WPS 演示的基本概念

利用 WPS 演示进行信息展示，演示文稿、幻灯片、对象是其中重要的概念，它们相辅相成，是包含与被包含的关系。

所谓演示文稿，从字面看由"演示"和"文稿"两个词组成，所以它是运用某些效果用于演示而制作的文档，主要在会议、产品展示和教学课件等多种场景应用。

所谓幻灯片，是指演示文稿的基本组成部分，每张幻灯片由多种类型元素组成，有其独立表达的中心思想。

所谓对象，是指幻灯片的基本组成元素，插入到幻灯片中的文字、图片、表格、图表、智能图形、声音、视频、文本框、艺术字等，都可称为对象。

（二）WPS 演示的工作界面

要想用好 WPS 演示的各项功能，首先需要熟悉软件界面。打开 WPS Office 并单击首页左侧的"新建"按钮，在打开的页面中选择"演示"→"新建空白文档"命令，或双击计算机中保存的 WPS 演示文稿，均可启动 WPS 演示。WPS 演示的工作界面如图 4-3 所示。

图 4-3　WPS 演示的工作界面

可以看出，WPS演示的工作界面与WPS Office其他组件界面组成相似，其中快速访问工具栏、标题栏、选项卡和功能区等结构及作用也相近，只有选项卡的名称以及功能的按钮会因软件的不同而不同，下面主要来认识WPS演示特有的功能区。

（1）幻灯片编辑区：WPS演示工作界面的中心，用于显示和编辑幻灯片的内容。

（2）"幻灯片"浏览窗格：位于幻灯片编辑区的左侧，主要用于显示当前演示文稿中所有幻灯片的缩略图。单击某张幻灯片的缩略图，可跳转到该幻灯片并在右侧的幻灯片编辑区中显示该幻灯片的内容。

（3）状态栏：位于工作界面的底端，用于显示当前幻灯片的页面信息，主要由状态提示栏、"备注"按钮、视图切换按钮组、"播放"按钮、显示比例栏和最右侧的"最佳显示比例"按钮6部分组成。单击"备注"按钮，将隐藏备注面板；单击"播放"按钮，可以播放当前幻灯片，单击"播放"按钮右侧的下拉按钮，在打开的下拉列表中进行选择，可从头开始播放或进行放映设置；拖动显示比例栏中的缩放比例滑块，可以调节幻灯片的显示比例；单击状态栏最右侧的"最佳显示比例"按钮，可以使幻灯片显示比例自动适应当前窗口的大小。

（三）WPS演示的视图方式

WPS演示提供了普通视图、幻灯片浏览视图、阅读视图、备注页视图和幻灯片放映视图五种视图方式。在工作界面下方的状态栏中单击相应的视图按钮或在"视图"选项卡中单击相应的视图按钮，可进入相应的视图。

（1）普通视图。普通视图是WPS演示默认的视图模式，是编辑幻灯片时常用的视图模式。打开演示文稿即可进入普通视图；其他视图方式下单击"普通视图"按钮也可切换到普通视图。在普通视图中，可以调整幻灯片的总体结构，也可以编辑单张幻灯片。

（2）幻灯片浏览视图。单击"幻灯片浏览"按钮，可进入幻灯片浏览视图。在该视图中可以浏览演示文稿的整体效果，也可以调整整体结构，如调整演示文稿的背景、移动或复制幻灯片等但是不能编辑幻灯片中的内容。

（3）阅读视图。单击"阅读视图"按钮，进入幻灯片阅读视图。进入阅读视图后，可以在当前计算机上以窗口的方式查看演示文稿的放映效果，单击"上一页"按钮和"下一页"按钮，可以切换幻灯片。

（4）备注页视图。在"视图"选项卡中单击"备注页"按钮即进入备注页视图。备注页视图以整页格式查看和使用"备注"窗格，在备注页视图中可以方便地编辑、备注内容。

（5）幻灯片放映视图。幻灯片放映视图显示的是演示文稿的放映效果，并可以全屏演示图像、影片、动画等对象的动画效果以及幻灯片的切换效果。

（四）演示文稿的制作流程

一般来讲，演示文稿的制作可以结合创作者自己的制作习惯来确定具体的制作流程。

（1）创建基本内容。制作演示文稿时，需要先创建演示文稿和幻灯片，并在幻灯片中输入基本的内容，如文本等，从而构建出整个演示文稿的内容框架。

（2）丰富演示文稿。在具备基本内容框架的条件下，可以调整演示文稿的内容，如将文本调整为图表，插入各种形状、图片对象，创建表格，插入音频、视频等多媒体对象。这些生动的对象可以更好地丰富演示文稿的内容。

（3）统一演示文稿的外观。拥有统一外观的演示文稿不仅可以提高制作效率，还能显得更加美观、专业。统一演示文稿的外观主要是指对演示文稿的背景、主题风格，包括对象格式等进行美化设置。

（4）添加动画效果。动画是演示文稿的特色功能。完善了演示文稿的风格和内容后，可以为幻灯片及幻灯片中的各个对象添加活泼有趣的动画，进一步提升演示文稿的交互性和趣味性。

（5）放映并发布演示文稿。完成上述所有环节后，需要放映演示文稿来检查其内容。只有不断地放映、检查和调整，才能得到最终的演示文稿，才可以根据需要将其发布到相关平台。

二、演示文稿的基本操作

进入 WPS 演示工作界面后，就可以对演示文稿进行操作了。WPS 演示软件创建的文档被称为演示文稿，其扩展名为.dps。演示文稿的基本操作包括新建演示文稿，打开、保存和关闭演示文稿。因为打开和关闭操作与前面 WPS Office 其他组件中的介绍类似，故不再赘述，这里重点学习演示文稿的创建和保存。

（一）新建演示文稿

用户可根据实际需求选择新建空白演示文稿、利用模板新建演示文稿两种方法。

（1）新建空白演示文稿。启动 WPS Office 后，在初始界面中单击"新建"按钮，选择"演示"→"空白演示文稿"命令，可新建一个名为"演示文稿 1"的空白演示文稿；也可以选择"文件"→"新建"命令，弹出的子菜单中显示了多种演示文稿的新建方式，选择其中的"新建"命令，新建一个空白演示文稿，如图 4-4 所示。另外，在已打开的演示文稿中直接按 Ctrl＋N 组合键，可快速新建空白演示文稿。

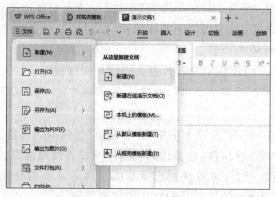

图 4-4　选择"新建"命令

（2）利用模板新建演示文稿。WPS 演示提供了免费和付费两种模板：一种是软件自带的模板；另一种是稻壳模板，需要付费才能使用。这里介绍使用免费模板新建已有内容的演示文稿。具体操作如下：在 WPS 演示工作界面中选择"文件"→"新建"→"本机上的模板"命令；打开"模板"对话框，其中提供了常规和通用两类模板，如图 4-5 所示。选择所需模板样式后，单击"确定"按钮，可新建该模板样式的演示文稿。

（二）保存演示文稿

制作好的演示文稿要及时保存到计算机中，用户可根据需要选择使用不同的保存方法。下面分别进行介绍。

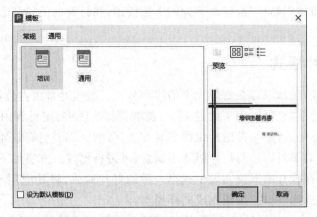

图 4-5　"模板"对话框

（1）直接保存演示文稿。这是常用的保存方法。选择"文件"→"保存"命令或单击快速访问工具栏中的"保存"按钮，打开"另存为"窗口；在"位置"下拉列表中选择演示文稿的保存位置，在"文件名"文本框中输入文件名，单击"保存"按钮完成保存。当执行过一次保存操作后，再次选择"文件"→"保存"命令或单击"保存"按钮，可将两次保存操作之间编辑的内容再次保存。

（2）另存演示文稿。若不想改变原有演示文稿中的内容，可通过"另存为"命令将演示文稿另存为一个新的文件，将其保存在其他位置或更改名称。选择"文件"→"另存为"命令，在打开的"保存文档副本"下拉列表中选择所需保存类型，这里通常提供有一般文件、模板文件、输出为视频、转换为 WPS 文字文档、低版本的演示文稿等多种类型选项，可根据需要选择，然后在打开的"另存为"窗口中进行设置即可。

（3）自动保存演示文稿。选择"文件"→"选项"命令，打开"选项"对话框；单击左下角的按钮，在打开的"备份中心"界面中单击"本地备份设置"按钮，在展开的界面中选中"定时备份"对应的单选项，并在其后的数值框中输入自动保存的时间间隔，如图 4-6 所示，然后单击该界面右上角的"关闭"按钮完成设置。

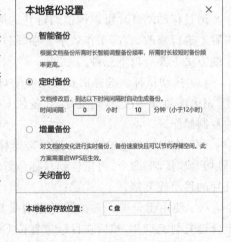

图 4-6　"备份中心"界面

三、幻灯片的基本操作

幻灯片是演示文稿的重要组成部分，因此幻灯片的基本操作是编辑制作演示文稿的基础。

（一）新建幻灯片

在新建空白演示文稿中默认只有一张幻灯片，通常不能满足实际的编辑需求，因此需要用户手动添加新幻灯片。新建幻灯片的方法主要有以下两种。

（1）在"幻灯片"浏览窗格中新建。在"幻灯片"浏览窗格中右击，在弹出的快捷菜单中选择"新建幻灯片"命令。

（2）通过"开始"选项卡新建。在普通视图或幻灯片浏览视图中选择一张幻灯片，在"开始"选项卡中单击"新建幻灯片"按钮画下方的下拉按钮,在打开的下拉列表中选择一种幻灯片版式即可。

（二）应用幻灯片版式

所谓幻灯片版式,是指内容在幻灯片中的排列方式。版式通常由占位符构成,是带有虚线或阴影线标记边框的框,它可以用来放置文字、表格、图片、图表、图形等内容。版式体现了幻灯片的一种常规排版格式,是一种结构化的布局方法,帮助演讲者更有效地组织和呈现信息。

新建幻灯片时,如果对所选幻灯片版式不满意,可进行更改。方法如下:在"开始"选项卡中单击"版式"按钮,在打开的下拉列表中选择一种幻灯片版式,将其应用于当前幻灯片;或者单击"设计"选项卡,选择"版式"按钮完成同样操作。

当所选版式中占位符的属性改变了,比如移动了图片或表格的位置,改变了文字的颜色,或者不小心删除了标题文本框,然后又希望恢复到其原始版式,只需要选择"开始"→"重置"命令,即可重新应用原始版式。

（三）选择幻灯片

选择幻灯片是进行幻灯片编辑操作的前提,幻灯片的选择主要有以下三种情况。

（1）选择单张幻灯片。在"幻灯片"浏览窗格中单击幻灯片缩略图即可选择当前幻灯片。

（2）选择多张幻灯片。在幻灯片浏览视图或"幻灯片"浏览窗格中按住 Shift 键并单击幻灯片,可选择多张连续的幻灯片;按住 Ctrl 键并单击幻灯片,可选择多张不连续的幻灯片。

（3）选择全部幻灯片。在幻灯片浏览视图或"幻灯片"浏览窗格中按 Ctrl＋A 组合键,可选择全部幻灯片。

（四）移动和复制幻灯片

通过移动幻灯片可以调整幻灯片的顺序,通过复制幻灯片可在其他幻灯片已有的版式和内容上进行修改,提高工作效率。在"幻灯片"浏览窗格或幻灯片浏览视图中移动和复制幻灯片的方法主要有以下三种。

（1）拖动鼠标。选择需要移动的幻灯片,按住鼠标左键,将该幻灯片拖动到目标位置后释放,完成移动操作;选择幻灯片,在按住 Ctrl 键的同时,将幻灯片拖动到目标位置,完成幻灯片的复制操作。

（2）使用快捷菜单命令。选择需要移动或复制的幻灯片,右击,从弹出的快捷菜单中选择"剪切"或"复制"命令;再定位到目标位置,右击,从弹出的快捷菜单中执行"粘贴"命令,完成幻灯片的移动或复制。

（3）使用组合键。选择需要移动或复制的幻灯片,按 Ctrl＋X 组合键剪切,或按 Ctrl＋C 组合键复制幻灯片,然后在目标位置按 Ctrl＋V 组合键进行粘贴,完成移动或复制操作。

（五）删除幻灯片

在"幻灯片"浏览窗格或幻灯片浏览视图中均可删除幻灯片,具体方法如下:选择要删除的幻灯片,右击,在弹出的快捷菜单中选择"删除幻灯片"命令。或者选择要删除的幻灯片后,直接按 Delete 键。

（六）隐藏幻灯片

在"幻灯片"浏览窗格或幻灯片浏览视图中，选中需要隐藏的幻灯片，右击，在弹出的快捷菜单中选择"隐藏幻灯片"命令，或者单击"放映"→"隐藏幻灯片"按钮即可。在隐藏幻灯片的编号上出现隐藏图标，当系统放映幻灯片时不会播放这张幻灯片。

四、幻灯片中的对象

（一）幻灯片设计及布局原则

幻灯片中包含文本、图片、形状和表格等多种对象。在演示文稿中合理、有效地将这些元素布局在各张幻灯片中，不仅可以提高演示文稿的表现力，还可以提高演示文稿的说服力。在幻灯片设计及布局时应遵循以下原则。

（1）统一和谐。同一演示文稿中各张幻灯片标题文本的位置，文字采用的字体、字号、颜色，以及页边距等应尽量统一，不要随意设置，保持全文风格的协调统一，避免破坏整体效果。

（2）简单精练。幻灯片只是辅助演讲者传递信息的一种方式，而且人在短时间内可接收并记忆的信息量并不多，因此在一张幻灯片中最好只列出核心内容，对象不宜过多，要适当留白，不能填充得太满，过于拥挤的幻灯片不利于信息的展示和传达。

（3）平衡对齐。布局幻灯片时，应尽量保持幻灯片画面平衡，避免左重右轻、右重左轻及头重脚轻等现象，要让整张幻灯片的画面更加协调。同时注重对齐，将幻灯片中的图标、图片、文字等元素在页面上整齐、有序排列，给人一种简洁清晰的秩序感。

（4）对比强调。想要抓取观众的注意力，使观众快速、深刻地对幻灯片中的内容产生共鸣，视觉的冲击对比很重要，通过对比来突出想要强调的内容。如色彩对比、字体对比、动静对比等。可通过色彩、字体以及样式等手段来强调出要表达的核心部分和内容，不可主次不分，层次不明。

（5）结合紧密。所谓紧密，就是把有关联的文字和图片内容放置在一块，增强 PPT 的逻辑性与结构性。每张幻灯片中的文字、图片、表格、图表等运用到的元素要很好地结合，表达要准确清晰，避免过于散乱随意，避免图不对文、表不对图。

（二）幻灯片中的文本

文本是演示文稿的重要元素之一，幻灯片中对于文本主要有以下操作。

1. 在占位符中输入文本

新建幻灯片后，只要是含有标题或内容的版式，都会有"单击此处添加标题""单击此处添加文本"等提示的占位符。单击选择占位符，直接输入文本内容。

2. 使用文本框添加文本

幻灯片制作中，有时候所选的幻灯片版式是没有含标题或内容占位符，比如，空白版式有时候还需要在幻灯片中额外添加文字，这就需要借助文本框了。

单击"插入"→"文本框"按钮，将鼠标光标移到幻灯片编辑区中，此时鼠标光标呈十字形，单击要添加文本的位置，定位插入点，然后输入文本内容。

3. 幻灯片中的文本设计

幻灯片中的文本不仅要设计美观，还要符合观众需求。在演示文稿中，颜色是对文本显示影响较大的一个因素，文本一般使用与背景颜色反差大的颜色，以方便观看。另外，除需重点突出的文本外，同一个演示文稿中的文本最好用统一的颜色。

（1）字体设计原则。字体搭配效果与演示文稿的可阅读性和感染力息息相关，所以在字体的设计上应遵循以下原则。

① 幻灯片标题字体最好选用容易阅读的较粗的字体，正文则使用比标题细的字体。

② 主次标题和正文尽量选用常用的字体，而且要考虑标题和正文的字体搭配。

③ WPS演示不同于WPS文字，其正文内容不宜过多。正文中只列出重点内容即可，其余扩展内容可由演讲者口述。

④ 在较正式的场合，可使用较正规的字体；在一些相对轻松的场合，字体的使用可随意一些。

（2）字号设计原则。字号不仅会影响观众接收信息的体验，还从侧面反映出演示文稿的专业度。字号需根据演示文稿演示的场合和环境来决定，因此在选用字号时要注意以下几点。

① 如果演示的场合空间较大，观众较多，幻灯片中文本的字号就应该较大，以保证最远位置的观众能看清幻灯片中的文字。

② 同级同类型文本内容要设置同样大小的字号，保证内容的连贯性与文本的统一性，让观众更容易将信息归类，也更容易理解和接受信息。

（3）设置文本格式。在WPS演示中，幻灯片中的文本编辑和格式设置与WPS文字中的设置相似，可以使用"开始"选项卡下的字体和段落相应工具按钮实现，这里不再赘述。

（三）插入艺术字

在演示文稿中，艺术字用得十分频繁，它比普通文本拥有更多的美化和设置功能，如渐变的颜色、不同的形状效果、立体效果等。在编辑幻灯片时，单击"插入"→"艺术字"按钮，在打开的下拉列表中选择具体艺术字预设样式，就会出现一个艺术字占位符，并显示文本"请在此处输入文字"，直接输入文本即可。

（四）插入表格

表格可直观、形象地反映数据及其之间的关系。如果需要在演示文稿中添加排列整齐的数据，可以使用表格来完成。

（1）向幻灯片中插入表格。单击"插入"选项卡中的"表格"按钮，从下拉菜单中选择"插入表格"命令，打开"插入表格"对话框，调整"行数"和"列数"微调框中的数值，然后单击"确定"按钮，即可将表格插入幻灯片中。

（2）选定表格中的项目。在对表格进行操作之前，首先要选定表格中的项目。在选定一行时，单击该行中的任意单元格，切换到"表格工具"选项卡，单击"选择"按钮右侧的箭头按钮，从下拉菜单中选择"选择行"命令即可。

（3）修改表格的结构。对于已经创建的表格，用户可以修改表格的行、列结构。如果要插入新行，将插入点置于表格中希望插入新行的位置，然后切换到"表格工具"选项卡，单击"在上方插入行"按钮或"在下方插入行"按钮。插入新列可以参照此方法进行操作。

（4）设置表格格式。为了增强幻灯片的感染力，还需要对插入的表格进行格式化，从而给观众留下深刻的印象。选定要设置格式的表格,切换到"表格样式"选项卡,在选项组的"预设样式"列表框中选择一种样式,即可利用 WPS 演示提供的表格样式快速设置表格的格式。

(五) 插入图表

用图表来表示数据,可以使数据更容易理解。默认情况下,在创建好图表后,需要在关联的 WPS 表格中输入图表所需的数据,或者打开 WPS 表格工作簿并选择所需的数据区域,将其添加到 WPS 演示的图表中。

要向幻灯片中插入图表,可以单击内容占位符上的"插入图表"按钮,或者单击"插入"选项卡中的"图表"按钮下侧的箭头按钮,从下拉菜单中选择"图表"命令,打开"图表"对话框,如图 4-7 所示。在该对话框的左列表框中选择图表的类型,在上方列表项选择子类型,然后单击"插入预设图表"即可;在插入的预设图表右侧浮动栏单击"图表筛选器"按钮,在弹出的下拉列表框中单击"选择数据"按钮,此时会自动启动 WPS 表格,让用户在工作表的单元格中直接编辑数据源。数据输入结束后,单击 WPS 表格窗口的"关闭"按钮,WPS 演示中的图表会自动更新。接下来,可以利用"图表工具"选项卡中的"快速布局"和"图表样式"等工具快速设置图表的格式。

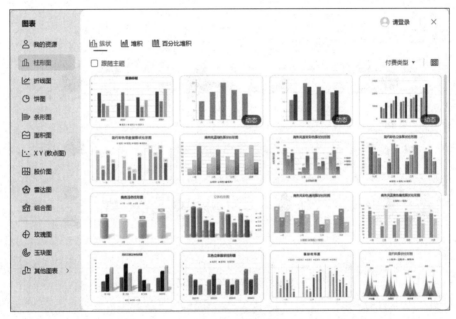

图 4-7　"图表"对话框

(六) 使用图片和形状

(1) 插入图片。图片也是演示中常用的对象元素。如果要向幻灯片中插入图片,可以进行如下操作。

① 在普通视图中选择要插入图片的幻灯片,切换到"插入"选项卡,单击"图片"按钮,在列表中选择"本地图片",打开"插入图片"对话框。选定含有图片文件的驱动器和文件夹,然后在文件名列表框中单击图片文件,单击"打开"按钮,将图片插入幻灯片中。

② 在含有内容占位符的幻灯片中,单击内容占位符上的"插入图片"按钮,也可以在幻灯片中插入图片。对于插入的图片,可以利用"图片工具"选项卡中的工具按钮进行适当的修饰,

如裁剪、旋转、色彩、效果、图片拼接等。

（2）绘制形状。形状是 WPS 演示提供的基础图形。通过绘制、组合基础图形，有时可达到比图片和智能图形更好的效果。在幻灯片中插入形状、绘制图形，具体操作如下：在"插入"选项卡中单击"形状"按钮，在打开的下拉列表中选择某个形状，此时插入形状，鼠标光标变为十字形，在幻灯片上拖动鼠标就可以绘制一个形状。

（七）插入智能图形

在 WPS 演示文稿中，可以向幻灯片插入新的智能图形对象，包括列表、循环图、层次结构图、关系图等，通过智能图形可以快速制作出各种逻辑关系图形。在幻灯片中插入智能图形，具体操作如下：在"插入"选项卡中单击"智能图形"按钮，打开"智能图形"对话框，如图 4-8 所示。在该对话框上方列表中选择一种类型，再从下方列表框中选择子类型，然后单击，即可创建一个智能图形。之后，输入图形中所需的文字，并利用"设计"选项卡设置图形的版式、颜色样式等格式。

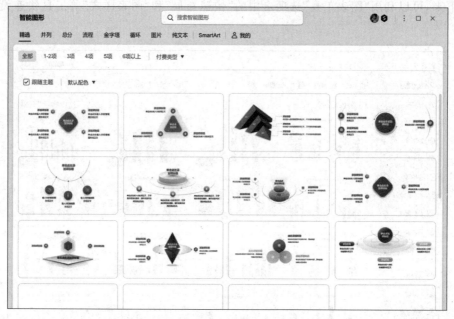

图 4-8　"智能图形"对话框

（八）插入媒体文件

WPS 演示支持插入媒体文件，媒体文件是指音频和视频文件。在演示文稿中适当添加声音和视频，可以为幻灯片增添活力和新鲜感，能够吸引观众的注意力。与插入图片相似，用户可根据需要插入计算机中保存的媒体文件。

WPS 演示支持 MP3 文件（＊.MP3）、Windows 音频文件（＊.WAV）、Windows Media Audio（＊.WMA）以及其他类型的声音文件，添加音频文件可以参照以下步骤进行。

显示需要插入声音的幻灯片，单击"插入"→"音频"按钮，下拉列表中列出了插入音频的方式有"嵌入音领""链接到音频""嵌入背景音乐"和"链接背景音乐"四种，从中选择一种插入音频的方式，此时幻灯片中会出现声音图标和播放控制条，同时软件界面中出现"音频工具"选项卡，在其中可以方便地剪辑插入的音频，设置播放方式和音量等。

WPS 演示中的视频文件包括最常见的 Windows 视频文件(＊.AVI)、影片文件(＊.MPG 或＊.MPEG)、Windows Media Video 文件(＊.WMV)以及其他类型的视频文件。

在幻灯片中添加视频文件,可以单击"插入"→"视频"按钮,下拉菜单中列出了"嵌入视频""链接视频""屏幕录制"和"开场动画"四种插入视频的方式,选择其中一种视频方式,即可插入选择的视频到幻灯片中。插入的视频也同样可以方便地进行剪辑和播放设置。

五、放映幻灯片

制作演示文稿的最终目的是将制作完成的演示文稿展示给观众欣赏,即放映。放映幻灯片主要包括幻灯片放映控制、选择放映类型、设置放映时间等常用操作。

(一)幻灯片放映控制

在 WPS 演示中,按 F5 键或者单击"放映"选项卡中的"从头开始"按钮,即可开始放映幻灯片。如果想从当前幻灯片开始放映,可以单击工作界面右下角的"幻灯片放映"按钮,或者单击"放映"选项卡中的"当页开始"按钮,或者按 Shift＋F5 组合键。

在幻灯片放映过程中,按 Ctrl＋H 或 Ctrl＋A 组合键能够分别实现隐藏或显示鼠标光标的操作;播放整个演示文稿最简单的方式是切换到下一张幻灯片,单击可以控制幻灯片的切换,除此之外,通过 Enter 键、空格键等也可以实现;如果要回到上一张幻灯片,可以使用 Backspace 键、PgUp 键等;如果要切换到指定的某一张幻灯片,可以右击并从弹出的快捷菜单中选择"定位"→"按标题"命令,再选择目标幻灯片的标题。

要退出幻灯片的放映可以按 Esc 键,或者右击并从弹出的快捷菜单中选择"结束放映"命令。

(二)幻灯片放映类型

在 WPS 演示中,用户可以根据实际的演示场合选择不同的幻灯片放映类型。WPS 演示提供了两种放映类型,它们作用不同,各具特点。

(1)演讲者放映(全屏幕):这是 WPS 演示默认的放映类型,此类型将以全屏幕的方式放映演示文稿。在放映演示文稿的过程中,演讲者具有完全的控制权。演讲者可手动切换幻灯片和动画效果,也可以暂停放映演示文稿、添加细节等,还可以在放映过程中录下旁白。

(2)展台自动循环放映(全屏幕):这是一种比较简单的放映类型,不需要人为控制,系统将自动全屏幕循环放映演示文稿。使用这种放映类型时,不能通过单击切换幻灯片,但可以通过单击幻灯片中的超链接和动作按钮来进行切换,按 Esc 键可结束放映。

设置幻灯片放映类型的具体操作:在"放映"选项卡中单击"放映设置"按钮,打开"设置放映方式"对话框,如图 4-9 所示;在"放映类型"栏中选中需要的放映类型,在"放映选项"中还可以设置是否"循环放映"及是否"放映不加动画",设置完成后单击"确定"按钮。

(三)排练计时

使用排练计时功能,可以在演示文稿放映时根据排练的时间和顺序进行,特别适用于某些需要自动放映的演示文稿。设置排练计时的具体操作如下。

在"放映"选项卡中单击"排练计时"按钮,进入放映排练状态同时会打开"预演"工具栏自动为该幻灯片计时,如图 4-10 所示,单击或按 Enter 键控制当前幻灯片播放时间,或者直接在

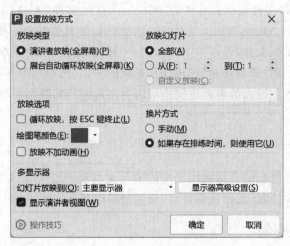

图 4-9　"设置放映方式"对话框

"预演"工具栏的时间框中输入时间值；单击切换到下一张幻灯片后，"预演"工具栏将从头开始为该张幻灯片的放映计时，直至放映结束，会弹出排练时间提示框，并询问是否保留新的幻灯片排练时间，如图 4-11 所示。单击"是"按钮，新的幻灯片的播放时间就保存下来，"幻灯片浏览"视图中每张幻灯片的左下角都会显示播放时间。

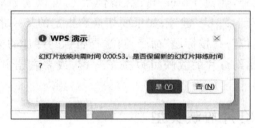

图 4-10　"预演"工具栏　　　　图 4-11　排练计时

　　提示：如果不想使用排练好的时间自动放映该幻灯片，可在"放映"选项卡中单击"放映设置"按钮右下方下拉按钮，在打开的下拉列表中选择"手动放映"选项，这样在放映幻灯片时就能手动切换幻灯片。

六、幻灯片输出

（一）幻灯片输出格式

　　在 WPS 演示中除了可以将制作的文件保存为演示文稿文件外，还可以将其输出为其他格式。设置幻灯片输出格式的方法如下：选择"文件"→"另存为"→"其他格式"命令，打开"另存为"对话框，选择文件的保存位置，在"文件类型"下拉列表中选择需要的输出格式，单击"保存"按钮即可。

　　这里介绍几种常用的输出格式。

　　（1）图片。选择 JPEG 文件交换格式（.jpg）、PNG 可移植网络图形格式（.png），可将当前演示文稿中的幻灯片保存为对应格式的图片。如果要在其他软件中使用，还可以将这些图片插入对应软件。

（2）自动放映的演示文稿。选择"Microsoft PowerPoint 放映文件（.ppsx）"，可将演示文稿保存为自动放映的演示文稿。以后双击该演示文稿将不再打开 WPS 演示的工作界面而是直接启动放映模式，开始放映幻灯片。

（3）PDF 文件。选择 PDF 文件格式（.pdf），可将演示文稿保存为 PDF 文件。生成的 PDF 文件是以图片格式呈现的，幻灯片中的文字、图形、图片以及插入幻灯片的文本框等内容均显示为图片。

（二）打印演示文稿

演示文稿不仅可以现场演示，还可以打印到纸张上，便于演讲人手执演讲，也可分发给观众作为演讲提示等。

选择"文件"→"打印"命令，在弹出的"打印"对话框中可以设置打印份数、打印范围；在"打印内容"下拉列表中可确定打印的具体内容，如整张幻灯片、讲义、备注页、大纲等，如选择打印为讲义，还需设置一页上打印几张幻灯片、打印顺序及是否打印隐藏幻灯片等，如图 4-12 所示。

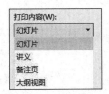 

图 4-12　部分打印参数设置

（三）打包演示文稿

演示文稿制作好后，有时需要在其他计算机上放映。若想一次性传输演示文稿及相关的音频、视频文件，且避免机器系统差异带来的不必要麻烦，可将制作好的演示文稿打包。所谓打包，是指将与演示文稿有关的各种文件都整合到同一个文件夹中，只要将这个文件夹复制到其他计算机中，即可正常播放演示文稿，具体操作如下。

单击窗口左上角的"文件"按钮，在弹出的下拉菜单中选择"文件打包"→"将演示文档打包成文件夹"或"将演示文档打包成压缩文件"命令，打开"演示文件打包"对话框，如图 4-13 所示，在其中设置文件夹名称和位置，完成打包操作。

图 4-13　"演示文件打包"对话框

任 务 实 现

要完成任务 4.1，即制作工作总结演示文稿，操作步骤如下。

（1）创建演示文稿。启动 WPS Office，选择"新建"→"演示"→"空白演示文稿"命令，创建

任务 4.1

一个名称为"演示文稿 1"的空白演示文稿。

在快速访问工具栏中单击"保存"按钮，打开"另存为"窗口；在"位置"下拉列表中将演示文稿的保存位置设置为"此计算机"→"桌面"，在"文件名"文本框中输入"工作总结"文本，在"文件类型"下拉列表中选择"WPS 演示 文件（∗.dps）"选项，单击"保存"按钮。

（2）制作演示文稿封面（标题幻灯片）。选中第一张标题幻灯片，单击标有"空白演示"提示文字的标题占位符，输入"年终工作总结"文本，并设置字体颜色为标准色"深红"；单击标有"单击此处输入副标题"提示文字的副标题占位符，输入"汇报人：刘晓琳"文本，设置字体为楷体、加粗、黑色。

（3）制作"目录"幻灯片。单击"开始"→"新建幻灯片"右下方的下拉按钮，在"新建单页幻灯片"列表中选择"版式"，单击"标题和内容"版式，新建一张幻灯片，如图 4-14 所示；在标题占位符中输入"目录"的文本，在内容占位符中输入文本，如图 4-15 所示，系统默认在文本前添加项目符号，无须手动添加；按 Enter 键对文本进行分段，完成内容的添加；设置文本为 32 磅大小、加粗、黑色；在幻灯片右侧空白处插入图片素材进行修饰。完成第 2 张幻灯片的制作。

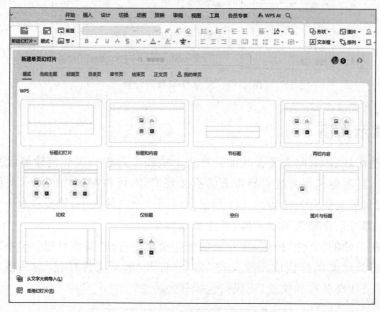

图 4-14　新建"标题和内容"版式的幻灯片

（4）制作"工作内容概述"幻灯片。单击"开始"→"新建幻灯片"按钮，新建一张"标题和内容"版式的幻灯片，在标题占位符中输入"工作内容概述"的文本，修改幻灯片版式为"仅标题"；然后选择"插入"→"智能图形"命令，弹出"智能图形"对话框，选择 SmartArt→"列表"→"水平项目符号列表"选项，单击"插入"按钮。

输入图形中所需文本，调整图形到合适大小，并利用"设计"选项卡设置图形的颜色、样式等格式，如图 4-16 所示。

（5）制作"工作问题及改进"幻灯片。选择"插入"选项卡并单击"新建幻灯片"按钮，此时系统会沿用最近使用的幻灯片版式，插入一张"仅标题"版式的新幻灯片；在标题占位符中输入"工作问题及改进"文本。

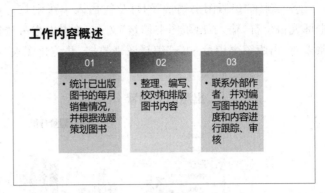

图 4-15　输入幻灯片正文文本　　　　　　图 4-16　"工作内容概述"幻灯片

　　单击"插入"→"形状"右下方下拉按钮,选择"矩形",此时鼠标光标呈十字形,在幻灯片编辑区中,按住 Shift 键拖动鼠标插入一个正方形;选中此正方形,右击并从弹出的快捷菜单中执行"编辑文字"命令,输入文本"1",设置字体为 48 磅大小、加粗,并修饰正方形的填充色;单击"插入"→"文本框"按钮,将鼠标光标移至幻灯片编辑区中,此时鼠标光标呈十字形,单击以定位文本插入点,并输入所需文本;重复前一步,插入文本框,输入相应文本;单击"插入"→"形状"按钮,插入一条红色直线。调整上述四个对象的位置,并修饰美化,效果如图 4-17 所示。

图 4-17　插入对象修饰排版后的效果

　　选中上述 4 个对象,复制出另外 3 组,修改调整其中文本的内容、格式、形状、颜色,并排列整齐,参考效果如图 4-18 所示。完成第 4 张幻灯片的制作。

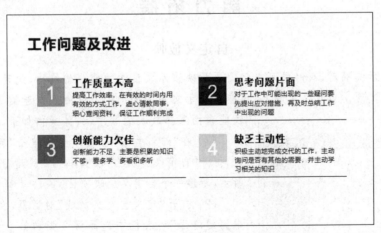

图 4-18　"工作问题及改进"幻灯片效果

　　(6) 制作"工作成绩"幻灯片。插入一张新幻灯片,修改幻灯片版式为"两栏内容"。单击标题占位符中输入"工作成绩"文本,单击左侧内容占位符中"插入表格"按钮,插入一个 4 行 2 列的表格,输入内容,套用表格预设样式为"浅色样式 2-强调 4",并调整表格行高列宽。单击左侧内容占位符中"插入图表"按钮,插入一个柱形图,图表数据参见左侧表格,并美化图表。

（7）制作"出版图书销量"幻灯片。插入一张幻灯片版式为"标题和内容"的新幻灯片，单击标题占位符，输入"出版图书销量"文本；单击内容占位符中的"插入图表"按钮，插入图表，参照素材"出版图书销量.xlsx"编辑图表数据，并美化图表，参考效果如图 4-19 所示。

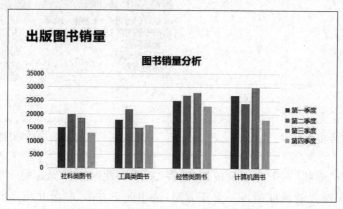

图 4-19　"出版图书销量"幻灯片效果

（8）复制幻灯片。在"幻灯片"浏览窗格中选择第一张幻灯片，按 Ctrl＋C 组合键；选中最后一张幻灯片，按 Ctrl＋V 组合键新建一张幻灯片，与第一张幻灯片完全相同，编辑标题文本为"谢谢聆听"。至此完成所有幻灯片制作。

（9）设置幻灯片的背景。单击"设计"→"背景"→"背景填充"，在右侧"对象属性"任务窗格，选择"图片或纹理填充"，在"图片填充"下拉列表中选择"本地文件"，选择图片素材打开，设置幻灯片背景，单击"全部应用"，统一到所有幻灯片。

（10）放映幻灯片，查看制作效果。

能 力 拓 展

自定义放映

在放映演示文稿时，有时候可能只需要放映演示文稿中的部分幻灯片，此时可通过自定义幻灯片放映来实现。自定义放映，不仅能在演示文稿的若干张幻灯片里自选某几张进行放映，

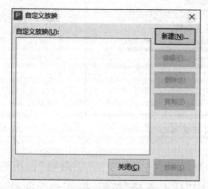

图 4-20　"自定义放映"对话框

还能自由选择放映的顺序，具体操作如下。

（1）在"幻灯片放映"选项卡中单击"自定义放映"按钮，打开"自定义放映"对话框，单击"新建"按钮，如图 4-20 所示，新建一个自定义放映项目。

（2）打开"定义自定义放映"对话框，在"在演示文稿中的幻灯片"列表框中选择第 2 张和第 5～7 张幻灯片，单击"添加≫"按钮，将幻灯片添加到"在自定义放映中的幻灯片"列表框中，如图 4-21 所示。

（3）在"在自定义放映中的幻灯片"列表框中通过"上调"和"下移"按钮调整幻灯片的放映顺序，调整后的效果如图 4-22 所示。

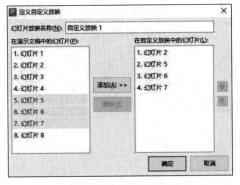

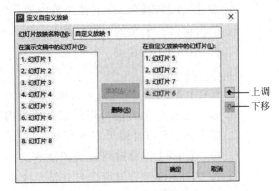

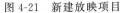

图 4-21　新建放映项目　　　　　图 4-22　调整放映顺序

（4）单击"确定"按钮，返回"自定义放映"对话框，在"在自定义放映中的幻灯片"列表框中会显示新建的放映项目名称，单击"编辑"按钮可以重新修改调整放映项目，单击"关闭"按钮完成设置。

设置好的自定义放映，可以在"自定义放映"对话框中直接应用放映，也可以在"设置放映方式"对话框中选择设置后生效。

单 元 练 习

一、填空题

1. 项目符号和编号一般用于_____，作用是突出这些层次小标题，使得幻灯片更加有条理性，易于阅读。

2. 在 WPS 演示的视图模式中，最常用的是_____和_____视图模式。

3. 在_____视图中浏览 WPS 演示文稿时，可以看到整个演示文稿的内容，各幻灯片将按次序排列。

4. 新建"空白演示文稿"，可以单击_____选项卡中的"空白演示文稿"选项。

5. 在演示文稿制作软件制作好幻灯片后，可以根据需要使用三种不同的方式放映幻灯片，这三种放映类型是_____、观众自行浏览和_____。

二、选择题

1. 下列选项中不适合使用演示文稿的应用场景的是（　　）。

　　A. 总结汇报　　　　　B. 数据分析　　　　　C. 宣传推广　　　　　D. 培训课件

2. WPS 演示文稿的默认扩展名是（　　）。

　　A. .ppt　　　　　　　B. .xlsx　　　　　　　C. .dps　　　　　　　D. .docx

3. 如果要修改幻灯片中文本框内的内容，应该（　　）。

　　A. 首先删除文本框，然后重新插入一个文本框

　　B. 选择该文本框中所要修改的内容，然后重新输入文字

　　C. 重新选择带有文本框的版式，然后向文本框内输入文字

　　D. 用新插入的文本框覆盖原文本框

4. 下列操作中，不能退出 WPS 演示的工作界面的是（　　）。

A. 单击"文件"按钮，在下拉菜单中选择"退出"命令

B. 单击窗口右上角的"关闭"按钮

C. 按 Alt＋F4 组合键

D. 按 Esc 键

5. 下列关于 WPS Office 演示文稿基本操作的说法不正确的是（　　　）。

A. 按 Ctrl＋N 组合键可以新建带模板内容的演示文稿

B. 按 Ctrl＋S 组合键可以保存演示文稿

C. 按 Alt＋F4 组合键可以关闭演示文稿

D. 按 Ctrl＋O 组合键可以打开演示文稿

三、判断题

1. 在 WPS 演示文稿中，新幻灯片总是添加到当前幻灯片之后。　　　　　　（　　）

2. 幻灯片可以设置为循环放映，直到按 Esc 键结束。　　　　　　　　　　（　　）

3. WPS 演示中的演示文稿可以保存为.dps 格式、.pdf 格式，但不可以保存为.jpg 图片格式。

（　　）

4. WPS 演示制作出来的多媒体作品在没有安装 WPS 演示软件的计算机上无法运行。

5. 在 WPS 演示中，幻灯片只能按顺序连续播放。　　　　　　　　　　　（　　）

四、操作题

请广泛收集文字、图片等相关资料，以"我爱我的祖国"或"我爱我的家乡"为主题制作一个演示文稿。要求：包含 5 张以上幻灯片，尽量多应用不同版式，并插入各种不同对象类型，使得演示文稿内容充实、素材丰富，创建完成后保存并放映输出。

五、思考题

1. PPT 排版设计的原则是什么？

2. 如何对演示文稿打包？

单元 4.2　演示文稿动画设计

学 习 目 标

知识目标：

1. 了解幻灯片动画相关知识；

2. 掌握动画、超链接、动作设置等基本概念及应用。

能力目标：

1. 掌握幻灯片切换动画、对象动画的设置方法；

2. 掌握超链接、动作按钮的应用。

素养目标：

1. 掌握信息的常用表达方式和处理方法，并将其与具体问题相联系；

2. 能创造性地运用数字化资源和工具解决实际问题。

工 作 任 务

任务 4.2　制作生动形象的演示文稿

　　离年终总结会召开的日子越来越近了,刘晓琳反复放映自己做的"工作总结"演示文稿,总觉得有些表现不够形象。如何在演示的时候更加生动和有针对性地突出重点内容呢?她向其他同事请教了如何添加动画和多媒体资源,经过多次修改后,最终制作出了满意的演示文稿。

技 术 分 析

　　完成本任务,涉及以下演示文稿相关技术:一是设置幻灯片切换;二是为对象添加动画;三是插入超链接和动作;四是插入媒体文件。

知 识 与 技 能

一、认识幻灯片动画

　　演示文稿之所以能够成为演示、演讲领域的主流工具,幻灯片动画起了非常重要的作用。对幻灯片设置动画,可以让原本静止的演示文稿更加生动,设置的动画效果一般在幻灯片放映时才能看到。

　　常规的幻灯片动画有两种类型,即幻灯片切换动画和幻灯片对象动画。幻灯片切换动画是指放映演示文稿时幻灯片进入屏幕,以及移到下一张幻灯片时出现的动画效果;幻灯片对象动画是指为幻灯片中添加的各对象设置的动画效果,多种对象动画组合在一起可形成复杂而自然的动画效果。

　　相比之下,幻灯片对象动画种类比较丰富,主要有进入动画、强调动画、退出动画、路径动画四种。其中,进入动画指对象从幻灯片显示范围之外进入幻灯片内部的动画效果;强调动画是指对象本身已显示在幻灯片中,然后以指定的动画效果突出显示,从而起到强调作用;退出动画是指对象本身已显示在幻灯片中,然后以指定的动画效果离开幻灯片;路径动画是指对象按用户绘制的或系统预设的路径移动的动画效果。

二、设置幻灯片切换动画

　　在默认情况下,上一张幻灯片和下一张幻灯片之间是没有切换动画的;在制作演示文稿的过程中,用户可根据需要为幻灯片添加合适的切换动画。添加切换动画不仅可以实现幻灯片之间的自然过渡,还可以让演示文稿真正动起来。

　　WPS演示提供了多种预设的幻灯片切换动画,设置切换动画的具体操作如下。

　　在普通视图的"幻灯片"选项卡中单击某个幻灯片缩略图,然后切换到"切换"选项卡,在"切换方案"列表框中选择一种幻灯片切换效果,如图 4-23 所示。

　　如果要设置幻灯片切换效果的速度,在右侧选项组的"速度"微调框中输入幻灯片切换的速度值;如有必要,在"声音"下拉列表框中选择幻灯片换页时的声音;单击"应用到全部"按钮,

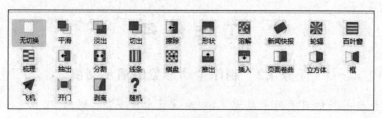

图 4-23　幻灯片的切换效果

则会将切换效果应用于整个演示文稿，如图 4-24 所示。

图 4-24　幻灯片切换效果选项

三、设置幻灯片动画效果

WPS 演示中，除了幻灯片切换动画以外，还提供了针对幻灯片中各种对象的自定义动画、智能动画以及动画刷等多种动画设置工具。

（一）创建基本动画

在普通视图中，单击要制作成动画的文本或对象，然后切换到"动画"选项卡，从"动画样式"列表框中选择所需的动画，即可快速创建基本的动画，如图 4-25 所示。在"自定义动画"任务窗格中可以从"方向"下拉列表框中选择动画的运动方向。

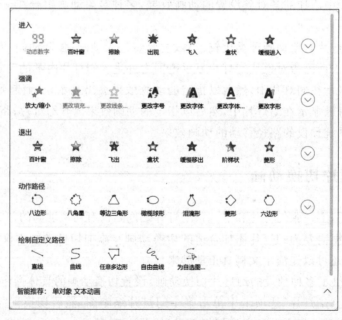

图 4-25　"动画样式"列表

（二）使用智能动画

　　WPS 演示在"动画"选项卡中提供了"智能动画"按钮，如果对标准动画不满意，可以在普通视图中选择要设置动画效果的文本或者对象的幻灯片，然后从"智能动画"下拉列表中选择所需的动画效果选项，就可以给幻灯片设置相应的动画效果，如图 4-26 所示。

（三）设置动画选项

　　当在同一张幻灯片中添加了多个动画效果后，还可以重排列动画效果的播放顺序。方法如下：选择要调整动画播放顺序的幻灯片，切换到"动画"选项卡，单击"动画窗格"按钮，在动画窗格中选定要调整顺序的动画，拖动设置或者单击动画窗格下方的"重新排序"按钮。

　　在"动画"选项卡中单击"预览效果"按钮，预览当前幻灯片中设置动画的播放效果。如果对动画的播放速度不满意，在"动画窗格"中选定要调整播放速度的动画效果，在"速度"选项的下拉框中选择播放速度，如图 4-27 所示。

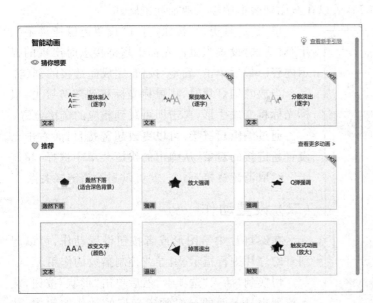

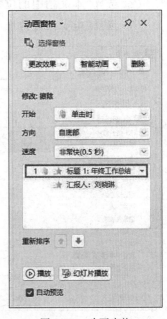

　　图 4-26　智能动画列表　　　　　　　　　图 4-27　动画窗格

（四）使用动画刷

　　在制作演示文档时，对于不同的文字或图片需要设置相同的动画效果，可以通过动画刷来复制动画，这样就省去了重复设置动画效果的过程。

　　具体操作如下：首先选中已设置好动画的对象，单击"动画"选项卡中最左侧的"动画刷"按钮，鼠标光标变成带着刷子模样，然后单击其他对象，就能将它们的动画效果复制成一致。注意单击动画刷只能复制一次，若想将同一个动画应用至多个对象，可以双击动画刷，然后就能单击多个对象进行复制。

（五）删除动画效果

　　删除自定义动画效果的方法很简单，可以通过两种方法来完成：一是在"动画样式"列表框中选择"无"选项；二是在动画窗格的动画列表区域中右击要删除的动画,从弹出的快捷菜单中选择"删除"命令,或者单击"删除动画"按钮,会弹出"删除当前选中幻灯片中所有动画"对话框,单击"是"按钮即可。

四、超链接和动作

（一）使用超链接

通过在幻灯片中插入超链接,可以直接跳转到其他幻灯片、文档或 Internet 网页中。

选定幻灯片中的文本或图形对象,切换到"插入"选项卡,单击"超链接"按钮,打开"插入超链接"对话框,在"链接到"列表框中选择超链接的类型。

（1）选择"原有文件或网页"选项,在弹出的对话框中选择要链接到的文件或 Web 页面的地址,可以通过右侧文件列表中选择所需链接的文件名。

（2）选择"本文档中的位置"选项,可以选择跳转到某张幻灯片上。

（3）选择"电子邮件地址"选项,可以在右侧列表框中输入地址和主题。

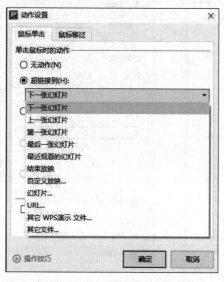

图 4-28　动作设置对话框

单击"屏幕提示"按钮,打开"设置超链接屏幕提示"对话框,设置当鼠标光标于超链接上时出现的提示内容。最后单击"确定"按钮,完成超链接的创建。

当放映幻灯片时,将鼠标光标移到超链接上,鼠标光标将变成手形,单击即可跳到相应的链接位置。

通过编辑超链接,可以更改超链接目标；右击已设置超链接的对象,从弹出的快捷菜单中选择"超链接"→"取消超链接"命令,就可以删除超链接关系。

（二）设置动作

在幻灯片中给图形或者按钮设置动作,可以起到对幻灯片进行指示、引导或控制播放的作用。

切换到"插入"选项卡,然后单击"形状"按钮,从下拉列表最下面的一组预定义好的动作按钮中,选择其中一个动作按钮,放到幻灯片合适位置,自动打开"动作设置"对话框,如图 4-28 所示,可以设置超链接到、播放声音等效果；同样的效果,也可以对任意绘制的形状进行动作设置。

任 务 实 现

要完成任务 4.2,即制作生动形象的演示文稿,需要打开"工作总结.dps"演示文稿,对演示文稿进行动画设计,使用超链接,放映查看效果,并保存文稿。

（1）为全部幻灯片设置切换动画。选中第一张幻灯片,设置幻灯片切换效果为"淡出",效果选项为"平滑",应用到全部。

（2）为幻灯片内的对象设置动画。在第 1 张幻灯片中为和副标题添加"飞入"动画,并设置标题的动画选项为"自顶部",副标题的动画选项为"自左侧"；选中标题,打开动画窗格,添加

任务 4.2

"强调动画"→"放大/缩小"效果;适当调整每个动画的播放速度;动画开始的方式及播放顺序如下:标题先飞入,然后同时播放副标题的飞入动画和标题的强调动画。

选中第 3 张幻灯片中的内容占位符,添加动画效果"擦除,自顶部,上一个动画之后"。

选中第 5、6 张幻灯片,分别为幻灯片内除标题外的对象设置合适的动画,其中第 5 张中的表格和图表设置为同时放映。

(3) 在"目录"幻灯片中插入超链接。选中第 2 张幻灯片"目录",在内容占位符中选中文本"工作内容概述",选择"插入"→"超链接"命令,在"编辑超链接"对话框中选择"本文档中的位置",在"请选择文档中的位置"列表中单击标题和文本相对应的幻灯片,如图 4-29 所示,单击"确定"按钮;重复同样的操作,为目录里的其他三段文本插入超链接,并分别链接相应的幻灯片,参考效果如图 4-30 所示。

图 4-29　链接到本文档中的位置

图 4-30　设置超链接的目录页

(4) 以形状做"返回目录"超链接设置。在第 3 张幻灯片右下角插入一个形状"圆角矩形",为形状编辑文字"返回目录"。移动形状到幻灯片右下角,设置"无填充",并选中形状,插入动作,在动作设置对话框中选择超链接下拉列表中的"幻灯片…",选择链接到幻灯片"目录",并确定完成设置;然后复制此形状,粘贴到第 4~6 张幻灯片上,效果如图 4-31 所示。

(5) 插入背景音乐。选中第 1 张幻灯片,选择"插入"→"音频"→"嵌入背景音乐"命令,选

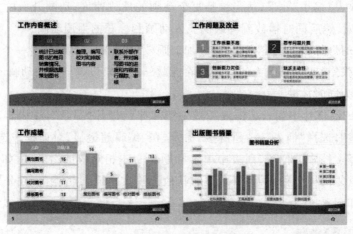

图 4-31　添加"返回目录"效果

择插入音乐素材（bg.mp3）并确定；此时可见声音图标，选中该图标，在"音频工具"选项卡中选择"自动播放"。

（6）放映查看最终效果。从头开始放映幻灯片，并检查动画效果、超链接、动作设置、背景音乐的实现情况。

能 力 拓 展

触发器的使用

在 WPS 演示中，动画的播放通常都是通过单击或者键盘控制，而且动画的播放是严格按照原定顺序依次执行的。如果我们想随心所欲地控制动画的播放，就需要用到触发器。

在 WPS 中设置好触发器功能后，就像添加了一个开关，单击触发器会触发一个操作，该操作可以是播放音乐、影片、动画等。具体操作如下。

（1）新建一张幻灯片，在其中插入任意对象元素，比如一张图片。

图 4-32　"随机线条"对话框

（2）再插入一个文本框，放在图片下方，输入一些说明性文字。

（3）为图片设置动画效果。

（4）在动画窗格中选中文本框的动画，然后单击右侧下拉箭头，显示下拉菜单，单击"计时"。

（5）在"随机线条"对话框中单击左下方的"触发器"按钮，如图 4-32 所示。

（6）选择"单击下列对象时启动效果"，从列表中选择图片，单击"确定"按钮。

这样触发器就设置好了，只有我们单击图片时，文本框动画才播放，否则直接跳过不播放。

单 元 练 习

一、填空题

1. 如果要从当前幻灯片"溶解"到下一张幻灯片，
应先选中下一张幻灯片，然后切换到_____选项卡，在"切换到此幻灯片"选项组中进行。

2. 在 WPS 演示中，动画效果共分为_____、_____、_____、_____四类。

3. 在演示文稿制作软件中，为每张幻灯片设置放映时的切换方式，应使用_____选项卡。

4. 从第一张幻灯片开始放映演示文稿时，可使用"放映"选项卡中的"从头开始"按钮，还可以按_____键来放映。

二、选择题

1. 在幻灯片的"动作设置"对话框中设置的超链接对象不允许是（　　）。

　A. 下一张幻灯片　　　　　　　　　B. 一个应用程序

　C. 其他演示文稿　　　　　　　　　D. "幻灯片"中的一个对象

2. 关于幻灯片动画效果，下列说法中不正确的是（　　）。

　A. 可以为动画效果添加声音

　B. 可以进行动画效果预览

　C. 对于同一个对象不可以添加多个动画效果

　D. 可以调整动画效果顺序

3. 为幻灯片中的对象添加了动画效果后，下列操作无法实现的是（　　）。

　A. 更改动画效果　　　　　　　　　B. 设置动画开始时间

　C. 任意指定动画播放次数　　　　　D. 调整动画放映时的显示时间

4. 在 WPS 演示中，动画效果不包括（　　）。

　A. 进入　　　　　B. 退出　　　　　C. 强调　　　　　D. 切换

5. 在 WPS 演示中，下列关于超链接的叙述错误的是（　　）。

　A. 可以链接到其他演示文稿的某页幻灯片上

　B. 可以链接到本演示文稿的某页幻灯片上

　C. 可以链接到网页地址上

　D. 可以链接到其他文件上

三、判断题

1. 在 WPS 演示文稿中，超链接中所链接的对象可以是幻灯片中的某张图片。　　（　　）

2. 在 WPS 演示文稿中，幻灯片可以插入艺术字，但艺术字不能设置超链接。　　（　　）

3. 在 WPS 演示文稿中，可以对同一对象添加多个动画。　　（　　）

4. WPS 演示文稿一般按原来的顺序依次放映，有时需要改变这种顺序，可以借助超链接的方法来实现。　　（　　）

5. 在 WPS 演示文稿中，动画是在"幻灯片放映"选项卡中。　　（　　）

四、操作题

收集有关资料，并结合自身感悟，制作以"环保从我做起，守护美丽家园"为主题宣传垃圾分类的演示文稿。要求：包含封面、目录、内容页、封底等若干张幻灯片，图文并茂，适当运用动画和幻灯片切换效果。

五、思考题

1. 如何插入超链接？
2. 如何设置演示文稿自动放映？
3. 如何在幻灯片中插入音频和视频？

单元 4.3　母版制作和使用

学 习 目 标

知识目标：

1. 理解幻灯片母版的概念；
2. 掌握模板、设计方案等基本概念。

能力目标：

1. 掌握幻灯片母版的编辑及应用操作；
2. 熟悉备注母版、讲义母版的应用方法；
3. 掌握模板的相关设置与应用；
4. 掌握演示文稿页面设置、幻灯片添加标记、录制幻灯片等更多操作。

素养目标：

能使用信息技术工具，结合所学专业知识，运用计算思维形成工作、生活情境中的融合应用解决方案。

工 作 任 务

任务 4.3　制作演示文稿模板

年终总结会上，刘晓琳借助精心制作的演示文稿很好地展现了一年工作成绩，受到了领导的表扬和同事们的一致好评。这使得她对 WPS 演示软件功能的探索兴趣愈加强烈，引发更多思考。一个好的演示文稿应该具有统一的风格，如何方便快速地制作出风格一致的幻灯片？如何让演示文稿更贴合自己的实际需要呢？经过一番学习实践，她制作完成了一个通用演示文稿模板，如图 4-33 所示，分享给同事们使用。

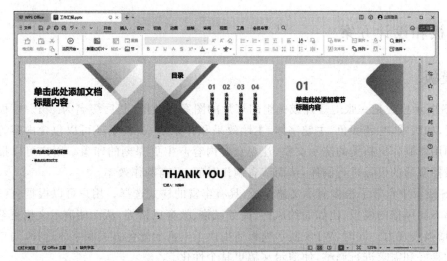

图 4-33　制作效果图

技 术 分 析

　　完成本任务涉及以下演示文稿的制作技术：一是幻灯片母版的设置与应用；二是演示文稿模板的相关操作；三是幻灯片的页面设置及更多。

知 识 与 技 能

一、认识母版

　　母版是演示文稿中特有的概念，使用母版可以快速使设置的内容及样式在多张幻灯片、讲义和备注中生效，制成多张版式相同的幻灯片，极大地提高了工作效率。WPS 演示有三种母版：幻灯片母版、讲义母版和备注母版，其作用分别如下。

（一）幻灯片母版

　　幻灯片母版是用于存储演示文稿中所有幻灯片主题或页面格式信息的设计模板。这些信息包括字形、占位符大小和位置、背景设计和配色方案等。母版可用来制作演示文稿中的统一标志、文本格式、背景等，只要在母版中更改了样式，对应幻灯片中相应的样式就随之改变。

（二）讲义母版

　　讲义是指为方便用户进行演示文稿演示使用的纸稿，纸稿中显示了每张幻灯片的大致内容、要点等。制作讲义母版就是设置该内容在纸稿中的显示方式，主要包括设置每页纸张上显示的幻灯片数量、排列方式以及页眉和页脚的信息等。

（三）备注母版

　　备注是指用户在幻灯片编辑窗口下方输入的补充说明内容，可根据需要将这些内容打印出来。备注母版的设置是指为将这些备注信息打印在纸张上而对备注进行的相关设置。

二、模板和设计方案

（一）模板

WPS演示模板是一张幻灯片或一组幻灯片的图案或蓝图,其后缀名为.dpt。模板包含丰富的元素,如版式、主题颜色、主题字体、主题效果和背景样式,甚至还可以包含内容等。模板可以帮助用户制作出精美的演示文稿,让观众对内容产生更深刻的印象。用户可以根据自己的需求选择合适的模板进行制作,从而节省制作时间,提高制作效率。

WPS演示中自带了很多演示文稿模板,具有丰富的样式选择。用户可以根据自己的演示内容选择不同风格的模板,比如简约风格、商务风格、教育风格等,从而使演示文稿更符合内容的特点,增强表现力。同时,WPS演示模板还提供了丰富的配色方案和字体选择,用户可以根据自己的喜好和需求进行调整,使演示文稿更具个性化。

WPS演示模板具有丰富的功能和工具。用户可以通过WPS演示模板添加文本、图片、表格、图表等内容,丰富演示文稿的表现形式。此外,WPS演示模板还支持多媒体文件的插入,用户可以添加音频、视频等元素,增强演示效果同时,WPS演示模板还提供了丰富的动画和过渡效果,用户可以为每一页幻灯片添加不同的动画效果,使演示更加生动有趣。

WPS演示模板具有便捷的分享和导出功能。我们不仅可以搜索下载"在线模板"进行演示文稿的制作,还可以将制作好的演示文稿保存为自定义的模板文件导出或分享,与他人进行交流。

（二）设计方案

设计方案包括一组主题颜色、一组主题字体和一组主题效果(如特别的线条或填充效果)。通过应用主题,可以快速而轻松地设置整个文档的格式,赋予它专业和时尚的外观。WPS演示软件提供了多种免费或收费的设计方案,用户在制作演示文稿时,可以应用这些设计方案来提高工作效率。相关操作方法如下。

1. 应用设计方案

新建演示文稿,单击"设计"选项卡中的"更多设计"按钮,在打开的"在线设计方案"页面中查看所有可用的设计方案,将鼠标光标移至要使用的方案上,然后单击"应用"按钮,将所选方案成功下载到当前的演示文稿后,便可以编辑幻灯片,快速应用了一种主题。

2. 应用配色方案

WPS演示中提供了多种不同的配色方案,可以根据需要选择相应的配色方案即可快速解决配色问题。单击"设计"选项卡中的"配色方案"按钮,在打开的列表中选择相应名称的配色方案选项,查看应用配色方案后的效果,返回WPS演示工作界面,即可看到应用配色方案后幻灯片中颜色的改变。

3. 修改设计方案

如果默认的设计方案不符合需求,用户还可以修改设计方案。切换到"设计"选项卡,单击"配色方案"按钮,弹出列表选项,然后在"预设颜色"中单击要更改的主题颜色元素对应的选项。如果仍不满足需求,则可以选择"更多颜色"命令,打开"主题色"任务窗格。另外,在"设计"选项卡下拉菜单中选择"替换字体"命令,打开"替换字体"对话框,在"替换"和"替换为"下拉列表框中选择所需的字体名称,单击"替换"按钮,就快速替换了演示文稿中的字体。除此之外,还可以批量设置字体。

4. 智能美化

WPS 还提供了智能美化功能,选择想要美化的页面,进行"全文换肤""整齐布局""智能配色"和"统一字体"设置,并预览效果。

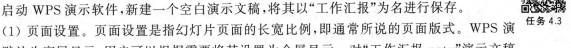

任 务 实 现

要完成任务 4.3,即制作演示文稿模板,具体操作步骤如下。

1. 设计制作幻灯片母版

任务 4.3

启动 WPS 演示软件,新建一个空白演示文稿,将其以"工作汇报"为名进行保存。

(1)页面设置。页面设置是指幻灯片页面的长宽比例,即通常所说的页面版式。WPS 演示中默认为宽屏显示,用户可以根据需要将其设置为全屏显示。对"工作汇报.pptx"演示文稿进行页面设置,其具体操作步骤如下。

单击"设计"→"幻灯片大小"按钮,可以直接设置标准(4∶3)或宽屏(16∶9);选择"自定义大小",可以打开"页面设置"对话框,在"幻灯片大小"栏中的"页面大小"列表中选择"全屏显示(16∶9)"选项。如果要建立自定义的尺寸,可选择"自定义大小"选项,打开"页面设置"对话框,可在"幻灯片大小"下的"宽度"和"高度"微调框中输入需要的数值。在"幻灯片编号起始值"微调框中输入幻灯片的起始号码;在"方向"栏中指明幻灯片、备注、讲义和大纲的打印方向。

单击"确定"按钮,完成设置,此时会打开"页面缩放选项"对话框,单击"确保适合"按钮,如图 4-34 所示。

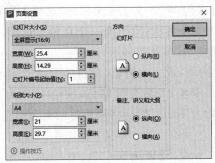
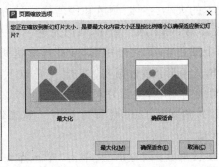

图 4-34　页面设置

(2)进入母版视图。单击"视图"选项卡中的"幻灯片母版"按钮,界面显示效果如图 4-35所示。

(3)修改第 1 张母版幻灯片。在"母版幻灯片"窗格中选择第 1 张幻灯片,插入一个"形状"→"直角三角形",右击并选择"设置对象格式"命令,打开"对象属性"对话框,在"填充"栏中单击选中"渐变填充"选项,设置渐变填充颜色。

在"对象属性"窗格中单击"渐变样式"对应的 4 个按钮,可以将当前渐变样式设置效果如下:线性渐变、射线渐变、矩形渐变和路径渐变。

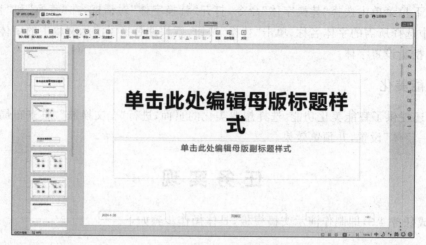

图 4-35　"幻灯片母版"视图

单击"停止点 1"滑块,设置为橙色、着色 2(R 为 255,G 为 167,B 为 75),角度为 182°,位置为 0;单击"停止点 2"滑块,设置为深橙色、着色 1(R 为 255,G 为 109,B 为 17),角度为 180°,位置为 94%。然后将调整好的三角形拖动放置在幻灯片右下角。

(4) 设置第 2 张幻灯片的占位符。演示文稿中有些幻灯片的占位符是固定的。如果要逐一更改占位符格式,既费时又费力,此时,可以在幻灯片母版中预先设置好各占位符的位置、大小、字体和颜色等格式,使幻灯片中的占位符都自动应用该格式。下面将在"工作汇报"演示文稿中设置占位符,其具体操作步骤如下。

在"母版幻灯片"窗格中选择第 2 张幻灯片,选择该幻灯片中的标题占位符,在"文本工具"选项卡中将占位符的字体、字号和颜色分别设置为"微软雅黑、70、黑色";选择该幻灯片中的标题占位符,在"文本工具"选项卡中将占位符的字体、字号和颜色分别设置为"微软雅黑、70、黑色";设置副标题占位符为"微软雅黑、24、深红"。关于如何设置占位符的格式、大小和位置,以及文本的大小、字体、颜色和段落格式的方法与 WPS 文字完全相同,这里不再赘述。

(5) 设置第 2 张幻灯片上的修饰元素。插入 5 个形状,分别为一个直角三角形,一个等腰三角形,两个圆角矩形,一个矩形,并进行形状调整,具体参数如下。

① 直角三角形:线性渐变,单击"停止点 1"滑块,设置为橙色、着色 2(R 为 255,G 为 167,B 为 75),角度为 182°,位置为 0;单击"停止点 2"滑块,设置为深橙色,着色 1(R 为 255,G 为 109,B 为 17),角度为 180°,位置为 94%。宽高均为 10cm,然后将调整好的三角形拖动放置在幻灯片右下角。

② 等腰三角形:线性渐变,单击"停止点 1"滑块,设置为深橙色、着色 1(R 为 255,G 为 109,B 为 17),角度为 356°,位置为 0;单击"停止点 2"滑块,设置为橙色、着色 2(R 为 255,G 为 167,B 为 75),角度为 180°,位置为 21%。单击"停止点 3"滑块,设置为深橙色、着色 1(R 为 255,G 为 109,B 为 17),角度为 356°,位置为 94%。宽高均为 10cm,然后将调整好的三角形垂直翻转,拖动放置在幻灯片上段偏右放置。

③ 圆角矩形 1:白色,背景 2,渐变填充,透明度为 0~60%,高为 9.5,形状旋转为 45°。

④ 圆角矩形 2:透明度为 0,高为 19,其他同圆角矩形 1。

⑤ 矩形:纯色填充,黑色,透明度为 90。

设置完成,选定形状调整上下图层,让标题占位符和副标题占位符位于顶端。

(6) 制作第 4 张"目录"幻灯片。右击第 3 张幻灯片,新建幻灯片母版版式。插入两个矩形、两个圆角矩形。进行形状调整,具体参数如下。

①矩形1:线性渐变,单击"停止点1"滑块,设置为橙色、着色2(R为255,G为167,B为75),角度为180°,位置为0。单击"停止点2"滑块,设置为深橙色、着色1(R为255,G为109,B为17),角度为180°,位置为94%,高为20cm。

②矩形2:纯色填充,黑色,透明度为90。

③圆角矩形1:白色,背景2,渐变填充,透明度为0～60%,高为9.8,形状旋转为45°。

④圆角矩形2:透明度为0,其他同圆角矩形1。

设置完成,选定形状,调整层数,直到标题占位符和副标题占位符位于顶端,如图4-36所示。

图 4-36　编辑幻灯片母版

(7)重命名幻灯片母版。单击"幻灯片母版"→"重命名"按钮,打开"重命名"对话框,在"名称"文本框中输入"目录",单击"重命名"按钮。

用类似操作制作"节标题"幻灯片母版。

(8)删除幻灯片母版。删除不需要的母版版式,选择"母版幻灯片"窗格中需要删除的幻灯片,并在所选幻灯片上右击,从弹出的快捷菜单中选择"删除版式"命令即可。

2. 应用母版

关闭母版视图,新建若干张幻灯片,体验风格统一幻灯片的制作。

3. 设置页眉和页脚

设置页眉和页脚的操作步骤如下:单击"插入"→"页眉页脚"按钮,打开"页眉和页脚"对话框。选中"幻灯片编号"复选框,可以为幻灯片添加编号。如果要为幻灯片加一些辅助性的文字,可以选中"页脚"复选框,然后在下方的文本框中输入内容。要使页眉和页脚不显示在标题幻灯片上,选中"标题幻灯片不显示"复选框,单击"全部应用"按钮,可以将页眉和页脚的设置应用于所有幻灯片上;如果要将页眉和页脚的设置应用于当前幻灯片中,单击"应用"按钮即可。

返回编辑窗口后,可以看到在幻灯片中添加了设置的内容。

4. 自定义模板

将"工作汇报"演示文稿保存为模板,其具体操作步骤如下:单击工作界面左上角的"WPS演示"按钮,在打开的列表中选择"另存为"选项,再在打开的列表中选择"WPS演示模板文件"即可。

5. 使用在线模板

启动WPS Office,选择"新建"→"演示"命令,在打开界面的搜索栏中输入"工作总结 免费"文本,然后按Enter键,在打开的搜索界面中会自动显示相关的"工作总结"模板。这里选择后再确认,软件将自动从互联网上下载该模板,并通过该模板创建一个名称为"演示文稿1"

的演示文稿,可以编辑后保存。

能 力 拓 展

幻灯片分节

幻灯片分节后,不仅可使演示文稿的逻辑性更强,还可以与他人协作创建演示文稿,如每个人负责制作演示文稿一节中的幻灯片。幻灯片分节的具体操作步骤如下。

在"幻灯片"窗格中选择需要分节的幻灯片后,单击"开始"选项卡中的"节"按钮。

在打开的列表中选择"新增节"选项,即可为演示文稿分节。如图 4-37 所示为演示文稿分节后的效果。

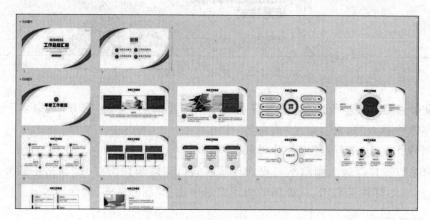

图 4-37　演示文稿分节后

在 WPS 演示软件中,不仅可以为幻灯片分节,还可以对节进行操作,包括重命名节、删除节、展开或折叠节等。

（1）重命名:新增的节名称都是"无标题节",可自行进行重命名。选择需重命名的节名称,单击"开始"选项卡中的"节"按钮,在打开的列表中选择"重命名节"选项,打开"重命名"对话框,在"名称"文本框中输入节的名称,单击"重命名"按钮。

（2）删除节:对多余的节或无用的节可删除。单击节名称,单击"节"按钮,在打开的列表中选择"删除节"选项,可删除选择的节;选择"删除所有节"选项,可删除演示文稿中的所有节。

（3）展开或折叠节:在演示文稿中既可以将节展开,也可以将节折叠起来。双击节名称就可将其折叠,再次双击就可将其展开。还可以单击"节"按钮,在打开的列表中选择"全部折叠"或"全部展开"选项,即可将其折叠或展开。

单 元 练 习

一、填空题

1. WPS 演示的母版视图包括_____和_____、_____三种。

2. 采用演示文稿制作软件内置主题时应使用_____选项卡。

3. 在制作幻灯片的过程中,如果对页面版式不满意,可以通过_____选项卡中的"版式"按钮来调整。

4. 讲义母版可以按_____的格式打印演示文稿,可以设置每个页面包含几张_____。

5. 使用母版可以快速制作多张版式_____的幻灯片,极大地提高了工作效率。

二、选择题

1. 在幻灯片母版设置中,可以起到(　　)的作用。

　　A. 统一整套幻灯片的风格　　　　　　B. 统一标题内容

　　C. 统一图片内容　　　　　　　　　　D. 统一页码内容

2. 若想统一设置幻灯片及其中对象的内容和格式,则应该选择的母版视图是(　　)。

　　A. 备注母版　　　　B. 讲义母版　　　　C. 幻灯片母版　　　　D. 以上选项都可以

3. 在 WPS 演示中,设置幻灯片背景格式的填充选项中包含(　　)。

　　A. 字体、字号、颜色、风格　　　　　　B. 设计模板、幻灯片版式

　　C. 纯色、渐变、图片和纹理、图案　　　D. 亮度、对比度和饱和度

4. 在演示文稿中可对母版进行编辑和修改的状态是(　　)。

　　A. 幻灯片视图　　　　B. 备注页视图　　　　C. 母版视图　　　　D. 大纲视图

5. WPS 演示提供了多种(　　),它包含了相应的配色方案、母版和字体样式等,可供用户快速生成风格统一的演示文稿。

　　A. 新幻灯片　　　　B. 模板　　　　C. 配色方案　　　　D. 母版

三、判断题

1. 演示文稿通过母版来控制幻灯片的不同部分,对标题母版所做的修改不会影响到非标题版式的幻灯片。　　　　　　　　　　　　　　　　　　　　　　　　　　　(　　)

2. 在 WPS 演示中,模板就是预制的 PPT 样式,使用者不能对其进行修改。　(　　)

3. 幻灯片母版编辑完成后,无须关闭母版视图。　　　　　　　　　　　　(　　)

4. 演示文稿中的幻灯片在使用某一"设计模板"后,不能再改变背景颜色了。(　　)

5. 发布和评价 WPS 演示作品的目的是分享成果,发现不足并加以完善。　(　　)

6. 一个演示文稿只能使用一种设计模板。　　　　　　　　　　　　　　　(　　)

四、操作题

请运用本模块所学的知识技能,为你的班级设计一个主题班会通用模板,以备后用。具体操作参考如下。

(1) 新建一个空白演示文稿,切换到幻灯片母版视图下,重命名第 1 张为"Office 主题 母版",通过添加形状或图片元素及设置标题占位符中的文字格式等操作进行设计修饰。

(2) 在幻灯片母版视图下选择"标题幻灯片"版式,下载合适的图片填充背景,并进一步设计修饰,使其有别于其他幻灯片版式。

(3) 在每张幻灯片的页脚位置插入班级名称、幻灯片编号。

(4) 切换回普通视图下,将文件另存为"主题班会.dpt"。

（5）应用"主题班会.dpt"模板新建一个演示文稿，自定义班会主题，并输入幻灯片的内容和插入相关的图片元素，制作若干张幻灯片。其中封面、封底等页的幻灯片应用"标题幻灯片"版式，目录和内容页应用"Office 主题 母版"版式。

（6）创建完成后，保存演示文稿。

五、思考题

1. 如何更改当前幻灯片的主题？
2. 如何修改幻灯片母版？

模块 5　数字媒体技术

学 习 提 示

　　数字媒体技术是以数字化手段来处理、存储、呈现与交互多媒体内容，它融合了数字信息处理技术、数字通信和网络技术等多种技术，是融合"新工科"与"新文科"的交叉学科。当今时代，数字媒体技术的应用已深入我们生活的方方面面，在娱乐、教育、广告、电影和电视等行业，数字媒体技术已经改变了传统的制作和传播方式。无论是社交媒体上的动态图像，还是在线教育中的多媒体内容，或是虚拟现实(VR)和增强现实(AR)的体验，都离不开数字媒体技术。未来，随着 5G 技术、AI 技术和区块链技术的进一步发展，数字媒体技术的应用将更加广泛。因此，了解数字媒体，学习数字媒体技术的基本概念，掌握数字文字、图形、图像等基本处理方式，成为新时代大学生必备的基础技能。

　　通过本模块的学习，同学们不但能够了解数字媒体技术的产业实践领域和发展方向，领略数字媒体作品的魅力，掌握数字媒体应用软件的操作技巧，培养学习信息技术的兴趣和动力，还能为后续学习相关课程和开展相关项目实践打下良好的认知基础。

　　本模块知识技能体系如图 5-1 所示。

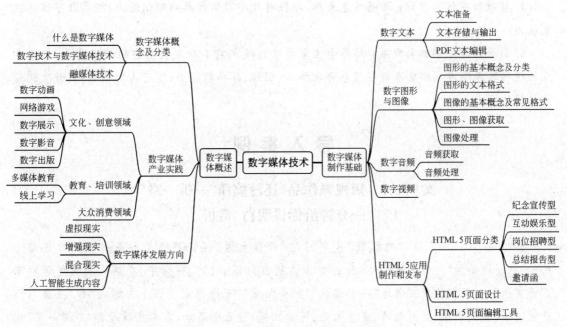

图 5-1　数字媒体技术知识技能体系

工 作 标 准

（1）《互联网互动视频数据格式规范》 GY/T 332—2020

（2）《4K超高清视频图像质量主观评价用测试图像》 GY/T 329—2020

（3）《数字音频设备音频特性测量方法》 GY/T 285—2014

单元5.1　数字媒体概述

学 习 目 标

知识目标：

1. 正确理解数字媒体、数字技术与数字媒体技术等相关概念；

2. 了解融媒体技术、数字媒体产业实践方向；

3. 了解数字媒体技术未来发展趋势。

技能目标：

1. 掌握短视频作品鉴赏分析技巧；

2. 掌握短视频创作的基本工作流程。

素养目标：

1. 厚植数字信息意识：增进信息素养，增强对数字媒体作品的辨识能力，提高数字信息搜集能力；

2. 引导数字化创新与发展：培养学生掌握信息技术前沿和发展动态的学习素养，培养学生的逻辑思考能力与按要求数字信息再次加工、创作、传播的能力；进行再次创作；提升优化信息传播的能力。

导 入 案 例

案例5.1　短视频作品《还没搞懂"一带一路"？ 一分钟给你讲明白》赏析

2023年10月17日，"央视频"官方网站"青春大课"栏目刊播了一条知识性短视频作品——《还没搞懂"一带一路"？一分钟给你讲明白》（图5-2）。视频中，中国人民大学国际事务研究所所长王义桅教授通过"一个倡议""两个组成""三个原则""四个关键词"和"五通"（即政策沟通、设施联通、贸易畅通、资金融通、民心相通）这五个要点，言简意赅地将"一带一路"倡议是什么进行了讲解。该作品通过年轻人所喜爱的传播方式提升了传播效率，以年轻人易于接受的语言提高受众对知识的接受度。

图 5-2 《还没搞懂"一带一路"？ 一分钟给你讲明白》视频截图

技 术 分 析

该短视频作品主要通过画面、文字、动画等元素,运用综合制作技术手段将内容呈现给观众。以下是对该作品进行制作技术分析。

（1）画面处理：该视频采用了高清摄像机进行拍摄,画面清晰度高,色彩还原准确。在后期制作中,使用多种剪辑技巧将知识内容与声画节奏高度匹配,最大限度地吸引观众的注意力。

（2）文字处理：该视频中的文字简洁明了,语言通俗易懂,能够有效地传达信息。

（3）动画效果：为了使视频更加生动有趣,该视频还加入了简单的动画效果,为视频增添了不少趣味性。

知识与技能

一、数字媒体概念及分类

（一）什么是数字媒体

数字媒体（digital media）通常是指以数字信息传播技术为介质的媒体,其传递信息的方式至少包含以下三种：一是通过主机与多个终端互联实现；二是主机与主机间通过电信线路异地连接实现；三是通过多部计算机连接成局域网实现。数字媒体的主要特点如下。

（1）互动性：即信息并非只是从"发出"到"接收"单向度流动,而是转变为信息在发出者与接收者之间双向流动,以互联网或信息终端为介质进行互动传播。

（2）交互性：即用户可以通过界面与系统进行交互循环。

（3）智能化：即在使用时终端中的模块化元素组合,可供用户按指令操作,在使用后,数字媒体又可通过分析用户行为进行数据分析。

（4）个性化：即信息接受者可以按照自己的喜好选择接受内容,反之,信息传播者也会依据用户喜好推送符合其需求的内容。

（5）传播者的多元化与传播内容的海量化：即传播者不再仅是主流媒体或接受过系统训练的专业人士,而变成了只要拥有一部手机,只要有意愿,人人都可以是自媒体,传播内容也由严肃话题拓宽到不同视角,各个领域。

数字媒体将传统中以传播者为中心的传播方式转向以受众为中心,数字媒体成为集公共传播、信息、服务、文化娱乐、交流互动于一体的多媒体信息终端。依据不同分类方式,常见的数字媒体分类有以下三类。

（1）依据时间，数字媒体可分为静止（still）媒体和连续（continues）媒体。静止媒体是指内容不会随时间变化而发生改变的数字媒体，如数字图形、图像、文字等；反之，连续媒体的内容则会随着时间变化而变化，如数字音频、视频等。

（2）依据来源，数字媒体可分为自然（natural）媒体和合成（synthetic）媒体。自然媒体指使用专业设备对自然界客观存在的物体、声音进行数字化编码后，输入、输出、储存的诸如照片、录音等数字媒体。而合成媒体是指采用计算机语言、算法等方式，经由计算机生成（或合成）的文本、图形、图像等。

（3）依据组成元素，数字媒体可分为单一媒体（single media）和多媒体（multimedia）。单一媒体仅以单一信息载体组成，而多媒体则由多种信息载体共同组成。

（二）数字技术与数字媒体技术

数字技术（digital technology）主要指计算机信息处理技术，它能够借助一定的设备与通信手段，将诸如文字、图片、声音、视频等各类信息抽象转化为可供计算机识别的二进制形式，并通过计算机对输入信息进行再次加工、处理、传送等。

相较于传统媒体，数字技术使传播技术发生了新变化，因而在很长一段时间内，数字媒体也被称作"新媒体"，然其定义仍未定论。若将"新"对应"旧"，那么从传媒信息处理环节来看，传统媒体内容的信息采集、加工、传输、发布、储存、检索等技术依赖于纸张和专业的办公场所，而数字化信息处理使得内容的输入、输出抑或是办公地点，都变得更加高效、便捷和灵活。罗伯特·洛根在《理解新媒介——延伸麦克卢汉》一书中指出：我们所谓的"新媒体"是互动媒体，含双向传播，涉及计算，是与没有计算的电话、广播、电视等旧媒体相对的数字媒体。数字技术使新媒体具备了可编程性，人们可以通过按键自由地单击、切换浏览的窗口，可以随意地展开页面当中感兴趣的内容进行阅读。而传统媒体使用户只能按照印刷品编辑安排的顺序进行阅读、线性地获取信息。

数字媒体技术（digital media technology）即为数字化的媒介技术，是指利用计算机和数字技术对媒体内容进行创建、编辑、传输和展示的技术，它综合了数字信息处理技术、计算机技术、数字通信和网络技术等多种技术的交叉学科和技术领域，使抽象的信息变为可感知、可管理、可传播和可交互的数字化内容。数字化使各种媒体产品有了共同的平台基础，这为多种媒体的产品集中到一个共同渠道中提供了可能性。当今的数字媒体不仅在文化、创意领域大放异彩，也在教育、培训，大众消费等领域开花结果，并伴随着技术的迭代继续开疆拓土，引领未来。

（三）融媒体技术

"融媒体"是把广播、电视、报纸等传统媒介方式进行融合，博采众长，并充分利用各类传统媒介的既有优势，通过技术创新形式补齐单一媒体短板的新型媒体方式。融媒体可以实现在人力、内容、宣传等方面的全面整合，实现"资源通融、内容兼容、宣传互融、利益共融"的目标。目前，融媒体尚未形成固化的成熟媒介组织形态，它依然要在实践中不断探索、创新媒体融合方式和运营模式的新路径。

融媒体是技术媒体，是互联网时代的产物。融媒体中的技术应用主要包括三个部分：一是基于云计算的基础平台和连接各种应用平台，它们是支撑融媒体技术接入的坚实基础；二是基于数字技术、算法推荐等分析方式，这使用户需求的内容生产和分布变得更加直观；三是通过电子商务、移动支付等方式满足垂直领域和用户个性化需求的互联网服务。可以说融媒体技术应用中既有硬件建设,也有软件开发。

在媒体的创新融合过程中,需要将不同媒介组织和不同的社会资源通过整合、转换和配置在一起,是极大的创新和挑战。因此,融媒体的机制创新和顶层设计至关重要,在设计之初就需要兼顾用户、市场等各方的需求。例如,在新闻融媒体中,中央级媒体通过技术创新或资源整合,在流程再造、产品创新和商业模式上不断突破。县级融媒体中心,则是可以把融媒体建设和信息化建设结合,促进媒体功能与智慧政务的融合;还可以将媒体服务范畴不断延伸,由提供媒体信息产品逐步转变为综合信息服务。这也在一定程度上体现了融媒体的"智慧"程度。融媒体的"智慧"体现在人工智能和优化算法上,这不仅解决了效率问题,还解决了效益问题,例如通过大数据了解用户喜好及满足用户需求,进而取得融媒体商业利益、达到传播效果最大化等。

二、数字媒体产业实践

2021 年年初,伴随着元宇宙(metaverse)概念的横空出世,令基于区块链技术打造"去中心化"第三代互联网(Web 3.0)设想被视作当今互联网的未来。

Web(world wide Web)即全球广域网,也称为万维网。第一代互联网(Web 1.0)兴起于1994 年,针对个人计算机在降低信息获取的门槛的同时,极大地提升了全球信息传输的效率。第二代互联网(Web 2.0)是移动互联网(mobile Internet),兴起于 2008 年左右,它将移动通信与互联网结合为一体,其特点在于:用户可在移动状态下,不仅可以使用手机、PAD 或其他无线终端设备通过速率较高的移动网络,随时、随地访问互联网以获取信息,还可以使用商务、娱乐等各种网络服务。在这一阶段后,互联网上的内容对用户来说可读、可写、可互动,互联网上的内容由网民共同参与,共同创造。现已被人们熟知的社交网络、O2O 服务(线上到线下服务)、手机游戏、短视频、网络直播等移动互联网业务迅速崛起,随之而来的是数字媒体在各领域中的蓬勃发展。

(一)文化、创意领域

数字媒体技术在文化、创意领域的实践与计算机图形学(computer graphics,CG)息息相关。计算机图形学是研究如何运用计算机显示、生成和处理图形的原理、方法和技术的一门学科,其研究的主要目的在于创建有效的视觉交流。它在数字动画、网络游戏、数字展示、数字影音、数字出版等方面贡献不菲。

1. 数字动画

无纸动画最早起源于日本东映株式会社,尽管流程中摒弃了纸笔绘画形式,可创作模式依然与传统类似,对从业人员的美术基础要求较高。相比于无纸动画,三维动画的制作全流程已完全颠覆传统动画制作技艺,对部分从业者的美术基础要求逐渐降低,从模型到贴图、材质、灯光、绑定等均依赖于计算机成像技术。

1995 年,皮克斯出品世界上第一部完全使用 CGI 技术进行制作的动画电影——《玩具总动员》(图 5-3)。2001 年,皮克斯出品的《怪兽公司》塑造了生动可爱的毛绒卡通形象——"头号吓人专家萨利文",并开发了一款名为 Fitz 的工具,对卡通人物的毛发的运动进行仿真。在2003 年上映的《海底总动员》,皮克斯使用精湛的 CGI 技术呈现了海洋世界中的光线折射、潮汐流动、气泡涌动以及海底生物的游动。近年来,随着中国动画产业的快速发展,优秀国产CGI 作品不断涌现,例如,2019 年上映的《哪吒之魔童降世》(图 5-4)以重构经典神话的方式,讲述中国故事。2023年上映的动画电影《长安三万里》（图5-5），以高适和李白的友情为圆心，折射出同一时期文人墨客的跌宕人生，展现出大唐盛世的另一番景象。

图5-3 《玩具总动员》海报

图5-4 《哪吒之魔童降世》海报

图5-5 《长安三万里》海报

2. 网络游戏

网络游戏（online game）又称在线游戏，简称网游，即以互联网为传输媒介，以游戏运营商服务器和用户计算机为处理终端，以网页或游戏客户端软件为信息交互窗口的个体性多人在线游戏。

以游戏形式进行分类，可将网络游戏分为浏览器形式和客户端形式。浏览器形式指使用Web浏览器在网页中进行游戏，也称为"页游"。客户端形式可依据使用终端的不同类别，细分为计算机端游戏和手机端游戏。

3. 数字展示

数字展示是指以数字化图片、文字和影音的方式向用户提供多感官协作的、更具沉浸感的观赏体验，目前主要运用于数字博物馆、数字展览等。开发设计者运用数字媒体综合技术在展示设备中打造出一个具有交互性的数字空间，该空间具有虚拟仿真的特性，不仅使用户有身临其境之感，还能让用户体验到在真实场景中无法实现的项目。例如，敦煌博物院与腾讯联合开发的"数字藏经洞"，就综合运用了高清数字照扫、游戏引擎物理渲染和全局动态光照、云游戏等游戏技术，生动复现了敦煌藏经洞及其百年前室藏6万余卷珍贵文物的历史场景。用户在体验时可实现高清、全方位观看，进行互动式、多感官体验，而这些体验方式都是由数字媒体协调完成的。

4. 数字影音

数字影音中包含有数字音乐、数字影像等多方面内容。数字化的音乐创作、制作、播放以及存储的方式使得现今音频的质量大大提高，传播范围也变得更广。数字音频就是使用数字技术进行录制、编辑、输出、接收的音频制作方式。

影视的数字化包含有摄录、制作方式的数字化，传播媒介的数字化以及数字特效与后期合成等。纵观电影的发展历程，从最初的无声到有声，再由黑白到彩色，21世纪以来计算机技术的迅猛发展，使得数字电影在电影界掀起革命浪潮，而其中最为重要的便是对CGI技术的运用。提到计算机特效电影，就不得不提及2009年全球同步上映，创下影史票房第一纪录的《阿凡达》。这部3D科幻片中采用了大量的合成特效，导演詹姆斯·卡梅隆利用运动捕捉技术、虚拟合成抠像技术等数字媒体技术，实现了实景拍摄、实时观看拍摄效果的突破。

5. 数字出版

数字出版是指利用数字技术对出版物的内容进行编辑加工，并通过网络传播内容产品的一种新型出版方式。其主要特征体现在：内容生产数字化、管理过程数字化、产品形态数字化和传播渠道网络化。数字出版产品的形态主要包括电子图书、数字报纸、数字期刊、网络原创文学、网络教育出版物、网络地图、数字音乐、网络动漫、网络游戏、数据库出版物、手机出版物（彩信、彩铃、手机报纸、手机期刊、手机小说、手机游戏）等。

（二）教育、培训领域

数字媒体在教育、培训领域的实践主要有多媒体教育、线上学习平台、线上课程等形式。

1. 多媒体教育

多媒体（multimedia）是指多种信息载体的表现形式和传递方式。相比于单一媒体，多媒体表现形式更为综合、复杂，更具视觉冲击力与互动性。现今多媒体教学手段已经在相当大的范围内走进了我们的课堂。课上，教师使用演示文稿软件所制作出的幻灯片，运用投影仪、电子白板播放、展示教学内容，使用音响设备讲授课程，并配合教学软件（多媒体电子教室系统），向同学们图、文、声并茂地呈现教学内容，希望可以通过优化教学环境，尽可能多地调动学生的感官信息，以达到更优化的教学效果。

2. 线上学习平台与线上课程

线上学习
平台与线
上课程

线上学习平台是基于互联网终端的综合性学习场所，用户可通过单击平台网址登录或使用 App、小程序等方式对固定平台中的内置线上课程进行学习。常见的线上学习平台有"中国大学 MOOC（慕课）""学习通""学习强国"（图 5-6、图 5-7）等。依据不同使用场景和学习目的，用户可以自由选择适合自己的线上学习平台。

图 5-6　"学习强国"App"亮点"专区

图 5-7　"学习强国"App"县级融媒"专区

（三）大众消费领域

在当今社会,数字媒体已全面渗透大众消费领域,并因其数字化特性,又促进大众消费行业发展。以我们所熟知的网上购物(online shopping)为例,用户通过互联网检索商品信息,并通过电子订购单发出购物请求、进行支付,等待货品以卖家标注的与商品适配的方式送达。网上购物改变了原本的商品交易模式、陈列模式与运输模式,改变了用户的消费习惯,并催生出与电子商务相关的新型职业,如网络运营推广、网络客服等。

此外,伴随着网络电商的发展成熟、网络短视频的兴起,也带来了网络直播的高速发展,"直播带货"成为近些年来大众消费领域绕不开的话题。网络直播的本质是基于互联网技术,借助于各类信息接收平台和终端,以即时视频、语音信息为形态,实现主播与观众实时互动的新型传播方式。网络直播因其大众化、平民化、审美差异化的特点,使得其迅速、有效地顺利完成用户下沉。而"直播带货"则是直播娱乐行业从业者在进行网络直播的同时,在直播间中对商品进行推介与销售。近年来,农村电商方兴未艾,成为转变农业发展方式的新发力点。2022年,中央一号文件提出,实施"数商兴农"工程,推进电子商务进乡村,促进农副产品直播带货规范健康发展。

三、数字媒体的发展方向

虚拟现实(virtual reality,VR)、增强现实(augmented reality,AR)、混合现实(mixed reality,MR)是新一代信息技术的重要前沿方向,是数字经济的重大前瞻领域,必将深刻改变人类生产与生活方式。党的二十大报告对促进数字经济和实体经济深度融合作出重大部署,提出"加快发展数字经济,促进数字经济和实体经济深度融合,打造具有国际竞争力的数字产业集群"。历经多年发展,虚拟现实产业初步构建了以技术创新为基础的生态体系,正迈入以产品升级和融合应用为主线的战略窗口期,党中央、国务院高度重视虚拟现实产业发展。《中华人民共和国国民经济和社会发展第十四个五年规划和2035年远景目标纲要》将"虚拟现实和增强现实"列入数字经济重点产业,提出以数字化转型整体驱动生产方式、生活方式和治理方式变革,催生新产业新业态新模式,壮大经济发展新引擎。

（一）虚拟现实

交互是人与机器的对话、人与环境的对话以及人与想象事物的对话,也是通过各种感知来探寻各种对话和可能性的手段。虚拟现实最初是指通过计算机数字化手段营造全景式虚拟环境,并通过一定介质实现与虚拟世界交互,使用户完全沉浸在计算机生成三维空间中的虚拟仿真技术。但随着计算机技术、网络技术、人工智能等新技术的高速发展及应用,虚拟现实技术与其内涵也逐渐扩充,并呈现多样化的发展趋势。

现今,虚拟现实不仅包括需要借助可视化工作站、头盔式显示器等设备的沉浸式虚拟现实系统,还包括使用虚拟仿真手段实现人机交互和逼真体验的系统方法。当然,沉浸式虚拟现实依然是较为理想的虚拟现实系统,它通过洞穴式立体显示装置或头盔式显示器等设备,向用户提供一个全新的、虚拟的感官世界,再利用空间位置跟踪器、数据手套、三维鼠标等输入设备建立用户与虚拟世界的交互渠道,进而使用户产生身临其境之感,体验沉浸式虚拟现实空间。非沉浸式虚拟现实,是指用户保持原有物理环境的感官与控制,借助终端与计算机生成的虚拟环境进行互动,网络游戏就是我们身边常见的非沉浸式虚拟现实体验。

（二）增强现实

增强现实是使用计算机实时计算、融合多传感器，将现实世界与虚拟世界结合起来的技术。它将计算机生成的图像、文字、影音、三维模型等虚拟信息经过模拟仿真，应用到真实世界中，现实信息与虚拟信息互为补充，达到对真实世界的"增强"效果。通过增强现实，真实世界信息和虚拟世界信息间的内容可以实现综合、叠加，使得原先在现实世界空间范围较难体验的场景可以通过增强现实达到真实环境和虚拟信息在同一时空存在、同时被用户感知的效果，实现超越真实世界的感官体验。

（三）混合现实

混合现实是一种组合技术，既包括"增强现实"，也包括"增强虚拟"，它将真实世界和虚拟世界混合在一起，在虚拟世界中引入现实场景信息，合并现实和虚拟世界而产生的新的可视化环境。此外，在新的混合可视化环境里，真实对象和数字对象共存，且可以实时互动和信息获取。简言之，混合现实是在虚拟中保留现实，并可实时将现实转化成虚拟的一种技术，它是虚拟现实技术的进一步发展。通过此项技术，虚拟世界、现实世界和用户之间搭起一个交互反馈的信息回路，它不仅提供给用户新的观看方法，还提供了新的输入方法。

（四）人工智能生成内容

除却虚拟现实、增强现实与混合现实，人工智能生成内容（AI-generated content，AIGC）也是数字媒体进一步发展的方向之一。相比于传统内容生成方式，生成式 AI 模型为内容创造注入新动能，变革了大众内容生产与交互范式，代表着 AI 技术向创造力的跃迁。以 AI 绘图方向为例，2022 年，生成式 AI 模型的生产图片的质量、类型的丰富性得到了极大提升。现在的生成式 AI 模型可以实现将文字转为图像、视频，将静态图片转化为 3D 动态场景等转变。国外主流的 AI 生成绘画模型有 Stable Diffusion、MidJourney 等。

案 例 实 现

假设我们需要完成一则知识性短视频作品，可以通过如下步骤实现。

（1）需求分析。以开篇案例——《还没搞懂"一带一路"？一分钟给你讲明白》为例，我们首先要对创作需求进行拆解分析，搜集适合的创意，再根据不同媒介形式，完成与之对应的创意方案策划，制订方案落地计划、确定选题与呈现形式。

本案例以"一带一路"概念讲解为核心知识内容，首先抛出"一带一路"是一个倡议的知识点，又以数字顺序并通过五个维度将"一带一路"是什么讲解明白。视频全长 1 分 12 秒，节奏紧凑，剪辑方式使得画面冲击力强，适宜短视频创作理念。

（2）分镜头脚本设计。在确定选题内容和预期的呈现形式之后，创作者需要对视频的分镜头脚本进行设计。我们可以将分镜头脚本看作一个故事大纲，有了这个拍摄框架，可以使后续的拍摄、剪辑等流程更加明晰，便于分工协作。分镜头脚本设计中需要包含画面内容、景别、镜头运动、时间、音响效果等。

（3）拍摄与创意制作。本案例采用多机位现实场景拍摄的方式进行，摄制内容包括讲述人与观众，画面聚焦于讲述人。通过多机位拍摄的方式，提供丰富的摄影角度，方便后期剪辑。在后期创意制作中，配合以字体动效，即可创作出强节奏感的短视频作品。此外，考虑本视频为知识概念科普，视频时长也较短，因此，整个视频内容聚焦于概念厘清，并不过度展开，也没有故事情节。加之，知识的严肃性要求我们将视线聚焦于讲述人与知识本身，故本视频中的镜头运动方式仅是简单的摇、移，不涉及复杂镜头运动，音响效果也仅以人声和后期字幕中的数字番号特效音为主要表现形式。

知 识 拓 展

数字化的"中国式浪漫"

2022年2月4日20时，北京冬奥会开幕式在国家体育馆——"鸟巢"拉开帷幕，世界的目光再一次聚焦"鸟巢"。不同于以往大型赛事开幕式中常见的30秒或10秒倒计时，本次冬奥会开幕式采用中国二十四节气作为倒计时，从第24秒开始倒数，从"雨水"开始，到"立春"结束。当倒计时归零，只见场内演员身着绿色服装，挥舞灯光棒，模仿着春回大地时丝丝缕缕的青草地，向全世界展示"中式审美"与"中国式浪漫"。

为了完美地呈现数字科技创意，本次开幕式用42 208个50厘米见方的LED模块搭建出沉浸式体验空间。地面显示系统作为开幕式演出显示系统和表演舞台，承载了开幕式60%以上的演出创意。开幕式全程都使用了数字表演与仿真技术，并通过综合运用人工智能、5G、AR、裸眼3D等多种科技成果，让本次冬奥会开幕式的呈现真正做到了数字科技与美学创新的融合，彰显中华文化之美、中式艺术之美、奥林匹克精神之美和现代科技之美。

单 元 练 习

一、填空题

1. 数字媒体通常是指以_____为介质的媒体。

2. 数字媒体的主要特点包括互动性、交互性、_____、个性化、传播者的多元化与传播内容的海量化。

3. "融媒体"是把广播、_____、报纸等传统媒介方式进行融合。

二、选择题

1. 数字技术主要指计算机信息处理技术，它能够借助一定的设备与通信手段，将诸如文字、图片、声音、视频等各类信息抽象转化为可供计算机识别的（　　）形式，并通过计算机对输入信息进行再次加工、处理、传送等。

    A. 十进制　　　　　B. 十六进制　　　　　C. 二进制　　　　　D. 八进制

2. 线上学习平台是基于互联网终端的（　　）学习场所，用户可通过单击平台网址登录或使用App、小程序等方式对固定平台中的内置线上课程进行学习。

    A. 综合性　　　　　B. 单一性　　　　　C. 基础性　　　　　D. 复杂性

3. 虚拟现实最初是指通过计算机数字化手段营造全景式虚拟环境，并通过一定介质实现与虚拟世界交互，使用户完全沉浸在计算机生成（　　）中的虚拟仿真技术。

    A. 计算机空间　　　B. 二维空间　　　　C. 多维空间　　　　D. 三维空间

4. 数字媒体将传统中以（　　）为中心的传播方式转向以受众为中心，数字媒体成为集公共传播、信息、服务、文化娱乐、交流互动于一体的多媒体信息终端。

A. 组织者   B. 传播者   C. 创作者   D. 制作者

5. 网络直播因其(   )、平民化、审美差异化的特点,使得其迅速、有效地顺利完成用户下沉。

A. 大众化   B. 特殊化   C. 一般化   D. 小众化

三、判断题

1. 数字动画包括无纸化二维动画和使用计算机成像生成的三维动画。   (   )

2. 以书籍、报刊为代表的传统传媒具有信息真实,准确度高等特点。   (   )

3. 2001 年,皮克斯出品世界上第一部完全使用 CGI 技术进行制作的动画电影《玩具总动员》。   (   )

4. 虚拟现实不仅包括需要借助可视化工作站、头盔式显示器等设备的沉浸式虚拟现实系统,还包括使用虚拟仿真手段实现人机交互和逼真体验的系统方法。   (   )

5. 当今的数字媒体具备智能化、互动性以及单向传播等特点。   (   )

四、简答题

1. 简述什么是"数字媒体",请举例说明。

2. "数字媒体技术"有哪些?

3. 数字媒体常见的产业实践领域有哪些?

五、操作题

1. 下载"学习强国"App,完成注册、线上学习与知识类互动。

2. 运用短视频赏析技巧,对冬奥会开幕式中你喜欢的精彩片段进行简单赏析。

六、思考题

1. 数字媒体的发展对教育领域有哪些正面影响?

2. 虚拟现实技术还可以运用在哪些领域中?

单元 5.2   数字媒体制作基础

学 习 目 标

知识目标:

1. 正确理解数字文本、图形、图像、音频与视频的基本概念;

2. 了解数字文本、图形、图像、音频与视频的常见格式;

3. 了解常用于编辑处理数字文本、图形、图像、音频与视频的应用程序。

技能目标:

1. 能使用可携带文件格式(PDF)编辑器对 PDF 中的文本进行编辑处理;

2. 能使用移动端应用程序对数字图形进行去噪、复制、压缩、存储等操作;

3. 能使用移动端应用程序对数字视频、音频进行录制、剪辑与发布;

4. 能使用 HTML 5 页面编辑工具进行制作和发布。

素养目标：

1. 牢记信息社会责任：自觉遵守现实社会与虚拟空间中的相关法律法规，信守信息社会中的道德与伦理准则；

2. 增强信息安全意识：提高信息安全意识与防护能力，能够有效维护个人和他人的合法权益以及公共信息安全。

工 作 任 务

任务5.2　个人简历制作

个人简历是求职者向招聘者展示个人基本信息、教育背景、工作经历、技能特长等信息

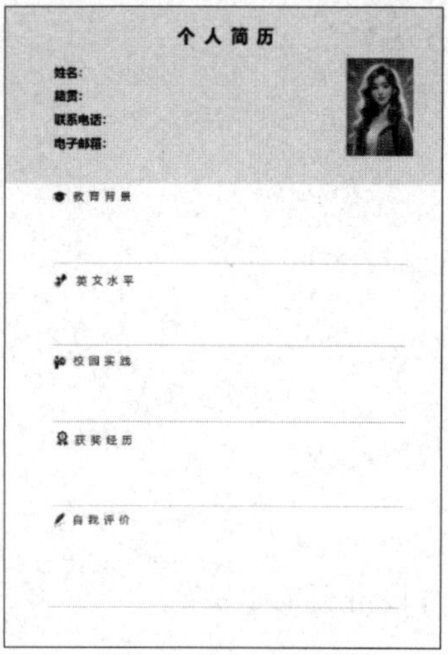

图 5-8　个人简历(图文类型)

的文件。在激烈的求职竞争中，一份优秀的简历能够让求职者在众多竞争者中脱颖而出。制作个人简历的要点包括：突出个人特点，简明扼要，具有针对性与真实性，规范书写格式，以及排版美观等。随着信息化的普及和发展，应不同企业要求，求职者可以使用多种方式展示自身技能。因此，个人简历可以是以图文为主的传统简历形式（图 5-8），也可以是声形并茂的动态影像简历。我们可以择其一进行制作，也可以将两种媒体形式结合在一起，把图文作为视频中的一个素材进行呈现。当然，无论是哪种媒体形式的简历，在制作过程中，我们都应当尽量降低运行环境对简历中内容的影响，以确保在不同的操作系统环境、运行软件下，简历中内容都能按照我们最初设计、制作、保存的形态呈现出来。

技 术 分 析

通过个人简历，企业人力资源(human resource，HR)能够迅速了解求职者的基本信息，这些关键信息的组合，构成了个人简历的内容，也构成了用以区别我们与其他竞争者的凭据。在用作求职的个人简历中，我们要尽可能地写清楚求职意向、个人介绍、工作经历、实践经历、学习经历等。考虑到 Word 和 WPS 文档在不同的软件版本、字体环境下其内容会发生变化，因此我们更推荐使用 PDF 文档来展示图文。此外，拍摄视频简历或使用 HTML 5 页面进行个人作品展示都是不错的方式。

个人简历制作任务涉及 PDF 文档处理与编辑生成，数字图形、图像编辑、数字音频、视频编辑技术等。

知 识 与 提 示

一、数字文本

现实生活中，人们依靠文字、符号传递信息，表达语义。在计算机中，文字以二进制形式进

行编码,是人与计算机产生信息交互的主要信息载体。数字化的文本是各种文字、符号的集合,是计算机文字处理的基础,也是数字媒体技术应用的基础。

(一) 文本准备

1. 输入文本

要使用计算机处理文本信息,我们首先需要进行文本准备,首要步骤便是输入文本。输入文本需采用输入设备,输入设备是用户和计算机系统之间进行信息交换的主要装置之一,常见输入设备包括键盘、鼠标、扫描仪、手绘板及语音输入装置等。在制作数字媒体作品时,我们通常需要预先在文字处理应用程序中,输入所需的文字信息再导入数字媒体制作软件中进行编辑、处理。常见输入文本的操作方法如下。

(1) 键盘输入。用户使用键盘,通过编码式输入方式,采用智能化拼音输入法或使用笔画、声母等输入法进行文字、符号输入。目前常用的输入法包括 Windows 系统自带输入法、微信输入法、搜狗输入法等。

(2) 语音识别。语音识别(automatic speech recognition,ASR)是一种将人类语音转换为计算机文本的技术。语音识别器由语音输入、特征提取、解码器和单词输出等几个组件组成。语言识别技术在许多领域都有广泛的应用,如语音导航、语音助手、语音搜索、语音输入等。

在安装有 Windows 10 的计算机上,我们可以使用系统内置的语音识别功能进行听写,将口述的字词转换为文本。开始听写前,可同时按住 Windows 徽标键+H 键进行听写,听写结束后说"停止听写"即可。若未进行设置,则需先行打开"设置"中在线语言识别的按钮(图 5-9),然后进行语音识别。

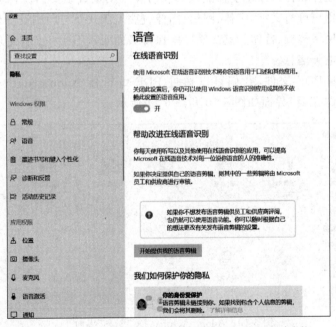

图 5-9 在 Windows 10 系统"设置"中打开语音识别功能

(3) 光学字符识别。光学字符识别(optical character recognition,OCR)是借助基于机器学习的 OCR 技术,从文章、表单和发票等文档中提取印刷或手写文本,从而获取扫描文本的电子版的一项技术。该技术可消除或显著减少手动输入数据的需求,提高文件处理效率。在识别过程中，系统通过检查纸张中打印字符的亮、暗来确定其形状，再用字符识别方式将其所识别的形状翻译成计算机文字。判别 OCR 系统性能好坏的主要指标包括拒识率、误识率、识别速度等。

（二）文本存储与输出

在文本输入完毕后，我们需要对文本进行存储与输出，方便后续处理。常见的文本文件格式有 TXT 格式(.txt)，以及 Microsoft Office Word、WPS Office 等文字处理器应用程序生成的 DOC(.doc 或 .docx)、WPS(.wps)格式等。为了确保文本文件在后续导入集成软件中可以进行编辑处理，在制作之初就应考虑到格式的兼容性问题。

（三）PDF 文本编辑

通过文本编辑与处理，用户可以对文本中的字、词、句和段落进行增加、删除或修改等操作。此外，字体设置、字号大小、间距、颜色、效果，包括段落设置和页面布局设置都属于文本编辑与处理范畴。

常用的文本编辑软件有面向办公需求的 Microsoft Office Word、WPS Office 等，也有面向出版需求的 Adobe PageMaker 和 PDF Writer 等，还有面向网络信息发布和电子出版的文本处理软件如微软的 FrontPage、Adobe Acrobat 等。

可携带文件格式(portable document format, PDF)是基于 Adobe 联合创始人约翰·沃诺克(John Warnock)于 1991 年发起的一个项目。该项目以纸质文本数字化为目标，以 PostScript 语言图像模型为基础，通过忠实地再现原稿中的每一个字符、颜色以及图像，确保用户在任何软件、硬件和操作系统上都能以同样的版式浏览数字文档。它是一种跨操作系统平台的文件格式，用户可将文字、字体、图形、图像、色彩、版式及与印刷设备相关的参数等封装在一个文件中，在网络传输、打印和制版输出中保持页面元素不变。文件中还可包含超文本链接、音频和视频等电子信息。

如需编辑处理 PDF 文件，我们可以通过 PDF 编辑器 Adobe Acrobat DC 进行操作，Adobe Acrobat DC"工具"界面如图 5-10 和图 5-11 所示。

图 5-10　Adobe Acrobat DC"工具"界面 1

当用户需要新建 PDF 文档时，通过 Adobe Acrobat DC"工具"页面中"创建与编辑"即可实现。单击"创建"按钮如图 5-12 所示。Adobe Acrobat DC 支持以任意格式创建 PDF，包括单一文件、多个文件、使用扫描仪以及通过网页、剪贴板创建，也可以新建空白页面。

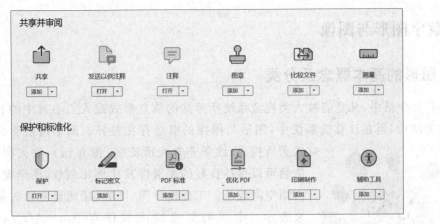

图 5-11　Adobe Acrobat DC"工具"界面 2

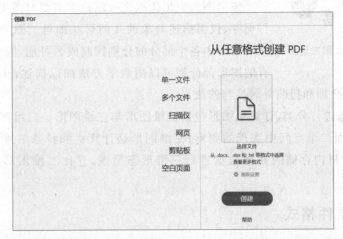

图 5-12　使用 Adobe Acrobat DC 创建 PDF

对于 PDF 文档的编辑包括对内容文字的增、删、修改,也可以对文本"页"的顺序进行调整,包括添加、删除、替换页面等。除此之外,Adobe Acrobat DC 还支持在编辑过程中插入图像、链接、增加水印、裁减页面等,如图 5-13 所示。如需编辑 PDF,在 Adobe Acrobat DC"工具"页面中单击"编辑 PDF",打开相应文档,待系统识别完成即可实现内容编辑。

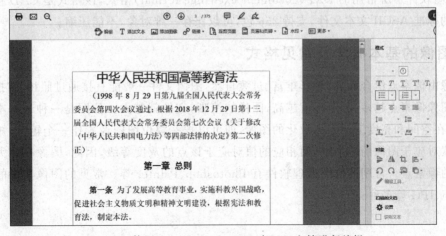

图 5-13　使用 Adobe Acrobat DC 对 PDF 文档进行编辑

二、数字图形与图像

（一）图形的基本概念及分类

在日常生活中,凡是能被人类视觉系统所感知的信息形式或人们心目中的有形想象都可以称为图像,但在计算机系统中,图形与图像的概念存在差异。图形由数学公式表达的线条所构成,线条非常光滑流畅（图 5-14）,放大图形,其线条依然可以保持良好的光滑性及比例相似性,图形整体不变形,占用空间较小。工程设计图、图表、插图经常以矢量图形曲线来表示。常用的矢量绘图软件有 AutoCAD、CorelDRAW、Illustrator 等。

图 5-14　卡通小太阳矢量图

矢量图的突出优点之一就是不需要对图上每个点的信息进行保存,仅需描述对象的几何形状即可。图形的矢量化使得用户对图形中各个部分的分别控制成为可能,因为在计算机中,所有的图形部分都可以用数学方法加以描述,从而实现对图形的移动、缩放、旋转、叠加和扭曲等转换与修改。

以图形的形态进行分类,计算机图形包括二维图形与三维图形。二维图形是指长、宽、高变换都可以在平面二维空间中实现的图形;三维图形是计算机和特殊三维软件帮助下创造的作品,通过计算机内存储的几何数据进行三维形态呈现,它比二维图形更加依赖计算机算法。

（二）图形的文件格式

常用的矢量图形文件格式有 EPS（encapsulated post script）、PS（postscript）等。EPS 格式多用于插图和桌面印刷应用程序及作为位图和矢量数据的交换,该格式支持多种系统平台操作,图形的 EPS 格式可以先在图形编辑软件诸如 Illustrator 或 CorelDRAW 中被修改,然后加载到 Photoshop 中进行影像合成,也可以在任何作业平台及高分辨率输出设备上输出色彩精确的向量或位图,是做分色印刷、美工排版人员经常使用的图形格式。此外还有计算机辅助设计、绘图软件中所常用的 DXF（document exchange format）格式,该格式是 CAD 程序存储矢量图的标准 ASCII 文本文件,支持 256 色,可以保存三维对象,不能压缩。

（三）图像的基本概念及常见格式

图像由像素点组合而成,色彩丰富、过渡自然,图像文件一般能直接通过照相、扫描和摄像得到。图像像素点越多,分辨率就越高,图像越清晰,文件就越大。位图是一种最基本的图像形式,是在空间和亮度上已经离散化的图像,即可以把一幅位图图像看作一个矩阵,矩阵中的任一元素对应于图像的一个点,而相应的值对应于该点的灰度等级,因此,图像在放大后会呈现模糊的像素点。常用的位图处理软件有 Photoshop、Painter 等。常见的图像文件的格式有 GIF、TIF、JPG 等多种。

（四）图形、图像的获取方式

目前，我们常用的图形图像获取方式包括：网络下载，使用图形、图像软件进行创作，使用扫描仪、数码相机、手机等外部方式进行图像采集等。

1. 网络下载

千图网是一家国内优秀的"设计 & 办公"创意服务平台。网站拥有千万级正版素材，涵盖平面广告、视频音效、背景元素等领域。在千图网上，用户可以找到设计元素图、背景图、视频模板、音乐音效等。

昵图网以摄影、设计、多媒体数字视觉素材为主，网站上的所有素材图片均由网友上传而来，版权归属作者而非网站。在昵图网上，用户可以下载搜索到的画册、版式设计模板、DM 设计、包装设计模板等，所有内容由用户自行上传并享有版权或使用权，需获得原作者授权才可用于商业用途。

百度图片是百度针对用户的图片搜索需求，使用世界前沿的人工智能技术，为用户甄选海量的高清美图，并带来更流畅、更快捷、更精准的搜索体验的一款产品。百度图片搜索支持从图片尺寸、颜色、版权等维度进行图片筛选，收录有来自海量中文网页的大量图片，用户可以通过搜索获取壁纸、写真、动漫、表情等图片素材。

2. 扫描或拍摄

除网络下载渠道外，我们最为常见的获取图片的方式是通过数码设备拍摄照片，例如，使用数码相机或是手机进行拍摄，拍摄后的照片可以导入图片处理软件进行后期处理。另外，通过扫描方式也是获取图像的便捷渠道之一。大多数图像处理软件都支持扫描仪，下面以 Photoshop 为例介绍专业扫描仪的使用方法。

首先需要在计算机中安装相应驱动软件，依据流程提示完成安装之后，即可在 Photoshop 主界面中选择"文件"→"导入"→"WIA 支持"命令，再进行扫描仪连接设置。当 Photoshop 界面中弹出"选择设备"对话框时，用户即可选择对应扫描仪名称进行确定。在扫描进行时，用户需要将所扫描图像正面朝下放入仪器，单击"扫描"按钮进行扫描。等待扫描完成，单击"接受"按钮，图像即刻传送至 Photoshop 中，用户即可对扫描获得的图像进行修改或存储。

由于扫描仪的便利性较低，为了更快捷地获取图像资源，我们可以在手机中安装"扫描全能王"以部分代替专业扫描仪的功能（图 5-15、图 5-16）。扫描全能王是一款集文件扫描、图片文字提取识别、PDF 内容编辑、PDF 分割合并、PDF 转 Word、电子签名等功能于一体的智能扫描软件。它不仅能自动扫描，生成高清扫描件，支持 JPEG、PDF 等多格式保存，还能将扫描件一键转换为 Word、Excel、PPT 等多种格式文档，通过手机、平板计算机、计算机等多设备同步查看。

（五）图像处理

1. 使用 Photoshop 调整扫描图像

对于扫描图像中常见的清晰度不足问题，我们可以在 Photoshop 中做出如下处理。

（1）打开需要处理的图像，新建文件。

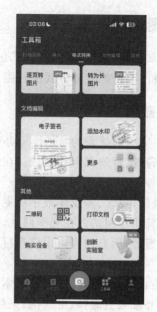

图 5-15　扫描全能王"工具箱"1　　　　图 5-16　扫描全能王"工具箱"2

（2）选择"滤镜"→"锐化"→"锐化"命令，图像清晰度立即提高。如果清晰度还不够，可反复多次执行"锐化"命令，直到画面达到满意效果为止。

如果扫描得到的图像上有杂色和划痕，可以通过"蒙尘与划痕"命令进行设置，具体步骤如下。

（1）打开需要处理的图像。

（2）复制一个名为"背景副本"的背景图层，将"图层"面板中的"背景"图层拖到面板下面"新建图层"图标上。

（3）单击"背景副本"图层，然后选择"滤镜"→"杂色"→"蒙尘与划痕"命令，打开相应对话框（图 5-17）。

图 5-17　Photoshop 中的蒙尘与划痕设置

（4）调节"半径"和"阈值"参数，直至预览窗口中图像杂色不明显或划痕消失。

（5）单击"确定"按钮，完成图像处理。

2. 使用美图秀秀调整图像参数

在众多图像处理软件中，Adobe Photoshop 无疑是功能最为强大、专业用户群最为庞大的软件之一，但由于 Photoshop 对使用者要求较高，便捷性不足，因此当我们只是需要对图像进行简单调整时，可以选择美图秀秀对图像进行简单的编辑处理。在 PC 端，我们可以通过访问美图秀秀官网，下载并安装美图秀秀计算机版，也可以直接单击"图片编辑"，在线使用美图秀秀的部分功能，如图 5-18 所示。

使用美图
秀秀调整
图像参数

图 5-18　使用美图秀秀（网页版）进行图片编辑

左侧工具栏中提供"调整""滤镜""文字""画笔""素材""水印""背景"等功能。在"调整"命令下，用户可对图片进行"裁减/旋转/尺寸"设置；也可使用"消除笔"对画面中不需要的部分进行涂抹消除。此外，还可以设置"光效""色彩"对画面进行细节调整以及"色调分离"操作等。

（1）单击"裁减/旋转/尺寸"，可以对图片的尺寸进行调整与修改（图 5-19）。系统中默认推荐公众号首图、朋友圈封面、计算机壁纸等不同像素大小的图片尺寸，用户可根据需求进行选择或是自由裁减。

图 5-19　使用美图秀秀（网页版）进行图片尺寸调整

（2）选择"素材"命令，可以看到"推荐素材""最近使用"及"我上传的"三大分类。在"推荐素材"中，用户可看到"最新素材""热门精选""形状"等不同素材效果。依据图片设计诉求，可以添加不同素材效果，如图 5-20 所示，则是在图片中添加了新年字体素材。素材可以被整体缩放、移动、旋转，但无法单个被编辑。

图 5-20　使用美图秀秀（网页版）添加素材

三、数字音频

（一）音频获取

声音一种模拟信号，是人们用来传递信息、交流情感最方便的字编码的形式。数字音频是一种利用数字化手段对声音进行录制、存放、编辑、压缩或播放的技术，它是随着数字信号处理技术、计算机技术、多媒体技术的发展而形成的一种全新的声音处理手段。数字音频的主要应用领域是音乐后期制作和录音。

数字音频在计算机中使用二进制方式进行存储，它和一般磁带、广播等音频的存储、播放方式有着本质区别。相比而言，它具有存储方便、存储成本低廉、存储和传输的过程中没有声音的失真、编辑和处理非常方便等特点。常用的音频格式有 CD 格式（.cda）、WAVE 格式（.wav）、MP3 格式（.mp3）、MIDI 音乐（.mid）等。数字音频的获取主要有录制音频和网络下载两种。

1. 录制音频

录制音频质量的好坏与选用的声音输入设备质量、性能等关系密切，非商业活动目的的音频录制，可以通过日常设备实现。例如，使用 Windows 操作系统自带的"录音机"，连接好话筒或耳麦等设备后，即可以轻松获取音频。当然，在我们的日常生活中，相对方便的录音方式是使用手机和录音笔进行录制。

2. 网络下载

基于创作需求，有的音频很难通过自己录制的方式进行采集，然而互联网上汇集了大量专业、实用的音频素材，直接从网上下载素材，可以大大提高音频采集、编辑的工作效率。下面介绍几个常用的音频素材网站。

（1）爱给网：国内一家专注于免费素材的网站，它提供了两类音频素材，一类是音效，音效一般在视频中可以起到点缀、烘托氛围的作用,例如蝉鸣、鸟叫等;另一类则是配乐,就是我们常说的视频背景音乐。需要注意的是,该网站上的部分音乐可免费用于商业用途,而另一些只能用于非商用目的,在下载使用的时候需要看清楚协议。

(2)耳聆网:该网站专门提供音效素材的网站,包含自然环境、交通工具、烟花、器乐和动物等发出的声音。网站素材都遵循知识共享协议,具体音频素材的授权方式,可在音频下方知识共享协议图标上单击查看。

(3)淘声网:声音资源丰富,检索方式便捷,通过独创的搜索引擎,快速匹配目标音频,可以依照用途、情绪等关键词进行搜索。

(二)音频处理

在音频编辑、录音混音、后期制作领域,常用的音频处理专业软件有苹果公司的 Logic Pro X、Adobe 公司的 Audition 等。不过这些软件功能复杂,对用户的专业素养要求较高,对计算机硬件和系统也有一定要求,因此并不太适合只需简单音频处理功能的初学者。下面我们介绍一款易上手的专业数字音频编辑软件 GoldWave(图 5-21),使用它可以在计算机上录制、编辑、处理和转换音频文件。它支持许多格式的音频文件,包括 WAV、OGG、VOC、MP3、MOV 等音频格式。

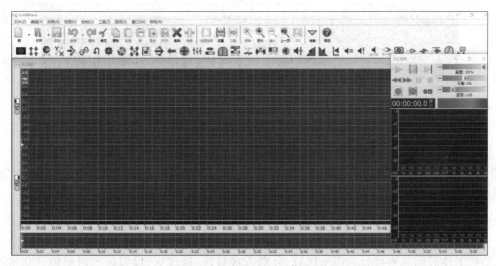

图 5-21　GoldWave 工作界面

在 GoldWave 中,在某一位置上单击,就确定了选择部分的起始点;在另一位置上右击,就确定了选择部分的终止点,这样选择的音频内容就将以高亮度显示。如果选择位置有误或者更换选择区域,可以选择"编辑"→"选择查看"命令(或使用 Ctrl+W 组合键),然后重新进行音频内容的选择。如果要对一段音频内容进行剪切,首先要对剪切的部分进行选择,然后按 Ctrl+X 组合键即可,其他与 Windows 快捷键相似的部分还有:可以用 Ctrl+C 组合键进行复制,用 Ctrl+Z 组合键进行恢复。

对于立体声音频文件来说,在 GoldWave 中的显示是以平行的水平形式分别进行的。有时在编辑中只想对其中一个声道进行处理,另一个声道要保持原样不变化,直接选择将要进行处理的声道即可。

四、数字视频

视频是静态图像的连续播放，具有时序性与丰富的信息内涵，常用于交代事物的发展过程。数字视频是以数字形式记录的视频，与模拟视频相对，创作数字视频首先要用视频捕捉设备如摄像机等，将外界影像的颜色和亮度信息转变为电信号，再记录到储存介质中。

视频文件常用的格式主要有 AVI、MOV、MPG 等。常用的专业视频编辑软件为 Adobe Premiere，这是一款非线性视频编辑应用软件，主要用于影视后期编辑、合成、特技制作。Premiere 提供了采集、剪辑、调色、美化音频、字幕添加、输出、DVD 刻录等一整套流程，其优点是完成剪辑后仍可以随意修改，且不损害图像质量；其缺点依然是对用户的专业素养较高，新手入门时间较长。

如用户只需对视频进行简单剪辑，可以使用剪映进行操作。剪映是抖音官方推出的一款手机视频编辑剪辑应用，它带有全面的剪辑功能，支持变速，多样滤镜效果，以及丰富的曲库资源，支持在手机移动端、Pad 端、Mac 计算机、Windows 计算机全终端使用。搜索剪映官网，即可在网站中下载移动端应用程序。如暂时不想下载，也可以使用网页版（图 5-22）进行编辑操作。

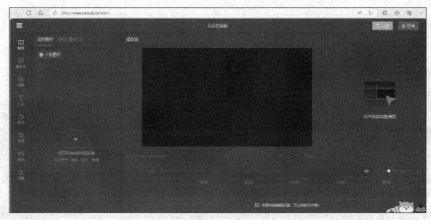

图 5-22　剪映工作界面

剪映工作界面总体可分为四个区域，分别为素材区、播放区、设置区和时间轴。在素材区域，用户可以将视频、音频等信息导入素材列表（图 5-23）。播放区主要提供预览功能，可以在编辑处理的同时预览素材库中的文件，也可预览时间轴上处理的音视频。在设置区，用户可以根据选中的对象，对相应的选项进行设置。如图片设置及转场效果设置等。时间轴位于工作界面下方，分为视频轨道和音频轨道两类。在素材导入时，可以把视频、音频、图像直接拖曳到轨道上，一个工程文件中可以有多条视频轨道及音频轨道。

常用的视频编辑按钮有如下几个。

- 分割按钮▯：单击分割按钮，可以在确定的时间点处将一个视频进行剪切。
- 删除按钮▯：将分割成段的素材或是多余素材在轨道中进行删除。
- 镜像按钮▯：将视频画面或图像进行镜像转换。
- 旋转按钮▯：将视频画面或图像进行旋转。
- 裁剪按钮▯：依据预期效果对视频中不满意的地方进行裁剪。

在确定好视频的基本框架后，可以在时间轴区通过鼠标拖动视频素材两端，以改变视频、

图 5-23　使用剪映进行视频编辑

图像、音频的长度。此外,用户还可以给视频片段间添加转场效果、添加字幕,以期待更好的视频呈现。待全部处理完成,单击工作界面右上角的"导出"按钮,打开"导出"对话框,设置完成后单击"导出"按钮即可。

五、HTML 5 应用制作和发布

HTML 5(hyper text markup language 5)是指第 5 代超文本标记语言,它针对移动互联网和便携设备设计,也指用 HTML 5 语言制作的一切数字产品,网上的网页多数都是由 HTML 5 写成的。"超文本"页面内可以包含图片、链接,甚至音乐、程序等非文字元素。HTML 5 页面具有表现形式丰富、跨平台性、互动性强、成本低、易传播、易维护等特点。

(一) HTML 5 页面的分类

根据设计目的的不同,HTML 5 页面大致可分为纪念宣传型、互动娱乐型、岗位招聘型、总结报告型以及邀请函五种类型。

1. 纪念宣传型

纪念宣传型 HTML 5 页面是一种专为推广活动、纪念日而设计的 HTML 5 页面类型,具有很强的时效性,为增强传播效果和扩大活动影响范围,创作者在设计页面时会强调互动性、话题性和吸引力,有利于引导受众主动分享和传播活动。例如,建党百年时苏报融媒体的宣传作品如图 5-24 所示。

2. 互动娱乐型

互动娱乐型 HTML 5 页面是通常带有强烈的宣传性质,而非单纯仅为互动娱乐进行页面设计。通过互动娱乐的方式,可以加强宣传效果,扩大宣传范围。例如,阿里巴巴乡村振兴基金会所创作的"寻美乡村设计实践手册"如图 5-25 所示。

3. 岗位招聘型

通过岗位招聘型 HTML 5 页面,需求方可以图文并茂地展示自己的企业优势与岗位需求,与此相对应地,求职者也可更直观地了解企业环境、面貌、文化、待遇等信息。此外,通过

图 5-24　纪念宣传型页面

图 5-25　互动娱乐型页面

HTML 5 页面的强交互性，求职者可以将求职资料直接上传给人力资源管理，这使得整个招聘过程变得高效便捷。例如，某公司线上招聘使用的页面如图 5-26 所示。

4. 总结报告型

常见的总结报告型 HTML 5 页面有企业年度总结、App 使用情况总结等，此类 HTML 5 页面具有优秀的动画和图文展示效果，将原本枯燥的总结报告变得生动有趣。例如，网易云音乐的年度报告如图 5-27 所示。

图 5-26　职位招聘型页面

图 5-27　总结报告型页面

5.邀请函

HTML 5 引入了多种新的元素和 API,支持嵌入音频、视频等多媒体内容,可以更生动地展示邀请函的内容,丰富的媒体支持使得邀请函更具吸引力和创新感。受邀者在接收到邀请函后,可以通过社交媒体等渠道进行传播,扩大影响力。例如,某行业大会邀请从业者参会便是通过 HTML 5 页面发布邀请函如图 5-28 所示。

(二) HTML 5 页面设计

HTML 5 增强了多媒体内容支持,允许用户在页面中直接嵌入音频和视频,无须依赖外部插件。这为设计者提供了更多的表达方式,HTML 5 页面几乎支持所有的媒体形式,即使

图 5-28 邀请函页面

是相同的内容，也可以通过不同的呈现形式以加深受众的印象，增强传播效果。在进行 HTML 5 页面设计时，通常需注重如下的方法与原则。

1. 内容条理清晰，页面大方简洁

一条完整的 HTML 5 推广内容通常包含诸多元素与多个页面，其中所包含的信息巨大。因此，创作者最初就应考虑到内容的条理性，并做好规划，依据内容的紧要程度对呈现内容所需的辅助元素、页面效果进行合理安排。在设计元素的使用时，要考虑该元素与内容的适配程度，以及使用该元素是否可以帮助突出主要内容，万万不可因为追求效果就胡乱叠加各类元素，导致页面间的关联太过复杂，信息量过大，造成用户的阅读压力。

2. 页面布局合理，使用流畅度高

HTML 5 可以适应各种设备和屏幕尺寸，响应式设计要求设计者在创作时兼顾到不同设备的特性，以便提供适应不同屏幕的布局和内容。合理的布局与适当的元素运用 HTML 5 的流畅度"保驾护航"。在设计 HTML 5 页面时，应尽量保证内容的简洁性，一个页面只专注一个主题的讲述，并通过小标题的运用，展示该页面中最精准、最核心的内容，避免给受众带来拖沓的观赏感受，从而流失用户。

3. 增强页面交互性，优化内容故事

强大的交互性是 HTML 5 页面的最大优势，因此，在设计 HTML 5 页面时，创作者可以考虑设计一些交互元素，例如，重力感应、3D 视图、摇一摇、分支选择等，以增加 HTML 5 页面的趣味性。在设计交互时，要保证交互简单易操作，避免让受众失去耐心和兴趣。在设计交互内容时，要注重其故事性，做到通过内容吸引用户参与其中，这样才能使用户对页面主题和内容会有更深入的感知和体验。除此之外，在 HTML 5 页面中融入社交元素，例如，加入分享按钮、挑战赛、好友排行榜等，都可以帮助页面增强交互性，使 HTML 5 页面得到裂变式传播。

（三）HTML 5 页面编辑工具

HTML 5 页面因其出色的体验效果受到了越来越多用户的欢迎。常用的 HTML 5 编辑软件包括 HTML 5 页面制作工具、在线 HTML 5 页面制作工具等。目前用户热衷的有易企秀、人人秀、MAKA 等软件，通过此类软件，可以帮助用户快速创建和编辑 HTML 5 页面，提高制作效率。其中，易企秀是一款免费的 HTML 5 页面制作工具，提供丰富的 HTML 5 模板和功能，让用户可以轻松制作出精美的 HTML 5 页面。易企秀简单易用，提供了直观的界面和简单的操作方式，无须编程基础即可快速上手。此外还有大量的 HTML 5 模板，涵盖各种主题和行业，满足用户不同的需求。

1. 打开易企秀网页版

打开易企秀官网首页，如图 5-29 所示，通过输入注册手机号及密码或扫描二维码可实现登录。

图 5-29　易企秀官网首页

2. 网页版易企秀工作界面介绍

网页版易企秀的工作界面可以划分为工具栏、编辑区、素材面板以及设置面板四个区域。通过单击工具栏中的"文本""图片""音乐""视频"，可以实现文字内容编辑、图片导入、格式设置、音频和视频的嵌入等操作。通过"组件"可以为页面添加视觉、功能、表单、微信及活动相关组件，使页面具有交互功能、统计数据等。"预览和设置"按钮主要对分享作品的标题、互动方式进行设置，还可对页面的整体效果进行预览。设置好后，可单击"保存"按钮对作品进行保存，或单击"发布"按钮打开发布设置面板，将作品分享至社交平台。

3. 通过"空白创建"方式制作邀请函

网页版易企秀中提供海量 HTML 5 制作模板及素材，用户可以对现有模板进行修改，也可以创建空白文件进行原创。"选择模板"可以在现有模板的原基础上对文字、图像等内容进行修改，尽管使用模板容易"撞款"，但考虑制作的时长和工作量，不少用户依然会愿意选择使用模板。"空白创建"则是从零开始对 HTML 5 页面进行设计、添加、修改素材等，它充分体现了创作者的设计思路和制作技巧。

以"空白创建"为例，如我们需要制作邀请函，则通过单击"竖版创建"或"横版创建"按钮即可进入新建页面（图 5-30）。

通过空白
创建方式
制作邀
请函

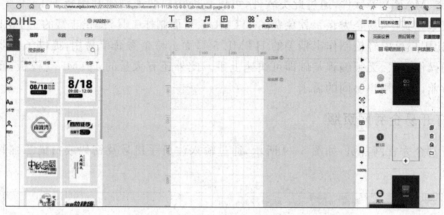

图 5-30　易企秀"创建竖版"的界面

在空白创建页面，我们可以完完全全从零开始组织界面，也可以适当使用网站中已有的推荐元素。如我们需要使用推荐图文，通过选择"图文"→"推荐"命令，使用鼠标滑动选择自己所喜欢的推荐图文模板，即可免费使用（图 5-31）。

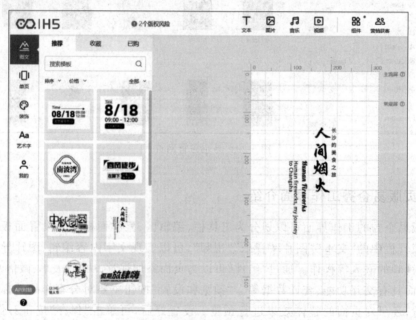

图 5-31　在易企秀中使用推荐图文

任务实现

针对任务 5.2 中的图文类型个人简历，在组织内容时应注意以下几点。

（1）选择或创作适合意向职位的简历风格进行内容填充。

（2）简历内容应围绕招聘信息中的岗位描述进行展开，突出自己的求职优势。

（3）语言精练，表述客观，尽可能量化已经取得的学习、实习成果。

能 力 拓 展

搜集不同风格个人简历模板

在求职前，同学们可以将自己的意向岗位类别进行梳理，依据行业和岗位性质的不同，寻找不同的参考模板，创作专属于自己的个人简历，具体操作如下。

（1）如需创作普适性高、设计风格简洁大方的个人简历，可以通过五百丁简历网站寻找适合的模板素材。

（2）如求职者面向广告、设计类行业，可使用 Canva 网站进行素材搜集。

单 元 练 习

一、填空题

1. 根据设计目的的不同，HTML 5 页面大致可分为纪念宣传型、_____、岗位招聘型、总结报告型以及邀请函五种类型。

2. 常见的音频获取方式有录制音频、_____两种。

3. 图像由像素点组合而成，色彩丰富、过渡自然，图像文件一般能直接通过_____、扫描和摄像得到。

二、选择题

1. 在"剪映"中，单击（   ）按钮，可以在确定的时间点处将一个视频进行剪切。

    A. "分割"   B. "旋转"   C. "镜像"   D. "裁剪"

2. 放大图形，其线条依然可以保持良好的光滑性及比例相似性，图形整体不变形，占用空间较小的图形被称为（   ）。

    A. 位图   B. 风景图   C. 卡通图   D. 矢量图

3. 下列选项中不属于音频格式的是（   ）。

    A. CDA   B. PDF   C. WAV   D. MP3

4. 在美图秀秀中，使用"调整"命令时，用户不可以对图片进行（   ）设置。

    A. 裁剪   B. 旋转   C. 抠像   D. 尺寸

5. 纪念宣传型 HTML 5 页面是一种专为推广活动、纪念日而设计的 HTML 5 页面类型，为增强传播效果和扩大活动影响范围，创作者在设计页面时会强调互动性、话题性和（   ）。

    A. 吸引力   B. 判断力   C. 普遍性   D. 思考性

三、判断题

1. 在 HTML 5 页面设计时，为了更好突出主题，设计元素的使用越多越好。   （   ）

2. 输入文本需采用输入设备，输入设备是用户和计算机系统之间进行信息交换的主要装置之一。   （   ）

3. 计算机系统中，图形与图像的概念不存在差异。   （   ）

4. PDF 文件中可包含超文本链接、音频和视频等电子信息。 （　　）

5. 图像像素点越多,分辨率就越高,图像越清晰,文件就越大。 （　　）

四、简答题

1. 简述 HTML 5 页面设计的基本原则。

2. 简述图形的基本概念。

3. 常用的图像存储格式有哪些?

五、操作题

1. 使用美图秀秀将你的 2 寸证件照裁剪为 1 寸大小。

2. 使用扫描全能王对本页面进行扫描,并存储为 PDF 格式。

六、思考题

1. 在使用 HTML 5 页面设计班级活动邀请函时有哪些注意点?

2. 就你的专业方向而言,在求职时选择哪种简历形式能够更好地展示你自己?

模块 6 信息检索技术

学 习 提 示

　　身处信息时代，谁能够更高效地获取到有价值的信息，谁就能抢占先机，发展更有优势。面对互联网上海量的信息，要想更加快速且准确地找到需要的信息资源，离不开信息检索这项技术。信息检索是人们进行信息查询和获取的主要方式，是查找信息的方法和手段。掌握网络信息的高效检索方法，是现代信息社会对高素质技术技能人才的基本要求。

　　本单元主要介绍信息检索基础知识、搜索引擎使用技巧、专用平台信息检索等内容，以便我们了解信息检索技术，借助合适的工具和方法有效应对海量数据，通过过滤各种无价值的信息，掌握快速获取到有效信息资源的技巧。

　　本模块知识技能体系如图 6-1 所示。

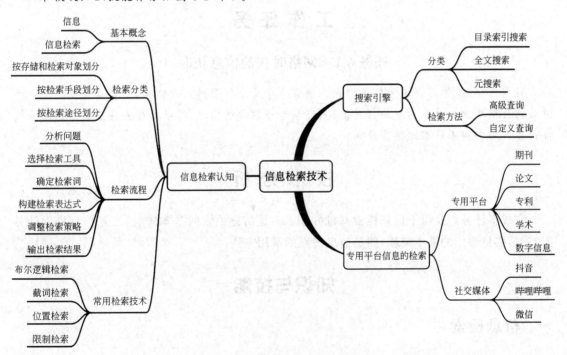

图 6-1　信息检索技术知识技能体系

工 作 标 准

　　(1)《信息与文献　信息检索(Z39.50)应用服务定义和协议规范》　GB/T 27702—2011
　　(2)《信息与文献　叙词表及与其他词表的互操作　第 1 部分：用于信息检索的叙词表》
GB/T 13190.1—2015

单元 6.1 信息检索的认知

学习目标

知识目标：

1. 了解信息检索的基础知识；
2. 理解信息检索的基本概念；
3. 了解信息检索的基本流程。

能力目标：

1. 熟悉信息检索的基本流程；
2. 学会针对不同类型的数据，选择适合的检索工具或方法。

素养目标：

1. 能进行数字化的信息获取（学习）环境创设；
2. 能进行信息资源的获取、加工和处理。

工作任务

任务 6.1 网络时代的信息获取

我们的生活、学习离不开信息检索。郝雪今年马上就要进入大学学习，需要查找查询一下适合的火车车次以及目的地的相关情况、大学专业学习的内容、考证的相关信息等。郝雪应该如何在网络中搜索获取这些信息呢？

技术分析

完成本任务涉及以下信息检索基础知识：一是信息检索的基本概念；二是信息检索的分类；三是信息检索的基本流程；四是信息检索的常用方法。

知识与技能

一、信息检索

信息是按一定方式进行加工、整理、组织并存储起来的数据对象，信息检索就是指根据用户的特定需要将相关信息准确查找出来的过程。通常信息检索可以从广义和狭义两个角度来解释。

广义的信息检索包括信息存储和信息获取两个过程。信息存储是指通过对大量无序信息进行选择、收集、著录、标引，组建成各种信息检索工具或系统，使无序信息转化为有序信息集合的过程。信息获取则是根据用户的特定需求，运用已组织好的信息检索系统将特定的信息查找出来的过程。

狭义的信息检索则是指从一定的信息集合中找出所需要的信息的过程。就像人们在互联网中,通过搜索引擎搜索各种信息的操作就是狭义的信息检索,也就是大家常说的信息查询(information search 或 information seek)。

二、信息检索的分类

按照不同的划分标准,信息检索可以有多种分类结果。

(一)按存储和检索对象划分

检索对象是指检索的目标对象,常见的检索对象有文献、数据和事实等。因此根据这些对象的不同,信息检索可以分为以下三种类型。

(1)文献检索。文献检索是一种相关性检索,它不会直接给出用户提出的问题的答案,只会提供相关的文献以供参考。文献检索以特定的文献为检索对象,包括全文、文摘、题录等。

(2)数据检索。数据检索是一种确定性检索,它能够返回确切的数据,直接回答用户提出的问题。数据检索以特定的数据为检索对象,包括统计数字、工程数据、图表、计算公式等。

(3)事实检索。事实检索也是一种确定性检索,一般能够直接提供给用户所需的且确定的事实。事实检索以特定的事实为检索对象,如某一事件的发生时间、地点、人物和过程等。

(二)按检索手段划分

检索手段指检索信息时采取的具体方式。根据检索手段的不同,信息检索可以分为以下两种类型。

(1)手工检索。手工检索是一种传统的检索方法,它是利用图书、期刊、目录卡片等工具书进行信息检索的一种手段。手工检索不需要特殊的设备,用户根据要检索的对象,利用相关的检索工具就可以检索。其缺点是既费时又费力,尤其是在进行专题检索时,用户要翻阅大量工具书和使用大量的检索工具进行反复查询,同时也非常容易造成误检和漏检。

(2)计算机检索。计算机检索是指在计算机或者计算机检索网络终端上,使用特定的检索策略、检索指令、检索词,从计算机检索系统的数据库中检索出所需信息后,再由终端设备显示、下载和打印相应信息的过程。计算机检索具有检索方便快捷、获得信息类型多、检索范围广泛、不受时空限制等特点。

(三)按检索途径划分

检索途径是指检索信息的渠道。根据检索途径的不同,信息检索可以分为直接检索和间接检索两种类型。

(1)直接检索。直接检索是指用户通过直接阅读文献等方式获得所需资料的过程。

(2)间接检索。间接检索是指用户利用二次文献或借助检索工具查找获取所需资料的过程。

三、信息检索的基本流程

信息检索的基本流程可以概括为:分析问题→选择检索工具→确定检索词→构建检索表达式→调整检索策略→输出检索结果。

（1）分析问题。分析问题是指分析要检索内容的特点和类型（如文献类型、出版类型），以及所用方法、如何输出检索结果等环节。

（2）选择检索工具。正确选择检索工具是保证检索成功的基础。根据检索要求得到信息类型、时间范围、检索经费等因素，经过综合考虑后，选择合适的检索工具。

（3）确定检索词。检索词是计算机检索系统中进行信息匹配的基本单元，检索词会直接影响最终的检索结果。常用的确定检索词的方法有选用专业术语，以及选用同义词与相关词等。

（4）构建检索表达式。检索表达式是在计算机信息检索中用来表达用户检索提问的逻辑表达式，由检索词和各种布尔逻辑算符、截词符、位置算符组成。检索表达式将直接影响信息检索的查全率和查准率。

（5）调整检索策略。检索时，用户要及时分析检索结果。若发现检索结果与检索要求不一致，则要根据检索结果对检索提问式做出相应的修改和调整，直至得到满意的检索结果为止。

（6）输出检索结果。根据检索系统提供的检索结果输出格式，用户可以选择需要的记录及相应的字段，将检索结果存储到磁盘中或直接打印输出。至此，整个检索过程完成。

四、信息检索的常用方法

常用的信息检索方法可以分为以下四类。

（一）布尔逻辑检索

所谓布尔逻辑检索，是指由逻辑与（AND）、逻辑或（OR）和逻辑非（NOT）三种运算符构成条件的检索方法。其中，逻辑与（AND）代表交叉限定关系，可以增强专指度，提高查准率；逻辑或（OR）代表并列关系，可以扩大检索范围，提高查全率；逻辑非（NOT）代表排除关系，可以提高查准率，影响查全率。

举例来说，如果有 X 和 Y 两个检索词，那么 X AND Y 表示同时含有这两个检索词的结果被选中；X OR Y 表示含有其中一个或同时含有这两个检索词的结果被选中；X NOT Y 表示含有 X 检索词但不含有 Y 检索词的结果被选中。

（二）截词检索

截词检索是一种预防漏检及提高查全率的检索方法。截词检索就是用截断的词的一个局部进行检索，并认为凡满足这个词局部中的所有字符（串）的都为命中的结果。按截断的位置来分，截词可有前截断、中截断、后截断三种类型，其中前截词是后方一致，中截词是两边一致，后截词则前方一致。不同系统所用的截词符也不同，常用的有"?"" * "等，通常" * "代表 $0\sim n$ 个字符，"?"代表 1 个字符。

（三）位置检索

位置检索是用一些特定的位置算符来表达一个检索词与另一个检索词之间的顺序和词间距的检索方法。位置算符主要有"（W）"算符、"（nW）"算符、"（N）"算符、"（nN）"算符、"（F）"算符以及"（S）"算符，它们的含义各不相同。

"(W)"算符中 W 的含义为 with,表示其两侧的检索词必须紧密相连,除空格和标点符号外,不得插入其他词或字母,两词的词序不可颠倒。

"(nW)"算符中 W 的含义为 word,表示算符两侧的检索词必须按此前后邻接的顺序排列不可颠倒,且检索词之间最多有 n 个其他词。

"(N)"算符中 N 的含义为 near,这个算符表示其两侧的检索词必须紧密相连,除空格和标点符号外,不得插入其他词或字母,两词的词序可以颠倒。

"(nN)"算符表示允许两词间插入最多为 n 个其他词,包括实词和系统禁用词,且词序可以颠倒。

"(F)"算符中 F 的含义为 field。这个算符表示其两侧的检索词必须在同一题目字段或文摘字段中出现,词序不限,夹在两词之间的词的个数也不限。

"(S)"算符中的 S 是 sub-field/sentence 的缩写,表示在此运算符两侧的检索词只要出现在记录的同一个子字段内,此信息即被命中,要求被连接的检索词必须同时出现在记录的同一子字段中,不限制它们在此子字段中的相对次序和中间插入词的数量。

(四) 限制检索

限制检索是通过限制检索范围及缩小检索结果,达到精确检索的检索方法,主要有限定字段检索和限定范围检索。

(1) 限定字段检索是将检索词限定在特定的字段中。如题名(title,TI)、关键词(keyword,KW)、主题词(descriptor,DE)、摘要(abstract,AB)、全文(full text,FT)、作者(author,AU)、期刊(journal,JN)、语种(language,LA)、出版国家(country,CO)、出版年份(publication year,PY)等。字段限定符号在前,检索词在字段代码之后的是前缀方式;反之为后缀方式。

(2) 限定范围检索是通过使用限定符来限制信息检索范围,以达到优化检索的方法。不同的检索系统略有不同的限定符,常用的有 $=$、$<=$、$>=$、$<$、$>$ 等。

任 务 实 现

当今社会,信息已经成为一种十分重要的资源。网络出现之前,报纸、期刊、书籍等这些传统媒介是我们可以寻找信息的来源;随着计算机、网络通信技术的高速发展,互联网成为人们获取信息的重要渠道。而互联网上信息繁多,所涉及的数据也种类各异,针对不同类型的数据选择合适的检索工具和方法进行有效的信息检索就显得十分重要。

要完成任务 6.1,郝雪进行了实际操作体验,探索汇总了不同类型的信息资源网站,为大学的学习生活提供了不少便利。

1. 终身学习的加油站

网络时代,大部分的知识都可以在网络上学到,自主学习能力将成为未来最为重要的一种能力之一。有很多优质的学习资源,如中国大学 MOOC、学堂在线、网易公开课等都是很好的学习平台,如图 6-2 和图 6-3 所示。在这里不仅可以免费看到国内知名高校的精品开放课程,还能观看到世界各大名校的公开课视频。除此之外,在腾讯课堂、百度传课、网易云课堂等一些知名网络公司推出的专业在线教育平台上也聚合了大量优质教育机构和名师,开设了职业培训、公务员考试、托福雅思、考证考级、英语口语、中小学教育等众多在线学习精品课程。

图 6-2　中国大学 MOOC 首页

图 6-3　学堂在线首页

2. 考证竞赛不断提升

　　无论是学生还是已经工作的职场人，大家都会选择考取一些证书，来证明自己的专业水平，提升综合能力和职业竞争力。如果你想丰富大学生活，不断自我提升，那些发布关于考证和竞赛信息的权威网站就是必须关注的。

　　中国教育考试网就是一个教育考试信息的官方发布平台，如图 6-4 所示，大学期间的许多重要考试，比如四六级、教师资格证、研究生、计算机、公共英语等考试都在这个网站完成注册，并直到查询证书号。

图 6-4　中国教育考试网首页

如果在课余时间想通过参加各种竞赛来开阔视野并锻炼自己,可以在一些提供比赛信息和相关培训的网站上找到你想要的信息,如我爱竞赛网、赛氪竞赛网以及去大赛网等都是很好的竞赛信息发布平台,专为全国大学生提供各级各类竞赛的信息。可以在这些网站找到适合自己的比赛项目报名参加,还可以查看往届的优秀作品和经验分享,看到一些比赛动态和新闻;有些网站还有志愿招募、讲座交流、社团实践等活动信息,如图 6-5 所示。

图 6-5　我爱竞赛网首页

3. 网络智慧宝库促进交流共享

在网络上还蕴藏着许多诸如专业论坛、问答社区、知识百科这样的智慧宝库，为人们进行专业知识探究、经验分享、概念术语查询提供有价值的参考。

小木虫是一个提供各类科研信息和服务的网站，如图 6-6 所示，其中的论坛将相同专业领域、相同爱好或相同职业的人们聚集在一起交流学习，互帮互助，并且利用版块分类将交流的内容分门别类记录，有章可循。

图 6-6　小木虫

知乎是一个真实的网络问答社区，这里连接了各行各业的用户，他们平等对话，分享彼此的专业知识、经验、见解，逐渐成为一个知识积累的平台。

《中国大百科全书（第三版）》网络版是数字化大型综合性百科全书，是一个面向大众的公共知识服务平台，是具有中国特色和国际影响力的权威知识宝库。在第一、二版的基础上，第三版大量增加了学科设置和条目数量，包括了国家颁布的全部学科门类、一级学科和多个知识领域，总条目 50 万条，总计约 5 亿字。网络版运用文本、图片、音频、视频和交互产品，体现科学性、知识性、文献性、艺术性和可读性。并针对不同的读者需求，注重专兼并济、雅俗共赏，划分了专业、专题、大众三个板块，如图 6-7 所示。

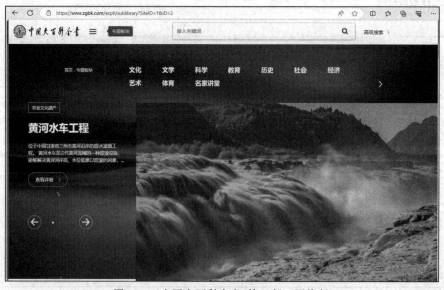

图 6-7　《中国大百科全书（第三版）》网络版

具体检索操作如下。

（1）一般检索：访问主页，可在检索框输入关键词，单击"搜索"按钮；也可以通过"你可能还关心的领域"直接进入有关学科领域页面，在检索框输入关键词进行搜索。

（2）高级搜索：在"高级搜索"页面，可分别按条目标题、关键词（释文作者、学科分类）以精准匹配和模糊匹配两种方式进行搜索。也可选择"并含""或含""不含"三种逻辑关系进行组合搜索。

（3）按版块检索：首页最上端设有"专业版块""专题版块""大众版块"三个检索入口。专业板块按学科门类及学科呈现，专题版和大众版按主题大类呈现，选择相关主题，输入关键词进行搜索。

4. 获取权威信息和资讯必备

互联网是虚拟世界，具有充分的开放性和极强的传播性。信息检索过程中，作为信息获得者要养成良好的信息素养，注重消息的正确性和来源的权威性。这里列举一些主流权威的资讯网站。

学信网全称为中国高等教育学生信息网，如图 6-8 所示，由教育部学生服务与素质发展中心主办，是集高校招生、学籍学历、毕业生就业信息一体化的大型数据仓库，开通"阳光高考"信息平台、学籍学历信息管理平台、中国研究生招生信息网等平台，实现学籍查询、学历认证、硕士研究生网上报名、调剂、录取等功能。

图 6-8　学信网

新华网是中国重点新闻网站，依托新华社遍布全球的采编网络，每天 24 小时同时使用六种语言滚动发稿，权威、准确、及时播发国内外重要新闻和重大突发事件。

央视网由中央广播电视总台主办，如图 6-9 所示，是以视频为特色的中央重点新闻网站，是央视的融合传播平台，秉承"融合创新、一体发展"的理念，以新闻为龙头，以视频为重点，以用户为中心，建成"一网一端多平台多渠道"融媒体传播体系。

图 6-9　央视网

中国国家图书馆提供国家图书馆馆藏数字化资源的检索及在线阅读服务，如图 6-10 所示，内容涵盖古籍、图书、论文、期刊、音视频、少儿资源等。

图 6-10　中国国家图书馆

中国铁路 12306 是中国铁路的官方网站，提供网上购票、余票查询、铁路旅客信用管理、实名制车票等服务，如图 6-11 所示。可以在这里了解铁路动态、常识、车票信息等。

图 6-11　中国铁路 12306

能 力 拓 展

提高信息检索效率的巧妙方法

因特网的普及和发展给人们带来了超级丰富的信息资源,网上阅读和检索已成为现代人们获取信息的重要途径。在浩如烟海的网络信息中快速查找并准确获取所需资源,必要的检索方法和技巧是不能少的,下面就让我们来学习一些在网络信息检索时,提高搜索的命中率,进而提高检索效率的巧妙方法。

1. 关键词的提炼

(1) 使用"词语+空格"的方式搜索,定位的结果更加准确。

(2) 由于互联网上的英文数据存储量远高于中文数据,因此在搜索的时候不妨尝试使用英语,得到的搜索结果会更准确。

2. 简单易用的搜索运算符

关键词提炼过后,要缩小搜索范围,以使搜索结果更加精确。下面几个常用的搜索运算符可以解决一般的搜索需求。

(1) 加号(+):想要搜索结果中同时包含 A、B 两个关键词,可以用"+"连接两个关键词。

(2) 减号(−):删除不必要的关键词。想要搜索 A,但结果中不想出现 B 关键词,可以用"−"。尤其注意"A−B"中 A 后面有空格,不能省略,且减号必须是英文状态下的。

(3) 竖线(|):搜索结果中要求仅出现 A、B 中的一个关键词,可以用"|"连接两个关键词。

(4) 书名号(《》):搜索书籍、音乐、电影等内容时,可以用"《》"包括关键词,则会根据作品名准确搜索作品。

3. 高效选择结果

在得到比较满意的搜索结果后，我们就需要进入页面选择合适的结果了。以下操作便于搜索结果的筛选。

（1）网页快照：是引擎对搜索结果的自动缓存，所以进入界面的速度相较于直接打开网页要快得多。在网页快照中搜索关键词是用亮色标记的，方便快速定位关键词，提高搜索效率。当页面因网络故障等原因打开失败，可以利用网页快照的功能来重新查看。

（2）打开新的标签页：为了方便多个页面间的内容对比，避免多次单击"后退"按钮的重复操作，可以按住 Ctrl 键，单击搜索结果，页面就会在新的标签打开，从而提高效率。

（3）页面查找快捷键 Ctrl+F：在 Office 中的查找快捷键 Ctrl+F 在网页中也同样适用。在页面中按 Ctrl+F 组合键，在弹出的搜索框中输入关键词，结果会高亮显示，能够快速定位到需要查看的内容，让搜索事半功倍。

单 元 练 习

一、填空题

1. 信息检索基本流程有分析问题，_____，确定检索词，_____，_____，_____和整理检索结果。

2. 常用的信息检索方法主要有_____、_____、_____和限制检索。

3. 布尔逻辑检索中检索符号常用的有_____、_____、_____。

二、选择题

1. 检索式 computer(w)information 检索出来的结果是（　　）。
   A. computer with information　　　　B. computer color information
   C. computer information　　　　　　D. color computer information

2. 布尔逻辑检索中检索符号 OR 的主要作用在于（　　）。
   A. 提高查准率　　　　　　　　　　B. 提高查全率
   C. 排除不必要信息　　　　　　　　D. 减少文献输出量

3. 利用截词技术检索"? 英语考试"，以下检索结果正确的是（　　）。
   A. 英语四级考试　　　　　　　　　B. 英语考试成绩
   C. 英语考试报名　　　　　　　　　D. 英语六级考试

4. 布尔逻辑表达式"在职人员 NOT（中年 AND 教师）"的检索结果是（　　）。
   A. 检索出除了中年教师以外的在职人员的数据
   B. 中年教师的数据
   C. 中年和教师的数据
   D. 在职人员的数据

5. 截词检索中，"?"和"＊"的主要区别是（　　）。
   A. 字符数量的不同　　　　　　　　B. 字符位置的不同
   C. 字符大小写得不同　　　　　　　D. 字符缩写的不同

三、判断题

1. 信息检索分类按存储与检索对象划分为手工检索和计算机检索。　　　（　　）
2. 间接检索是指用户浏览一次文献或三次文献,从而获得所需资料的过程。（　　）
3. NOT 是表示连接并列关系的检索词。　　　　　　　　　　　　　　　（　　）
4. 截词检索技术可以有效防止漏检。　　　　　　　　　　　　　　　　（　　）
5. 无论信息检索的方法是否相同,信息检索的原理都是一样的。　　　　（　　）

四、简答题

1. 什么是信息检索?
2. 信息检索的基本流程是什么?

五、思考题

1. 结合实际操作体验,举例说明对于不同类型的信息,如概念术语、书籍、网络课程、时事新闻等,你会运用什么样的检索工具或方法?
2. 信息检索的技巧有哪些?

单元 6.2　搜索引擎的使用

学 习 目 标

知识目标:

1. 了解搜索引擎的基本概念和分类;
2. 掌握搜索引擎的检索方法。

能力目标:

1. 认识各类搜索引擎及其典型代表;
2. 掌握搜索引擎的基本操作;
3. 熟悉搜索引擎的高级查询技巧。

素养目标:

1. 主动地寻求恰当的方式捕获、提取和分析信息;
2. 以有效的方法和手段判断信息的可靠性、真实性、准确性和目的性。

工 作 任 务

任务 6.2　用好搜索引擎

郝雪已经进入大学开始专业学习,学校开设了人工智能、大数据技术等专业课程。但当郝雪在对专业知识使用搜索引擎搜索时,得到的搜索结果却不太理想。这就需要掌握更多搜索技巧,从而获得更加准确的信息。

技术分析

完成本任务涉及以下搜索引擎的知识：一是搜索引擎的概念和分类；二是搜索引擎的检索方法；三是搜索引擎的高级查询技巧。

知识与技能

一、搜索引擎及其分类

随着互联网的发展，搜索引擎已经成为网络时代一个重要的技术工具，使用搜索引擎是人们日常最普遍的信息检索方式。所谓搜索引擎，就是指根据一定的策略、运用特定的计算机程序从互联网上采集信息，并对信息进行组织和处理，为用户提供检索服务的一种技术或工具。随着搜索引擎技术的不断发展，搜索引擎的种类也越来越多，目前常见的根据其工作方式的不同划分，主要包括目录索引搜索引擎、全文搜索引擎、元搜索引擎等。

（一）目录索引搜索引擎

目录索引搜索引擎（index/directory search engine）也称分类检索引擎，是互联网最早提供的网站资源查询服务。目录索引主要是搜集和整理互联网中的资源，根据搜索到的网页内容，按照不同的分类主题目录将其网址分配到不同层次的类目下，形成像图书馆目录一样的树形分类结构。使用目录索引搜索引擎查找信息时，完全可以不用输入关键词，仅按照相关目录列表逐级查询。另外，使用目录索引搜索引擎进行检索时，只能够按照网站的名称、网址、简介等内容进行查询，因为目录索引搜索引擎的查询结果只是网站的统一资源定位信息（URL），而不是具体的网站页面。

目录索引搜索引擎最早的典型代表是雅虎（Yahoo），国内的搜狐、新浪、网易搜索、hao123等也都是目录索引搜索引擎。

（二）全文搜索引擎

全文搜索引擎（full text search engine）是指从互联网中提取各个网站的信息（以网页文字为主），并建立起数据库的一类搜索引擎。用户在使用全文搜索引擎进行检索时，搜索引擎就是在数据库中检索出与用户查询条件相匹配的记录，然后按一定的排列顺序将结果返回给用户。全文搜索引擎被称为真正意义上的搜索引擎，目前应用广泛，如百度便是典型的全文搜索引擎。

根据搜索结果来源的不同，全文搜索引擎又可以分为两类：一类搜索引擎是拥有自己的检索程序，俗称"蜘蛛"程序或"机器人"程序，它能够建立自己的网页和数据库，搜索结果也是直接从自身数据库中调用的，百度就属于这类；另一类则是租用其他搜索引擎的数据库，然后按照自定义的规则和格式来排列和显示搜索结果的搜索引擎。

（三）元搜索引擎

元搜索引擎（meta search engine）又称多搜索引擎，在接收用户查询请求后会同时在多个搜索引擎上进行搜索，并将结果返回给用户。国内较有影响力的元搜索引擎有 InfoSpace 搜索、360 搜索等。在搜索结果排列方面,有的元搜索引擎直接按来源排列搜索结果,有的元搜索引擎则按自定义的规则将结果重新排列组合。

二、搜索引擎的检索方法

用户通过搜索引擎进行信息检索时,除了可以直接输入关键字检索外,还可以使用一些技巧让检索结果更加精准。

(一)高级查询功能

许多搜索引擎都提供了高级查询功能。以百度搜索引擎为例,在百度搜索引擎的首页中,将鼠标光标移至右上角的"设置"超链接上,将自动打开下拉列表,选择"高级搜索"选项,在打开的对话框中根据需要设置搜索参数,即可实现高级查询功能,如图 6-12 所示。

图 6-12　百度"高级搜索"对话框

(二)使用搜索引擎指令

使用搜索引擎指令可以实现较多功能,如查询某个网站被搜索引擎收录的页面数量、查找 URL 中包含指定文本的页面数量、查找网页标题中包含指定关键词的页面数量等。

(1) site 指令:使用 site 指令可以查询某个域名(计算机在网络上的定位标识)被该搜索引擎收录的页面数量,其格式为:site+半角冒号(:)+网站域名。

(2) inurl 指令:使用 inurl 指令可以查询 URL 中包含指定文本的页面数量,其格式为:inurl+半角冒号":"+指定文本,或 inurl+半角冒号(:)+指定文本+空格+关键词。

(3) intitle 指令:使用 intitle 指令可以查询页面标题中包含指定关键词的页面数量,其格式为:intitle+半角冒号(:)+关键词。

241

任 务 实 现

要完成任务 6.2，即用好搜索引擎，方法如下。

任务 6.2

1. 使用搜索引擎进行基本查询操作

搜索引擎的基本查询方法是在搜索框中输入搜索关键词来查询。下面在百度中搜索近一年来发布的包含"人工智能"关键词的所有文件，具体操作如下。

（1）启动浏览器，在地址栏中输入百度的网址，按 Enter 键进入百度首页；然后在中间的搜索框中输入查询关键词"人工智能"，单击"百度一下"按钮或按 Enter 键，百度默认网页检索结果如图 6-13 所示。如果单击搜索栏下的图片、资讯、贴吧、视频等按钮，会在检索结果中筛选出关于人工智能的图片、资讯、贴吧、视频等专门信息。

图 6-13　百度网页搜索结果

（2）单击搜索结果右上方的"搜索工具"按钮，可以进一步显示搜索工具栏，如图 6-14 所示。

图 6-14　搜索工具栏

（3）在搜索工具栏中单击"所有网页和文件"下拉按钮，在打开的下拉列表中包括 PDF、Word、Excel 等文件类型可供选择，这里选择 PDF(.pdf)；然后保持"站点内搜索"选项，单击"时间不限"下拉按钮，列表中选择"一年内"选项，如图 6-15 所示。

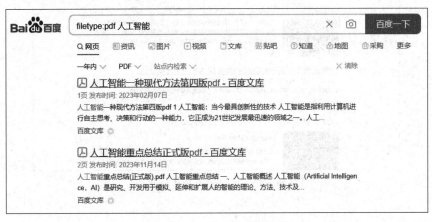

图 6-15　检索一年内包含"人工智能"的 PDF 文件

2. 搜索引擎的高级查询功能

使用搜索引擎的高级查询功能可以对关键词进行更多设置，具体操作如下。

（1）在百度搜索引擎的首页或者任意检索结果页面，单击右上角的"设置"，在自动打开的下拉列表中选择"高级搜索"选项。

（2）在"高级搜索"对话框中，"包含全部关键词"文本框中输入"人工智能 算法"，要求查询结果页面中同时包含这两个关键词；在"包含完整关键词"文本框中输入"安全"，要求查询结果页面中包含"安全"完整关键词，即关键词不会被拆分。

（3）在"包含任意关键词"文本框中输入"中国 国家"文本，要求查询结果页面中包含"中国"或者"国家"关键词，如图 6-16 所示。

（4）单击"百度一下"按钮开始搜索，结果如图 6-17 所示。

图 6-16　百度高级搜索设置

图 6-17　百度高级搜索结果

3. 使用检索指令

在搜索引擎中搭配 site、inurl、intitle 等指令，可实现更丰富的搜索效果。

（1）使用 site 指令在百度搜索引擎中查询"中国国家图书馆"网站的收录情况。访问百度搜索引擎首页，在搜索框中输入"site：www.nlc.cn"文本，单击"百度一下"按钮，得到查询结果，如图 6-18 所示。

（2）使用 inurl 指令在百度搜索引擎中查询 URL 中包含文本 edu，同时页面的关键词有"数字化"的页面。在百度的搜索框中输入"inurl：edu 数字化"文本，单击"百度一下"按钮，或按 Enter 键得到查询结果，如图 6-19 所示，搜索结果中不仅包含"数字化"，并且网址中还包含 edu 关键词。

图 6-18　site 指令搜索结果

（3）使用 intitle 指令在百度中查询标题中包含"大数据技术"关键词的所有页面。在百度首页的搜索框中输入"intitle：大数据技术"文本，按 Enter 键，如图 6-20 所示，搜索结果中的标题都包含"大数据技术"关键词。

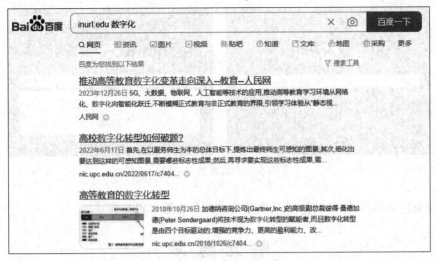

图 6-19 inurl 指令搜索结果

图 6-20 intitle 指令搜索结果

能 力 拓 展

以图搜图——百度识图

常规的图片搜索是通过输入关键词的形式搜索到互联网上相关的图片资源,而百度识图则能根据用户上传的图片或输入图片的 URL 地址来搜索到互联网上与这张图片相似的其他图片资源,同时也能找到这张图片相关的信息。

自 2010 年年底推出第一版以来,百度识图从最初的相同图像搜索这一单一功能,发展到具有以图猜词、相似图像搜索、人脸搜索、垂直类知识图谱等丰富功能的产品平台,从最初的日访问量不足十万增长到今天的数百万。

百度识图的具体操作如下。

(1) 打开百度图片页面,在搜索框右侧找到相机样式的小图标,单击进入百度识图。

(2) 选择图片上传方式,可以选"本地上传""拖曳上传"或"粘贴图片网址";上传的图片的格式可以是 jpg、gif、jpeg、png、bmp,图片大小要求在 5MB 以内,如图 6-21 所示。

图 6-21　百度识图页面

（3）如果对识图结果不满意，可以选择手动框选或添加图片描述。

单 元 练 习

一、填空题

1. 根据其工作方式的不同，搜索引擎分为_____、_____、_____三种。
2. 搜索引擎指令的有_____、_____、_____等指令。
3. 使用_____指令可以查询 URL 中包含指定文本的页面数量。

二、选择题

1. 下列选项中不属于目录索引搜索引擎的是（　　）。
   A. 搜狐　　　　　　　B. hao123　　　　　　C. Dmoz　　　　　　D. Dogpile
2. （　　）具有图片搜索（支持组图浏览）。
   A. 百度　　　　　　　B. 搜狗搜索　　　　　C. 360 搜索　　　　　D. Yahoo
3. 在搜索引擎中检索信息时，不能使用（　　）符号来筛选出更准确的检索结果。
   A. 双引号　　　　　　B. ＋　　　　　　　　C. ?　　　　　　　　D. _
4. 下列属于全文搜索引擎的有（　　）。
   A. Google　　　　　　B. 百度　　　　　　　C. 360 搜索　　　　　D. Lycos 搜索
5. 使用搜索引擎的高级查询方法可以实现对（　　）的搜索。
   A. 包含完整的关键词　　　　　　　　　　　B. 包含任意关键词
   C. 不包含关键词　　　　　　　　　　　　　D. 包含特定关键词

三、判断题

1. 如果不希望百度搜索引擎拆分检索词，可以为查询词加上双引号。　　　　　（　　）
2. 百度搜索关键词前加一个减号，代表排除关键词搜索。　　　　　　　　　　（　　）
3. 百度搜索某类文档，可以用 Filetype 语法限定文档类型。　　　　　　　　（　　）
4. 百度是全文搜索引擎。　　　　　　　　　　　　　　　　　　　　　　　　（　　）
5. 元搜索引擎是只使用一个搜索引擎检索。　　　　　　　　　　　　　　　　（　　）

四、操作题

1. 使用百度搜索引擎以"求职准备"为关键词进行相关信息检索。

2. 使用百度搜索引擎检索一周内标题包含"大国重器 中国"文本的百度站内相关信息。

五、简答题

1. 什么是搜索引擎？
2. 在百度的高级搜索框中可以使用哪些搜索运算符？

单元 6.3　专用平台信息的检索

学 习 目 标

知识目标：

1. 了解专业信息检索；
2. 熟悉专业平台的信息检索；
3. 掌握社交媒体的信息检索。

能力目标：

1. 认识一些专业资源的检索专用平台；
2. 学会在专用平台进行信息检索的操作；
3. 掌握在社交媒体进行信息检索的操作。

素养目标：

1. 能综合利用各种信息资源、科学方法和信息技术工具解决实际问题；
2. 能合理运用数字化资源与工具，养成数字化学习与实践创新的习惯。

工 作 任 务

任务 6.3　擅用垂直信息检索

郝雪在大学期间，根据课程要求撰写调查报告。在写调查报告期间需要搜索专业期刊、论文、商标、专利等专业资源。郝雪发现无法利用搜索引擎检索到这些专业信息资源，但可以通过各种专业的资源平台或者社交媒体来实现。

技 术 分 析

完成本任务涉及以下知识和技术：一是使用专用平台和信息平台进行信息检索操作，其中主要涉及期刊信息检索、学位论文检索、专利信息检索、学术信息检索、商标信息检索等内容；二是在社交媒体进行信息检索的操作。

知 识 与 技 能

俗话说"术业有专攻"，应用通用搜索引擎进行信息检索时，常会因为搜索到的信息数量大、范围广，而出现查询不准确、查询深度不够等问题。解决问题的最好办法就是应用垂直搜索，它是针对某一行业、某一环境内的搜索，搜索结果更具专业性，对于有专业知识需求的人来说，缩小了搜索的范围和时间，搜索结果更加精确。网络上分布着面向不同行业领域的资源网站，垂直搜索是对特定内容进行搜索，所以垂直搜索可以理解为在某一专业网站内部进行的站内搜索。

一、常见的专用平台

所谓专用平台，是指能够检索到一些专业知识的资源网站。了解这些专用平台进行垂直检索，可以更好地检索需要的专业资源。

（一）期刊检索平台

期刊是指定期出版的刊物，包括周刊、旬刊、半月刊、月刊、季刊、半年刊、年刊等。"国内统一连续出版物号"的简称是"国内统一刊号"，即"CN号"，它是我国新闻出版行政部门分配给连续出版物的代号；"国际标准连续出版物号"的简称是"国际刊号"，即"ISSN号"，我国大部分期刊都有"ISSN号"。目前常用的期刊检索平台包括中国知网、维普资讯中文科技期刊数据库、国家科技图书文献中心网站、中文期刊服务平台等。

（二）学位论文检索平台

学位论文是作者为了获得相应的学位而撰写的论文，其中硕士论文和博士论文非常有价值。因为学位论文不像图书和期刊那样会公开出版，所以学位论文信息的检索和获取较为困难。目前常用的学位论文检索平台包括中国知网、万方数据库、中国高等教育文献保障系统（CALIS）学位论文中心服务系统等。

（三）专利信息检索平台

专利即专有的权利。目前常用的专利检索平台包括世界知识产权组织的官方网站、国家知识产权局官网、中国专利信息网、中国知网、万方数据知识服务平台等。

（四）学术信息检索平台

学术信息是指各个专业或行业领域中专门的学术信息。目前常用的学术信息检索平台包括中国知网、万方数据知识服务平台、百度学术等。

（五）商标信息检索平台

商标是一种特殊的商业标识，用于区分不同的商品品牌或服务来源。为了保护自己的商标，企业也需要经常检索商标信息。目前常用的商标信息检索平台包括世界知识产权组织的官网、各个国家的商标管理机构网站等。

二、常见的社交媒体平台

社交媒体平台包含海量的信息，如抖音、哔哩哔哩、微信等。我们如果能够合理使用这些平台也能够从中找到具有价值的信息资料。

抖音是一款短视频社交软件，用户可以利用其中的搜索功能搜索需要的各种知识，如生活技巧、科普介绍、行业知识等。

哔哩哔哩又称"B 站",是一个高度聚集的文化社区和视频网站。用户同样可以在其中搜索需要的知识,且哔哩哔哩的视频时长相比抖音更长。

微信是一款即时通信软件,它除了通信服务功能,还内置了许多功能,如公众号、视频号、小程序等,用户可以使用其中自带搜索功能获取到需要的信息资料。

任 务 实 现

要完成任务 6.3,即擅用垂直信息检索,可以使用如下方法。

1. 在中国知网上进行学术期刊、学位论文、会议、报纸等信息检索

任务 6.3

中国知网是中国知识基础设施工程(CNKI)的资源系统,它深度集成整合了学术期刊、学位论文、会议论文、报纸、年鉴、专利、国内外标准、科技成果等中外文资源,是一个连续动态更新的网络知识平台和学术文献数据库,网址如下:https://www.cnki.net。

进入知网首页,如图 6-22 所示。单击"文献检索""知识元检索""引文检索"按钮,可以进入相关类别的检索,其中文献检索为默认页面。

图 6-22　中国知网首页

单击搜索框左侧下拉菜单,可以选取"主题""关键词""篇名""作者"等不同的检索字段,还可勾选搜索框下方的"学术期刊""学位论文""会议""报纸"等选择不同数据库。如要应用"文献检索",勾选"学术期刊""会议""报纸"数据库,输入"人工智能"作为文献资料的检索主题,结果如图 6-23 所示。

执行检索后,知网会把结果列表展示。知网检测结果自动按照"发表时间"进行排序,可以单击相应按钮,按照"相关度""被引次数""下载次数"排序;还可以通过单击页面左侧的"学科""发表年度""研究层次"等选项进行分组浏览;知网上的文献提供了 PDF 和 CAJ 两种格式,知网注册用户可以下载后使用知网的专用阅读器 CAJViewer 及 PDF 阅读软件查看,或者进行手机阅读、HTML 在线阅读。

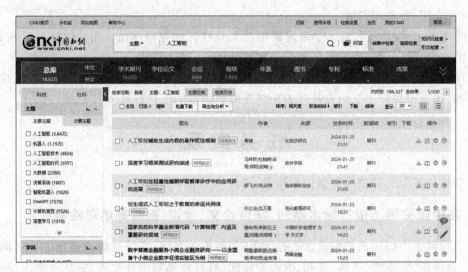

图 6-23　知网信息检索结果

2. 在万方数据进行学位论文检索

打开万方数据首页,如图 6-24 所示。单击搜索框左侧"全部"按钮,选择"学位论文",输入检索关键词"区块链",单击"检索"按钮,就可以看到检索结果,如图 6-25 所示。

图 6-24　万方数据首页

3. 专利信息检索

在万方数据知识服务平台中搜索有关"芯片"的专利信息。

进入万方数据知识服务平台首页,单击"资源导航"栏中的"专利"超链接,然后在"万方智搜"搜索框中输入关键词"芯片",单击"搜索"按钮,即可看到检索结果,包括每条专利的名称、专利人、摘要等信息,如图 6-26 所示。

4. 在百度学术中检索有关"虚拟现实"的学术信息

打开百度首页,单击左上方"更多"按钮,再单击"百度学术"进入页面。在页面的搜索框中

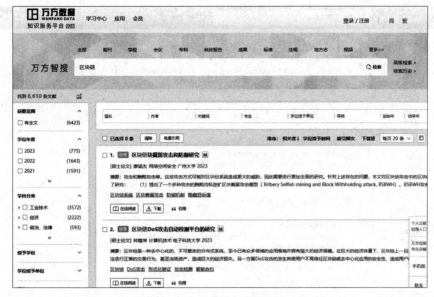

图 6-25　学位论文检索结果

图 6-26　专利信息检索结果

输入要检索的关键词"虚拟现实",然后单击"搜索"按钮,即可看到检索结果,如图 6-27 所示。每条结果中包含论文的标题、简介、作者、被引量、来源等信息,单击论文标题,可以继续查看更详细的信息。

5. 在中国商标网检索的商标信息

打开"中国商标网"网站主页,单击主页中的"商标网上查询"按钮进入商标查询页面。再单击页面左侧的"商标近似查询"按钮,打开"商标近似查询"页面,如图 6-28 所示。在"自动查询"选项卡中设置要查询商标"国际分类""查询方式""检索要素"等信息,然后单击"查询"按钮。在打开的页面中便可看到查询结果,结果包括每个商标的"申请/注册号""申请日期""商标名称""申请人名称"等信息,单击商标名称即可在打开的页面中看到该商标的详细内容。

图 6-27　学术信息检索结果

图 6-28　商标信息检索页面

6. 社交媒体信息检索

在微信平台中检索有关"阅读方法"的相关信息。

打开微信 App，单击主界面右上角的"搜索"按钮，进入搜索界面，在搜索框中输入关键词"阅读方法"，此时搜索框下方自动显示与之相关的词条。这里单击第一条，进入搜索结果界面，其中显示了与"阅读方法"相关的所有内容，包括"视频号""文章""公众号""小程序"等。单击"全部"选项的下拉菜单，选择"最近 7 天"选项，平台将显示满足筛选条件的搜索结果，如图 6-29 所示。

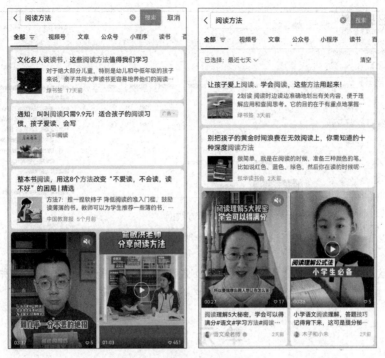

图 6-29 微信搜索结果页面

能 力 拓 展

高 级 检 索

为使检索结果更精准,许多知识服务平台都提供了高级检索功能。所谓高级检索,是为实现精准检索对检索字段设置的约束条件,包括主题、作者、文献来源、时间范围及其逻辑关系,是否要求网络首发、增强出版、基金文献、中英文扩展、同义词扩展等。同时,既可以增加也可以减少主题、作者、文献来源这些约束条件,可以设置成"精确"匹配也可以设置成"模糊"匹配,如图 6-30 所示。

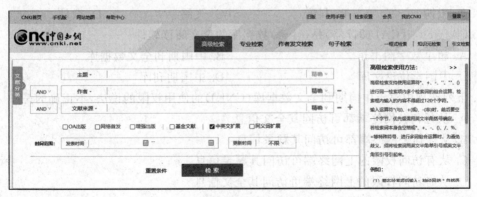

(a) 中国知网

图 6-30 高级检索页面

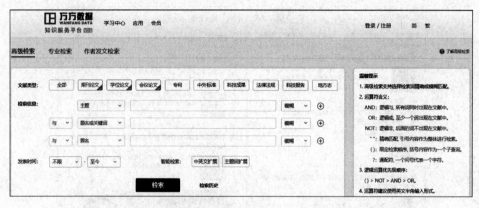

(b) 万方数据

图 6-30(续)

此外,文献搜索还有专业检索、作者发文检索和句子检索等。无论使用哪种检索方式,当检索结果太多时,可适当增加检索约束条件,使检索结果进一步精确。

单元练习

一、填空题

1. 知网对检索结果的排序方式有四种,即_____、_____、_____、_____。

2. 知网的专用阅读器是_____。

3. 知网的检索方法有_____、_____、_____、_____、_____五种。

二、选择题

1. 下列选项中不属于专利信息检索平台的是(   )。

    A. 中国知网   B. 万方数据知识服务平台

    C. 百度学术   D. 中国专利信息网

2. 下列选项中不属于国内主流社交媒体的是(   )。

    A. 微博   B. 抖音   C. 飞鸽   D. 微信

3. CAJviewer(CAJ 阅读器)是(   )数据库的全文阅读软件。

    A. 超星数字图书馆   B. 中国期刊全文数据库

    C. 中国学位论文库   D. 中国期刊库

4. 下列选项中对于中国期刊全文数据库(CNKI)的使用权限的说法,不正确的是(   )。

    A. 从任何公网终端都可访问其全文信息

    B. 从任何公网终端都可访问其题录信息

    C. 从有访问权限的上网终端可访问其题录信息

    D. 从有访问权限的上网终端可访问其全文信息

5. 在中国期刊全文数据库(CNKI)中,不可以进行(   )检索。

    A. 逻辑与   B. 逻辑或   C. 逻辑非   D. 位置

三、判断题

1. 中国知网除可以检索学术期刊、学位论文会议、报纸外，还可以检索专利和成果。

( )

2. 中国知网检索文献可按主题、篇名、作者、作者单位、摘要等信息进行检索。 ( )

3. 专利、标准、技术档案分别由国家专利局、国家技术监督局和国家档案局以及各地的相应机构管理和提供服务。 ( )

4. 中国期刊全文数据库(CNKI)中"在结果中检索"起到的是逻辑"或"的作用。 ( )

5. 中国期刊全文数据库(CNKI)的期刊导航只能按专辑导航。 ( )

四、操作题

1. 使用知网检索自己感兴趣的专利技术。

2. 使用知网高级检索功能搜索并了解 2022 年以来发表的关于"人脸识别技术"的期刊和学位论文情况。

3. 在中国商标网检索你熟悉的品牌商标信息。

五、简答题

1. 专用的信息检索平台有哪些？
2. 常用的社交媒体平台有哪些？

模块 7 信息安全技术

学 习 提 示

　　信息技术的快速发展推动了网络的普及,深刻地影响整个人类社会。随之而来的是信息安全面临的严峻挑战。在这样的环境背景下,我们必须认识到信息安全的重要性,因为它直接关系到个人隐私、国家安全等方面。为了更好地适应这个数字化时代,当代大学生迫切需要培养信息安全意识,深入了解信息安全技术,并通过学习信息安全模块等方式提升自身的信息安全素养。

　　建立信息安全意识对当代大学生至关重要,这包括对个人隐私的保护,对网络欺诈和钓鱼攻击的警惕,以及对社交媒体上信息分享的谨慎。通过意识到自身在数字空间中的脆弱性,大学生能够更主动地采取措施,加强密码的使用,定期更新密码,避免单击可疑链接等,从而有效地降低个人信息泄露的风险。了解信息安全技术是建立信息安全意识不可或缺的一环,这意味着大学生需要理解网络安全的基本原理,熟悉加密算法、防火墙和入侵检测系统等安全工具的运作方式。深入了解这些技术可以帮助大学生更好地识别和防范各种网络威胁,为个人和组织提供更强大的安全保护。

　　本模块知识技能体系如图 7-1 所示。

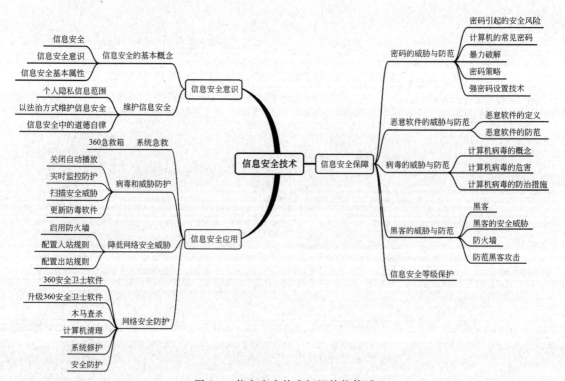

图 7-1　信息安全技术知识技能体系

工 作 标 准

(1)《信息系统密码应用基本要求》　GB/T 39786—2021
(2)《个人信息安全规范》　GB/T 35273—2020
(3)《App 收集个人信息基本要求》　GB/T 41391—2022
(4)《常见类型移动互联网应用程序必要个人信息范围规定》　国信办秘字〔2021〕14 号

单元 7.1　信息安全意识

学 习 目 标

知识目标：

1.了解信息安全的基本概念和基本要素；

2.了解信息安全相关法律法规。

能力目标：

1.具有信息安全意识，能识别网络欺诈行为；

2.能有效维护信息活动中个人、他人的合法权益和公共信息安全。

素养目标：

1.具备自我约束的能力，能够辨别不良网络行为并坚决抵制，以维护积极的网络环境，建立良好的网络道德意识；

2.在信息系统应用过程中，能信守信息社会的道德与伦理规范，遵守保密要求，注意保护信息安全，不侵犯他人隐私。

导 入 案 例

案例 7.1　电信诈骗案件实例

被告人陈某纠集范某、高某、叶某、熊某等人结成诈骗团伙，群发虚假中奖信息，诱骗收到信息者登录"钓鱼网站"填写个人信息认领奖品，以后兑奖需要交纳保证金、公证费、税款等为由，骗取被害人财物。再通过冒充律师、法院工作人员以被害人未按要求交纳保证金或领取奖品构成违约为由，恐吓要求被害人交纳手续费。短短 2 个月时间，共骗取被害人蔡某等 63 人共计 681 310 元，骗取其他被害人财物共计 359 812.21 元。蔡某得知受骗后，跳海自杀。陈某还通过冒充知名综艺节目发送虚假中奖诈骗信息共计 73 万余条。

本案由某市中级人民法院一审，省高级人民法院二审。现已发生法律效力。法院认为，被告人陈某等人以非法占有为目的，结成电信诈骗犯罪团伙，采用虚构事实的方法，通过利用"钓鱼网站"链接、发送诈骗信息、拨打诈骗电话等手段针对不特定多数人实施诈骗，其行为均已构成诈骗罪。陈某纠集其他同案人参与作案，在共同诈骗犯罪中起主要作用，系主犯，又有多个酌情从重处罚情节。据此，以诈骗罪判处被告人陈某无期徒刑，剥夺政治权利终身，并处没收个人全部财产；以诈骗罪判处被告人范某等人十五年至十一年不等有期徒刑。

技 术 分 析

该案件作为最高法发布电信网络诈骗犯罪典型案例,凸显了培养信息安全意识的重要性。

(1)虚假中奖信息的泛滥:通过发送大量虚假中奖信息,犯罪团伙利用人们对中奖的好奇心和期待,诱骗受害者单击链接。这提醒人们需要对过分美好的承诺保持警觉,特别是在接收到未经验证的信息时。

(2)冒充熟悉的综艺节目:通过冒充知名综艺节目发送虚假中奖信息,犯罪团伙利用了人们对熟悉事物的信任,增加了受害者相信信息真实性的可能性。这凸显了对于熟悉名义的信息仍需谨慎对待,以防受到欺诈。

(3)通过"钓鱼网站"获取个人信息:诈骗团伙通过"钓鱼网站"获取个人信息,进而实施诈骗。这凸显了个人在网络中要谨慎保护个人信息,避免随意填写敏感信息,尤其是通过不明链接。

(4)法律责任和刑罚:最终法院依法判处主犯无期徒刑,而其他参与者也被判处相应的有期徒刑。这强调了对于从事电信诈骗行为的法律制裁,同时也提醒人们要警惕此类犯罪,以免成为受害者。

知识与技能

一、信息安全的基本概念

（一）信息安全

信息安全是指信息产生、制作、传播、收集、处理、选取等信息使用过程中的信息资源安全。建立信息安全意识,了解信息安全相关技术,掌握常用的信息安全应用,是现代信息社会对高素质技术技能人才的基本要求。这一概念关注保障信息的机密性、完整性、可用性,以及防止信息系统受到各种威胁和攻击的重要性。

（二）信息安全意识

信息安全意识是指个体或组织对信息安全重要性的认知程度,以及对保护信息资产免受潜在威胁和风险的关注和谨慎态度。具备良好的信息安全意识可以帮助人们更好地理解和应对信息安全挑战,有效减少因疏忽、无知或错误行为而导致的信息泄露和安全漏洞。

（三）信息安全基本属性

机密性(confidentiality):保障信息只对授权用户或系统可见,防止未经授权的访问。这通常通过加密和访问控制等手段来实现。

完整性(integrity):确保信息在存储、传输和处理过程中不被篡改或损坏。数据的完整性保护防止信息被恶意篡改,保持信息的准确性和可信度。

可用性(availability):保障信息系统和数据在需要时可用,防止因各种原因导致的服务中断,确保用户能够正常访问和使用信息。

身份认证和访问控制(authentication and access control):确保只有合法用户能够访问信

息系统,通过使用身份验证和访问控制技术来限制对敏感信息的访问。

非否认性(non-repudiation):防止用户否认他们曾经进行过某些操作的能力,确保在信息交流和交易中的真实性和可追溯性。

可审计性(accountability):能够追踪和记录用户对信息系统的操作,以便在需要时进行审计,了解谁、何时以及为何访问了特定的信息。

恢复能力和容忍性(resilience and tolerance):信息系统需要具备在遭受攻击或故障后能够迅速恢复正常运行的能力,并具备对一定程度的攻击或故障的容忍性。

二、维护信息安全

陈某等人的电信诈骗案件发生,利用了人民群众对中奖的预期心理和对于个人隐私信息的不重视,导致了巨额的诈骗行为产生。个人隐私作为信息安全的一个主体,在当下的大数据时代,个人信息的不重视会导致个人的生命财产得不到保障,继而带来更大的损失。

(一) 个人隐私信息范围

为落实《中华人民共和国网络安全法》中有关"网络运营者收集、使用个人信息时,必须遵循合法、正当、必要的原则"和"网络运营者不得收集与其提供的服务无关的个人信息"等规定,由国家互联网信息办公室等四个部门制定了《常见类型移动互联网应用程序必要个人信息范围规定》(以下简称《规定》)。该《规定》明确了移动互联网应用程序必要个人信息的范围,例如,在网络直播类应用中,其基本功能服务是"向公众持续提供实时视频、音频、图文等形式的信息浏览服务",无须收集个人信息即可使用基本功能服务。同样,在网络游戏类应用中,其基本功能服务是"提供网络游戏产品和服务",必要的个人信息仅限于注册用户的移动电话号码。

《规定》列出五十多条关于个人隐私的信息,如表 7-1 所示。

表 7-1　关于个人隐私的信息

车次	车牌号	车牌颜色	酒店名称	证件类型	房屋期望售价
船次	出发地	出发时间	入住时间	支付金额	房屋期望租金
地址	到达地	电话号码	退房时间	支付渠道	证件有效期限
简历	航班号	房屋地址	位置信息	支付时间	预约挂号的科室
年龄	联系人	房屋户型	物品名称	观演座位号	预约挂号的医院
席别	座位号	房屋面积	物质数量	银行卡号码	银行预留移动电话号码
性别	病情描述	观演场次	物质性质	证件影印件	
姓名	目的地	行踪轨迹	银行卡号	车辆行驶证号	
账号	舱位等级	婚姻状况	证件号码	车辆识别号码	

《规定》仅对移动互联网应用程序的必要个人信息进行了范围限制,而个人信息的范围远不止这个限制,包括所有能够识别特定自然人的个人隐私信息都应被视为个人信息。

🦫 注意:无论学习、生活还是工作中,在信息产生、制作、传播、收集、处理、选取的任何阶段,每个公民都有责任和义务维护自己及他人的个人隐私信息安全。

(二) 以法治方式维护信息安全

"以法治方式维护信息安全"是一种通过法律手段来确保信息安全的观点。强调通过制定和执行法律法规,明确规范信息的收集、处理、传输和存储等各个环节,以保护个人隐私、防范网络犯罪,从而维护社会的信息安全。

(1) 明确规定权责利:通过法律法规,可以明确规定信息主体(个人)的权利,信息控制者和处理者的责任,以及信息的合法、合规使用方式。这有助于建立信息安全的法治基础,使各方在信息处理中有明确的法律依据。其中信息安全方面的法律法规除了《中华人民共和国宪法》和《中华人民共和国刑法》部分条款外,还包括《中华人民共和国数据安全法》《中华人民共和国密码法》《中华人民共和国网络安全法》《中华人民共和国电子商务法》《中华人民共和国电子签名法》等法律。

(2) 惩治违法行如下:法治方式强调对信息安全违法行为的惩治,包括数据泄露、侵犯隐私、网络攻击等行为。通过法律手段对违法行为进行打击,可以起到震慑作用,提高信息主体和信息处理者的合规意识。国家最高司法机关在该方面的司法解释主要有《最高人民法院、最高人民检察院关于办理非法利用信息网络、帮助信息网络犯罪活动等刑事案件适用法律若干问题的解释》等。

(3) 加强监管和执法:通过建立健全的监管机制和执法体系,能够对信息安全进行有效的监督和管理。政府、相关部门以及执法机构可以在法治框架下,对信息处理活动进行监查,确保各方依法履行自己的职责。

(4) 促进行业规范:法治方式有助于制定和推动行业规范,建立行业自律机制,这样可以在不同行业领域内形成共识,规范信息处理的标准和流程,提高整个行业的信息安全水平。

(5) 国际合作:信息安全问题通常涉及跨境传输,因此,以法治方式维护信息安全还需要国际合作。通过与其他国家和地区建立合作机制,共同应对跨境信息安全挑战。

(三) 信息安全中的道德自律

信息安全背景下的伦理道德并非通过国家的强制立法和执行来确立,而是依赖于个体存在信仰和特殊社会机制维系下的信息活动"善恶"准则。信息活动是人类社会活动的不可或缺的部分,在信息的生成、制作、传播、收集、处理和选择等过程中,人们需要遵循信息伦理道德。

当代大学生在信息安全中的道德自律变得尤为关键,因为他们是数字时代的主要参与者之一。

(1) 隐私保护:大学生应当认识到隐私的重要性。应当尊重他人的隐私权,不私自窥探他人的个人信息,不传播他人的隐私内容。

(2) 知识产权尊重:大学生在学术和科研中需要尊重知识产权,不抄袭、不盗用他人的作品,正确引用来源,避免侵犯他人的知识产权。

(3) 虚假信息抵制:大学生应当在信息传播中保持真实性和可靠性,抵制制造和传播虚假信息的行为。保持批判性思维审慎对待信息,不散布未经验证的谣言。

(4) 网络言行规范:在网络社交和在线平台上,大学生应当保持良好的言行规范,避免使用侮辱性、歧视性的语言,不参与网络暴力行为,营造文明、和谐的网络环境。

(5) 安全技术实践:大学生需要具备一定的信息安全技术知识,包括使用强密码、保护个人设备安全、防范网络钓鱼等基本技能。应当采取措施保护自己的数字身份和个人信息,以免成为网络攻击的目标。

(6) 社交媒体慎用:大学生在使用社交媒体时应当慎重,不轻信陌生人信息,不随意分享个人生活细节。充分理解社交媒体的潜在风险,保护好自己的隐私。

(7) 法律意识:大学生应当具备基本的法律意识,了解相关法规,明白在信息领域的法律责任。遵守法律规定,不参与非法的网络活动,如黑客攻击、网络诈骗等。

(8)数字素养培养:大学生需要不断提升数字素养,包括对信息技术和网络文化的理解。应当积极参与相关培训,了解最新的信息安全威胁和应对方法。

通过这些道德自律的实践,当代大学生可以更好地保护自己和他人的信息安全,同时也为社会营造更加安全、健康的网络环境作出贡献。

案 例 实 现

例如,现实生活中,犯罪分子利用人们对中奖的期望,诱导受害者一步步地走上被骗的道路。

当我们在面对这些事情的时候,首先明白非官方的网站和二维码等链接信息不要随意单击和扫描,其次在通话过程中,确认对方的身份,提高自己的个人隐私信息安全意识。那么在网络时代带给我们便捷的同时,我们应如何落实对个人信息安全的重视?

1. 预防诈骗行为

(1)收到消息后,请核实消息来源,尽量避免轻信陌生人发送的信息。

(2)对于曾经或正在进行的业务消息,无论其来源如何,务必仔细核对,并通过官方渠道完成相关手续。

(3)遵循官方公示的办理流程,不要寻求捷径,切勿产生违规的念头。

(4)查看办理结果时,请使用官方网站以确保信息的真实性。

2. 识别官方网页

通过官方网站的链接进行业务查询、办理可以在很大程度上减少被骗的风险,但是如何辨识网站链接呢?

(1)了解网页网址。完整网址的结构如图 7-2 所示,该地址通常是我们所说的网址或者URL 地址,一般是由协议、主机、路径、文件等部分组成,其中主机就是主要的辨识标志。

https://www.gov.cn:8080/zhengce/202401/content_69254.htm
协议　　主机　　端口　路径　　　　文件名

图 7-2　常见网页 URL 地址

有的网站因为考虑其安全性问题,没有使用默认端口,所以在 URL 中会出现端口号。

主机的表达方式有两种,首先不常见的是 IP 地址,另一种则是 URL 域名。目前大部分官方站点都是用域名来表达。

在主机域名的结构中,包含主机名、顶级域名以及二级域名、三级域名等层级。顶级域名可分为通用顶级域名和国家顶级域名。通用顶级域名通常包括以下几种:gov 代表政府部门,edu 表示教育机构,com 代表公司和企业,org 表示非营利性组织,net 代表网络服务机构。我国的顶级域名是 cn。

通过域名可以初步确定网站的性质。通过域名可以初步判断该网站是否是我国某级政府站点。

(2)借助网页 ICP 备案识别。ICP 备案是对网站主办者信息进行备案,旨在确认网站主办者的真实和合法身份。在我国,购买域名后,必须完成 ICP 备案才能上线运行。因此,通过

ICP备案，基本可以判断信息是否来自官方网站或合法的网站。

经过 ICP 备案的网站会将 ICP 备案信息放置在页面底部，如图 7-3 所示，最后一串文字即为网站备案号"京公网安备 11010202000001 号"。

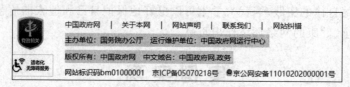

图 7-3　ICP 网站备案号

可以进入工业和信息化部提供的 ICP 管理系统查询到该网站的备案信息，如图 7-4 所示。

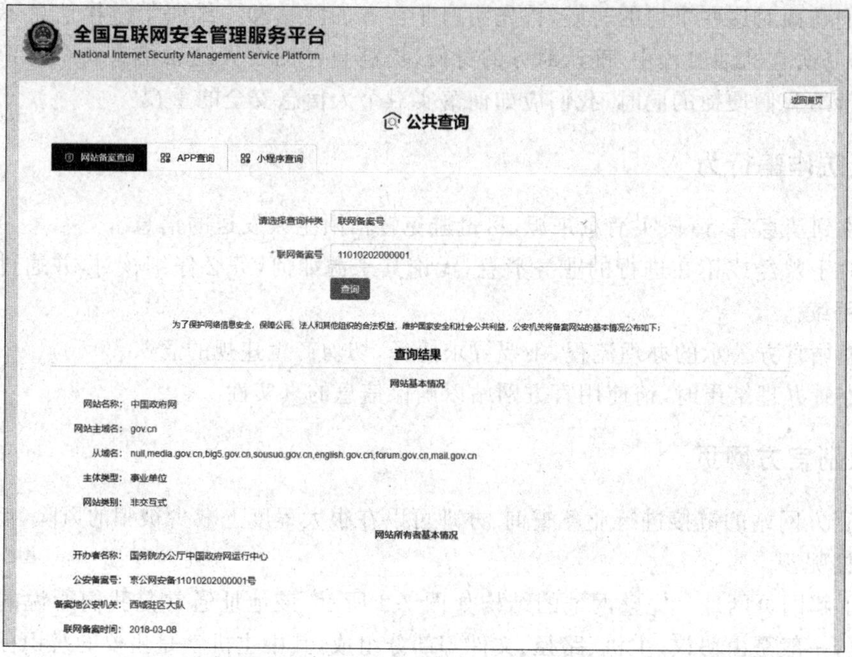

图 7-4　全国互联网安全管理备案查询

注意：在查询 ICP 备案信息时，务必留心 ICP 备案管理系统的官方网址，以免遭遇网站提供虚假 ICP 备案信息或仿冒的 ICP 备案管理系统地址链接。真实的 ICP 备案管理系统由工业和信息化部提供，其域名为 miit.gov.cn。顶级域名也能表明其为我国某级政府组织机构。

3. 安装国家反诈中心 App

国家反诈中心 App 是由公安部推出的一款有力的手机应用，旨在有效预防诈骗并便捷地举报诈骗内容。此 App 还包含丰富的防诈骗知识，通过学习其中的信息，可有效预防各种网络诈骗，提升个人的防骗能力。

（1）可疑 App 的检测。打开国家反诈中心 App 后单击"App 自检"，可以检测来自手机的所有已安装 App 的风险情况。如图 7-5 所示为风险自查功能选择界面。

（2）身份核实和来电预警。通过单击页面的"来电预警"和"身份核实"，如图 7-6 所示的身份核实功能可以通过确认通信记录中对方的安全性，进一步减少被诈骗的风险。

图 7-5　风险自查功能选择界面　　　　　图 7-6　身份核实功能

（3）预防电信诈骗。通过上述功能实现，可以准确识别并提醒用户诈骗场景。

知 识 拓 展

打击电信诈骗·我们在行动

2023 年打击治理电信网络诈骗四大看点，2023 年 1 月至 9 月侦办电信网络诈骗犯罪案件 68.9 万件起；缅北向我移交 3.1 万名电诈犯罪嫌疑人；紧急拦截涉案资金 3288 亿元；起草电信网络诈骗及其关联违法犯罪联合惩戒办法，向社会公开征求意见。

面对发案极多、人民群众深恶痛绝的电诈犯罪，2023 年各地区各部门坚持依法治理、多方联动、综合施策，打击治理工作取得显著成绩。"新华视点"记者对此进行了梳理。

看点一：缅北向我移交 3.1 万名电诈犯罪嫌疑人。

看点二：依法对 21.05 万人次进行行政处罚。

2003 年，公安机关依照反电信网络诈骗法，对 21.05 万人次进行行政处罚，主要针对非法制造、买卖、使用 GOIP、"猫池"等黑产设备，非法买卖、出租、出借电话卡、银行账户、支付账户和互联网账号等为实施电诈活动提供支持或帮助，以及提供实名核验帮助和假冒身份开卡开户等违法行为。

看点三：联合惩戒措施正在制定。

根据反电信网络诈骗法有关规定，2023 年 11 月，公安部会同有关主管部门起草完成《电信网络诈骗及其关联违法犯罪联合惩戒办法（征求意见稿）》，并向社会公开征求意见。

征求意见稿规定了金融惩戒、电信网络惩戒、信用惩戒以及纳入金融信用信息基础数据库等惩戒措施，对于因实施电诈及其关联犯罪被追究刑事责任的人，惩戒期限为 3 年；经设区的市级以上公安机关认定的惩戒对象,惩戒期限为 2 年。

看点四:协同治理、源头治理迈上新台阶。

从全国层面看,2023 年一年来,源头治理不断深化,整体合力不断加强:国务院打击治理电信网络新型违法犯罪工作部际联席会议办公室对源头管控问题突出的 8 个涉诈重点地区实行动态挂牌整治;工信部压实企业反诈责任,先后组织开展 5 批次检查,涵盖全国 22 家电信企业、互联网企业;中国人民银行加强行业监管,先后对 17 家机构进行专项执法检查,压实机构主体责任。

单 元 练 习

一、填空题

1. 信息安全是指信息产生、制作、_____、_____、_____、选取等信息使用过程中的信息资源安全。

2. 信息安全意识是指个体或组织对_____的认知程度,以及对_____免受潜在威胁和风险的关注和谨慎态度。

3. 打开国家反诈中心 App 后单击_____,可以检测来自手机的所有已安装 App 的风险情况。

二、选择题

1. 下列选项中可以预防诈骗行为的是( )。

    A. 收到消息后,请核实消息来源,尽量避免轻信陌生人发送的信息

    B. 对于曾经或正在进行的业务消息,无论其来源如何,务必仔细核对,并通过官方渠道完成相关手续

    C. 请遵循官方公示的办理流程,不要寻求捷径,切勿产生违规的念头

    D. 查看办理结果时,请使用官方网站以确保信息的真实性

2. 信息安全基本属性是( )。

    A. 机密性   B. 非否认性   C. 完整性   D. 隔离性

3. 大学生作为数字时代的主要参与者,做好数字时代的道德自律应做好( )。

    A. 隐私保护   B. 网络言行规范   C. 安全技术实践   D. 传播虚假信息

4. 信息安全方面的法律主要是( )。

    A. 宪法   B. 刑法   C. 密码法   D. 电子信息安全法

5. 一般的网址的基本组成部分包括( )。

    A. 协议   B. 主机   C. 辅机   D. 接口

三、判断题

1. 收到消息后,可以不通过确认对方身份,扫描对方提供的二维码和单击对方的链接。

                                       ( )

2. 通过建立健全的监管机制和执法体系,一般可以对信息安全进行有效的监督和管理。

                                       ( )

3. .cn 是我国的顶级域名。 （　　）

4. .edu 域名代表政府部门。 （　　）

5. 我们可以通过网页 ICP 备案识别来确认网站安全情况。 （　　）

四、简答题

1. 简述如何识别安全网站。

2. 信息安全的基本概念是什么？

3. 大学生如何做到信息安全中的道德自律？

五、操作题

1. 下载反诈 App，并尝试检测手机内 App 的安全情况。

2. 打开网站，通过 ICP 工具查看网站备案号。

六、思考题

2021 年 12 月 8 日，24 岁的王某在贴吧帖子上转发了一张涉及赵某某身份信息、活动轨迹的信息，严重侵犯了他人隐私，导致不良社会影响。在公安机关的调查中，王某承认了散布泄露赵某某个人隐私的行为，并深刻认识到了自己的错误。目前，王某已因违反《中华人民共和国治安管理处罚法》相关规定而被依法予以行政处罚

要求：

1. 对信息安全相关的法律法规进行梳理，找出与泄露他人隐私相关的条款；分析除了违反《中华人民共和国治安管理处罚法》外，王某可能还触犯了哪些法律或违反了哪些法规？

2. 反思自己过去发布的消息，检查是否存在泄露自己或他人隐私的可能性。

单元 7.2 信息安全保障

学 习 目 标

知识目标：

1. 了解信息安全面临的常见威胁；

2. 了解常用的安全防御技术；

3. 了解网络信息安全保障的一般思路；

4. 了解网络安全等级保护等内容。

能力目标：

1. 能够有效运用加密手段对重要信息进行保密处理，降低信息泄露的潜在风险；

2. 能够利用常用的信息安全防御技术维护个人终端设备安全。

素养目标：

1. 了解人们日常生活、学习和工作中常见的信息安全问题，有意识地进行防范；

2. 具备信息安全意识和相关防护能力。

工作任务

任务 7.2　维护终端设备安全

　　小蔡是一位刚从某高校港口物流专业毕业的年轻学生。毕业后,他成功地加入了一家港务企业,担任调度工作,负责协调车辆的运输工作。在不到一年的时间里,小蔡的计算机积累了大量的工作数据,包括出库通知单、转仓单、车辆调运单等。

　　有一天,小蔡像往常一样打开计算机,准备处理当天的工作。然而,他惊讶地发现 D 盘中的所有文件都不见了。小蔡感到很困惑,因为他在学校学过"信息技术基础"课程,并在计算机上安装了 360 安全卫士和腾讯计算机管家,以保护计算机的安全。

　　请你协助小蔡分析他的计算机可能面临的安全威胁。若是新计算机,应该采取哪些安全措施来维护终端设备的安全。而对于正在运行的计算机,又需要采取哪些补救措施来维护终端设备的安全。

技术分析

　　(1) 安全威胁的分析:小蔡的计算机可能遭受了数据丢失的风险,可能是由于硬件故障、误操作或者恶意软件导致的。

　　(2) 补救措施:小蔡首先需要检查计算机硬件是否正常,确保文件没有被意外删除。他还可以通过使用数据恢复软件来尝试找回丢失的文件。同时,他需要运行杀毒软件和系统优化工具,确保计算机没有受到病毒或恶意软件的侵害。

　　(3) 未来安全措施:为了防范未来的安全威胁,小蔡应该定期备份重要数据,避免轻信可疑邮件或链接,保持杀毒软件和操作系统的及时更新。

　　这一故事强调了即使采取了一些安全措施,计算机仍然可能面临数据丢失的风险,因此定期地备份和谨慎使用计算机是至关重要的。

知识与技能

一、密码风险的防范

　　用户和密码的组合是最广泛使用的身份认证方式,密码的主要功能是防范身份冒用,作为抵御攻击的首要和最终屏障。然而,对密码进行攻击相对较为简便,密码破解通常迅速而有效。若密码较弱或者密码使用方式不当,一旦被恶意攻击者获取,他们将获得与你相同的权限。以操作系统密码为例,一旦黑客成功获取,他们可能通过远程登录系统获取完全掌控整个终端设备的可能性。

(一) 计算机的常见密码

　　在日常使用计算机时,我们通常需要处理各种密码。以下是九种可能最常用的密码类型。

1. BIOS 密码

　　BIOS(basic input output system)是一组固化在计算机主板上的程序,存储在只读存储器

（ROM）芯片中，为计算机提供最基本、最直接的硬件控制功能。与其他软件不同，BIOS 不存储在磁盘中，而是作为主板的一部分存储在 BIOS 芯片中，因此通常被称为"固件"（firmware），不属于软件或硬件范畴。其主要功能包括存储自诊断测试程序（POST 程序）、系统引导程序、系统设置程序、主要输入/输出设备的驱动程序和中断服务程序。

根据用户设置的不同，开机密码通常分为两种情况：一种是 Setup 密码，当采用此方式时，系统可以直接启动，只有在进入 BIOS 设置时才需要输入密码；另一种是 System 密码，当采用此方式时，无论是直接启动还是进入 BIOS 设置，都需要输入密码，否则无法进行下一步操作。

2. Windows 的安装密码

Windows 的安装密码也称为 Windows CDKEY，是安装 Windows 操作系统时必须提供的密钥。一旦输入完成，该密钥将被记录在注册表中。通过单击"开始"菜单下的"运行"命令，再在打开的对话框中输入 regedit 以打开注册表编辑器。可以在注册表的以下位置找到 Windows 的安装密码：HKEY _ LOCAL _ MACHINE \ Software \ Microsoft \ Windows \ CurrentVersion\ProductId 和 HKEY_LOCAL_MACHINE\Software\Microsoft\Windows\CurrentVersion\ProductKey。

3. 用户密码

很多人存在一个误区，会认为用户密码就是开机密码。实际上，在默认情况下，Windows 并不设置开机密码。那么，用户密码的作用是什么呢？它是用来保护用户的个性化设置的。系统允许设置多个用户，其目的并非仅仅是保护用户的隐私。相反，它为每个用户保存了一组系统外观的配置，以适应不同用户的使用习惯。这类似于当前流行的"皮肤"功能，只不过需要输入密码来访问。

4. 电源管理密码

在 Windows 中，电源管理功能也可以设置密码。启用此功能后，系统在从节能状态返回时会要求输入密码。如果用户不知道密码，就无法使计算机从"挂起"状态返回到正常状态，这进一步确保了计算机数据的安全性。

5. 屏保密码

屏保密码的作用主要是在你暂时离开计算机但不想关机，又怕此时有人趁机在你的计算机中看到你在干什么或乱动你的机子，此时屏保密码可以起到一定的保护作用。

6. 开机密码

顾名思义，开机密码是一种保护计算机数据安全的方法。它在计算机开机时起作用，防止未经授权的人员访问或修改计算机中的文件。

7. 网络密码

网络密码是一个加密密钥，在所选无线路由器上启用数据加密时，需要输入网络密码。在无线路由器上启用 WEP 时，网络密码通常为 WEP 密钥。在无线路由器上启用 WPA/WPA2 时，网络密码通常为预共享密钥（PSK）或密码。所选无线路由器的"加密"显示为 WEP 时，在无线路由器上启用了 WEP。

8. 分级审查密码

许多用户了解了 IE(Internet Explorer)分级审查功能后，会设置 IE 分级审查密码，这样做是为了利用分级系统来帮助控制他们在计算机上所能浏览到的 Internet 内容。通过设置分级审查密码，用户可以过滤掉那些不健康的网页内容，从而提高他们在互联网上的浏览安全性。

9. 共享密码

在创建共享文件夹的时候，需要进一步确认用户对文件的访问操作权限，所以需要对文件设置共享密码来分辨当前用户的访问。

（二）暴力破解

暴力破解密码是指通过尝试多个可能的密码组合，直到找到正确的密码为止。这种攻击方法是一种试错的手段，攻击者通过迭代尝试各种可能的密码，包括常见的单词、数字、符号组合，以及使用特定的工具和算法来不断尝试，直到成功猜解、破解密码。

（三）密码策略

为了有效防止密码破解，可以参考以下策略。

(1) 使用强密码：选择足够复杂、不易被猜测的密码。强密码应包含大小写字母、数字和符号，并尽量避免使用常见单词、短语或生日等易推测的信息。

(2) 定期更改密码：定期更改密码可以减小密码被猜测或泄露的风险。建议每隔一定时间强制用户更改密码。

(3) 使用多因素身份验证(MFA)：启用 MFA，不仅要求用户提供密码，还需要额外的身份验证因素，如手机验证码、硬件令牌或生物识别信息。

(4) 限制登录尝试次数：设定账户锁定机制，当用户连续登录失败多次时，自动锁定账户，防止暴力破解攻击。

(5) 账户锁定时间：在账户锁定后，设定一段时间的锁定期，避免过于频繁的尝试。

(6) 监控登录活动：实时监控用户登录活动，及时发现异常登录行为，采取相应措施。

（四）密码技巧

密码技巧应选择足够长的密码。通常，密码越长，破解难度就越大。推荐密码长度至少为12 个字符。

(1) 混合字符类型：结合使用大小写字母、数字和符号，这样的组合增加了密码的复杂性，提高了安全性。

(2) 避免常见词汇：避免使用常见的单词、短语、名字或生日等容易被猜测的信息。

(3) 不使用重复字符：避免在密码中使用重复的字符，这样的密码更容易受到暴力破解攻击。

(4) 密码生成器：使用密码生成器创建随机且复杂的密码，这样的密码通常更难以破解，同时也方便记忆。

(5) 不使用连续字符：避免使用键盘上连续的字符，如 12345 或 qwerty，因为这样的密码易受到字典攻击。

(6) 定期更改密码：定期更改密码,防范长期的潜在威胁。建议每 3～6 个月更改一次密码。

(7) 不使用个人信息：避免在密码中使用与个人信息相关的内容,如姓名、生日或地址。

(8) 加盐处理：在存储密码时,使用盐值进行加密处理,增加破解难度。

(9) 记忆方法：创建一个易于记忆的密码方法,例如使用首字母缩写、歌词中的词组或特定单词的变形。

二、恶意软件的防范

(一) 恶意软件

恶意软件是一种设计用于对计算机、网络系统、移动设备或其用户造成破坏、进行非法操作、获取敏感信息或实施其他有害行为的恶意软件程序。这些程序通常是由攻击者开发,并以欺骗性、隐秘性或强制性的方式安装在目标系统中,对系统正常运行和用户隐私造成危害。其种类繁多,以下列举几种。

(1) 病毒：一种侵入性的恶意软件,能够感染其他正常程序,通过将自身代码注入它们中来传播。

(2) 蠕虫：与病毒相似,但蠕虫能够在系统间自行传播,无须依附于其他程序。

(3) 木马：伪装成正常应用程序,实际上包含了隐藏的恶意功能,可能用于窃取信息、远程控制或其他攻击。

(4) 间谍软件：被用来监视用户的在线活动,收集敏感信息,通常用于广告追踪或其他非法目的。

(5) 广告软件：显示广告,通常以弹出广告或在软件中插入广告的形式存在,可能对用户体验产生负面影响。

(6) 恶意浏览器插件：在用户的浏览器中安装,用于搜集用户浏览历史、登录凭证等信息。

(7) 文件格式漏洞利用程序：利用操作系统或应用程序中存在的漏洞,通过特制的文件来执行恶意代码。

(8) 逻辑炸弹：在满足特定条件时触发的恶意代码,可能在特定日期或事件发生时执行破坏性的操作。

(二) 如何防范恶意软件

1. 安装可信赖的防病毒软件

(1) 选择一款知名且受信任的防病毒软件,确保它具有实时监测功能,并能定期更新病毒数据库。

(2) 配置软件以定期自动扫描系统,确保及时发现和清除潜在的威胁。

2. 定期系统和应用程序更新

(1) 启用系统的自动更新功能,确保操作系统及时获取最新的安全补丁。

(2) 定期检查并更新所有已安装的应用程序,以防止恶意软件利用已知漏洞进行攻击。

3. 多层次的网络安全措施

（1）配置企业级防火墙，设置访问控制规则，阻止恶意流量进入网络。

（2）部署入侵检测系统（IDS）和入侵预防系统（IPS），用于监测和阻止潜在的网络攻击。

4. 谨慎下载和单击

（1）避免从不可信的网站下载软件、文件或媒体。

（2）不轻信来自未知发件人或包含可疑链接的电子邮件，尤其是避免单击附件。

5. 开启弹出窗口和广告拦截

（1）启用浏览器的弹出窗口拦截器，防止弹出式广告和弹窗干扰用户体验。

（2）安装广告拦截插件，过滤网页上的恶意广告，降低广告对系统安全的潜在风险。

三、病毒的防范

（一）计算机病毒

计算机病毒的主要特征是能够在未经用户授权的情况下，通过感染其他程序或文件来实现自我复制并传播。计算机病毒可以破坏、篡改或者删除数据，甚至损坏整个操作系统。它们可能会以各种形式存在，包括可执行文件、脚本、宏等，以便利用计算机系统中的漏洞进行传播。

（二）计算机病毒的危害

（1）数据破坏和丢失：病毒可能会破坏或删除用户的文件、程序和数据，导致数据丢失或不可恢复的损坏。

（2）系统崩溃和不稳定：某些病毒可能会损坏操作系统或关键系统文件，导致计算机系统崩溃、死机或变得不稳定。

（3）信息窃取和泄露：某些病毒设计用于窃取用户的个人信息、敏感数据或登录凭证，将其发送给攻击者，导致隐私泄露和身份盗窃。

（4）网络传播和传染：病毒可以通过网络传播到其他计算机，形成恶性网络攻击，造成更广泛的破坏。

（5）资源占用和性能下降：某些病毒可能会占用计算机的系统资源，导致计算机运行速度变慢，性能下降，甚至导致系统崩溃。

（6）后门和僵尸网络：某些病毒可以在感染计算机后创建后门或加入僵尸网络，使计算机成为攻击者的操控对象，用于进行更大规模的网络攻击或非法活动。

（三）如何防治计算机病毒

（1）安装可信赖的安全软件：确保计算机上安装了强大的反病毒软件，并及时更新病毒定义数据库，以便及时识别和清除已知的病毒。

（2）更新操作系统和软件：定期更新操作系统和其他软件，包括浏览器、办公软件等，以修补已知的安全漏洞，提高系统的安全性。

（3）谨慎下载和安装软件：只从官方和可信赖的来源下载软件，并确保软件包不带有任何额外的恶意程序。

（4）谨慎单击链接和附件：避免单击来自未知或可疑来源的链接和附件，特别是电子邮件、即时消息和社交媒体中的链接和附件。

（5）使用防火墙和入侵检测系统：配置和启用计算机的防火墙，以及网络上的入侵检测系统，以监控和阻止恶意流量和攻击。

（6）加强密码安全性：使用强密码，并定期更改密码，避免在不安全的网站或服务上重复使用相同的密码。

（7）定期备份重要数据：定期备份重要的文件和数据，并将备份存储在安全的地方，以便在发生病毒感染或数据丢失时能够快速恢复数据。

四、黑客攻击的防范

（一）黑客

黑客（hacker）是一个广泛使用的术语，其含义随着语境和个人观点的不同而有所变化。一般而言，黑客是指擅长计算机系统和网络技术的专业人士，他们可以通过深入了解计算机系统的工作原理、网络协议等来解决问题、改进系统，或者测试系统的安全性。根据其活动的性质和目的，黑客可以分为不同类型。

（1）白帽黑客：也被称为道德黑客，他们是以促进系统安全为目的的专业人士。白帽黑客通常是安全专家，通过识别和修复系统中的漏洞来提高系统的安全性。

（2）黑帽黑客：一种负面的术语，指的是以恶意目的攻击系统或者利用系统漏洞的人。黑帽黑客可能试图窃取敏感信息，破坏数据，发动网络攻击，或者进行其他违法活动。

（3）灰帽黑客：介于白帽黑客和黑帽黑客之间，他们可能是出于好奇心或者为了揭示系统漏洞而进行攻击，但并非总是经过授权的。

（4）社会工程师：这类黑客并非专注于技术攻击，而是通过欺骗、诱导等手段，利用人们的社会心理学来获取信息。他们可能通过伪装身份、欺骗用户等手段来达到自己的目的。

需要注意的是，在计算机领域，术语“黑客”并非一定带有负面含义。原初的黑客文化强调技术能力和对系统的理解，追求技术创新和共享知识。从这个意义上讲，黑客不一定是攻击者，而是技术热爱者。

（二）黑客的安全威胁

黑客的安全威胁是指黑客通过各种手段对计算机系统、网络、应用程序或数据进行攻击，从而导致信息泄露、系统瘫痪、服务中断等安全问题。这些威胁可以分为以下多个层面。

（1）未经授权的访问：黑客可能试图通过猜测密码、利用系统漏洞或使用恶意软件等方式，未经授权地进入计算机系统。一旦黑客成功登录系统，他们可以获取敏感信息、篡改数据或者执行其他有害操作。

（2）恶意软件：黑客通过传播病毒、蠕虫、木马、勒索软件等恶意软件来感染用户的计算机系统。这些恶意软件可能导致数据丢失、系统崩溃，甚至勒索用户。

（3）网络攻击：黑客可能发动各种网络攻击，包括分布式拒绝服务攻击（DDoS）、中间人攻击、数据包嗅探等，以干扰网络正常运行、窃取数据或者窃听通信。

（4）社会工程攻击：黑客可能通过欺骗、诱导等手段攻击人的社会工程学弱点，比如通过钓鱼攻击获取用户的敏感信息。

（5）身份盗窃：黑客可能窃取用户的个人身份信息，包括用户名、密码、信用卡信息等，用于非法目的，如非法访问账户、盗取财产等。

（6）物联网攻击：随着物联网设备的普及，黑客可以通过攻击连接的智能设备，入侵用户家庭网络或企业系统，从而造成更广泛的影响。

（7）勒索：黑客可能通过勒索软件对系统进行攻击，加密用户文件，然后勒索用户支付赎金以获取解密密钥。

这些安全威胁对个人、企业、组织和社会都构成潜在风险，因此实施有效的安全措施，定期更新系统，使用防火墙和安全软件，提高用户的网络安全意识等，都是应对黑客威胁的重要手段。

（三）防火墙

防火墙（firewall）是一种网络安全设备或软件，用于监控、过滤和控制网络流量，以保护计算机系统和网络免受未经授权的访问、恶意软件或其他网络威胁的侵害。防火墙在网络安全中扮演着重要的角色，类似于建筑物中的防火墙，用于防止火灾蔓延一样，网络防火墙旨在阻挡不良的网络流量。

（四）如何防范黑客攻击

要防范黑客攻击，首先需要建立全面的网络安全策略，这包括保持系统和软件更新，使用强密码和多因素身份验证，配置防火墙和入侵检测系统，定期备份重要数据，进行网络安全培训以提高安全意识，限制用户权限，并使用反病毒软件和反恶意软件工具。此外，实施访问控制和网络监控定期进行漏洞扫描和安全审计，对外部和内部网络流量进行仔细审查，以及建立应急计划，能够及时应对黑客攻击可能带来的威胁。

五、网络安全等级保护

（一）什么是等保

"等保"全称"网络安全等级保护"。网络安全等级保护是指对国家秘密信息、法人或其他组织及公民专有信息以及公开信息和存储、传输、处理这些信息的信息系统分等级实行安全保护，对信息系统实行按等级管理，对信息系统中发生的信息安全事件分等级进行响应、处置。

1994年，《中华人民共和国计算机信息系统安全保护条例》明确规定"计算机信息系统实行安全等级保护"。2003年，《国家信息化领导小组关于加强信息安全保障工作的意见》提出需要"加强信息安全保障工作的总体要求和主要原则，并实行信息安全等级保护"，并要求"重点保护基础信息网络和关系国家安全、经济命脉、社会稳定等方面的重要信息系统，抓紧建立信息安全等级保护制度，制定信息安全等级保护的管理办法和技术指南"。2004年，《关于信息安全等级保护工作的实施意见》确认了信息安全等级保护制度的原则、基本内容、工作要求等内容。2007年，《信息安全等级保护管理办法》明确了"国家通过制定统一的信息安全等级保护管理规范和技术标准，组织公民、法人和其他组织对信息系统分等级实行安全保护，对等级保护工作的实施进行监督、管理"，并对相应内容进行了详尽规定。随后，2008—2012年，若干国家标准陆续出台,推动了安全等级保护制度的建设。以上一系列的法律法规及国家标准共同组成了"等保 1.0"体系。

2016 年 10 月 10 日,第五届全国信息安全等级保护技术大召开,公安部网络安全保卫局郭启全总工指出:"国家对网络安全等级保护制度提出了新的要求,等级保护制度已进入 2.0 时代。"2017 年 6 月 1 日,《中华人民共和国网络安全法》正式颁布,第二十一条明确规定"国家实行网络安全等级保护制度",网络运营者应当按照网络安全等级保护制度的要求,履行安全保护义务,保障网络免受干扰、破坏或者未经授权的访问,防止网络数据泄露或者被窃取、篡改。2019 年 5 月 13 日,网络安全等级保护制度 2.0 标准正式发布,于 2019 年 12 月 1 日开始实施。可以说,2017 年以来,以《网络安全法》生效为标志,围绕《等级保护条例》为核心的一系列法律法规及国家标准,共同组成并开启了"等保 2.0"体系。

(二)等保的级别

等保分五个级别,级别越高安全性越好。

等保一级为"用户自主保护级",是等保中最低的级别,该级别无须测评,提交相关申请资料,公安部门审核通过即可。

等保二级为"系统审计保护级",是目前使用最多的等保方案,所有"信息系统受到破坏后,会对公民、法人和其他组织的合法权益产生严重损害,或者对社会秩序和公共利益造成损害,但不损害国家安全"范围内网站均适用,可支持到地级市各机关、事业单位及各类企业的系统应用,比如:网上各类服务的平台(尤其是涉及个人信息认证的平台),市级地方机关、政府网站等。

等保三级为"安全标记保护级",级别更高,支持"信息系统受到破坏后,会对社会秩序和公共利益造成严重损害,或者对国家安全造成损害"。范围适用于"地级市以上的国家机关、企业、事业单位的内部重要信息系统",比如省级政府官网、银行官网等。三级等保也是我们能制作的最高级别等保网站。

等保四级适用于国家重要领域,以及涉及国家安全和国计民生的核心系统,比如中国人民银行就是目前唯一四级等保的中国央行门户集群。

等保五级是目前我国最高级别,一般应用于国家的机密部门。

(三)等保的内容

等保是一个全方位系统安全性标准,不仅仅是程序安全,包括物理安全、应用安全、通信安全、边界安全、环境安全、管理安全等方面。

(1)物理安全:机房物理访问控制、防火、防雷击、温湿度控制、电力供应、电磁防护。

(2)应用安全:应用具备身份鉴别、访问控制、安全审计、剩余信息保护、软件容错、资源控制和代码安全。

(3)通信安全:包括网络架构、通信传输、可信验证。

(4)边界安全:包括边界防护、访问控制、入侵防范、恶意代码防护等。

(5)环境安全:入侵防范、恶意代码防范、身份鉴别、访问控制、数据完整性及保密性、个人信息保护。

(6)管理安全:系统管理、审计管理、安全管理、集中管控。

等级保护工作主要分为五个环节,分别是定级、备案、建设整改、等级测评和监督检查。①定级是首要环节,通过定级,可以梳理各行业、各部门、各单位的网络系统类型、重要程度和数量等,确定网络安全保护的重点。②根据保护等级,制定相应的安全方案。③建设整改是关键,通过建设整改使具有不同等级的网络系统达到相应等级的基本保护能力。④等级测评工作的主体是第三方测评机构,通过开展等级测评,可以检验和评价安全建设整改工作的成效,判断安全保护能力是否达到相关标准要求。⑤监督检查工作的主体是公安机关等网络安全职能部门,通过开展监督、检查和指导,维护重要网络系统安全和国家安全。

任 务 实 现

在任务 7.2 中,小蔡的计算机已经出现"中毒"情况,需要对其进行风险排查,然后做好应急措施,具体的措施参考如下。

（1）数据恢复:小蔡可以尝试使用文件恢复软件,如 Recuva、EaseUS Data Recovery Wizard 等,来扫描 D 盘并尝试恢复丢失的文件。这些软件可以检测已删除或丢失的文件,并尝试还原它们。

（2）检查回收站:查看计算机的回收站,有时删除的文件可能被误放在回收站中。如果是这种情况,可以从回收站中还原文件。

（3）查看病毒和恶意软件:使用 360 安全卫士和腾讯计算机管家等安全软件进行系统全盘扫描,确保计算机没有受到病毒或恶意软件的感染。如果检测到威胁,及时进行清除和修复。

（4）检查硬盘连接:确保 D 盘的物理连接是正常的,可能是数据线或电源线松动导致硬盘无法被正常读取。重新插拔连接线,检查是否能够重新访问 D 盘。

（5）查看系统日志:检查计算机的系统日志,了解是否有任何与硬盘问题相关的错误或警告。系统日志可能提供关于数据丢失原因的线索。

（6）使用恢复点:如果计算机启用了系统还原功能,可以尝试还原到之前的某个恢复点,以恢复系统状态到正常工作时的状态。

（7）硬盘健康检测:使用硬盘健康检测工具检查硬盘的健康状态。硬盘可能存在故障或损坏,导致数据丢失。

（8）联系技术支持:如果以上方法无法解决问题,建议联系计算机硬件或软件的技术支持,获取专业帮助。

能 力 拓 展

数据的备份与加密

在处理问题之余,做好数据的备份和加密同样很重要。

（1）定期备份:建议小蔡定期进行数据备份,特别是对于重要的工作文件。可以选择每日、每周或每月进行备份,具体频率根据工作需要而定。

（2）多地备份:将备份文件存储在不同的地方,确保不仅仅依赖于本地备份。云存储、外部硬盘或其他远离工作地点的位置都可以考虑,以防发生突发情况。

（3）自动备份工具:使用自动备份工具设置备份任务,以减轻手动操作的负担,这样可以确保即使忘记手动备份,系统也能按计划执行备份任务。

（4）检查备份完整性:定期检查备份文件的完整性和可恢复性,确保备份数据是有效的。

如果备份文件损坏或不完整,可能会影响到数据的恢复。

(5) 版本控制:对于重要的文件,考虑使用版本控制系统,以便能够访问文件的历史版本,防止误操作或数据丢失。

(6) 全盘加密:考虑使用全盘加密工具对计算机硬盘进行加密,这样即使硬盘被移除或丢失,数据也无法被非法访问。

(7) 文件加密:对于敏感的工作文件,可以使用文件加密工具进行单独加密,确保只有授权人员能够解密和访问这些文件。

(8) 网络传输加密:在数据传输过程中,特别是在使用云服务或进行远程备份时,确保数据传输是加密的,以防止被中间人攻击和数据泄露。

(9) 强密码:使用强密码来保护加密密钥。密码应该复杂、长且包含数字、字母和特殊字符。

(10) 双因素认证:对于加密密钥的访问,启用双因素认证,提高安全性,确保即使密码泄露,仍需额外身份验证。

单 元 练 习

一、填空题

1. 信息安全的基本要素包括可控性、_____、可用性和完整性。

2. _____是指对个人隐私的保护,对网络欺诈和钓鱼攻击的警惕,以及对社交媒体上信息分享的谨慎。

3. 加密技术是用于保障信息在传输和存储中的安全,降低信息泄露的潜在风险的常用手段。加密技术包括_____和_____。

二、选择题

1. 下列选项中不属于信息安全面临的常见威胁的是(　　)。
　　A. 恶意软件　　　　　　　　　　B. 拒绝服务攻击
　　C. 内部人员滥用权限　　　　　　D. 合法用户误操作

2. 防火墙的主要功能是(　　)。
　　A. 防止数据丢失　　B. 防止网络入侵　　C. 提高网络性能　　D. 保障数据完整性

3. 下列选项中不是信息安全的实践技能的是(　　)。
　　A. 设定强密码　　　　　　　　　B. 使用反病毒软件
　　C. 定期更新操作系统补丁　　　　D. 随意单击未知链接

4. 在网络中,(　　)是指通过群发虚假中奖信息,诱骗收到信息者登录"钓鱼网站"填写个人信息认领奖品,然后以兑奖需要交纳保证金、公证费、税款等为由,骗取被害人财物。
　　A. 网络钓鱼　　　　B. 社交工程攻击　　　C. 水坑攻击　　　　D. 恶意软件传播

5. 下列关于加密技术的描述,不正确的是(　　)。
　　A. 对称加密使用相同的密钥进行加密和解密
　　B. 非对称加密使用不同的密钥进行加密和解密
　　C. 公钥加密技术可以用于数据加密和身份验证
　　D. 私钥加密技术仅用于数据加密

三、判断题

1. 信息安全的威胁主要来自外部，内部威胁相对较小。 （ ）
2. 只要安装了杀毒软件，就可以完全避免计算机受到病毒攻击。 （ ）
3. 个人数据安全防护只需要设定强密码即可。 （ ）
4. 所有网络安全设备都可以有效防范所有网络威胁。 （ ）
5. 信息保密处理是确保信息在传输和存储中的安全的唯一方法。 （ ）

四、简答题

1. 简述信息安全意识的基本含义。
2. 什么是"钓鱼网站"？如何防范"钓鱼网站"？
3. 简述网络安全等级保护。

五、操作题

1. 请演示如何使用防病毒软件进行安全防护？
2. 请演示如何设置和使用强密码？

六、思考题

1. 如果你购置了一台全新的笔记本电脑，笔记本安装的是由第三方机构自行安装的系统，并且里面常用软件都已经安装好了。学习完本单元，你觉得有需要对其进行一个信息安全维护，你会如何做？

2. 小琼的计算机内置了 360 系列软件，自从借给同学用于文件传输后，运行速度变慢并且经常报错。请你找出问题所在，并从安全角度对其优化。

3. 小红因为这个学期学习新课程，从老师的文件中复制了软件和相关内容，但是内存不够，又因为比较心急，所以格式化了 U 盘，但是之后才发现原来内部的文件有很多重要资料，所以请你帮他找回文件。

单元7.3　信息安全应用

学习目标

知识目标：

1. 了解病毒、防火墙的概念；
2. 了解防病毒的方法，并能使用防火墙。

能力目标：

1. 能够利用系统安全中心配置防火墙、病毒防护，防范潜在的威胁；
2. 能够使用常见的第三方信息安全工具解决常见的安全问题。

素养目标：

1. 具备信息安全意识和相关防护能力；
2. 能有效维护信息活动中个人、他人的合法权益和公共信息安全。

工 作 任 务

任务 7.3 预防黑客入侵

大学毕业后,小李在一家汽车零部件公司担任了过程质量检验员的职务。他对信息技术有着浓厚的兴趣,由于工作需要,会频繁在互联网上搜索相关技术资料。然而,每次打开网页都面临着许多烦扰的广告。小李使用的是谷歌浏览器,为了解决广告的困扰,他决定下载并安装网页广告拦截插件 SafeBrowse。随着插件的安装,大多数广告被成功拦截,但与此同时,小李却发现计算机的运行速度明显变慢。他怀疑计算机已中病毒,尽管拥有信息安全知识,但他面对实际问题时仍感到有些手足无措。

技 术 分 析

因为小李下载并安装了网页广告拦截插件 SafeBrowse,导致计算机突然变慢。经初步分析,发现 CPU 或内存占用较大。考虑到当前计算机没有在运行游戏或工程类软件的情况下变慢,很可能是受到了病毒的影响。

根据相关资料显示,虽然 SafeBrowse 是一款支持 Chrome 浏览器的网页广告拦截插件,但实际上该插件内置了挖矿病毒。黑客通过感染计算机进行挖矿活动,利用计算机的计算资源进行加密货币挖矿。这就是小李安装 SafeBrowse 插件后计算机变慢的直接原因。

与单元 7.2 的例子比较,问题的本质都是计算机系统中毒,因为病毒会导致文件丢失。面对问题,我们要从实际出发提出解决问题的办法。

知 识 与 技 能

一、系统急救

一般情况下,当计算机感染病毒后,病毒或木马可能会劫持反病毒软件,导致反病毒软件无法加载或杀毒引擎失效。在这种情况下,要清除计算机中的病毒,最好在一个干净的系统环境下使用反病毒软件进行查杀和清理。如果计算机受到感染,可以考虑使用 360 急救箱,它具备强大的病毒查杀功能,可以有效清除计算机中的病毒。

(1)进入 360 官网下载 360 急救箱。

(2)插入空白 U 盘,并选择该 U 盘为急救盘。

(3)用急救盘启动计算机。

(4)单机桌面"查杀"图标,勾选"全盘扫描"复选框进行扫描,如图 7-7 所示。

(5)重启并返回正常系统,再使用系统内部软件进行全盘扫描,清理病毒。

二、病毒和威胁防护

Windows Defender 是微软公司为 Windows 操作系统提供的一款防病毒和反恶意软件。它是 Windows 操作系统内置的安全性工具,最初是为 Windows Vista 和 Windows 7 系统开

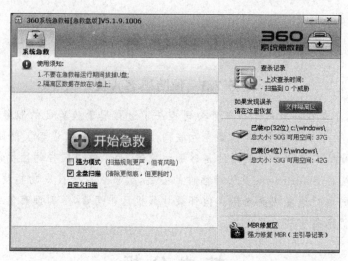

图 7-7　360 急救箱界面

发的。后来，Windows Defender 被集成到 Windows 8 及更高版本中，并成为系统默认的安全解决方案。

（一）关闭自动播放

Windows 操作系统采用一种自动播放的工作机制，无论系统当前的状态如何，只要有新的媒介插入计算机，系统就会自动启用该机制。举例来说，即便在锁定屏幕的情况下，一旦插入 U 盘，系统就会自动对 U 盘进行扫描。由于自动播放是 Windows 操作系统的内核机制，其优先级较高，甚至高于一般的反病毒软件，这意味着如果插入的 U 盘中携带有特殊病毒，计算机有可能被感染，因为自动播放机制可能会先于反病毒软件的检测工作。

1. 关闭自动播放服务

（1）按 Win+R 组合键打开"运行"对话框，并输入 gpedit.msc，如图 7-8 所示，然后进入"组策略管理"窗口。

图 7-8　"运行"对话框

（2）依次选择"计算机配置"→"管理模板"→"Windows 组件"→"自动播放策略"选项，并选择"关闭自动播放"功能，如图 7-9 所示。

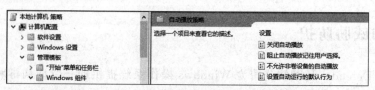

图 7-9　自动播放策略的配置

（3）在弹出的"关闭自动播放"对话框中选中"已启用"单选按钮，即可完成关闭自动播放功能的设置，如图 7-10 所示。

图 7-10　关闭自动播放功能

2. 禁用"为自动播放硬件事件提供通知"服务

（1）按 Win＋R 组合键打开"运行"对话框，并输入 services.msc，进入服务管理控制台，如图 7-11 所示。

图 7-11　服务管理控制台

（2）选择 Shell Hardware Detection 的服务，再设置"启动类型"为"禁用"，如图 7-12 所示。

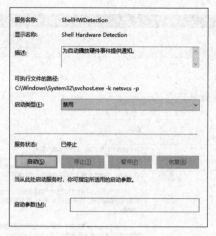

图 7-12　禁用 Shell Hardware Detection

（二）实时监控防护

　　计算机一直面临着潜在的病毒攻击威胁，防病毒软件通过提供实时监控和防护功能，旨在时刻保护系统免受这些威胁的侵害。尽管在计算机使用过程中频繁出现威胁提示，导致用户可能关闭了防病毒软件的实时监控功能，然而这种做法却可能为病毒创造了攻击的机会。一旦关闭实时监控功能，系统可能受到病毒侵袭，同时防病毒软件的有效性也可能因此受到影响。因此，无论出于何种目的，都不应该关闭防病毒软件的实时监控功能。相反，应该定期检查该功能，确保实时监控和防护功能一直处于启用状态，以维护计算机的安全性。进行实时监控防护的方法如下。

　　（1）在"Windows 安全中心"页面的设置中需要保持病毒和威胁防护的绿色状态，并在内部设置中提供检测和扫描服务，如图 7-13 和图 7-14 所示。

图 7-13　Windows 安全中心

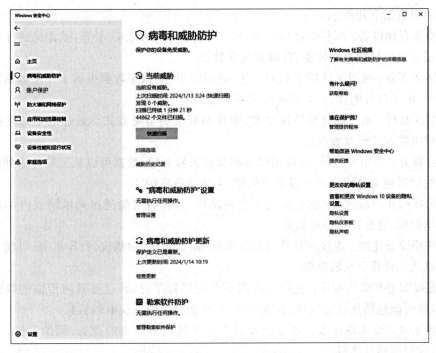

图 7-14　病毒和威胁防护界面

（2）在"病毒和威胁防护"页面的设置中保持"实时保护"的功能开启，如图 7-15 所示。

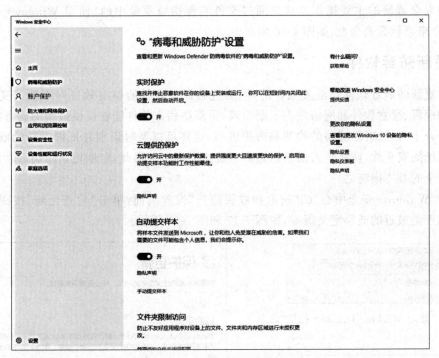

图 7-15　"病毒和威胁防护"设置

（三）扫描安全威胁

对于外来的数据所可能携带的安全威胁问题，我们要养成"先扫描再使用"的习惯。外来数据来源主要有以下几种。

（1）外部存储设备：可移动存储介质，如 U 盘、移动硬盘、SD 卡等，是常见的外部存储设备。用户通过这些设备可以传输、存储和共享数据。

（2）网络下载：通过互联网下载的文件、应用程序、文档等数据也属于外来数据。这可能包括从网页、电子邮件附件、云存储等渠道下载的内容。

（3）电子邮件：电子邮件是传递文本、附件和链接的常见方式。通过电子邮件接收到的附件和链接可能包含外来数据。

（4）云服务：使用云存储、云应用程序和其他云服务时，数据可以从云端传输到用户的计算机。这些数据通常是用户在云服务中创建、上传或分享的。

（5）局域网和内部网络：在企业或家庭网络中，计算机可能通过局域网或内部网络与其他设备共享数据，这也算作外来数据。

（6）外部设备连接：连接到计算机的外部设备，如相机、扫描仪、打印机等，可能会传输数据到计算机或从计算机获取数据。

（7）在线服务和应用程序：使用在线服务和应用程序时，通过互联网传输的数据也属于外来数据，这可能包括从社交媒体、在线购物、在线银行等服务获取的信息。

（8）蓝牙和其他无线连接：通过蓝牙或其他无线技术连接的设备，例如手机、平板计算机，可以传输数据到计算机。

（9）外部输入设备：使用外部输入设备（键盘、鼠标、触摸屏等）输入的数据也可以被视为外来数据。

扫描安全威胁的主要操作方式是通过文件右键快捷菜单中的"使用 Windows Defender 扫描"命令来确认其安全性，如图 7-16 所示。

（四）更新防毒软件

经常更新防病毒软件是至关重要的，因为这确保了软件能够有效应对不断演变的威胁。随着新的病毒、恶意软件和网络攻击不断出现，更新防病毒软件能够提供最新的病毒特征数据库和安全补丁，以及对新威胁的检测和防护机制，这样可以及时识别并抵御最新的威胁，保障计算机系统的安全性，防止个人信息泄露和系统遭受损害。因此，定期更新防病毒软件是维护计算机安全的基本措施之一。

进入"Windows 安全中心"的"病毒和威胁防护"设置页面，单击"检查更新"按钮，确认保护更新是否是最近的威胁定义版本，如图 7-17 和图 7-18 所示。

图 7-16 "使用 Windows Defender 扫描"命令

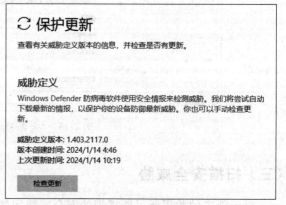

图 7-18 确认保护更新

图 7-17 保护状态保持最新

三、降低网络安全威胁

Windows Defender 是 Windows 操作系统内置的防病毒和防恶意软件工具,同时也兼具防火墙功能。它的作用包括实时监测和扫描计算机系统,检测并清除潜在的病毒、恶意软件和其他威胁,从而提高系统的安全性。作为防火墙,Windows Defender 还监控网络流量,阻止恶意入侵和网络攻击,从而有效保护用户的个人信息和计算机系统免受网络威胁的侵害。其主要工作原理是通过实时监测、扫描和分析计算机系统的文件、程序和网络流量,以检测和清除潜在的病毒、恶意软件和其他威胁。它使用实时保护技术,不断更新病毒特征数据库,以确保对最新威胁的准确识别。同时,Windows Defender 兼具防火墙功能,可以监控和管理网络通信,防止恶意入侵和网络攻击。其全面的安全机制旨在提供对计算机系统的全方位保护,确保用户信息和系统安全免受威胁。

(一)启用防火墙

在"Windows 安全中心"设置页面中单击"防火墙和网络保护"选项。

在设置"防火墙和网络保护"页面中确保"域网络""专用网络"和"公用网络"的防火墙全部处于开启状态,如图 7-19 所示。

图 7-19　防火墙打开时的状态

(二)配置入站规则

入站规则指的是远程主机访问本主机的规则控制。若本地计算机无须对外提供服务,可通过设置防火墙的入站规则拦截所有远程主机对本机的访问。在互联网上,主机间通过 TCP/IP 进行数据包的发送和接收,本地操作系统负责为有需求的进程分配协议端口。当目标主机接收到数据包时,根据报文首部的目的端口号,将数据传送到相应的端口,与该端口关联的进程将接收并处理数据,等待下一组数据的到来。因此,通过阻止特定端口的通信,可以限制特定应用的访问；通过禁止所有远程主机访问本地端口，即可限制所有远程主机对本机的访问。

在"Windows Defender 防火墙"窗口中单击"高级设置"链接，可以进入出、入站规则设置界面。

右击"入站规则"，可以新建规则并且自定义规则名称，如图 7-20 所示。可以在规则类型中选择多种配置类型，协议和端口也可以灵活调整，连接本机方式和规则应用范围则根据需求设定。

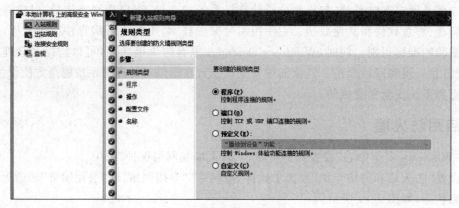

图 7-20　新建入站规则

对于访问方式的选择，常见的有通过设置规则向导来阻止所有远程主机访问本机，或允许远程主机访问特定端口，或阻止通过扫描本主机来提高远程恶意软件和黑客的攻击概率。

（三）配置出站规则

出站与入站相反。为了限制本机向外访问的权限，可进行出站设置，如限制外网访问和App 使用，基本配置界面如图 7-21 所示。

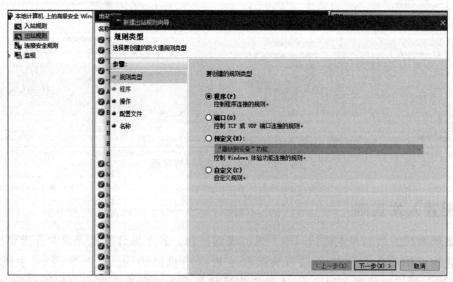

图 7-21　配置出站规则

四、网络安全防护

（一）360 安全卫士软件

在众多防护软件中，360 安全卫士以其卓越的优点和轻量化特点脱颖而出。其强大的杀毒引擎可以实时保护计算机免受病毒、恶意软件的侵害，同时搭载有效的防火墙功能，抵御网络攻击。360 卫士不仅提供出色的安全性，更以其轻量级设计优势保障系统性能的同时，为用户提供愉快的使用体验。

注意： 需要在官方网站进行下载和使用，官网界面如图 7-22 所示。

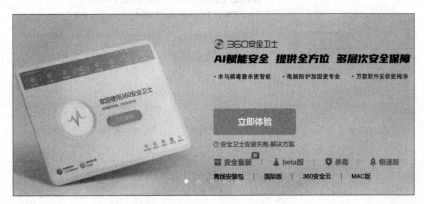

图 7-22　官网下载 360 安全卫士

（二）升级 360 安全卫士软件

在 360 安全卫士界面的"360 安全卫士"菜单栏单击升级图标，可对该软件进行升级。

（三）木马查杀

木马查杀选项提供了多种功能，如图 7-23 所示，其中包括进行安全扫描和安全监控等。

图 7-23　360 安全卫士的木马病毒查杀功能

（四）计算机清理

计算机清理界面如图 7-24 所示，可以对计算机垃圾、无用插件、使用痕迹、无用软件等进行清理。

图 7-24　360 安全卫士的计算机清理界面

（五）系统修复

如图 7-25 所示，360 安全卫士可以一键修复计算机系统漏洞。

图 7-25　360 安全卫士安全防护

（六）安全防护

360 安全卫士通过弹窗过滤、权限管理、主页防护、变形虫防护、系统安全防护等功能，提升个人计算机的安全防护水平,如图 7-26 所示。

图 7-26 360 安全卫士修复工具列表

任 务 实 现

任务 7.3 中小李的计算机在已经出现中毒的情况下,推荐使用以下防护措施。

(1) 系统恢复和安全扫描。①使用 360 急救盘进行全盘扫描;②重新启动计算机;③在确认安全的情况下,重置系统安全软件,如 360 安全卫士;④用 360 安全卫士进行全盘扫描,并进行漏洞修复;⑤进一步确认系统出现异常并进行修复。

(2) 系统安全加固。①进入安全模块,确保所有防护开启;②设置 Windows Defender 防火墙规则,确保未来的系统安全。

单 元 练 习

一、填空题

1. 信息安全的基本要素包括_____、保密性、可用性和完整性。

2. 网络安全等级保护是指对国家重要信息、法人和其他组织及公民的专有信息以及公共信息的安全保护,依据信息的_____和_____实行分等级的保护。

3. 防火墙是用于在内部网络和外部网络之间设置_____的网络安全设备。

二、选择题

1. 下列选项中不属于信息安全的基本要素的是( )。
    A. 可用性   B. 可靠性   C. 完整性   D. 保密性

2. 下列选项中不是常见的网络威胁的是( )。
    A. 钓鱼攻击   B. 拒绝服务攻击   C. 恶意软件   D. 正当竞争

3. 加密技术的主要目的是( )。

A. 提高数据传输速度 　　　　　　　 B. 确保数据在传输和存储中的安全性

C. 增加数据的存储空间 　　　　　　　 D. 提高网络的稳定性

4. 下列选项中不是常见的网络安全设备的是(　　　)。

A. 防火墙 　　　　 B. 入侵检测系统 　　 C. 数据加密机 　　　 D. 路由器

5. 下列选项中不是信息安全的防护技术的是(　　　)。

A. 防火墙配置 　　　　　　　　　　 B. 数据备份与恢复

C. 系统更新与打补丁 　　　　　　　 D. 网络拓扑结构优化

三、判断题

1. 信息安全的威胁主要来自内部,而非外部。　　　　　　　　　　　　　　　(　　)

2. 个人数据安全防护只需要设定强密码即可。　　　　　　　　　　　　　　(　　)

3. 所有信息都应该无条件地公开,以便共享和促进知识传播。　　　　　　　(　　)

4. 使用反病毒软件可以完全杜绝恶意软件的威胁。　　　　　　　　　　　　(　　)

5. 信息加密的主要目的是保证信息的机密性,不被非授权用户获取。　　　　(　　)

四、简答题

1. 描述个人信息防护的重要性和常见的防护措施。

2. 简述如何利用系统安全中心配置防火墙。

3. 信息安全的挑战主要有哪些? 如何应对这些挑战?

五、操作题

1. 如何配置 Windows 防火墙?

2. 如何借助使用第三方信息安全工具解决安全问题?

六、思考题

小刘的计算机最近一直出现各种报错和小问题,如 QQ 被盗、网站卡顿,小刘已经多次卸载并安装安全相关软件,但是依然存在问题,重启也无济于事。

(1) 为什么会发生 QQ 被盗的情况?

(2) 应如何帮助小刘修复计算机并提高计算机的安全性?

模块 8 物 联 网

学 习 提 示

  物联网（the Internet of things，IOT）的概念已经不再专指基于 RFID 技术的无线传感网络，关于它的定义和覆盖范围颠覆了人类之前的传统思维，将基础物理设施和 IT 基础设施融为一体。

  物联网即"万物互联的网络"。其定义是：物联网是通过射频识别、红外感应器、全球定位系统、激光扫描器等信息传感设备，按通信协议，将任何物品与互联网连接起来进行信息交换和通信，以实现智能化识别、定位、跟踪、监控和管理的一种网络，可以实现在任何时间、任何地点的人、机、物互联互通。它是在互联网基础上延伸和扩展的网络。

  本模块知识技能体系如图 8-1 所示。

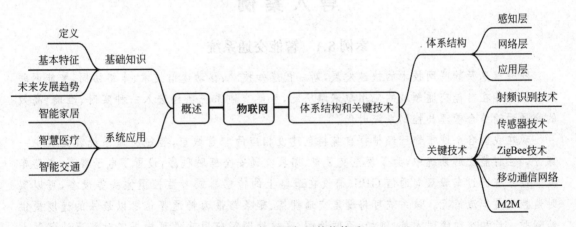

图 8-1 物联网知识技能体系

工 作 标 准

（1）《物联网　信息共享和交换平台通用要求》 GB/T 40684—2021

（2）《物联网　生命体征感知设备通用规范》 GB/T 40687—2021

（3）《物联网基础安全标准体系建设指南（2021 版）》 工业和信息化部 2021 年 9 月发布

单元 8.1 物联网概述

学习目标

知识目标：

1. 了解物联网的概念、应用领域和发展趋势；

2. 了解物联网和其他技术的融合；

3. 掌握物联网系统应用。

能力目标：

1. 能够通过体验典型物联网系统应用，加深对物联网的理解；

2. 熟悉典型物联网应用系统的安装与配置。

素养目标：

1. 能够从物联网系统在社会应用场景中分析解决问题，并能在生活中发现其他应用场景和方式，形成自主开展数字化探索和学习的能力与习惯；

2. 能够把握物联网发展趋势，具备新技术和新工具的快速学习能力。

导 入 案 例

案例8.1 智能交通系统

随着信息及物联网技术的快速发展，新一代感知技术、移动通信技术、车路协同、智能网联汽车技术等在智能交通领域的应用越来越广泛，智能交通系统已经进入一种实时、准确、高效的交通运输综合管理和控制系统时代。

现在我国各个城市都已经根据自身特色建设相应的智慧城市，智能交通系统就是其中一部分。在智能交通系统中，为了规范交叉口、路段交通安全驾驶秩序，设置了电子警察；道路车流监控系统通过车载双向通信GPS、铺设在道路上的传感器或者监控摄像头等设备，可以实时监控交通车流情况。该系统可将哪里交通拥挤、哪条路最为畅通等信息以最快的速度提供给驾驶人员和交通管理人员，例如，百度地图、高德地图等应用软件可根据实时路况让驾驶人员选择最佳路径。自适应的交通信号控制技术能够对整个区域的交通信号灯进行动态控制，智能协调区域内沿路所有交通信号灯的时间间隔，从而缓解拥堵情况。动态调整车道（可变车道）可以灵活地根据不同时段的交通状况对车道的使用情况进行协调，提高道路利用率和交通效率。电子收费系统（ETC）能够使车辆在不停车情况下以正常速度驶过收费站时自动收取费用，降低了收费站附近产生交通拥堵的概率。

技 术 分 析

智能交通系统大量应用了物联网相关技术，如移动通信技术、车路协同、智能网联汽车技术、卫星导航定位技术等。我们要学习物联网，首先就要了解物联网的概念、应用领域和发展趋势，以及物联网和其他技术的融合，以便对物联网技术有直观的认识。

知识与技能

一、物联网基础知识

（一）物联网的简介

继计算机、互联网和移动通信之后，业界普遍认为物联网将引领信息产业革命的新一次浪潮，成为社会经济发展、社会进步和科技创新的最重要的基础设施，也关系到未来国家物理基础设施的安全利用。由于物联网融合了半导体、传感器、计算机、通信网络等多种技术，它成为电子信息产业发展的新制高点。

随着物联网的快速发展，物联网在生活中的应用越来越广。物联网遍及智能交通、环境保护、政府工作、公共安全、工业监测、个人健康等多个领域，从服务范围、服务方式到服务的质量等方面都有了极大的改进，大大地提高了人们的生活质量。物联网应用领域丰富，市场需求逐渐被释放，市场前景广阔，如图 8-2 所示。

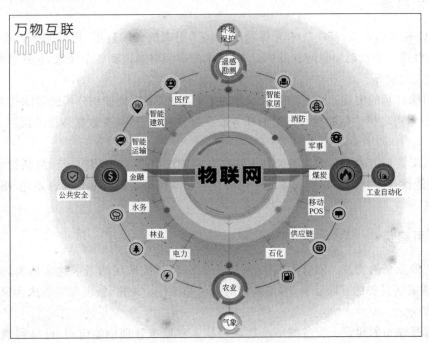

图 8-2　物联网的应用

1999 年，在美国召开的移动计算和网络国际会议提出了，"传感网是 21 世纪人类面临的又一个发展机遇"，阐明了物联网的基本含义。2005 年 11 月 17 日，在突尼斯举行的信息社会世界峰会（WSIS）上，国际电信联盟（ITU）发布了《ITU 互联网报告 2005：物联网》，正式提出了"物联网"的概念。报告指出，无所不在的"物联网"通信时代即将来临，世界上所有的物体，从轮胎到牙刷、从房屋到纸巾，都可以通过因特网主动进行交互。

（二）物联网的基本特征

从通信对象和过程来看，物与物、人与物之间的信息交互是物联网的基本特征的核心。物联网的基本特征为整体感知、可靠传输和智能处理。

整体感知是指利用无线射频识别（RFID）、传感器、定位器和二维码等手段，随时随地对物体进行信息采集和获取。整体感知解决的是人和物理世界的数据获取问题，这一特征相当于人的五官和皮肤，其主要功能是识别物体、采集信息，其技术手段是利用条码、射频识别、传感器、摄像头等各种感知设备对物品的信息进行采集和获取。

可靠传输是指通过各种电信网络和因特网融合，对接收到的感知信息进行实时远程传送，实现信息的交互和共享，并进行各种有效的处理。通常需要用到现有的电信运行网络，包括无线网络和有线网络。由于传感器网络是一个局部的无线网，因而3G、4G和5G移动通信网络也被作为承载物联网的一个有力的支撑载体。

智能处理是指利用模糊识别、云计算等各种智能计算技术，对随时接收到的跨行业、跨地域、跨部门的海量信息和数据进行分析处理，提升对经济社会各种活动、物理世界和变化的洞察力，实现智能化的决策和控制。

（三）物联网的未来发展趋势

1. 技术趋势

（1）5G技术的普及。5G技术为物联网提供了更高的传输速度、更低的延迟和更大的网络容量，这将进一步推动物联网的发展。5G技术的应用将渗透到各个领域，包括智能制造、智慧城市、无人驾驶等。

（2）边缘计算的崛起。随着物联网设备的不断增加，数据处理和分析的需求也越来越大。边缘计算技术可以将数据处理和分析的任务放在设备端进行，减少数据传输的延迟，提高数据处理效率。

（3）人工智能的融合。人工智能技术在物联网领域的应用越来越广泛，包括智能识别、智能控制、智能优化等。人工智能技术的应用将促进物联网设备的智能化和自主化，提高设备的效率和性能。

2. 应用趋势

（1）智能家居的普及。随着人们生活水平的提高，智能家居的需求越来越大。物联网技术可以实现家居设备的互联互通，方便人们的生活和工作。未来，智能家居将成为家庭生活的重要组成部分。

（2）智慧城市的建设。智慧城市是物联网技术在城市管理中的应用，可以实现城市资源的优化配置和高效管理。智慧城市的建设将提高城市的管理效率和服务水平，提高城市的可持续发展能力。

（3）工业互联网的推广。工业互联网是物联网技术在工业领域的应用，可以实现工厂设备的智能化和自主化，提高生产效率和产品质量。未来，工业互联网将成为工业发展的重要趋势。

3. 安全趋势

（1）数据安全保护。随着物联网设备的普及和应用，数据泄露和攻击的风险也越来越大。因此，保护数据安全将成为物联网发展的重要前提。未来的物联网设备应具备更强的数据加密和保护能力，以确保数据的安全性和隐私性。

（2）设备安全保障。随着物联网设备的不断增加,设备的安全问题也越来越突出。未来的物联网设备应具备更强的设备安全保障能力,包括设备身份认证、访问控制、远程监控等功能,以防止设备被恶意攻击和控制。

（3）网络安全保障。物联网的发展将促进互联网和设备的互联互通,网络安全问题也将越来越突出。未来的网络安全保障应建立更加完善的安全体系和标准,加强网络安全监管和技术创新,以保障物联网的安全稳定运行。

4. 总结与展望

物联网的发展趋势将受到技术、应用、安全等多方面的影响和推动。未来,物联网将更加智能化、自主化和安全化,应用范围也将更加广泛和深入。同时,我们也需要关注物联网发展过程中所面临的问题和挑战,如数据安全、设备安全、网络安全等问题,加强技术创新和管理创新,以推动物联网技术的可持续发展和应用。

二、物联网系统应用

（一）智能家居

智能家居是利用先进的综合布线技术、计算机技术、智能云端控制、网络通信技术、医疗电子技术,依照人体工程学原理,融合用户需求,将和居家生活有关的安防安保、灯光控制、窗帘控制、信息家电、地板采暖、燃气阀控制、场景联动、健康保健、卫生防疫等子系统有机地结合在一起,通过网络化综合智能控制和管理,实现"以人为本"的全新家居生活体验。

智能家居系统包含控制管理系统、家居布线系统、家居网络系统、照明遮阳系统、安防监控系统、影音娱乐系统、家居环境系统七大智能家居控制系统,如图 8-3 所示。

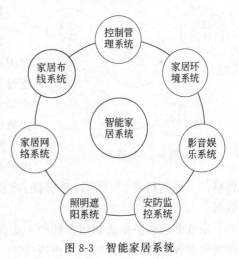

图 8-3 智能家居系统

（1）控制管理系统。控制管理系统是智能家居系统的核心,它能控制所有智能家居。将家中的各种设备连接到一起,提供家电控制、照明控制、窗帘控制、电话远程控制、室内外遥控、防盗报警等多种功能。

（2）家居布线系统。家居布线系统是智能家居系统的基础。它将有线电视线、宽带等弱电的各种线路规划在有序的状态下统一管理,以控制室内的电视、计算机等家电设备,使之使用更方便。

（3）家居网络系统。即使身处外地,用户也能通过互联网登录家庭智能家居控制界面来控制家里的电器,可以在下班途中提前打开空调或热水器。

（4）照明遮阳系统。照明遮阳系统能对家里的灯光和室外光照实现智能管理,用人体感应、遥控、远程、语音、手势等多种传感控制方式控制家里灯光的开关、明亮程度和电动窗帘的开合,而且能根据客户的需求对功能做出改变和设定不同场景模式。通过灯光控制随时控制家里灯光的场景,可以调节亮暗度、颜色、开关,通过智能窗帘和室外光照联动,达到最佳的室内光亮舒适度。

（5）安防监控系统。安防监控系统有视频监控系统和探测传感器系统。安防监控系统主要包含智能门锁、智能门铃、智能摄像头、电子围栏、移动感应传感器、门窗传感器、漏水传感器、烟雾检测报警器、燃气泄漏报警器、红外/微波报警器等。可以对身份识别、火灾、漏气、应急、漏水、安防等进行及时报警和自动应对，并且留下证据保证生命财产安全。

（6）影音娱乐系统。影音娱乐系统主要实现个性化智能视听效果。随着智能影音设备的流行，可以把家里的所有影音设备和灯光氛围巧妙完整地互联起来。家里的影音设备可以共享影音库，从而节省重复购买设备和布线的钱。影音娱乐系统可以在房间内任何一个角落布置，并且能把想要的东西相互投放到智能设备上，主要包含智能电视、智能音箱、智能魔镜、智能手机等产品。

（7）家居环境系统。家居环境系统可以根据室内的环境和人员需求实时或提前自动调节灯光、窗帘、窗户、空气、温度、热水、湿度、新风、安防、健康监测、睡眠监测、影音播放等系统和设备，让居家人员会客、休闲、睡眠等居家环境更加舒适健康安全。

所谓智能家居，简单来说就是家居自动化，让家里的所有电器设备按照我们的意愿来为我们服务，让家居设备变得和人类一样充满"智慧"。

（二）智慧医疗

智慧医疗是利用先进的物联网、云计算、人工智能专家系统、嵌入式系统智能化设备等，构建起完美的物联网医疗体系，实现患者、健康监护、医务人员、医疗机构、医疗设备之间的关联互动，使医疗机构医疗和人力资源得到最大化发挥，达到智慧化应用，如图 8-4 所示。

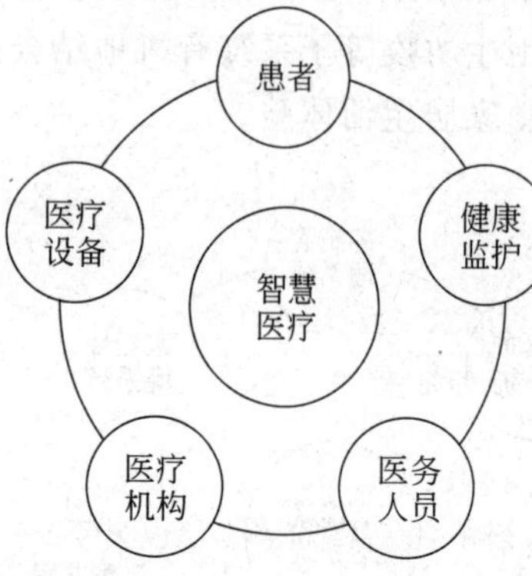

图 8-4　智慧医疗

1. 移动医疗系统

移动医疗是基于物联网的智慧医疗系统最具潜力的应用之一，也是区域医疗卫生信息化的主要方向。它泛指通过使用通信技术进行医疗数据非本地共享的系统，且功能涵盖非本地医学急救、监护、诊断、治疗、咨询、保健和远程教育等诸多方面。

随着传感器技术的快速发展，多种无线医疗传感器组成的无线传感网络面向家庭监护成为可能。无线医疗传感器是一种高精度、小体积、低功耗、高度自动化的便携式设备，能够检测相应的生命体征数据。

家庭健康监护系统利用多种植入式、可穿戴式和接近式等无线医疗传感器采集人体的各种生理参数，如脑电图（EEG）、血压（BP）、心电图（ECG）、肌电图（EMG）等。自动将生命体征数据上传至终端设备；为每一名用户建立一个实时动态的电子健康档案，让"死"档案变"活"。在任何一个嵌入式设备如 Android 智能手机上安装一个 App，就可以代替计算机成为监护系统的控制终端。系统利用终端设备的蓝牙、GPRS 或 Wi-Fi 接口实现数据库的远程共享，用户和医生双方只需凭借登录密码就可随时随地查询相关的生命体征数据，以及医生的健康管理方案建议，实现医疗数据的共享。

2. 智慧医院服务系统

智慧医院服务系统是以患者为中心，将医疗机构、医务人员和患者联通互动起来，实现医疗信息的即时传递,把医疗机构服务窗口延伸到患者身边,如在线咨询、预约诊疗、候诊提醒、诊疗报告出具和查询、医疗费用结算、药品配送等便捷服务,改善患者的就医体验。

对于患者而言,去医院就医前,可通过智慧医院服务系统进行医院查询、就医指导、预约挂号、就医后凭借一卡通或手机 App 可在门诊全流程使用;还可通过系统进行候诊查询、检验检查报告查询、就医结算、药房药品匹配和预住院管理等。这样不仅节约了患者宝贵的就医时间,也减轻了医护人员的工作量,提升了医疗服务水平。对于区域医疗患者或特殊病情患者,可以通过该系统进行远程就医;医生通过临床路径中结构化、标准化的临床诊疗数据快速有效地了解患者病情,采取有针对性的医疗措施,大大减少误诊和医疗事故的发生。

智慧医院服务系统打破地域、时间、专家资源不均衡等限制,整合时间碎片,为患者提供更为开放、均等的医疗服务,开启全新、便捷的就医体验;同时,还可以最大限度地发挥大型医院专家对基层医院的帮扶作用。

（三）智能交通

智能交通系统(intelligent transportation systems,ITS)通过在基础设施和交通工具当中广泛应用先进的感知技术、识别技术、定位技术、网络技术、计算技术、控制技术、智能技术对道路和交通进行全面感知,对交通工具进行全程控制,对每一条道路进行全时空控制,以提高交通运输系统的效率和安全,同时降低能源消耗和对地球环境的负面影响。智能交通系统是一种实时的、准确的、高效的交通运输综合管理和控制系统。

1. 交通监测与管理

常见的智能交通监测应用包括以下几项:车流监控系统通过车载双向通信 GPS、铺设在道路上的传感器或者监控摄像头等设备,可以实时监控交通车流情况。电子警察系统通过车载和路旁监控设施来发现违章的行驶车辆,如利用摄像头、雷达、路面磁力感应装置等方式来发现超速车辆,并利用图像识别等技术来识别车牌,为交通安全增加保障。自适应的交通信号控制技术能够对整个区域的交通信号灯进行动态控制,智能协调区域内沿路所有交通信号灯的时间间隔,从而缓解拥堵情况。可变限速牌可以根据交通拥堵程度计算出最佳的限速,避免高峰期间车辆频繁地启动、停下造成的进一步拥堵。动态调整车道(可变车道)可以灵活地根据不同时段的交通状况对车道的使用情况进行协调,提高道路利用率和交通效率。电子收费系统能够使车辆在不停车情况下以正常速度驶过收费站时自动收取费用,降低了收费站附近产生交通拥堵的概率,应用于该领域的技术包括条形码、牌照识别、红外线通信和 RFID 标签等。

2. 智能停车管理

城市智能停车引导系统通过超声波、弱磁等传感器节点对车位进行实时监测。通过泛在的无线连接方式将车位信息进行实时汇聚存储至数据云端,通过传统的电子引导牌或者智能手机、车载 GPS 等方式帮助驾驶人员寻找附近合适的空车位,引导驾驶人员驶向目标停车位。即便在室内停车场,也可通过自组网定位技术,提供停车引导服务。完成停车后,反向寻车系统将帮助车主在返回时能方便地找到停车位,并且根据系统提示的最佳取车路径快速取车,让车主不用再面对茫茫车海艰难地找车。配套的停车收费系统针对经营性停车位(如经营性停车场、个人车位出租等),支持智能移动终端(手机)网上预订、智能计费;对于绑定了银联卡的出租车位和寻租终端(预订车位的智能终端),可通过电子转账的形式自动完成停车费收缴。

目前在很多国家和城市，如新加坡、斯德哥尔摩等，利用智能交通系统告知驾驶人员附近的停车位，甚至帮助预订停车位。

案 例 实 现

案例8.1中提到的智能交通系统的前身是智能车辆道路系统。智能交通系统将先进的信息技术、数据通信技术、传感器技术、电子控制技术以及计算机技术等有效地综合运用于整个交通运输管理体系，从而建立起一种大范围内、全方位发挥作用的，实时、准确、高效的综合运输和管理系统。智能交通系统作为一种大范围、全方位覆盖的运输和管理系统，依托于近年来物联网的迅猛发展，将先进的控制、传感、通信、信息技术与计算机技术高效结合，综合应用于整个交通管理体系。由于其极大地缓解了交通拥堵，有效减少了交通事故的发生，提高了交通系统的安全性，减少了环境污染，因此成为物联网领域中最具代表性的应用。

智能交通系统是一个复杂的综合性系统，从系统组成的角度可分成以下一些子系统。

任务8.1

（1）先进的交通信息服务系统（ATIS）。ATIS是建立在完善的信息网络基础上的。交通参与者通过装备在道路上、车上、换乘站上、停车场上以及气象中心的传感器和传输设备，向交通信息中心提供各地的实时交通信息；ATIS得到这些信息并通过处理后，实时向交通参与者提供道路交通信息、公共交通信息、换乘信息、交通气象信息、停车场信息以及与出行相关的其他信息；出行者根据这些信息确定自己的出行方式、选择路线。更进一步，当车上装备了自动定位和导航系统时，该系统可以帮助驾驶员自动选择行驶路线。

（2）先进的交通管理系统（ATMS）。ATMS有一部分与ATIS共用信息采集、处理和传输系统，但是ATMS主要是给交通管理者使用的，用于检测控制和管理公路交通，在道路、车辆和驾驶员之间提供通信联系。它将对道路系统中的交通状况、交通事故、气象状况和交通环境进行实时的监视，依靠先进的车辆检测技术和计算机信息处理技术获得有关交通状况的信息，并根据收集到的信息对交通进行控制，如信号灯、发布诱导信息、道路管制、事故处理与救援等。

（3）先进的公共交通系统（APTS）。APTS的主要目的是采用各种智能技术促进公共运输业的发展，使公交系统实现安全便捷、经济、运量大的目标。如通过个人计算机、闭路电视等向公众就出行方式和事件、路线及车次选择等提供咨询，在公交车站通过显示器向候车者提供车辆的实时运行信息。在公交车辆管理中心，可以根据车辆的实时状态合理安排发车、收车等计划，提高工作效率和服务质量。

（4）先进的车辆控制系统（AVCS）。AVCS的目的是开发帮助驾驶员实行本车辆控制的各种技术，从而使汽车行驶安全、高效。AVCS包括对驾驶员的警告和帮助，障碍物避免等自动驾驶技术。

（5）货运管理系统。这里指以高速道路网和信息管理系统为基础，利用物流理论进行管理的智能化的物流管理系统。综合利用卫星定位、地理信息系统、物流信息及网络技术有效组织货物运输，提高货运效率。

（6）电子收费系统（ETC）。ETC是世界上最先进的路桥收费方式。通过安装在车辆挡风玻璃上的车载器与在收费站ETC车道上的微波天线之间的微波专用短程通信，利用计算机联网技术与银行进行后台结算处理，从而达到车辆通过路桥收费站不需停车而能交纳路桥费的目的，且所交纳的费用经过后台处理后清分给相关的业主。在现有的车道上安装电子不停车收费系统，可以使车道的通行能力达到原来的3～5倍。

（7）紧急救援系统（EMS）。EMS 是一个特殊的系统，它的基础是 ATIS、ATMS 和有关的救援机构和设施。通过 ATIS 和 ATMS 将交通监控中心与职业的救援机构联成有机的整体，为道路使用者提供车辆故障现场紧急处置、拖车、现场救护、排除事故车辆等服务。

单 元 练 习

一、填空题

1. 2005 年在突尼斯举行的信息社会世界峰会上，正式提出了_____的概念。

2. 物联网的基本特征包括_____、可靠传输和智能处理。

3. _____即万物互联的网络。

二、选择题

1. （　　）能够使车辆在不停车情况下以正常速度驶过收费站时自动收取费用。

　　A. 全球定位系统（GPS）　　　　　　　B. 电子收费系统（ETC）

　　C. 传感器　　　　　　　　　　　　　D. 扫描系统

2. 物联网简称（　　）。

　　A. IoT　　　　　　B. WTO　　　　　　C. App　　　　　　D. 5G

3. （　　）是物联网技术在城市管理中的应用，实现城市资源的优化配置和高效管理。

　　A. 智能交通　　　　B. 智慧医疗　　　　C. 智能家居　　　　D. 智慧城市

4. 智能家居中（　　）对家里的灯光和室外光照实现智能管理。

　　A. 家居布线系统　　B. 安防监控系统　　C. 影音娱乐系统　　D. 照明遮阳系统

5. 电子血压计属于（　　）里的设备。

　　A. 智能交通　　　　B. 智慧医疗　　　　C. 智能家居　　　　D. 智慧城市

三、判断题

1. 物联网是在互联网基础上延伸和扩展的网络。　　　　　　　　　　　（　　　）

2. 家居网络系统可以实现在下班途中提前打开家中空调或热水器。　　　（　　　）

3. 家庭健康监护系统采集到的人员健康监测数据需要手动传送到医疗机构。（　　　）

4. 物联网只能实现物与人的连接，不能实现物与物的连接。　　　　　　（　　　）

5. 互联网是在物联网基础上延伸和扩展的网络。　　　　　　　　　　　（　　　）

四、简答题

1. 物联网的定义是什么？

2. 物联网的基本特征包括什么？

3. 智慧医疗包括哪些系统？

五、思考题

1. 物联网的未来发展趋势有哪些？

2. 智慧医疗的应用现在会对我们的就医有哪些改变？将来会有哪些改变？

单元 8.2　物联网体系结构和关键技术

知识目标：

1. 掌握物联网体系结构分层和各层功能；
2. 了解物联网体系结构特点；
3. 掌握物联网体系结构关键技术原理。

能力目标：

1. 能够绘制物联网典型因公案例中所涉及的三层体系结构；
2. 掌握物联网体系结构主要关键技术。

素养目标：

通过对物联网体系结构中部分主要关键技术的学习，能够举一反三通过自主学习文中提及的其他相关技术，并能深刻了解物联网相关技术在生活中的应用。

导 入 案 例

案例 8.2　北斗＋共享单车

共享单车企业通过在校园、地铁站点、公交站点、居民区、商业区、公共服务区等提供自助骑行服务，解决了人们乘坐公共交通工具"最后一公里"的问题。共享单车是一种分时租赁模式，也是一种新型绿色环保共享经济，有利于绿色、低碳城市的建设。

但是，初期的共享单车在全国各地都存在乱停乱放、车辆被遗弃或破坏等不良现象，不仅严重影响了市容和环境，还造成了车辆资产损失，同时也增加了很多不必要的社会管理成本。

目前，青桔单车推出搭载北斗高精度定位技术的 GEO 系列新品共享单车车型，在接入北斗地基增强网后，理想情况下可定位至厘米级，采用"北斗＋共享单车"的高精度电子围栏无桩式停放和入栏结算，用户只有把共享单车停在指定的地面停车点上，才能在智能手机 App 上正常进行结账、锁车操作，若未在停车点停车，系统会发出警告提示，并向最终未在点位停放的用户收取额外调度费用。通过一系列物联网技术的应用，有效规范用户停车，解决共享单车乱停乱放的社会问题，改善城市慢行交通环境，给政府、用户、企业带来了三赢效果。

技 术 分 析

"北斗＋共享单车"是典型的物联网应用场景，主要涉及 5G、蓝牙、大数据、二维码、自动控制、卫星定位等多个物联网技术领域。

知识与技能

一、物联网体系结构

（一）物联网的层次

物联网是一种形式多样、技术复杂、牵涉面广的聚合性复杂系统，根据信息采集、生成、传输、处理、应用的原则,可以把物联网分为三层:感知层、网络层、应用层。其中,感知层主要完成信息的采集、转换和收集;网络层主要完成信息的传递和处理;应用层主要完成数据管理和数据的处理,并将这些数据与行业应用相结合。图 8-5 展示了物联网体系结构三层模型以及相关技术。

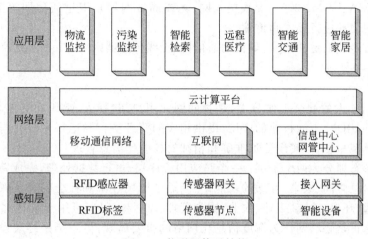

图 8-5 物联网体系结构

1. 感知层

感知层相当于人的眼、耳、鼻、喉和皮肤等感知器官,是物联网的核心,主要用来实现识别物体和采集信息,包括各种传感器、探测器、智能设备等,监测和感知环境中的各种参数和状态,是联系物理世界和信息世界的纽带。

感知层功能主要包括以下两个方面。

(1) 信息获取。它与物品的标识符和数据采集技术相关。首先,物联网中的标识符能够反映每个单独个体的特征、历史、分类和归属等信息,具有唯一性、一致性和长期性,不会随物体位置的改变而改变,不会随连接网络的改变而改变。现在许多领域已经开始给物体分配唯一的标识符。例如,EPC 系统已经开始给全球物品分配唯一的标识符。其次,数据采集技术主要有两种方式:一种是利用自动识别技术进行物体信息的数据采集;另一种是利用传感器技术进行物体信息的数据采集。

(2) 信息近距离传输。信息近距离传输是指收集终端装置采集的信息,并负责将信息在终端装置和网关之间双向传送。

感知层涉及的主要技术有射频识别(RFID)技术、传感和控制技术、短距离无线通信技术、二维码技术等。

感知层由传感器节点接入网关组成,智能节点感知信息,例如,感知温度、湿度、图像等信息,并自行组网传递到上层网关接入点,由网关将收集的感应信息通过网络层提交到后台处理,当后台对数据处理完毕后,发送执行命令,到相应的执行机构,调整被控或被测对象的控制参数或发出某种提示信号来对其进行远程监控。

2. 网络层

网络层相当于人的大脑和神经中枢,是物联网实现数据传输的桥梁,即负责传递将感知层获取的信息安全可靠地传输到应用层,然后根据不同的应用需求进行信息处理。网络层主要承担着数据传输的功能。网络层由互联网、私有网络、无线和有线通信网、网络管理系统和云计算平台等组成。

在物联网中，要求网络层能够把感知层感知到的数据无障碍、高安全性、高可靠性地进行传送。它主要解决感知层所获得的长距离传输数据的问题。

网络层主要功能是直接通过现有互联网（IPv4/IPv6 网络）、移动通信网（如 GSM、TD-SCDMA、WCDMA、CDMA2000、无线接入网、无线局域网等）、卫星通信网等基础网络设施，对来自感知层的信息进行接入和传输。

网络层具有多种关键性技术，如移动通信网、无线传感器网络、ZigBee 技术、蓝牙等。

3. 应用层

应用层相当于人的社会工作分工，是物联网和用户（包括人、组织和其他系统）的交互接口，能够针对不同用户、不同行业的应用，提供相应的管理平台和运行平台并与不同行业的专业知识和业务模型相结合，实现更加准确和精细的智能化信息管理。

应用层按形态划分为两个子层：一个是应用程序层，进行数据处理，完成跨行业、跨应用、跨系统之间的信息协同、共享、互通的功能，它涵盖了国民经济和社会的每一领域，包括电力、医疗、银行、交通、环保、物流、工业、农业、城市管理、家居生活等，可用于政府、企业、社会组织、家庭、个人等，这正是物联网作为深度信息化网络的重要体现；另一个是终端设备层提供人机界面，物联网虽然是"物物互联的网络"，但最终是以人为本的，最终还是需要人的操作与控制，这里的人机界面泛指为与应用程序相连的各种设备与人的反馈。

应用层的关键技术包括云计算、M2M、大数据、中间件技术、数据挖掘、人工智能等。

物联网的应用可分为监控型（物流监控、污染监控）、查询型（智能检索、远程抄表）、控制型（智能交通、智能家居、路灯控制）和扫描型（手机钱包、ETC）等。

物联网各层之间既相对独立又联系紧密。在综合应用层以下，同一层次上的不同技术互为补充，适用于不同环境，构成该层次技术的全套应对策略。而不同层次提供各种技术的配置和组合，根据应用需求，构成完整的解决方案。

（二）物联网体系结构的关键特点

（1）可扩展性：物联网技术体系架构能够支持大规模设备的连接和管理，适应不断增长的物联网节点数量和数据量。它具备灵活性和可扩展性，能够满足不同规模和复杂度的物联网应用需求。

（2）实时性：物联网技术体系架构具备快速响应和实时处理能力，能够处理大量实时数据，并在短时间内做出决策和反馈。这对于需要快速响应和实时控制的应用场景，如智能交通和智能制造等，尤为重要。

（3）安全性：物联网技术体系架构注重保护数据的安全性和隐私性。它采用各种安全机制和协议，包括身份验证、数据加密、访问控制等，确保物联网系统中的数据传输和存储过程的安全性。

（4）互操作性：物联网技术体系架构鼓励不同设备和平台之间的互操作性，实现设备和系统的互联互通。通过制定统一的通信协议和标准，不同厂商的设备和系统可以实现互联互通，提高整体系统的协同效能。

（5）数据管理和分析：物联网技术体系架构具备高效的数据管理和分析能力。它能够对大规模的物联网数据进行收集、存储、处理和分析，提取有价值的信息和洞察，支持决策制定和业务优化。

物联网技术体系架构是实现物联网系统的重要基础，它为物联网应用提供了完整的技术支持和功能实现。随着物联网的快速发展和广泛应用，物联网技术体系架构将持续演进和完善,为人们创造更智能、便捷和可持续的生活和工作环境。

二、物联网关键技术

物联网所涉及的关键技术包括以下类型。

(一)射频识别(RFID)技术

RFID 是 20 世纪 90 年代兴起的一种无接触式的自动识别技术,它通过无线射频信号实现无接触式自动识别移动或静止的目标对象并获得相关信息。识别工作无须人工干预,即可完成对象信息的输入和处理,能快速、实时、准确地采集和处理对象的信息。

RFID 系统主要由三部分组成:电子标签芯片、读写器和天线。其中,电子标签芯片具有数据存储区,用于存储待识别物品的标识信息;读写器是将约定格式的待识别物品的标识信息写入电子标签芯片的存储区中(写入功能),或在读写器的阅读范围内以无接触的方式将电子标签芯片内保存的信息读取出来(读出功能);天线用于发射和接收射频信号,往往内置在电子标签芯片和读写器中。

RFID 技术的工作原理如下:电子标签进入读写器产生磁场后,读写器发出的射频信号凭借感应电流所获得的能量发送出存储在芯片中的产品信息(无源标签或被动标签),或者主动发送某一频率的信号(有源标签或主动标签);读写器读取信息并解码后,送至中央信息系统进行有关数据处理(图 8-6)。

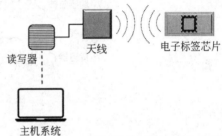

图 8-6　无线射频识别技术

RFID 的应用领域有物流和供应链管理、门禁安防系统、道路自动收费、航空行李处理、文档追踪/图书馆管理、电子支付、生产制造和装配、物品监视、汽车监控、动物身份标识等。

(二)传感器技术

传感器是一种检测装置,能感受到被测的信息,并能将检测感受到的信息,按一定规律变换成为电信号或其他所需形式的信息输出,以满足信息的传输、处理、存储、显示、记录和控制等要求。它是实现自动检测和自动控制的首要环节。

物联网系统中,对各种参量进行信息采集和简单加工处理的设备,称为物联网传感器。传感器可以独立存在,也可以与其他设备以一体方式呈现,但无论哪种方式,它都是物联网中的感知和输入部分。在未来的物联网中,传感器及其组成的传感器网络将在数据采集前端发挥重要的作用。

按是否具有信息处理功能来分,传感器可分为一般传感器和智能传感器。一般传感器采集的信息需要计算机进行处理;智能传感器带有微处理器,本身具有采集、处理、交换信息的能力,具备数据精度高、高可靠性与高稳定性、高信噪比与高分辨力、强自适应性、高性价比等特点。

传感器技术广泛用于枪声定位系统、电子围栏、环境(光、热、湿度、烟雾)监控、智能家居、医疗健康监测等。

(三)ZigBee 技术

ZigBee 是和大家熟知的蓝牙技术一样是一种新兴的短距离、低复杂度、低功耗、低成本的无线传输技术，是介于无线标记技术和蓝牙之间的技术，主要用于近距离无线连接。它依据 IEEE 802.15.4 标准，在数千个微小的传感器之间相互协调实现通信。类似于蜂群使用的赖以生存和发展的通信方式，即蜜蜂靠飞翔和"嗡嗡"（Zig）地抖动翅膀与同伴传递新发现的食物源的位置、距离和方向等信息，也就是说蜜蜂依靠这样的方式构成群体中的通信网络。

ZigBee 与蓝牙相比，更简单，速率更慢，功率及费用也更低，因此用在短距离范围并且数据传输速率不高的设备之间，如计算机外设（鼠标、键盘、游戏操控杆）、消费类电子设备（电视机、CD、VCD、DVD 等设备上的遥控装置）、家庭内智能控制（照明、燃气计量控制及报警等）、玩具（电子宠物）、医护（监视器和传感器）、工控（监视器、传感器和自动控制设备）等领域（图 8-7）。

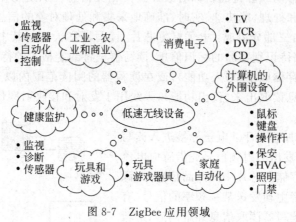

图 8-7　ZigBee 应用领域

（四）移动通信网络

移动通信网络以其覆盖广、建设成本低、部署方便、终端具备移动性等特点将成为物联重要的接入手段和传输载体，为人与人、人与物、人与网络、物与物之间的通信提供服务。

在移动通信网中，当前比较热门的接入技术有 5G、Wi-Fi 和 WiMAX。

5G 技术是最新一代蜂窝移动通信技术，也是继 4G（LTE-A、WiMax）、3G（UMTS、LTE）和 2G（GSM）系统之后的延伸。5G 的性能目标是高数据传输速率、减少延迟、节省能源、降低成本、提高系统容量和大规模设备连接。5G 网络的主要优势在于：数据传输速率远远高于以前的蜂窝网络，最高可达 10Gb/s。比有线互联网要快，是 4G LTE 蜂窝网络速度的 100 倍。另一个优点是较低的网络延迟（更快的响应时间），低于 1ms。而 4G 网络的延迟为 30～70ms。由于数据传输更快，5G 网络将不仅仅为手机提供服务，而且将成为一般性的家庭和办公网络提供商，与有线网络提供商竞争。

Wi-Fi 全称为 wireless fidelity（无线保真技术），传输距离有几百米，可实现各种便携设备（手机、笔记本电脑、PDA 等）在局部区域内的高速无线连接或接入局域网。Wi-Fi 是由接入点AP（access point）和无线网卡组成的无线网络。主流的 Wi-Fi 技术无线标准有 IEEE 802.11b 及IEEE 802.11g 两种，分别可以提供 11Mb/s 和 54Mb/s 两种传输速率。

WiMAX 全称为 world interoperability for microwave access（全球微波接入互操作性），是一种城域网（MAN）无线接入技术，是针对微波和毫米波频段提出的一种空中接口标准，其信号传输半径可以达到 50km，基本上能覆盖到城郊。正是由于这种远距离传输特性，WiMAX 不仅能解决无线接入问题，还能作为有线网络接入（有线电视、DSL）的无线扩展，方便地实现边远地区的网络连接。

（五）M2M 技术

M2M 是 machine-to-machine（机器对机器）的缩写，根据不同应用场景，往往也被解释为 man-to-machine（人对机器）、machine-to-man（机器对人）、mobile-to-machine（移动网络对机器）、machine-to-mobile（机器对移动网络）。machine 一般特指人造的机器设备，而物联网中的 Things 则是指更抽象的物体，范围也更广。例如，树木和动物属于 things，可以被感知、被标记，属于物联网的研究范畴，但它们不是 machine，不是人为事物。冰箱则属于 machine，同时也是一种 things。所以，M2M 可以看作物联网的子集或应用。

M2M 将多种不同类型的通信技术有机地结合在一起，将数据从一台终端传送到另一台终端，也就是机器与机器的对话。M2M 技术综合了数据采集、GPS、远程监控、电信、工业控制等技术，可以在安全监测、自动抄表、机械服务、维修业务、自动售货机、公共交通系统、车队管理、工业流程自动化、电动机械、城市信息化等环境中运行并提供广泛的应用和解决方案。

M2M 技术的目标就是使所有机器设备都具备联网和通信能力，其核心理念就是网络即一切（network everything）。

案 例 实 现

案例 8.2 中提到的共享单车是结合了物联网概念与技术，形成的一种智能出行模式。

1. 物联网技术在共享单车中的应用

任务 8.2

（1）GPS 定位技术：通过在电动单车上安装 GPS 定位装置，可以实时跟踪定位共享单车的位置，并将数据传输到后台系统中。

（2）无线通信技术：利用物联网技术中的无线通信模块，可以实现共享单车与后台系统之间的数据传输，例如，通过 4G 网络传输数据。

（3）传感器技术：在共享单车上安装各种传感器，如气压传感器、温度传感器、湿度传感器等，可以实时监测共享单车的状态，如车速等。

2. 共享单车的工作流程

（1）用户注册与租借：用户通过手机 App 注册账号并进行身份验证，然后可以通过 App 查找附近可用的共享单车，并选择租借。

（2）解锁与用车：用户在 App 上选择要租借的共享单车后，通过 App 发送指令，解锁共享单车，用户即可开始用车。

（3）骑行与还车：用户在规定时间内使用共享单车，骑行中可以通过 App 查看共享单车的信息。骑行结束后，用户将共享单车停放在指定停车点，单击 App 完成还车操作。

（4）结算与支付：系统根据骑行时间和里程计算费用，并将费用从用户的支付账户中扣除。

3. 共享单车的系统架构

共享单车系统主要包括硬件设备、传感器、后台服务器和用户手机 App。硬件设备包括共享单车、定位装置和无线通信模块。传感器用于采集电动单车的状态数据，并通过无线通信模块发送给后台服务器。后台服务器对数据进行处理并提供相应的服务。用户手机 App 提供用户注册、租借、还车和支付等功能。

物联网技术在共享单车系统中扮演着重要角色。它不仅实现了车辆定位和追踪功能，还使得用户能够便捷地租借和归还单车。同时，物联网技术还为运营商提供了丰富的数据分析和管理手段，并增强了系统的安全性。随着科技的不断进步和创新，相信物联网技术将继续为共享单车系统带来更多便利和改进。

单 元 练 习

一、填空题

1. 物联网体系结构分为_____层。
2. RFID 中文名称是_____技术。
3. _____是继 4G、3G 和 2G 系统之后的最新一代蜂窝移动通信技术。

二、选择题

1. ZigBee 技术属于（　　）无线传输技术。
   A. 短距离　　　　B. 远距离　　　　C. 高速率　　　　D. 大范围
2. RFID 是 20 世纪 90 年代兴起的一种（　　）的自动识别技术。
   A. 无接触式　　　B. 接触式　　　　C. 穿戴式　　　　D. 嵌入式
3. 二维码技术属于物联网体系结构中（　　）层的技术。
   A. 感知层　　　　B. 应用层　　　　C. 网络层　　　　D. 通信层
4. （　　）相当于人的眼、耳、鼻、喉和皮肤等感知器官，主要用来实现识别物体和采集信息。
   A. 感知层　　　　B. 应用层　　　　C. 网络层　　　　D. 通信层
5. 手机钱包属于物联网应用的（　　）型。
   A. 控制型　　　　B. 监控型　　　　C. 扫描型　　　　D. 查询型

三、判断题

1. ZigBee 技术属于低速率传输的无线传输技术。　　　　　　　　　　（　　）
2. Wi-Fi 是有线网络技术。　　　　　　　　　　　　　　　　　　　（　　）
3. 网络层是用来实现识别物体和采集信息。　　　　　　　　　　　　（　　）
4. 智能交通属于控制型物联网应用。　　　　　　　　　　　　　　　（　　）
5. 物联网体系结构分为四层。　　　　　　　　　　　　　　　　　　（　　）

四、简答题

1. 物联网体系结构分为哪几层？
2. 物联网的关键技术包括哪些？
3. 按是否具有信息处理功能来分，传感器可分为哪几种？

五、操作题

1. 使用两台智能手机通过蓝牙连接传输一首歌曲。
2. 使用智能手机"扫一扫"功能识别一个付款二维码。

模块9 区块链

学习提示

信息技术快速发展的背景下,区块链已日益受到人们的关注。作为一种新兴技术,区块链是分布式数据库存储、点对点传输、共识机制、加密算法等计算机技术在互联网时代的创新应用模式,被认为继蒸汽机、电力、信息技术、互联网科技之后具有巨大潜力、革命性的技术。从本质上说,区块链是一个分布式的共享账本和数据库,具有去中心化、不可篡改、全程留痕、可以追溯、集体维护、公开透明等特点,已被逐步应用于金融、供应链、公共服务、数字版权等领域。

本模块主要介绍区块链基础知识、区块链应用领域、区块链核心技术等内容,以便了解区块链的概念、发展历史、典型应用和区块链的核心技术,认识到区块链的价值和重要性。

本模块知识技能体系如图 9-1 所示。

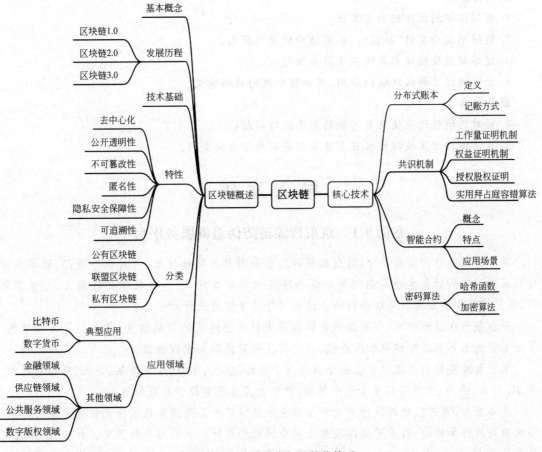

图 9-1　区块链技术知识技能体系

工 作 标 准

(1)《区块链和分布式记账技术　参考架构》　GB/T 42752—2023

(2)《信息安全技术　区块链信息服务安全规范》　GB/T 42571—2023

单元 9.1　区块链概述

学 习 目 标

知识目标：

1. 了解区块链的概念、发展历史、技术基础、特性等；

2. 掌握区块链的分类，包括公有链、联盟链、私有链；

3. 了解区块链技术在金融、供应链、公共服务、数字版权等领域的应用；

4. 了解区块链技术的价值和未来发展趋势；

5. 了解比特币等典型区块链项目的机制和特点。

能力目标：

1. 能够认识到区块链的重要性；

2. 能够阐述公有链、联盟链、私有链的概念与区别；

3. 能够将区块链技术与现实生活关联起来；

4. 能够通过了解区块链的应用，领会区块链的战略意义。

素养目标：

1. 能对区块链的价值及其可能的影响进行判断；

2. 能清晰描述区块链技术在本专业领域的典型应用案例。

导 入 案 例

案例 9.1　京东智臻链防伪追溯服务平台

京东智臻链防伪追溯平台，通过物联网信息采集和区块链技术，针对每个商品，记录从原材料采购到售后的全生命周期闭环中每个环节的重要数据，结合大数据处理能力，与监管部门、第三方机构和品牌商等联合打造全链条闭环区块链追溯开放平台。

平台基于区块链技术，与联盟链成员共同维护安全透明的追溯信息，建立科技互信机制，保证数据的不可篡改性和隐私保护性，做到真正的防伪和全流程追溯。

京东智臻链防伪追溯平台已经全面涵盖了生鲜、农业、母婴、跨境商品、美妆、高端酒类、二手 3C 商品、医药、线下商超等十余个领域，用技术为消费者提供品质保障。

总体来看，京东区块链防伪追溯平台为企业提供了产品流通数据的全流程追溯能力，可以实现商品的防伪验证、品质溯源以及重大安全问题出现时的召回与责任界定。截至目前，落链数据已达 10 亿级，与 1900 余家品牌商开展了溯源合作，共计超 40 万以上 SKU 入驻，逾 1000 万次售后用户访问查询。

技 术 分 析

　　以上案例主要介绍了典型区块链应用——防伪追溯平台,突出了区块链的可追溯性。区块链通过区块数据结构存储了创世区块后的所有历史数据,区块链上的任意一条数据皆可通过链式结构追溯其本源。了解区块链,就要先了解区块链的概念、发展历史、技术基础、特性、分类及典型应用等。

知识与技能

一、区块链的基本概念

　　什么是区块链?关于区块链定义众多,从名称上来看,区块链由英文单词 blockchain 直译而来,表示由区块(block)前后链接组织而成的链条(chain),这种链式组织形式保证区块数据不能篡改。从狭义上来说,根据我国工业和信息化部 2016 年发布的《中国区块链技术和应用发展白皮书》指出,区块链技术是一种按照时间顺序将数据区块以顺序相连的方式组合成链式数据结构,并以密码学方式保证不可篡改和不可伪造的分布式账本技术。从广义上说,区块链技术是一种全新的分布式基础架构与计算范式,它利用块链式数据结构来验证与存储数据,利用分布式节点共识算法来生成和更新数据,利用密码学方式保证数据传输和访问的安全,利用由自动化脚本代码组成的智能合约来编程和操作数据。一般认为,区块链技术是伴随着比特币而出现的一项新兴技术,是一种以密码学算法为基础的点对点分布式账本技术,是分布式存储、点对点传输、共识机制、加密算法等计算机技术的新型应用模式。

　　可以借助一个转账业务例子来理解区块链。假设小方、小李、小王三人分别向银行存款 1000 元,假设银行采用一个账本分别记录了小方、小李和小王的账户信息和操作记录。如图 9-2 所示为银行账本记录内容。

图 9-2　中心化账本记账方式

　　此时,小方通过银行向小李发起转账,金额为 500 元,转账成功后,小方和小李的账户信息会产生操作,账户信息更新为 500 元和 1500 元,如图 9-3 所示为银行账本最新的信息记录。

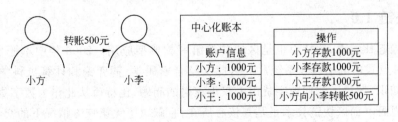

图 9-3　中心化账本转账记录方式

整个转账业务过程,虽然是针对小方和小李,但是整个交易流程都是围绕银行的"账本"展开的。若银行的中心化账本由于一些异常原因,例如异常事故、误操作导致小方向小李的转账记录丢失,那么小方和小李的账本信息将回滚至交易之前的 1000 元,并且小方和小李没办法通过其他方式证明这笔转账记录的存在。如图 9-4 所示为由于发生异常所致的数据存储变化。

中心化账本

账户信息	操作	状态
小方：1000元	小方存款1000元	存在
小李：1000元	小李存款1000元	存在
小王：1000元	小王存款1000元	存在
	小方向小李转账500元	消失

图 9-4　中心化账本数据丢失数据存储情况

可以采用区块链技术来规避发生上述问题。基于区块链技术,小方、小李和小王的账户信息和操作记录将由他们 3 个人通过去中心化的方式共同记录。在区块链系统中,每一次交易都直接发生在交易双方之间,交易的双方会把交易信息广播到整个交易系统里,然后系统中的所有节点将把这些交易信息记录下来,整理成一个账目分明的"账本",再把这个账本广播回系统,这样就使区块链系统中的"账本"不由一个单一的交易中心掌管,而是同时由系统中的所有参与者共同掌管,是去中心化的,整个交易系统没有中心崩溃的风险。除非黑客可以同时攻击系统中的所有节点,否则没有办法篡改或删除交易信息,因此保证了账本的安全。

尽管银行记错账的情况发生的概率非常低,但是区块链技术恰恰是在美国金融危机的大环境下被第一次提出。2008 年去中心化的区块链技术第一次被提出,其目的是减少以银行为代表的第三方中介组织存在的金融交易。区块链本质上就是去中心化的分布式账本,使用区块链技术可以有效保证数据存储的真实性。区块链的不可篡改性,让其存储的数据可信度更高、更加安全。

二、区块链的发展历程

随着人们对区块链的关注和投入的日益增多,区块链技术一直在不断升级和演进,它从比特币的一部分发展到与金融业和各行各业的融合,大致经历了三个阶段：区块链 1.0、区块链2.0、区块链 3.0。区块链 1.0 中主要引入了以比特币为代表的数字货币的应用,实现跨境支付、可编程货币。区块链 2.0 中主要引入了智能合约到金融业务中,使其业务范围得到了延伸,相关应用覆盖了金融机构和金融工具等。目前正处于的区块链 3.0 的区块链应用不再局限于金融业务中,而是紧密地结合社会各个行业的实际应用,如医疗、物联网、社交、共享经济等。区块链总体阶段大致描述如下。

（一）区块链 1.0

区块链缘起比特币,比特币也是区块链的第一款典型应用。2008 年中本聪发表了《比特币：一种点对点式的电子现金系统》一文,此文结合密码学、博弈论和计算机科学中分布式数据库的相关知识,解决了前期数字货币中双重支付的问题,比特币从此作为数字货币界的翘楚走进了大众视野。而区块链技术正是其核心所在,它解决了无第三方情况下的交易信任问题。通过区块链的分布式记录存储,建立了真正意义上的数字货币。因此,人们将以比特币为首的数字货币和支付行为组成的区块链技术阶段称作区块链 1.0。

（二）区块链 2.0

区块链 2.0 是将数字货币与智能合约结合,是人们试图将区块链技术和现实产业结合的第一次试水,是针对经济、市场和金融领域的区块链应用。"智能合约"的概念是由尼克·萨博(Nick Szabo)在 1995 年提出来的。智能合约可以高效率地存储和传输价值(区块链资产),将区块链的商用范围从货币扩展到了一切数字化信息,将区块链技术的发展从数字货币中解放出来。

（三）区块链 3.0

目前区块链技术正处于此阶段。在此阶段中,区块链技术将不再局限于金融业,而是推向更多应用领域,真正实现为各行各业提供去中心化解决方案的"可编程社会"。相较于 1.0 和 2.0 阶段,3.0 阶段的区块链技术不仅仅局限于货币、金融行业中,将对更大范围的人群产生影响,赋予更宽阔的世界,形成生态、多链的网络,真正实现价值互联。

三、区块链的技术基础

区块链作为一个新兴技术,整合了多方技术作为基础,包括加密算法、数字签名、P2P 网络、共识算法和智能合约等,这些技术在区块链诞生前就已经在各种互联网应用被广泛应用,其架构方面秉持着"去中心化"的思想,将引用的技术分别用于不同方面。例如,加密算法和数字签名用于保证网络数据的安全性和参与者的身份认证,共识算法用于保证数据同步的完整性。区块链在使用这些技术的同时,也针对自身架构的特性进行了部分改造。相关的技术基础原理将在之后的小节进行阐述。

四、区块链的特性

区块链拥有诸多特性,去中心化、公开透明性、不可篡改性及可追溯性等,基于这些特性,区块链技术也具备了相对于传统技术的诸多功能优势。

（一）去中心化

去中心化是区块链最根本的特质,也是区块链区别于其他分布式账本最重要的因素。传统的信息系统是中心化的,由专门的公司和服务提供商提供服务。由于中心化系统存在部分弊端,便致力于开发去中心化系统。在去中心化系统中,并不存在拥有特权的中心节点,每个网络节点拥有的信息和权限都是一样的,称其为对等节点。例如,将区块链视作一个完整的账本,去中心化就是所有在区块链网络中的节点都可以进行记账,都有一个记账权,避免由某一方记账带来的缺陷,这就完全规避了操作中心化的弊端。去中心化网络架构使区块链在节点自由进出的环境下,脱离了对第三方平台的依赖。

（二）公开透明性

这是针对区块链公有链来讲的,因为任何人都可以对公有链中的信息进行读写操作。只要是区块链网络体系中有记账权的节点,都可以进行操作,但交易过程中各方的私人信息是加密存储的。

（三）不可篡改性

不可篡改是指交易一旦在全网范围内经过验证并添加至区块链，就很难被修改或者抹除。区块链是一种全民参与记账，并且账本由全网参与节点共同存储和维护，数字签名、链式结构、共识算法等确保了区块链交易数据难以否认、难以篡改和难以伪造等特性。哈希函数和数字签名保证了交易的不易篡改性与不可否认性。共识算法确保要伪造或篡改交易数据需要获取大部分节点的同意，少量恶意节点伪造或篡改交易数据很难通过大多数诚实节点的验证。

（四）匿名性

在区块链中，由于节点之间进行数据交换无须互相信任，因此交易对手之间可以不用公开身份，在系统中的每个参与者都可以保持匿名。匿名性是指区块链的算法实现是以地址来寻址的，而不是以个人身份，不知道是谁发起了这笔交易。匿名性是区块链共识机制带来的副作用，这也是相关部门比较担心的，也是技术发展亟待解决的问题。

（五）隐私安全保障性

区块链的去中心化特性决定了区块链的"去信任"特性：因为区块链系统中的任意节点都包含了完整的区块校验逻辑，所以任意节点都不需要依赖其他节点完成区块链中交易的确认过程，也就是无须额外地信任其他节点。"去信任"特性使节点之间不需要互相公开身份，因为任意节点都不需要根据其他节点的身份进行交易有效性的判断，这为区块链系统保护用户隐私提供了前提。区块链数据结构广泛使用了数据加密技术，涵盖了多种加密算法，例如，最新加入的如盲签名、门限签名、同态加密、零知识证明等加密算法充分保障了区块链的安全性，提供了极强的隐私保护功能。

（六）可追溯性

"可追溯"是指区块链上发生的任意一笔交易都是有完整记录的，可以针对某一状态在区块链上追查与其相关的全部历史交易。这种机制就是设定后面一个区块拥有前面一个区块的一个哈希值，就像一个挂钩一样只有识别了前面的哈希值才能挂得上去，才是一整条完整的链。

可追溯性还有一个特点就是便于数据的查询，因为这个区块是有唯一标识的。例如，若需要在数据库中查询一个数据，是有很多算法去分块来查找的，而区块链网络是利用时间节点来查找对应的区块，再去寻找对应的交易内容，相比其他的数据库查找方式更加便捷。图 9-5 是传统数据操作和区块链数据操作的对比。由于区块链记录了所有业务操作记录，可以更加准确地了解关注对象（账户信息）的信息变更情况。

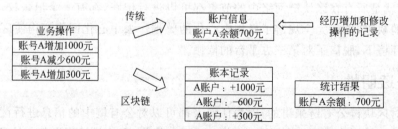

图 9-5　传统数据操作和区块链数据操作的对比

五、区块链的分类

区块链可以根据准入机制和节点开放程度,可以分为三种类型,即公有区块链、联盟区块链、私有区块链。

(一)公有区块链

公有区块链(public block chains)简称为公有链,是指世界上任何个体或者团体都可以发送交易,且交易能够获得该区块链的有效确认,任何人都可以参与其共识过程。公有区块链是最早的区块链,也是应用最广泛的区块链。各大 Bitcoin 系列的虚拟数字货币均基于公有区块链,世界上有且仅有一条该币种对应的区块链。公有区块链典型特点如下。

(1)任何人通过联网计算机均可以随时随地接入公有区块链,读取或下载链上任意数据,无须注册、认证和授权等管控过程。

(2)公有区块链中所有节点地位平等,任一节点均可以发起交易、参与区块链共识等过程。公有区块链大多采用 PoW 类或 PoS 类共识算法,全网节点都可以参与竞争记账权,算力值高的或者权益值大的节点能以较高概率获得记账权。

(3)为保证公有区块链的安全稳定,需要大量节点提供数据冗余并且参与交易验证和区块共识等过程,因而需要代币奖励机制激励节点参与竞争记账。公有区块链主要应用于加密货币领域,典型平台有比特币、以太坊等。

(二)联盟区块链

联盟区块链(consortium block chains)又称共同体区块链,简称联盟链。它由某个单位群体内部指定多个预选的节点为记账人,每个块的生成由所有的预选节点共同决定(预选节点参与共识过程),其他接入节点可以参与交易,但不过问记账过程(本质上还是托管记账,只是变成分布式记账,预选节点的多少及如何决定每个块的记账者成为该区块链的主要风险点),其他人可以通过该区块链开放的应用程序接口(API)进行有限的查询。联盟区块链主要特点如下。

(1)认证、授权、监控、审计等功能,只有经过联盟授权的机构才有资格为联盟区块链提供成员注册,或者让人们加入或退出联盟区块链。其中每个机构可运行一个或者多个节点。

(2)联盟区块链中共识过程由联盟预先选定的节点控制,其他参与节点仅能发送交易而不能参与记账过程,因而激励机制是可选的,并且大多采用 BFT 类或者 CFT 类共识算法以提高交易性能和吞吐量。

(3)联盟区块链中数据读取权限可根据应用场景来决定对外开放的程度,可以完全对外开放,也可以被限定为联盟机构内部。

(4)联盟区块链适合不同机构间的交易、结算等 B2B 场景,典型平台有 Hyperledger、Fabric、Ouorum 等。

(三)私有区块链

与公有区块链对应的是私有区块链,简称私有链。私有区块链(private block chains)是指仅仅使用区块链的总账技术进行记账。私有区块链中对链上数据的读写权限由单一的组织来控制。私有区块链与其他的分布式存储方案没有太大区别。

私有区块链中的节点参与共识也需要某个机构来授权。它与联盟区块链所属情况不同的是,该机构仅仅是一个单一的实体,而不是多个实体,私有区块链通过一个相对封闭的系统只允许一个实体来进行任命主节点,进而由主节点产生区块。从本质上说,联盟区块链就相当于由私有区块链组合而成,只是私有的程度不同。私有区块链主要特点如下。

（1）私有区块链可看作是一个机构内部的公有区块链。从机构外部视角看,私有区块链是中心化的;从机构内节点视角看,私有区块链是去中心化的。

（2）私有区块链的共识验证过程被严格限制在机构内部。私有区块链中节点数量、通信带宽、验证规则等都是可控的,并且大多采用 BFT 类或者 CFT 类共识算法,因而数据处理速度和读写吞吐量高。

（3）私有区块链中参与记账的节点本身就是完成机构所要求的任务,因而是不需要通过奖励机制来激励每个节点参与记账的。

（4）私有区块链适合应用于数据库管理、数据审计等领域,典型平台有 HydraChain。

（四）三种区块链的对比

公有区块链、联盟区块链、私有区块链的开放程度依次递减。公有区块链开放程度最高、最公平,但是速度慢、效率低;联盟区块链和私有区块链效率高,但是削弱了去中心化的属性,更加侧重的是区块链技术对于数据维护的安全性。三种区块链的对比见表 9-1。

表 9-1　三种区块链的对比

类　　别	公有区块链	联盟区块链	私有区块链
参与方	任何人	多机构	单机构
中心化程度	去中心化	多中心化	中心化
记账节点	全网节点	多机构预先选定	单机构内制定
共识机制	PoW、PoS 等	PBFT、RAFT 等	PBFT、RAFT 等
权限和范围	无	读写权限可设定	读写权限由某个机构控制
交易效率	慢	快	快
激励机制	需要	可选	不需要
典型场景	数字货币	B2B 等	数据库管理与审计等
典型平台	比特币	超级账本	HydraChain

六、区块链的应用领域

区块链作为一种分布式账本技术,在金融、供应链、公共服务、数字版权等领域中有着广泛的应用。

（一）区块链在金融领域中的应用

基于数字货币的影响,区块链技术天然具有金融属性,因此其未来的应用场景更多集中在金融领域。将区块链技术运用于供应链金融。供应链金融(supply chain finance)从传统金融业来说,是指在真实交易的背景下,为供应链上的核心企业和上下游企业提供的综合性金融服务。供应链金融具有规模大、参与者多、交易链条长的特点。为了解决传统供应链金融中的信息不对称问题,区块链技术成为理想的技术解决方案。

供应链金融的主要业务场景包括应收账款融资、存货质押融资和商业票据融资。区块链技术可以实现供应链金融场景的全面覆盖,包括应收账款。区块链技术具有去中心化、不可篡改、可追溯等特点。它可以通过建立共识机制和智能合约来保护参与各方的利益,在一定程度上解决传统供应链金融中信用传递不畅的问题。

(二)区块链在供应链领域的应用

供应链是商业活动中必不可少的环节,一般供应链包括核心企业、供应商、物流运输企业、客户等参与方。我们以制造业的供应链为例,一般来说制造业的供应链会包括原料采购、加工、包装、销售等环节,所以整个供应链会涉及不同的行业与不同的企业,在地域上会涉及不同的城市、省份甚至国家。图 9-6 所示为使用了区块链技术的供应链实现方式,生产、加工、销售和运输等环节的数据都将通过区块链以去中心化的账本方式记录,并且在区块链网络中将有第三方监管机构植入相应的监管机制,保证网络的正常运行。

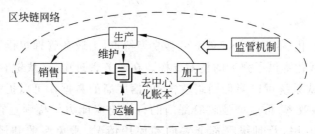

图 9-6　使用了区块链技术的供应链实现方式

下面从智能仓储系统、物流系统、防伪溯源系统三个供应链领域的主要应用方向来了解区块链。

1. 智能仓储系统

智能仓储围绕射频识别(radio frequency identification,RFID)技术,结合物联网感知技术和区块链技术对仓储货物进行识别、定位、分拣、计量和监管工作。仓储中各个操作步骤都清晰地记录在区块链中,避免了漏记、多记等错误,且仓储货物信息存储在区块链上,信息不可篡改,加强了对仓储货物的监管。将 RFID 技术与区块链技术相结合,实现仓储货物信息快速入链存储的功能,大大简化了供应链中商品出入库控制的管理。

2. 物流系统

供应链物流以物流活动为核心,协调供应链领域的生产和进货计划、销售领域的客户服务和订货处理业务,以及财务领域的库存控制等活动。物流过程中的参与者来自物流不同领域的不同实体,在共同协作建立生产关系时需要大量的成本去解决信任问题,比如服务质量的运营成本、结算账单对账成本,还有物流单据的审核管理成本等。而区块链能解决大物流中的信任问题,可以促进物流平台的规模化、低成本及高信任的实现。区块链技术可以促进物流领域的商流、物流、信息流、资金流四流合一,能够在多方互信的基础上快速聚合优质资源,打造立体化供应链生态服务。

3. 防伪溯源系统

传统溯源产品的数据孤岛现象严重,鉴于数据安全和多主体协作问题,产品溯源覆盖范围有限,数据种类单一,数据质量较差。区块链特有的分布式记账、智能合约、时间戳的存在性证明和信息不可篡改等特点可以实现多主体协作,同时实现相关主体的数据互联互通,覆盖运营过程,完整地记录各环节的经营数据。

（三）区块链在公共服务领域的应用

1. 保险行业

保险行业的规划发展中一直要求将信息技术融入保险业务,而区块链技术对保险行业是一种创新技术。降低和管控风险是保险的最终目的,风险管控的关键要素是制度监管,区块链可以提供有效的"技术"监管,这在保险理赔方面有很大的应用潜力。目前,区块链在保险领域的应用处于早期阶段,特别是商业保险,在扩大市场规模和细化产品需求时,更要抢抓机遇,将区块链技术有效应用在该领域,为客户提供更加安全高效的保险服务。

2. 政务服务

区块链的去中心化、数据安全记录不可篡改等特点,为政务管理提供了新的机遇,也为我国提升治理能力现代化提供了强大的技术支撑。在政务管理中,区块链有多种应用并占据很大优势,例如,分布式系统可以降低网络攻击;可信度高的数据库可以提高行政许可、注册登记、税收缴纳等办事效率;可以增强政府部门的行政响应能力。特别是在政府拨款管理中,可以确保资金专款专用,及时跟踪资金去向和使用情况,避免腐败和滥用,提高资金使用效率。

（四）区块链在数字版权领域的应用

目前,基于区块链的分布式架构和抗篡改性等优势,国内外已经在版权登记、权属证明、侵权预防和索赔、版权交易等方向衍生出一大批产业,并形成了去中心化程度高低不等的区域性私有链、联盟链。国内区块链技术在版权领域的司法应用逐渐向多节点的线上司法联盟链良性发展,版权产业多与权威机构合作,业务模式呈多样化发展趋势。

区块链的网络由众多分布式节点搭建,仅凭一个节点几乎不可能取得整个账本,即使一个节点瘫痪,区块链上的其他部分仍然存在。区块链可以从技术上为登记上链的版权信息提供保护。在平台安全性上,区块链保障了区块链数据的可靠性与稳定性。在区块链记录的证明作用上,区块链技术原生的抗篡改性会赋予链上记录高度的证明力,区块链版权登记可以直接作为证据用于版权纠纷中的权属证明。

七、区块链的价值和前景

社会的发展与科技的进步有着密切的联系,区块链技术的产生与发展实际上是缩短了"信任"的距离。在人们的日常生活中,获取有效真实的信息往往需要依赖第三方中介机构对信息的收集和整理,单纯的点对点信息传输往往存在局限。区块链的产生恰到好处地弥补了这方面的缺陷,借助去中心化账本机制打破了现有传统业务中存在的不平等和"数据孤岛"现状,借助数字签名保证了数据的安全性,借助 P2P 技术和加密算法实现了点对点数据传输和数据加密。区块链整合了多方面资源,旨在构建人人平等、公开透明、可信的社会价值体系,推动人类进入"智能时代"和"可信时代"。

目前,区块链技术主要应用于数字货币、金融、供应链管理等领域,但未来有望拓展到更多领域,如能源管理、医疗保健、电子政务等。此外,随着智能合约等技术的发展,区块链将能够自动化和简化许多传统合约的执行过程,降低交易成本并提高交易速度。在未来,区块链技术将越发成熟和贴近人们的需求,借助去中心化技术,人们日常生活中产生的数据通过区块链存储后将公开透明。同时,区块链技术也面临着一些挑战和问题,如隐私保护、能源消耗和监管合规等。但随着技术的不断演进和创新,这些问题有望逐渐得到解决。合规工具和监管政策的制定将为区块链在金融和实体经济领域提供更广阔的发展空间。区块链技术具有显著的价值和广阔的前景。随着技术的不断发展和应用场景的扩大,区块链有望在未来改变许多行业的运作方式,为社会带来更多的便利和创新。

案 例 实 现

针对案例 9.1 中分析,供应链溯源是京东科技最早布局,也是当前最成熟的区块链应用场景之一。

智臻链防伪追溯平台利用对产品防伪和全程追溯体系丰富的业务经验,针对每个商品,记录从原材料采购到售后的全生命周期闭环中每个环节的重要数据。通过物联网和区块链技术,结合大数据处理能力,与监管部门、第三方机构和品牌商等联合打造防伪,同时与全链条闭环大数据分析相结合的防伪追溯开放平台。

智臻链防伪追溯平台具有以下功能。

(1)追溯管理:根据追溯商品特殊性,支持完全自定义的追溯环节设置,自动/手动进行数据采集,个性化溯源展示模板,实现一物一码的全程追溯。

(2)赋码管理:提供多种方式的赋码和采集解决方案,提供各种二维码防伪方案、RFID标签方案、自动化产线赋码等,满足多场景所需。

(3)一物一码营销:基于商品一物一码,支持各类营销方式,包括优惠券、实物、积分等奖励发放,同时支持内容营销及调查有奖等客户互动营销。

(4)数据分析:基于客户扫码情况,进行大数据分析,呈现用户扫码及用户画像分析报告,帮助进行精准数据下的科学决策。

(5)区块链存证:各节点数据自动上链,共建共享可信安全数据环境。消费者可随时查询验证区块链交易信息、区块信息等,随时随地完成数据验证。

智臻链防伪追溯平台架构如图 9-7 所示。

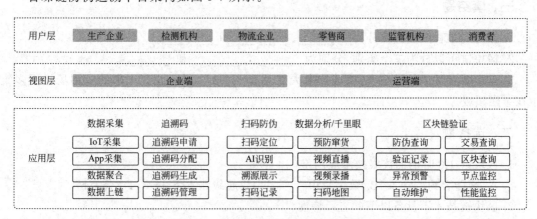

图 9-7 智臻链防伪追溯平台架构图

数据层	产品数据	原料数据	生产数据	检测数据	物流数据	销售数据	其他数据

区块层	区块链防伪追溯联盟（零售、生产企业、物流、监管等）	JD BaaS

存储层	数据库	对象存储	分布式缓存	图片存储

资源层	计算	存储公有云、私有云	网络

图 9-7（续）

知 识 拓 展

区块链几大误解

误解一：区块链＝比特币。错！区块链是底层技术，比特币是依托于区块链技术的数字货币产物，二者不是一个范畴的东西。

误解二：鼓励区块链＝鼓励炒币。错！区块链作为底层技术，是大国竞争的技术重点，当然要重视。而 ICO 是我国明令禁止的非法融资行为。币圈乱象多骗局，不要模糊联想，否则会吃大亏。

误解三：区块链跟普通民众没啥关系。错！以我国将发行的数字货币为例，我国央行推出的数字货币是基于区块链技术做出的全新加密电子货币体系，将采用双层运营体系，即人民银行先把 DCEP 兑换给银行或者其他金融机构，再由这些机构兑换给公众，这不仅使得交易环节对账户依赖程度大为降低，有利于人民币的流通和国际化，还可以实现货币创造、记账、流动等数据的实时采集，为货币的投放、货币政策的制定与实施提供有益的参考。

单 元 练 习

一、填空题

1. 按时间推移区块链可分为_____、_____ 和_____。

2. 区块链可以分为三个类别，分别为_____、_____和_____。

3. 基于数字货币的影响，区块链技术天然具有 _____，因此其未来的应用场景更多集中在金融领域。

二、选择题

1. 区块链 1.0 时期的代表技术应用是（　　）。
   A. 智能合约　　　　B. 数字货币　　　　C. 超级账本 Fabric　D. 公有链

2. 区块链技术不具备以下（　　）特性。
   A. 去中心化　　　　B. 不可篡改　　　　C. 可追溯性　　　　D. 不共识性

3. 以下选项中不是现在的区块链模式的是（　　）。

A. 公有链　　　　B. 联盟链　　　　C. 私有链　　　　D. 企业链

4. 以下不属于当前区块链的适用场景的是(　　)。

A. 防伪溯源　　　B. 联盟链　　　　C. 金融交易　　　D. 云计算

5. 区块链缘起于(　　)的出现。

A. 中本聪　　　　B. 智能合约　　　C. 比特币　　　　D. 以太币

三、判断题

1. 区块链 3.0 中,主要引入了以比特币为代表的数字货币的应用,实现跨境支付、可编程货币。　　　　　　　　　　　　　　　　　　　　　　　　　　　　　　　(　　)

2. 联盟链是指世界上任何个体或者团体都可以发送交易,且交易能够获得该区块链的有效确认,任何人都可以参与其共识过程。　　　　　　　　　　　　　　　　　(　　)

3. 公开透明性是区块链最根本的特质,是区别于其他分布式账本最重要的因素。(　　)

4. 智能合约是一种旨在以信息化方式传播、验证或执行合同的计算机协议。(　　)

四、简答题

1. 什么是区块链?

2. 相对于传统中心化服务,区块链技术具有哪些技术特点?

3. 简述区块链的应用价值。

五、思考题

1. 区块链的去中心化特征相对于中心化系统有哪些优点? 实施去中心化面临什么样的挑战?

2. 发展区块链技术对于我国经济发展有哪些积极意义?

单元 9.2　区块链核心技术

学 习 目 标

知识目标:

1. 了解分布式账本的定义;

2. 了解区块链的密码学原理;

3. 掌握智能合约的概念和特点;

4. 了解共识机制的原理。

能力目标:

1. 能够阐述分布式账本的记账方式;

2. 能够列举常用的密码学技术;

3. 能够解释智能合约的运行过程;

4. 能够区分不同的共识机制。

素养目标:

1. 能将区块链技术与现实生活关联起来,体会区块链技术的价值;

2. 领会区块链中安全机制的设计思想,提高运用新技术的能力。

导 入 案 例

案例 9.2　北京互联网法院采用区块链智能合约技术实现执行"一键立案"

在一起网络侵权纠纷案件中，原、被告经法院主持调解，达成调解协议。调解协议内容如下：被告于 2019 年 10 月 16 日之前支付原告赔偿金 33 000 元。法院在谈话中告知原、被告双方，如被告在履行期内未履行义务，将通过区块链智能合约技术实行自动执行。调解书生效后，该案的当事人端、法官端均出现"智能合约"字样以区别于普通案件，如图 9-8 所示。

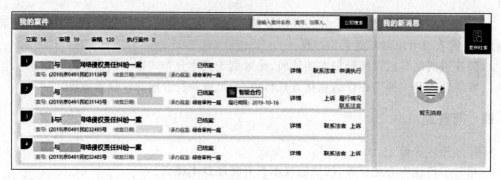

图 9-8　"智能合约"案件截图

10 月 17 日，被告仍有赔偿金 20 000 元未履行。原告只需单击"未履行完毕"按键，如图 9-9 所示，该案件直接进入北京互联网法院立案庭执行立案中。通过立案庭审核后，立案成功进入执行系统。

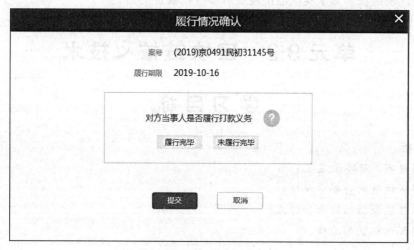

图 9-9　确认案件履行情况

传统执行立案步骤包括：确认是否按期履行，核对申请执行期限，申请执行，填写并上传当事人信息、执行申请书、执行依据等信息材料。而在区块链智能合约嵌入调解书案件中，作为当事人需要进行的操作只有一步：单击"未履行完毕"按钮。当事人仅需要确认案件未履行情况，即可跳过后续繁复程序直接完成执行立案，而上述立案信息均通过区块链智能合约技术自动抓取。

技 术 分 析

以上案例主要涉及区块链关键技术智能合约,智能合约则是运行在区块链上模块化、自动执行的脚本,能够实现数据处理、价值转移、资产管理等一系列功能。智能合约在司法区块链的融合与应用,一是突破语言局限性,避免语言漏洞造成的双方误解,作为计算机语言的代码具有精准和唯一指向性;二是促进执行智能化,通过发布智能合约,减少人工干预,推动司法执行更加智能化、公开透明化。

知 识 与 技 能

区块链作为一个新兴技术,整合了多方技术作为基础,它的关键技术包括加密算法、数字签名、P2P 网络、共识算法和智能合约等,这些技术在区块链诞生前就已经在各种互联网应用被广泛应用。

一、分布式账本

(一)分布式账本的定义

分布式账本是一种在网络成员之间共享、复制和同步的数据库。传统的数字化账本系统是通过中心化数据管理系统来记录和维护账户数据。性能高,但是需要高度依赖银行等中心机构的可信度来保证数据的正确性和安全性。一旦中心机构出现伪造数据等信任问题,则会对系统造成无法挽回的重大损失。分布式账本系统是基于网络的去中心化数据存储管理系统,不依赖于中心化机构的可信度,在对等节点之间维护多个账本副本,节点之间通过分布式共识机制来共同记录、更新和验证数据,使得账本的数据记录不易伪造、难以篡改。图 9-10 显示了中心账本与分布式账本的区别。

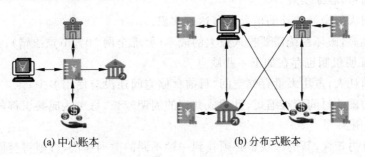

(a) 中心账本　　　　　　　　　　(b) 分布式账本

图 9-10　中心账本与分布式账本

(二)分布式账本的记账方式

每产生一笔交易就要记账。在现实生活中,这项工作由会计负责;而在加密货币的世界中,由"矿工"负责。无论是会计还是"矿工",都需要给其支付工资。传统记账的方式依赖于流水账本,最开始通过人工记录,后改为计算机记录,随之产生了财务、核算等工作岗位。记账对任何公司来说都是极其重要的,不能乱记,也不能乱改,且传统记账方式中容易出现漏账、假账等情况。针对这些情况，很多公司设立会计和出纳两个岗位，会计管账（账务核算，财务管理），出纳管钱（日常资金收支，银行票据保管），两个职位由不同的人担任，相互制约，保证账目的真实性。但当两者合谋时，账目还是会出现安全问题。还有一些中小型企业会引入第三方审计平台作为监督，通过双方的合作来完成记账，相当于在财务系统上添加了一个防火墙。但第三方的记账模式也会产生一些问题，比如说服务费用的问题、记账"独立性"的问题。

分布式记账就可以很好地解决传统记账中出现的诸多问题。首先，分布式记账是全员记账，尽管系统用户之间没有任何关系，但系统中发生的每一笔交易，所有用户都可以看到交易的全过程，因此可以避免错账的可能。其次，分布式记账设立了激励机制，只要是参与了记账的用户，都能获得系统的奖励。这可以解决第三方记账带来的安全隐患问题。最后，分布式记账与整个系统都密切相关，有别于传统记账的单一部门负责制，全员参与营造一个完全公开透明的社区生态，也能促进系统的发展。

二、共识机制

共识机制是分布式系统中的核心部分，它让处于复杂网络环境下的节点在不造成分叉的情况下达到数据一致性。区块链的每一个信息节点彼此之间都能够交叉确认，形成共识，确保所有参与方的信息值完全一致，即保证每个节点的账本是统一的，构成了信任、协作的基础。常见的共识机制如下。

（一）工作量证明机制

工作量证明机制（proof of work，PoW）共识算法是最早的共识算法。它主要在比特币上使用。可以简单理解为一份证明，用来确认完成的工作量。其主要依赖机器进行数学运算，通过计算随机哈希散列的数值解来获取记账权。目前，采用该机制的有 BTC、BCH、LTC 等。工作量证明机制的优点如下。

（1）完全的去中心化，节点可以自由进出。

（2）算法简单，容易实现。

（3）节点间无须交换额外的信息即可达成共识。

（4）安全性高，破坏系统需要投入极大的成本（要求全网 50％节点出错）。

但工作量证明机制也存在如下一些缺点。

（1）资源消耗大，占用大量存储空间（目前存储空间还没有使用多少）。

（2）区块的确认时间较难缩短，且达成共识的周期较长，每次达成共识都需全网共同参与运算，不适合商用。

（3）所需算力较大，新的区块链必须找到一种不同的散列算法，否则将会面临比特币的算力攻击，是当前主要缺点。

（4）难以达成最终一致性，容易产生分叉，需要等待多个确认。

（二）权益证明机制

权益证明机制（proof of stake，PoS）又称为股权证明机制。这种算法为应对 PoW 消耗资源而诞生的新兴共识，主要解决 PoW 工作量计算浪费的问题。其本质是采用权益证明来代替 PoW 中的基于哈希算力的工作量证明，由系统中具有最高权益而非最高算力的节点获得区块记账权。

（三）授权股权证明

授权股权证明(delegated proof of stake,DPoS)共识算法也可以称为委托权益证明机制。DPoS 共识算法于 2014 年提出并应用，是 PoS 共识算法的一种衍生算法，其类似于董事会投票，首先通过 PoS 选出代表，进而从代表中选出区块生成者并获得收益。相对 PoS 而言，DPoS 机制下的每个股东可以将其投票权授予一名代表，获票数最多的前一百名代表按既定时间表轮流产生区块。该机制有效解决了 POS 机制中的权力集中问题并提高了系统达到一致性的效率。

（四）实用拜占庭容错机制

实用拜占庭容错机制(practical Byzantine fault tolerance,PBFT)主要研究在分布式系统中，如何在有错误节点的情况下实现系统中所有正确节点对某个输入值的认可度达成一致。该机制起源于拜占庭将军问题，多用于多方沟通时保持信息的一致性。其解决了原始拜占庭容错机制效率不高、复杂度为指数级别等问题。

PBFT 的优点如下。

(1) 系统运转可以脱离币的存在，PBFT 算法共识各节点由业务的参与方或者监管方组成，安全性与稳定性由业务相关方保证。

(2) 共识的时延为 2～5s，基本达到商用实时处理的要求。

(3) 共识效率高，可满足高频交易量的需求。

PBFT 的缺点如下。

(1) 当有 1/3 或以上记账人停止工作时，系统将无法提供服务。

(2) 当有 1/3 或以上记账人联合"作恶"，且其他所有的记账人被恰好分割为两个网络孤岛时，恶意记账人可以使系统出现分叉。

总之，良好的共识机制可以提高系统性能，有利于区块链技术在理论和实践中的应用与发展。如表 9-2 所示，主流共识机制都有各自的特点和适用领域，需要进行不断的完善和创新。

表 9-2　共识机制对比表

共识机制	容错率	安全威胁	扩展性	性能效率	资源消耗
PoW	50%	算力集中	差	低	高
PoS	50%	候选人作弊	良好	较高	中
DPoS	50%	候选人作弊	良好	高	低
PBFT	33%	主节点故障	是	高	低

三、智能合约

（一）智能合约的概念

智能合约的提出是为了解决传统纸质合约在合约制定、执行效果和控制协议上付出的大量资源和成本。智能合约是一种旨在以信息化方式传播、验证或执行合同的计算机协议。智能合约将合约以数字化的形式写入到区块链中，合约内容是公开透明、条理清晰且不可篡改的。智能合约的实施主要有三个步骤，分别是达成协议、合约编写和执行合约。合约参与者之间指定协议的内容和触发的条款,然后在区块链中编写合约代码,系统自动评估嵌入的条款。当一个条款满足要求时,智能合约可以自动执行该条款的相关活动,比如自动付款、自动奖励等。

以生活中常见自动售卖机的运行为例(在运行正常且货源充足的情况下),操作步骤如下。

(1) 投入硬币。

(2) 选择需要的商品。

(3) 售卖机出货。

(4) 售卖机回归初始状态。

智能合约的流程与自动售卖机基本一致,操作内容如下。

(1) 制定合约:各方就条款达成一致,编写智能合约代码。

(2) 事件触发:事件触发合约的执行,比如有人发起交易。

(3) 价值转移:执行合约,据预设条件进行价值的转移。

(4) 清算结算:如果所涉及的资产是链上资产,则自动完成结算;如果是链下资产,则根据链下的清算更新账本。

（二）智能合约的特点

(1) 合约内容去信任化。智能合约将合约以数字化的形式写入区块链中,合约内容公开透明、条理清晰且不可篡改。

(2) 合约内容不可篡改。以 if then 形式写入代码,例如,如果 A 完成任务 1,那么,来自 B 的付款会转给 A。通过这样的协议,智能合约允许各种资产交易,每个合约被复制和存储在分布式账本中,所有信息都不能被篡改或破坏,数据加密确保参与者之间的完全匿名。

(3) 经济、高效、无纠纷。相比传统合约经常会因为对合约条款理解的分歧而造成纠纷,智能合约通过计算语言很好地规避了分歧,几乎不会造成纠纷,达成共识的成本很低。在智能合约上,仲裁结果出来,立即执行生效。因此智能合约有经济、高效、无纠纷的优势。

（三）智能合约的应用场景

如今,在各种区块链网络中智能合约已经开始应用,其中最典型的便是应用在数字货币中。此外,智能合约在各个领域中都在逐步使用,以下是常见的一些应用场景。

(1) 自动执行性场景。智能合约的自动执行性使其可以在金融领域大展拳脚。例如,在银行贷款、个人信用卡等金融借贷事宜上,智能合约可以提前设置担保措施,在违约情况发生时将自动触发执行(如自动解锁留置权、转移抵押物所有权等),从而有效地防止借款方跑路、恶意不还款等行为的发生。

(2) 去中心化场景。智能合约加上区块链技术的去中心化的特点,可以大幅优化许多需中心主体参与的传统场景中的用户体验。例如,在传统场景中,就医后申请医保报销,或者车辆发生交通事故后申请保险理赔的过程中,需要申请人办理烦琐的申请手续,且多家中心化主体,如医院、社保部门、车辆管理处、商业保险机构都需要参与进来,花费大量的人力物力和时间成本来审核材料。智能合约可以将这种程序化的事宜化繁为简,各机构之间打通壁垒,实现必要的信息共享后,设置好报销或理赔条款的计算机代码并部署上链,进而自动执行,大大节省申请人和其他主体的成本。

(3) 公信力场景。智能合约加上区块链技术无法撼动的可信任特点,可以为一些需要倚赖主体公信力的传统场景上一份"保险"。例如,第三方托管的监管金账户需要根据一定的指示进行放款或退回款项;信托的受托人需要根据委托人的指示来管理财产,在这些场景下,受托机构的公信力是委托人可以倚靠的重要基础。

四、密码算法

密码学是信息安全的基础。密码学保证区块链技术的安全性,因此加密技术对区块链来说非常重要。为了使区块链的防篡改、防泄密的能力提升,需要正确且安全地使用加密技术。区块链中主要涉及的密码学包括哈希函数、加密技术和访问控制技术,其中加密技术又分为对称加密算法和非对称加密算法。

加密算法分为对称加密和非对称加密。对称加密算法是密码学理论体系中最早发展起来的算法,其本质上是一对多或一对一的密码映射,即指信息的发送者和接收者使用相同的密钥对所需加密的消息、文件进行加密和解密,或是根据一方的密钥能够很轻松地获取到另一方的密钥。世界上公认的应用广泛的有 DES、AES 等对称加密算法。

非对称加密算法是继对称加密算法之后又一密码学方法。而与对称加密算法不同的是,非对称加密算法涉及两个密钥:公开密钥和私有密钥,简称为公钥和私钥。两个密钥成对出现,一个负责加密一个负责解密。如图 9-11 所示,公开密钥和私有密钥是一对,如果公开密钥对数据进行加密,只有用对应的私有密钥才能解密;如果用私有密钥对数据进行加密,那么只有用对应的公开密钥才能解密。当公钥加密且私钥解密时,主要用于对明文信息进行加密保护,无法被别人知晓;而当私钥加密且公钥解密时,多用于数字签名过程。

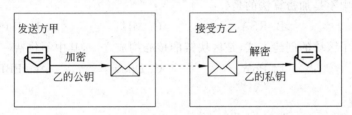

图 9-11 非对称加密解密过程

案 例 实 现

针对本单元开篇案例 9.2 中智能合约案例分析,区块链智能合约技术自动抓取如下。

(1)多方用户共同参与制定一份智能合约(此案中即为调解书):合约中包含了双方的权利和义务,触发的条件以及触发后的执行的动作,使用编程语言编程实现,并开源公示给各方。

(2)部署智能合约:根据合约内容,指定若干个或全部节点部署智能合约,上传合约代码到指定节点。

(3)达到条件触发合约执行:条件可以是规定的时间,可以是外部输入的交易和数据,部署合约的节点,共同执行合约内容完成之前指定的动作,利用共识算法把运行状态保存到区块链。

案中即通过调解书中约定的履行条件,部署线上合约节点,并通过当事人确认履行情形,触发不同的执行动作。如双方确认履行完毕,即触发生成履行情况报告,履行结果上天平链存证。如双方确认未履行完毕,则触发生成未履行报告,自动生成执行申请书,自动抓取当事人信息,自动抓取执行依据,自动执行立案,自动生成执行通知书,报告财产令。

单元练习

一、填空题

1. 区块链的技术原理包括_____、_____、_____和_____。
2. 分布式账本是一种在网络成员之间_____、复制和同步的数据库。
3. _____共识算法，是最早的共识算法。

二、选择题

1. DPoS 属于（　　）。
   A. 工作证明算法　　　　　　　　B. 股权证明算法
   C. 委任权益证明算法　　　　　　D. 实用拜占庭容错算法
2. PoW 属于（　　）。
   A. 工作证明算法　　　　　　　　B. 股权证明算法
   C. 委任权益证明算法　　　　　　D. 实用拜占庭容错算法
3. 在区块链中公加密私解密的这个技术专业术语叫作（　　）。
   A. 对称加密　　　B. 非对称加密　　　C. 轴对称加密　　　D. 空间对称加密
4. 以下选项中不是加密算法的是（　　）。
   A. DES　　　　　B. RSA　　　　　C. MD5　　　　　D. IPO
5. 共识决定了区块的创建方式，是区块链的核心构成之一，其中不包括（　　）。
   A. BT　　　　　B. PoW　　　　　C. Dpow　　　　　D. PBFT

三、判断题

1. 工作量证明就是通过计算机密码学中的哈希值进行的。　　　　　　　（　　）
2. 分布式账本是一种在网络成员之间共享、复制和不同步的数据库。　　（　　）
3. 共识算法是分布式系统中的核心部分，它让处于复杂网络环境下的节点在不造成分叉的情况下达到数据一致性。　　　　　　　　　　　　　　　　　　（　　）
4. 加密算法分为对称加密和非对称加密。　　　　　　　　　　　　　　（　　）
5. 智能合约本质上就是一段存储在区块链上的代码，在交易的触发下自动运行。（　　）
6. 智能合约是区块链进入 1.0 的一大重要技术成果，奠定了区块链作为一个底层技术的技术基础。　　　　　　　　　　　　　　　　　　　　　　　　（　　）

四、简答题

1. 区块链的关键技术有哪些？
2. 智能合约适用的场景有哪些？
3. 工作量机制的原理是什么？

五、思考题

1. 权益证明和工作证明有什么区别？
2. 区块链分类账与普通的分类账有何不同？

模块 10　人 工 智 能

学 习 提 示

　　人工智能一词最初是在 1956 年达特茅斯会议上提出的。它通过模拟人类智能的学习、推理、感知和行动能力，实现机器自主地思考和决策，从而完成一系列复杂的任务和功能。其应用非常广泛，包括自动驾驶、机器人、语音识别、图像识别、智能客服、智能家居、医疗诊断等领域，正在改变我们的生活和工作方式，带来了诸多便利和创新。

　　本单元主要介绍人工智能的定义、形态、核心要素、发展阶段、核心技术，应用的场景如语音识别和人脸识别等内容，通过相关知识点的学习，能够对人工智能获得全面的了解。

　　本模块知识技能体系如图 10-1 所示。

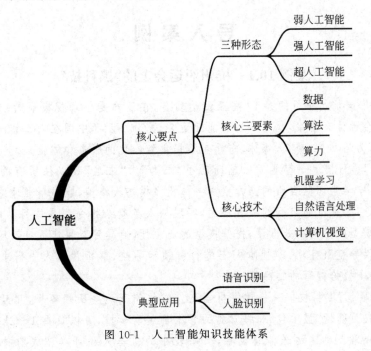

图 10-1　人工智能知识技能体系

工 作 标 准

　　(1)《信息技术　人工智能　术语》 GB/T 41867—2022

　　(2)《信息技术　生物特征识别　人脸识别系统技术要求》 GB/T 41772—2022

　　(3)《国家新一代人工智能标准体系建设指南》 国家标准化管理委员会、中央网信办、国家发展改革委、科技部、工业和信息化部等五部门 2020 年 8 月印发

单元 10.1　人工智能概述

学习目标

知识目标：

1. 了解人工智能的定义、形态分类；
2. 掌握人工智能三种核心要素含义；
3. 掌握人工智能三种主要核心技术要点和实现原理。

能力目标：

1. 掌握人工智能数据、算法、算力的含义；
2. 掌握人工智能核心技术的机器学习、自然语言处理、计算机视觉的要点和实现原理。

素养目标：

1. 能辨析人工智能在社会应用中面临的伦理、道德和法律问题；
2. 增强自主学习和终身学习的意识，不断适应发展的能力。

导入案例

案例 10.1　杭州亚运会上的"黑科技"

2023 年在中国杭州举行的第 19 届亚洲运动会，在亚洲是一场规模最大、参与人数最多、项目最多的综合性体育赛事，也是一场智能亚运会，充分展示了中国在人工智能领域的创新成果和应用场景，为运动员、观众、媒体、志愿者等提供智能化的服务和体验。

（1）最"暖"黑科技——智能爱心辅助助手"未名"。"未名"和以往所有的传统机器人不同，它基于庄荣宁学生团队自研的感知生成一体化多模态大模型，能够精准地感知与理解场馆内外的视觉场景，生成准确丰富的语言描述，实现从人类复杂指令到具体行动的转化，并基于云端协作大小模型的协同高效微调，提升模型的泛化性，使其可以快速适应新场景。这套系统可以为观众提供导览服务，协助视障人士进行引领和导航，解析视障人士需求并完成相应任务，帮助视障人士捡拾掉落的物品等。

（2）最"显眼包"黑科技——捡铁饼机器狗。在杭州亚运会田径赛场，几只来来回回运送铁饼的机器狗成为赛场"显眼包"。每只狗的背上都装有卡槽，可以负重 1～2kg 重的铁饼，在预先设定好的线路上迅速运送体育设备，个头较小的机器人还可以完成前扑、坐下、作揖等动作。

（3）最"私人定制"黑科技——高速运动 AI 解说系统。高速运动 AI 解说系统通过高速摄像机的脉冲信号检测场景物体和运动员，将能够捕捉体育比赛中的关键时刻，并生成高质量的集锦和相关数据。基于多模态大模型算法和深度学习模型对这些运动数据进行分析，基于分析结果，系统再生成提供实时的个性化解说服务，从而为各个语种的观众都能提供个性化的体验。

（4）最"快"黑科技——AI 智能剪辑。杭州亚运会核心系统实现了 100% 上云，同一场比赛，通过云平台可以生成不同版本。亚运会媒体中心使用的阿里云 AI 智能剪辑，可以一键自动剪接多角度镜头,添加字幕转场等效果。

(5) 最"正直"黑科技——AI 裁判。AI 裁判系统通过 AI 红外追踪技术,配合自动生成的打分系统,为每位选手进行打分。AI 裁判还会对选手的各项身体参数和动作角度进行分析,根据国际标准完成打分。AI 裁判不受情感、压力或任何外部因素的影响,完全基于事实和预定规则进行判决,堪称最"正直"的科技。

技 术 分 析

亚运会以"绿色、智能、节俭、文明"为宗旨,展现出一种全新的科技氛围。杭州亚运会不仅汇集了亚洲各国的运动员,还展示了一系列创新科技成果,让亚运会更加"智能"、绿色和便捷。学习人工智能,要先了解人工智能基础知识、人工智能核心技术及原理。

知识与技能

一、人工智能概述

在火车站进出站、学校校门和宿舍门口的闸机通过人脸识别系统判断人员是否允许出入。作家摆脱通宵敲击键盘打字的辛苦,通过语音识别软件轻易地实现口述自动转换成文章。另外还有自动驾驶汽车、人脸支付、购物网站个性化推荐等,这些应用场景(图 10-2)极大地改变了人类的社会生活,以上具有"智能"性的场景其实归根结底来源于人工智能技术。

图 10-2　人工智能应用层场景

(一)认识人工智能

人工智能(artificial intelligence,AI)是在 1956 年美国达特茅斯大学举办的一场研讨会上提出的概念。其被认为是 21 世纪三大尖端技术(基因工程、纳米科学、人工智能)之一,随着理论和技术日益成熟,应用领域不断扩大,如语音识别、图像识别、自然语言处理、智能交互、自动驾驶、医疗健康等,已成为推动现代社会进步和经济发展的重要力量。

人工智能可以让计算机具有感知、理解、判断、推理、学习、识别、生成、交互等类人智能的能力,从而能够执行各种任务,甚至超越人类的智能表现,如图 10-3 所示。简而言之,即像人一样感知;像人一样思考;像人一样行为。

(二)人工智能的形态

根据智能水平的高低,人工智能可分为弱人工智能、强人工智能和超人工智能。目前,弱

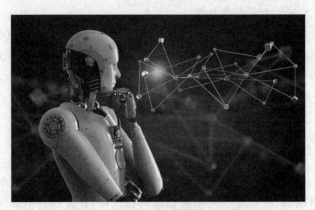

图 10-3　具有人类表现的人工智能

人工智能已经相对成熟并成功应用在很多行业中，强人工智能的研究和应用还处于初级阶段，超人工智能仍处于理论研究阶段。

　　弱人工智能就是利用现有的智能化技术，在特定领域内能够完成特定任务的人工智能系统。属于"工具"范畴，其智能的发展水平并没有达到模拟人脑思维的程度。一般来说，弱人工智能仅专注于某个特定领域并完成某个特定的任务，不必具备自主意识、情感等。其优点是人类可以很好地控制其发展和运行。例如，曾经战胜世界围棋冠军的谷歌公司人工智能围棋机器人 AlphaGo 尽管很厉害，但它只会下围棋；又如，智能手机的语音助手，它只能够根据用户的指令进行语音识别和语义理解，然后提供相应的回答或执行相应的任务，并不具备智力和自我意识。

　　强人工智能又称通用人工智能，是指在各方面都能和人类智力比肩的人工智能形态，是多个专业领域的综合产物。其特点是机器能够像人一样思考和推理，具有自主意识，能够达到人类的智能水平。与弱人工智能相比，强人工智能有能力进行思考、做计划、解决问题，具备抽象思维、理解复杂概念、快速学习、从经验中学习等特征。目前，强人工智能的研究和应用还处于初级阶段，如无人驾驶汽车(图 10-4)。

图 10-4　无人驾驶汽车

　　超人工智能是指超越人类智力水平的人工智能形态。人工智能思想家尼克·博斯特罗姆(Nick Bostrom)对超人工智能进行了诠释：在几乎所有领域都比最优秀的人类大脑聪明很多，包括科学创新、通识和社交技能。超人工智能具有打破人脑受到的限制，远超人类智能的能力，能够完成人类无法完成的任务。同时会在道德、伦理、人类自身安全等方面出现许多无法预测的问题，给人类社会带来了巨大变革和挑战。

（三）人工智能的核心要素

人工智能的三大核心要素为数据、算法、算力。

（1）数据。数据是人工智能的重要支撑，是指用于训练和测试算法的数字化信息。在人工智能的应用中，数据起到了承载、驱动和锤炼算法的重要作用，决定了整个系统的预测、准确度和稳定性。人类每天都在产生难以计数的数据，如何让这些数据能够被计算机识别，则是非常重要的议题，数据标注则是其中不可缺少的一个环节，由"人工智能训练师"把海量的数据标记为机器可以理解的数据，虽然在整个过程中需要大量的人工，但仍是当下最主流最有效的数据学习方式，且不可被替代。

（2）算法。算法是人工智能的核心，是指处理、计算大量数据并从中学习的方法和规则。2016 年谷歌的 AlphaGo 在围棋比赛中击败世界顶级选手李世石后赢得了比赛。AlphaGo 在训练阶段使用了大量的历史围棋数据和自对弈模式，不断优化自身的棋力。它采用了深度神经网络和蒙特卡洛树算法的结合，使得它在下棋的过程中可以像人类选手一样思考，并且在计算速度和精度上远胜过人类，AlphaGo 的胜利也启示了人们如何利用算法和数据来解决人类难以解决的问题，并使人们更加深刻地认识到人工智能的潜力和优势。

（3）算力。算力是指用于支持算法的计算能力。随着硬件技术的发展，特别是 GPU 技术的出现，计算能力得到了极大的提升，大幅度缩短了计算时间，使得处理更庞大的数据成为可能；高性能的计算机设备可以大大提高机器学习和深度学习算法的训练效率和准确性，促进人工智能技术的发展和应用。你可以把算力理解为挖矿，算力越高，挖矿的速度就越快。在训练 Chat GPT 当中需要使用包括 GPU 和 TPU 在内的高性能计算设备，它们使用了 5 万多个 TPU 芯片，耗时数天，才完成了一次类似 Chat GPT 模型的训练，这些计算设备需要专业的硬件、软件、网络等配套设施，以及相应的人力和资金投入。

二、人工智能主要核心技术

（一）机器学习

机器学习是专门研究计算机怎样模拟或实现人类的学习行为，以获取新的知识或技能，重新组织已有的知识结构，使之不断完善自身的性能。

我们都知道支付宝春节的"集五福"活动，我们用手机扫"福"字照片识别福字，这个就是用了机器学习的方法。我们可以为计算机提供"福"字的照片数据，通过算法模型的训练，系统不断更新学习，然后拍摄一张新的福字照片，机器会自动识别这张照片上是否有福字。

根据训练方法不同，机器学习的算法可以分为监督学习、无监督学习、半监督学习、强化学习四类。

1. 监督学习

监督学习是最常用的机器学习方式，利用大量已知类别的样本（即有标记的样本，已知其相应的类别），调整分类器的参数，训练得到一个最优模型，使其达到所要求性能，再利用这个训练后的模型，将所有的输入映射为相应的输出，对输出进行简单的判断，从而实现分类的目的，这样就可以对未知数据进行分类。

通俗地说，监督学习就是在训练计算机做选择题的时候，允许其比对标准答案。给计算机一堆选择题(训练样本)，并同时提供给它们标准答案，计算机不断调整自己的模型参数，希望自己推测的答案与标准答案尽可能一致，然后再让计算机去做没有提供答案的选择题(测试样本)，最终使计算机学会如何自主解题。

2. 无监督学习

无监督学习使用的是事先没有标记和分类的训练样本，通过分析训练样本在特征空间中的分布，来揭示数据的内在性质和规律，最后将不同训练样本分开，把相似训练样本分类。

通俗地说，给计算机一堆选择题(训练样本)，但是不提供标准答案，计算机尝试分析这些题目之间的关系，对题目进行分类，计算机也不知道这几堆题的答案分别是什么，但计算机认为每一个类别内的题的答案应该是相同的。

3. 半监督学习

半监督学习是介于监督学习与无监督学习之间的一种机器学习方式，主要考虑如何利用少量的标注样本和大量的未标注样本进行训练和分类。

通俗地说，给计算机一堆选择题(训练样本)，但是不全部提供标准答案，计算机尝试分析这些题目之间的关系，通过少量标注的样本对题目进行分类，从而得到标准答案。

4. 强化学习

强化学习主要用于解决多步决策问题，比如围棋、电子游戏、视觉导航等。与监督学习、无监督学习所研究的问题不同，多步决策问题往往很难找到准确答案。以围棋为例，要穷举对弈结果，大约需要 10170 次运算，所以对于一个给定局面，一般是很难找到完美的落子位置的。

强化学习就是智能系统从环境到行为映射的学习，以使奖励信号(强化信号)函数值最大，强化学习不同于连接主义学习中的监督学习，主要表现在教师信号上，强化学习中由环境提供的强化信号是对产生动作的好坏做出评价(通常为标量信号)，而不是告诉强化学习系统 RLS (reinforcement learning system)如何去产生正确的动作。

通俗地说，给计算机一堆选择题(训练样本)，但是不提供标准答案，计算机尝试去做这些题，类似学生做对题让教师奖励，对得越多，奖励越多。作为一台"上进"的计算机，努力调整自己的模型参数，使自己给出的答案得到更多的"奖励"。

（二）自然语言处理

自然语言处理(natural language processing，NLP)是人工智能领域涉及人类语言的一个重要方向，它研究能让人与计算机之间用自然语言进行有效通信的各种理论和方法。

自然语言处理指用计算机来处理、理解及运用人类语言，其技术目标就是使机器能够"听懂"人类的语言，并进行翻译，实现人和机器的相互交流。

自然语言处理一般分为五个步骤：语音分析、词法分析、句法分析、语义分析和语用分析。

1. 语音分析

在有声语言中，最小的、可独立的声音单元是音素，音素是一个或一组音。语音分析是要根据音位规则，从语音流中区分出一个个独立的音素，再根据音位形态规则找出音节及其对应的词素或词，进而由词到句，识别出人所说的一句话的完整信息，将其转换为文本存储。

例如，pin 和 bin 中的/p/和/b/就是两个不同的音素，而 pin、spin 和 tip 中的音素/p/是同一个音素,对应了一组略有差异的音。

2. 词法分析

词法分析是找出词汇的各个词素,从中获得语言学的信息。词法分析的性能直接影响到后面句法和语义分析的成果。词是汉语中能够独立的最小语言单位,但是不同于英语,汉语的书面语中并没有将单个的词用空格符号隔开,因此汉语的自然语言理解的第一步便是标记词的词性,将汉语的单个词进行切分。正确的分词取决于对文本语义的正确理解,而分词又是理解语言的第一道工序。

例如,"我们研究所有东西"这句话进行分词后可能会得到图 10-5 所示的结果,不同的分词方法将导致语句有不同的含义。如果不依赖上下文其他的句子,很难理解该句子的含义。

图 10-5　两种分词结果

分词后需要对词进行词性标注。词性标注是指为给定句子中的每个词赋予正确的词法标记。给定一个切好词的句子,词性标注的目的是为句子中的每一个词赋予一个类别,这个类别称为词性标记,如名词、动词、形容词等。

例如,对语句"就读清华大学"进行分词,得到"就读"和"清华大学"这两个词语,通过词性标注,可以得到词语"就读"的词性标记为动词,得到词语"清华大学"的词性标记为专有名词。

3. 句法分析

句法分析是对句子和短语的结构进行分析,目的是找出词、短语等的相互关系及各自在句中的作用。举例如下。

"反对│的│是│少数人"可能存在歧义,即到底是少数人提出反对意见,还是少数人被反对。

"咬死了│猎人│的│狗"可能存在歧义,即到底是咬死了猎人的一只狗,还是一只咬死了猎人的狗。

4. 语义分析

语义分析是找出词义、结构意义及其结合意义,从而确定语言所表达的真正含义或概念。

例如,"你约我吃饭"和"我约你吃饭"虽然字完全相同,但意思是完全不同的,这叫作语义分析。语义分析是非常困难的一个任务,近几年有很大进展。

5. 语用分析

语用分析主要研究语言所存在的外界环境对语言使用者所产生的影响。

例如,"我要一个鸡腿",语义上似乎明确,但其在不同的上下文中会有不同的含义。如果是一个小孩子和妈妈说要吃一个鸡腿,这叫请求;如果是顾客到店里,这可能是一个交易行为的发起。所以语义上似乎明确的一句话,在不同的上下文中也有不同的含义。

（三）计算机视觉

计算机视觉就是"赋予机器自然视觉能力"的学科，是利用计算机及其辅助设备来模拟人的视觉功能，实现对客观世界的三维场景进行感知、识别和理解，实现类似人的视觉功能。

人们希望能使计算机理解和解释图像或视频的领域。图像识别、目标检测、图像生成等是计算机视觉的重要任务。深度学习在计算机视觉领域的成功使得计算机能够在图像识别方面达到甚至超越人类的水平。计算机视觉广泛应用于人脸识别、医学影像分析、自动驾驶等领域。

计算机视觉系统中，视觉信息的处理技术主要依赖于图像处理方法，它包括图像增强、数据编码和传输、平滑、边缘锐化、分割、特征抽取、图像识别与理解等内容。经过这些处理后，输出图像的质量得到相当程度的提高，既提高了图像的视觉效果，又便于计算机对图像进行分析、处理和识别。

1. 图像的增强

图像的增强用于调整图像的对比度，突出图像中的重要细节，提高视觉质量。通常采用灰度直方图修改技术进行图像增强。图像的灰度直方图是表示一幅图像灰度分布情况的统计特性图表，与对比度紧密相连。通过灰度直方图的形状，能判断该图像的清晰度和黑白对比度。如果获得一幅图像的直方图效果不理想，可以通过灰度直方图均衡化处理技术作适当修改，即把一幅已知灰度概率分布图像中的像素灰度作某种映射变换，使它变成一幅具有均匀灰度概率分布的新图像，实现使图像清晰的目的，如图 10-6 所示。

图 10-6　图像的增强

2. 图像的平滑

图像的平滑处理技术即图像的去噪声处理，主要是为了去除实际成像过程中因成像设备和环境所造成的图像失真，提取有用信息。众所周知，实际获得的图像在形成、传输、接收和处理的过程中，不可避免地存在着外部干扰和内部干扰，如光电转换过程中敏感元件灵敏度的不均匀性、数字化过程的量化噪声、传输过程中的误差以及人为因素等，均会使图像变质。因此，去除噪声及恢复原始图像是图像处理中的一个重要内容。

3. 图像的数据编码和传输

数字图像的数据量是相当庞大的，一幅 512 像素×512 像素的数字图像的数据量为 256KB，若假设每秒传输 25 帧图像，则传输的信道速率为 52.4Mb/s。高信道速率意味着增加投资，也意味着普及难度的增加。因此，传输过程中，对图像数据进行压缩显得非常重要。数据的压缩主要通过图像数据的编码和变换压缩完成。图像数据编码一般采用预测编码，即将图像数据的空间变化规律和序列变化规律用一个预测公式表示，如果知道了某一像素的前面各相邻像素值之后,可以用公式预测该像素值。该方法可将一幅图像的数据压缩到为数不多的几十个比特传输,在接收端再变换回去即可。

4. 边缘锐化

图像边缘锐化处理主要是加强图像中的轮廓边缘和细节,形成完整的物体边界,达到将物体从图像中分离出来或将表示同一物体表面的区域检测出来的目的。它是早期视觉理论和算法中的基本问题,也是中期和后期视觉成败的重要因素之一。

5. 图像分割

图像分割是将图像分成若干部分,每一部分对应图像某一部分,在进行分割时,每一部分的灰度或纹理符合某一种均匀测度度量。其本质是将像素进行分类。分类的依据是像素的灰度值、颜色、频谱特性、空间特性或纹理特性等。图像分割是图像处理技术的基本方法之一,应用于诸如染色体分类、景物理解系统、机器视觉等方面。图像分割主要有两种方法:一是基于度量空间的灰度阈值分割法。它是根据图像灰度直方图来决定图像空间域像素聚类。二是空间域区域增长分割方法。它是对在某种意义上(如灰度级、组织、梯度等)具有相似性质的像素连通集构成分割区域,该方法有很好的分割效果,但缺点是运算复杂,处理速度慢。

6. 图像的识别

图像的识别过程实际上可以看作是一个标记过程,即利用识别算法来辨别景物中已分割好的各个物体,如图 10-7 所示。给这些物体赋予特定的标记,它是计算机视觉系统必须完成的一个任务。按照图像识别从易到难,可分为三类问题。第一类识别问题中,图像中的像素表达了某一物体的某种特定信息。第二类问题中,待识别物是有形的整体。二维图像信息已经足够识别该物

图 10-7 图像的识别

体,如文字识别、某些具有稳定可视表面的三维体识别等。第三类问题是由输入的二维图、像素图、2×5 维图等,得出被测物体的三维表示。

案 例 实 现

杭州亚运会作为近年来的一次重要体育盛事,引起了全球的广泛关注。其中,人工智能的应用更是让人眼前一亮,让人感受到科技与体育的完美结合。

1. 人工智能在赛事管理中的应用

在赛事管理方面,杭州亚运会的人工智能应用可以说是达到了一个新的高度。通过实时收集和分析数据,人工智能可以提供准确的赛事信息,帮助裁判做出更公正的裁决。例如,在比赛过程中,人工智能可以自动检测运动员的行为和动作,通过数据分析和比对,提供裁决依据。这不仅提高了裁决的公正性,也减少了人为因素对比赛的影响。

任务 10.1

此外,人工智能还可以预测比赛结果。通过分析历史数据和运动员状态,人工智能可以给出相对准确的预测,为运动员和教练提供更有效的训练计划和策略。这种预测不仅考虑了运

动员的状态和表现,还考虑了环境因素和对手情况,使得预测更加准确可靠。

2. 人工智能在体育训练中的应用

在体育训练方面,人工智能的应用也让人眼前一亮。通过收集和分析运动员的训练数据,人工智能可以提供个性化的训练计划和营养计划,帮助运动员更好地提高训练效果和竞技水平。例如,人工智能可以根据运动员的身体状况、运动成绩和训练目标,制订出适合其个人的训练计划,包括训练强度、训练内容和营养补给等。这种个性化训练计划的制订,不仅可以提高运动员的训练效果,也可以减少因训练不当导致的伤病。

此外,人工智能还可以通过模拟比赛场景,帮助运动员在虚拟环境中进行训练和模拟比赛。这种虚拟现实技术不仅可以模拟比赛场景,还可以模拟各种突发情况,让运动员在模拟环境中进行应对训练,提高其应对能力和竞技水平。

3. 人工智能在观众体验中的应用

在观众体验方面,杭州亚运会的人工智能应用也让人印象深刻。通过人脸识别技术,人工智能可以实现快速进场和安全检查,大大提高了观众的观赛体验。观众只需要在入口处进行人脸识别,就可以快速进入场馆,避免了排队等待的烦恼。同时,人工智能还可以对场馆内的人员进行监控和管理,确保观众的安全和秩序。

此外,人工智能还可以通过分析观众的行为和喜好,提供个性化的观赛体验和推荐。例如,根据观众的观赛历史和偏好,人工智能可以推荐相应的比赛项目和运动员,提供个性化的观赛体验。这种个性化推荐不仅可以满足观众的观赛需求,也可以提高观众的满意度。

4. 人工智能在环保中的应用

在环保方面,杭州亚运会倡导绿色环保理念,这也是人工智能的一大应用领域。通过智能监测和管理,人工智能可以实现能源和水资源的节约利用,减少环境污染和资源浪费。例如,通过智能控制技术,人工智能可以根据场馆内的实际需求,自动调节能源和水资源的供应,实现资源的合理利用。

此外,人工智能还可以通过智能回收和再利用技术,实现废弃物的减量化和资源化利用。例如,通过智能分拣技术,人工智能可以将场馆内的废弃物进行分类回收,实现资源的再利用。这种智能回收和再利用技术不仅可以减少废弃物的产生,也可以提高资源的利用率。

除了在上述几个方面的应用,杭州亚运会中的人工智能也在自身技术进步上取得了显著的成果。在比赛过程中,人工智能被广泛用于视频分析、语言理解、机器人技术等领域。

单 元 练 习

一、填空题

1. 人工智能英文简称是_____。
2. _____是指超越人类智力水平的人工智能形态。
3. _____是人工智能的核心,是指处理、计算大量数据并从中学习的方法和规则。

二、选择题

1. 手机的语音助手属于(   )。

A. 弱人工智能　　　B. 强人工智能　　　C. 超人工智能　　　D. 人工智能

2.（　　）是利用计算机及其辅助设备来模拟人的视觉功能。

A. 自然语言处理　　B. 机器学习　　　C. 计算机视觉　　　D. 云计算

3.（　　）是专门研究计算机怎样模拟或实现人类的学习行为，以获取新的知识或技能，重新组织已有的知识结构使之不断完善自身的性能。

A. 自然语言处理　　B. 机器学习　　　C. 计算机视觉　　　D. 云计算

4.（　　）就是在训练计算机做选择题的时候，允许其比对标准答案。

A. 监督学习　　　B. 无监督学习　　　C. 半监督学习　　　D. 强化学习

5.（　　）是指用于支持算法的计算能力。

A. 算力　　　　　B. 算法　　　　　C. 数据　　　　　D. 计算

三、判断题

1. 手机的语音助手属于超人工智能。　　　　　　　　　　　　　　（　　）

2. 火车站进出站口的闸机人脸识别属于自然语言处理技术。　　　　（　　）

3. 数据是指处理、计算大量数据并从中学习的方法和规则。　　　　（　　）

4. 无监督学习就是给计算机一堆选择题，但是不提供标准答案。　　（　　）

5. 人工智能是指通过计算机程序或机器来模拟、实现人类智能的技术和方法。（　　）

四、简答题

1. 简述人工智能类人类的智能表现。

2. 人工智能的核心要素是什么？

3. 人工智能机器学习的训练方法有哪几种？

五、操作题

1. 使用智能手机识别各种样式的"福"字。

2. 利用自然语言处理中的词法分析规则，对"他爬过山没有？"进行分词。

单元 10.2　人工智能技术应用

学 习 目 标

知识目标：

1. 了解语音识别和人脸识别应用领域；

2. 掌握语音识别和人脸识别过程原理。

能力目标：

1. 能简单利用公用平台搭建人工智能的编程应用；

2. 能使用人工智能相关应用解决实际问题。

素养目标：

1. 通过了解中国在人工智能技术的先进性和应用的普遍性，增强大国情怀；

2. 具备人工智能应用的社会责任素养。

导入案例

案例 10.2 "元萝卜"AI 下棋机器人

2022 年 10 月 15 日,商汤科技与上海棋院联合举办"元萝卜杯人机巅峰对决"挑战赛,中国象棋特级大师、世界冠军谢靖,全国青少年象棋冠军顾博文,分别与"元萝卜"(SenseRobot) AI 下棋机器人(以下简称"元萝卜")展开"楚汉之争"。而两场比赛均以元萝卜的胜利告终。

与以往棋类人机大战不同的是,本场巅峰对决没有帮助机器执行落子吃子的工具人。从感知(观察棋局变化)、决策(推算走棋招数)到控制(操作落子吃子),"元萝卜"全程独自完成。这款 AI 下棋机器人不仅拥有独立的智能机械手臂,还具备最先进的 AI 视觉感应。在这些先进技术的加持下,人机对战体验将变得更加真实。

图 10-8 "元萝卜"外观

元萝卜是商汤科技于 2022 年 8 月推出的首个家庭消费级人工智能产品,外观颇似宇航员。该产品获得中国象棋协会权威认证,融合了传统象棋文化和人工智能技术,不仅可以陪伴孩子学习、对弈象棋,还可以锻炼思维及保护视力,同时还包含 AI 学棋、残局挑战、棋力闯关、巅峰对决等多种模式。图 10-8 是"元萝卜"的外观。

技 术 分 析

元萝卜从观察棋局变化,到推算走棋招数,再到取棋落子,全部独自进行,不用像 AlphaGo 当年对战时一样,需要人帮忙走棋。因为元萝卜不仅有 AI 决策引擎,还有"眼睛"和"手臂",负责看棋和走棋,通过 AI 视觉和机械臂技术加持,实现了只有昂贵工业机器人才具备的毫米级操作精度。想理解元萝卜的技术原理,要了解人工智能技术,熟悉人工智能技术应用的流程和步骤。

知识与技能

一、语音识别

语音识别(speech recognition,SR)是指将人类语音中的词汇内容自动转换为文字或机器可以理解的指令的过程。

(一)语音识别原理

语音识别是一项融合多学科知识的前沿技术,它涉及的技术领域主要包括信号处理、模式识别、概率论、发声机理、听觉机理和人工智能等。随着技术的发展,现在口音、方言、噪声等场景下的语音识别也达到了可用状态,特别是远场语音识别已经随着智能音箱的兴起,成为全球消费电子领域应用最成功的技术之一。由于语音交互提供了更自然、更便利、更高效的沟通形式,因此语音必定成为未来主要的人机互动接口之一。

语音识别系统一般可分为前端处理和后端处理两部分,如图 10-9 所示。前端处理包括语音信号输入、预处理、特征提取。后端处理是对数据库的搜索过程,分为训练和识别。训练是对所建模型进行评估、匹配、优化,之后获得模型参数。

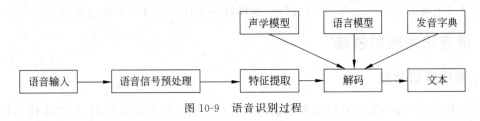

图 10-9 语音识别过程

1. 语音信号预处理

对输入的原始语音信号进行处理,包括有端点检测和语音增强,消除掉其中不重要信息以及背景噪声,使处理后的信号更能反映语音的本质特征。端点检测是指在语音信号中将语音和非语音信号时段区分开来,准确地确定出语音信号的起始点。经过端点检测后,后续处理就可以只对语音信号进行,这对提高模型的精确度和识别正确率有重要作用。语音增强的主要任务就是消除环境噪声对语音的影响。

2. 特征提取

在语音识别中,特征提取是至关重要的一步。它通过对预处理语音信号进行处理和分析,提取出反映语音特征的关键特征信息,如音素、音调和音强等,这些特征信息可以进一步被分类和识别,为模型计算作准备。

特征提取的主要作用是将原始语音信号进行降维处理,将包含大量信息的高维信号转换成一个包含较少信息但更能反映语音本质的低维信号。这样不仅可以减小计算量,提高识别效率,还可以在一定程度上提高语音识别的准确性。

3. 声学模型

声学模型可以理解为是对声音的建模,能够把语音输入转换成声学表示的输出,准确地说,是给出语音属于某个声学符号的概率,根据训练语音库的特征参数训练出声学模型参数。在识别时可以将待识别的语音的特征参数与声学模型进行匹配,得到识别结果。

4. 语言模型

语言模型是用来计算一个句子出现概率的模型,简单地说,就是计算一个句子在语法上是否正确的概率。因为句子的构造往往是有规律的,前面出现的词经常预示了后方可能出现的词语。它主要用于决定哪个词序列的可能性更大,或者在出现了几个词的时候预测下一个即将出现的词语。它定义了哪些词能跟在上一个已经识别的词的后面(匹配是一个顺序的处理过程),这样就可以为匹配过程排除一些不可能的单词。

例如,拼音"jintianshiwodeshengri"通过语言模型计算出"今天是我的生日"发生的概率比"今天是沃德生日"的发生的概率要高很多,因此,转换成"今天是我的生日"通常情况下会非常合理。

5. 语音解码

解码是指语音技术中的识别过程。针对输入的语音信号，根据已经训练好的声学模型、语言模型及字典建立一个识别网络，根据搜索算法在该网络中寻找最佳的一条路径，这个路径就是能够以最大概率输出该语音信号的词串，这样就确定这个语音样本所包含的文字了。

（二）语音识别应用领域

1. 智能家居领域

智能家居是指通过智能化的设备和系统来实现家庭设备的远程控制、自动化控制和智能化管理。语音识别技术可以应用于智能家居产品中，使得用户可以通过语音来控制家庭设备，如智能音箱、智能灯泡、智能电视等。用户只需要说出相应的指令，智能设备就可以根据指令来执行相应的操作。这种方式更加方便快捷，使得人们的生活变得更加智能化。

2. 智能客服领域

智能客服机器人是指通过人工智能技术来实现客服服务的自动化，减少人工干预的机器人。语音识别技术可以应用于智能客服机器人中，使得用户可以通过语音来与机器人进行沟通。通过智能客服机器人，用户可以更快速地解决问题，而且没有时间和地点的限制。此外，智能客服机器人还可以通过语音识别来进行情感分析，了解用户的情绪状态，从而更好地为用户提供服务。

3. 教育领域

语音识别技术可以应用于教育领域，如通过语音识别来辅助学生进行口语练习，提高学生的英语口语水平等。这种方式可以提高学生的学习效率和兴趣。另外，语音识别技术还可以应用于教育评测中，通过语音识别来评估学生的语音表达能力、语感等。

4. 游戏领域

语音识别技术可以应用于游戏领域，如通过语音识别来与游戏角色进行交互，使得游戏更加真实、有趣。此外，语音识别技术还可以应用于游戏指令操作中，使得游戏操作更加简单和便捷。

二、人脸识别

随着人工智能技术的发展和普及，机器不仅能"听懂"人类的声音，而且能"看出"人类的身份。如今比较热门的应用技术之一是人脸识别技术，如生活中的手机"刷脸解锁"、消费"刷脸支付"、金融银行"刷脸认证"等，这些都是人脸识别技术的典型应用场景。如何使机器安全有效、方便快捷地识别一个人的身份，且要准确无误做到"此脸非彼脸"，我们从本文中来了解人脸识别技术。

（一）认识人脸识别

人脸识别也称面部识别，是基于人的脸部特征信息进行身份识别的一种生物识别技术。

具体是指用摄像机或摄像头等视频采集设备采集含有人脸的图像或视频,并自动在图像或视频中检测和跟踪人脸,进而对检测到的人脸进行脸部处理的一系列相关技术。

人脸识别是一个比较复杂的过程。由于人脸的生物特征具有唯一、固定、不易损坏、仿造困难等特性,因此被广泛用于金融服务、公安司法刑侦、自助服务和信息安全等领域。

(二) 人脸识别系统

一个完整的人脸识别系统包括以下四部分:人脸图像采集及检测、人脸图像预处理、人脸图像特征提取和人脸图像识别,如图 10-10 所示。

图 10-10　人脸识别系统构成

1. 人脸图像采集及检测

人脸检测是人脸识别的前期预处理阶段,用于在复杂的场景及背景图像中寻找特定的人脸区域,并分离人脸,即准确标注出人脸的位置和大小。显然,人脸的寻找是根据某些模式和特征来完成的,比如颜色、轮廓、纹理、结构或者直方图特征等,这些特征信息有利于实现人脸检测。

2. 人脸图像预处理

一般直接获取的人脸原始图像受光照明暗程度、设备性能高低、位置偏正、距离远近、焦距长短等各种干扰因素影响,因此需要对人脸图像进行预处理。

人脸图像预处理主要包括人脸扶正、人脸图像增强和归一化处理等工作。人脸扶正是为了得到人脸端正的人脸图像;人脸图像增强是提高图像质量使之更加清晰,更有利于计算机的处理与识别;归一化处理是取得尺寸一致、灰度取值范围相同的标准化人脸图像。

3. 人脸图像特征提取

每个人的脸部特征都是有区别的,基于人类视觉特性的基本原理,一种常用的做法是对人脸的眼睛、鼻子、嘴唇、眉毛和下巴等关键点(关键点越多对对象的描述越精确)按照某种特征提取算法,将关键点坐标与预定模式进行比较,然后计算人脸的特征值,可以将不同的人脸区分开,如图 10-11 所示。关于人脸图像特征提取的方法,归

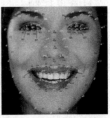

图 10-11　72 个关键点和 150 个关键点分布比较图

纳起来主要有三类:基于五官的特征提取方法、基于模板的特征提取方法和基于代数方法的特征提取方法。

4. 人脸图像识别

一旦提取到人脸的特征向量,就可以按某种机器学习算法将此特征向量与数据库中存储的特征模板进行搜索匹配。通过设定一个阈值,如果两特征向量非常相似或它们之间的“距离”非常小,当相似度超过这个阈值时,则找到待识别对象,输出匹配得到的结果。由此可见,人脸图像特征提取是整个人脸识别系统中的关键环节,特征描述越精确,就越能体现人脸的差

异性和独特性,有助于人脸识别效果。

（三）人脸识别应用领域

安防领域:人脸识别系统可以用于监控和门禁系统,提高安全性和便利性。例如,机场、火车站、银行、政府机构等公共场所的安检通道通常会采用人脸识别技术。

零售业:人脸识别技术可以帮助零售商进行客户身份验证,提高购物体验。例如,自助结账设备可以通过扫描顾客的脸来验证顾客的身份。

金融行业:人脸识别技术可以用于 ATM 机、手机银行等金融服务场景,提高安全性和便利性。例如,通过面部识别验证用户身份后,用户可以快速完成转账操作。

教育领域:人脸识别技术可以用于考勤系统和学生管理系统,提高管理效率。例如,学校可以通过识别学生的脸部特征来记录出勤情况。

医疗行业:人脸识别技术可以用于医院挂号、病人识别等场景,提高医疗服务质量。例如,医生可以通过扫描患者的脸来确认患者的身份并获取相关病历资料。

任务 10.2

案 例 实 现

案例 10.2 中的"元萝卜"采用 AI 视觉算法纵览全局,还原真实对弈体验。元萝卜整体配备有"棋盘＋磁吸棋子＋机器人＋电源",组装起来十分方便,老人和孩子均可以轻松组装。整机尺寸约为 0.7m×0.7m,可放置在孩子的写字台上。

在外观上,元萝卜呈现简约的黑白配色,科技感十足。外形则贴合人的形象,以一个小小"宇航员"的形象呈现,有手也有眼睛,手是一支机械臂,眼睛则是搭载商汤 AI 视觉技术的摄像头。

元萝卜的头部是一块内嵌的显示屏,可以显示当前操作状态,还可以显示一些元萝卜的可爱表情,以及棋局状况等。与此同时,元萝卜还是一个会说话的机器人,转动身体左侧旋钮可以进行音量控制。

元萝卜有两个摄像头,头顶上的摄像头用来"纵览全局",搭载商汤的视觉 AI 算法,识别棋盘上的棋子位置及变化情况。颈部的摄像头可进行棋手识别、二维码识别等录入棋手、网络等信息,保存不同家庭成员学习和对弈进度。

元萝卜的两截机械臂像极了人类的手臂,在对弈时可以通过电磁吸触点抓取棋子,磁吸手会发出嗞嗞的升降声,准确稳固抓取棋子,落子掷地有声。元萝卜最大限度地还原了真实棋盘棋手对弈,体验远超显示屏。由于元萝卜是采用机械臂电磁吸取实体棋子走棋,所以整个行棋过程安全可靠,不会做出利用机械臂推搡、夹手等伤害行为,当手碰触到机械臂时,机械臂会自动停止动作。

操作键在棋盘的右下方,可以对机器人头部显示界面操作,选择不同的功能与模式,每次行棋完毕后,按下"走棋确定"键,便可以提示元萝卜进行下一步行棋操作。

单 元 练 习

一、填空题

1. _____是指将人类语音中的词汇内容自动转换为文字或机器可以理解的指令的过程。

2. 人脸识别也称_____。

3. _____是指通过人工智能技术来实现客服服务的自动化,减少人工干预的机器人。

二、选择题

1. 语音识别技术可以应用于( ),如通过语音识别来辅助学生进行口语练习,提高学生的英语口语水平等。

  A. 智能客服领域 B. 游戏领域   C. 教育领域   D. 智能家居领域

2. 火车站进出站口的闸机需要对旅客面部识别,属于( )。

  A. 人脸识别   B. 语音识别   C. 机器人技术 D. 虹膜识别

3. 人脸识别系统用于监控和门禁系统,属于( )应用。

  A. 零售业   B. 金融领域   C. 安防领域   D. 教育领域

4. 人脸图像特征提取关键点( )对对象的描述越精确。

  A. 越少   B. 越多   C. 平均   D. 集中

5. 人脸图像预处理主要包括人脸扶正、( )和归一化处理等工作。

  A. 人脸检测   B. 人脸图像识别 C. 人脸图像对比 D. 人脸图像增强

三、判断题

1. 人脸识别中的提取关键点越多对对象的描述越精确。 ( )

2. 火车站进出站口的闸机面部识别人脸识别技术。 ( )

3. 一般直接获取的人脸原始图像受光照明暗程度、设备性能高低、位置偏正、距离远近、焦距长短等各种干扰因素影响,因此需要对人脸图像进行预处理。 ( )

4. 解码是指语音技术中的识别过程。 ( )

5. 人脸识别是一个非常简单的过程。 ( )

四、简答题

1. 一个完整的人脸识别系统包括什么?

2. 语音识别系统一般可分为哪两部分?

3. 人脸图像特征提取的三类方法有哪些?

五、操作题

1. 利用智能手机实现人脸识别解锁屏幕。

2. 利用微信中"语音输入"功能完成语音转换为文字的操作。

模块 11　程序设计基础

学习提示

　　程序设计是设计和构建可执行的程序以完成特定计算结果的过程,是软件构造活动的重要组成部分,一般包含分析、设计、编码、调试、测试等阶段。熟悉和掌握程序设计的基础知识,是在现代信息社会中生存和发展的基本技能之一。本主题包含程序设计基础知识、程序设计语言和工具、程序设计方法和实践等内容。

　　本模块知识技能体系如图 11-1 所示。

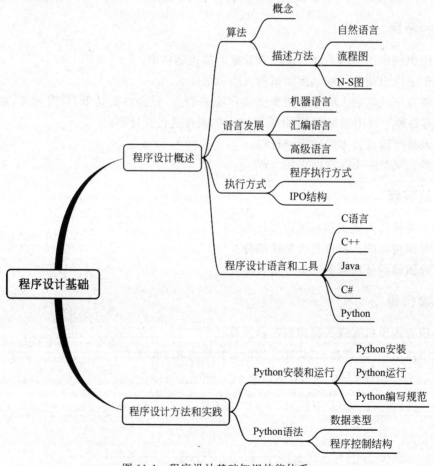

图 11-1　程序设计基础知识技能体系

工 作 标 准

(1)《信息技术　软件工程术语》　GB/T 11457—2006

(2)《信息处理　数据流程图、程序流程图、系统流程图、程序网络图和系统资源图的文件编制符号及约定》　GB/T 1526—1989

(3)《计算机软件开发规范》　GB/T 8566—1988

单元 11.1　程序设计概述

学 习 目 标

知识目标：

1. 理解程序设计的基本概念；

2. 了解程序设计的发展历程和未来趋势；

3. 掌握典型程序设计的基本思路与流程；

4. 了解主流程序设计语言的特点和适用场景。

能力目标：

1. 能够使用算法描述方法描述问题的算法；

2. 掌握程序设计流程图的基本构成和绘制方法。

素养目标：

1. 理解程序设计的思想和价值；

2. 具备根据生活情境及专业领域运用计算思维方式解决实际问题的能力。

工 作 任 务

任务 11.1　利用海伦公式求三角形面积

海伦公式又译作希伦公式、海龙公式、希罗公式、海伦—秦九韶公式。它是利用三角形的三条边的边长直接求三角形面积的公式。表达式为 $S=\sqrt{p(p-a)(p-b)(p-c)}$，其中，$p=\dfrac{(a+b+c)}{2}$。

小张要编写程序实现海伦公式求三角形面积。在编写程序前要分析问题、设计算法，小张要使用程序流程图描述海伦公式求三角形面积的算法。

技 术 分 析

编写程序前要设计算法，这就需要了解算法的概念、描述方法、程序设计的流程以及程序设计的语言和工具等内容。

知识与技能

一、算法

一个程序主要包括以下两个方面的信息。

(1) 数据：在程序中要用到哪些数据，以及这些数据的类型和数据的组成形式。

(2) 算法：解决某个问题所选用的方法，以及用该方法解决问题的步骤。

（一）算法的概念

从程序设计的角度去理解，算法是指用计算机解决某一类问题所需要的具体方法和步骤，即在给定初始状态或输入数据的情况下，经过计算机程序的有限次运算，能够得出所要求或期望的终止状态或输出结果。

一般而言，算法具有以下五个特点。

(1) 输入：算法具有 0 个或多个输入。输入是为算法指定初始条件，当然这个条件也可以没有。

(2) 输出：算法具有 1 个或多个输出。算法的实现是以得到计算结果为目的，没有输出的算法是毫无意义的。

(3) 可行性：算法中的每一个步骤原则上都应是可以正确执行的，而且能得到确定的结果。

(4) 有限性：一个算法必须保证执行有限步骤之后结束。一个无穷的算法并不能得到我们所需要的结果，那么这个算法将毫无意义。

(5) 确定性：算法的每一步骤都应是确定、没有歧义的，从而保证算法能安全正确地被执行。

（二）算法的描述方法

常用的算法描述方法有自然语言、流程图和 N-S 图。

(1) 自然语言：人们日常使用的各种语言，可以是汉语、英语、日语或其他语言。用自然语言可以直接将算法步骤表述出来。其优点是通俗易懂，简单明了。例如，输入两个数，计算输出它们的和与差，如图 11-2 所示。

步骤1： 输入两个数a,b
步骤2： 计算s1=a+b
步骤3： 计算s2=a-b
步骤4： 输出s1,s2，结束。

图 11-2　算法自然语言

(2) 流程图：用规定的带箭头的线条和图形符号连接起来描述算法，其中，框用来表示指令动作、指令序列或条件判断，带箭头的线条用来说明算法的走向，流程图符号和功能含义如图 11-3 所示。例如，输入两个数，计算输出它们的和，如图 11-4 所示。

(3) N-S 图：也叫盒图，是一种取代传统流程图的秒速方式，就是不使用箭头标明方向，而是使用各种方框和斜线来表示程序的各种关系，是人们编程过程中常用的一种分析工具。例如，输入两个数，计算并输出它们的和，如图 11-5 所示。

二、语言发展

自 1946 年第一台通用电子计算机 ENIAC 问世到现在，程序设计语言经历了从机器语言、汇编语言到高级语言的历程。

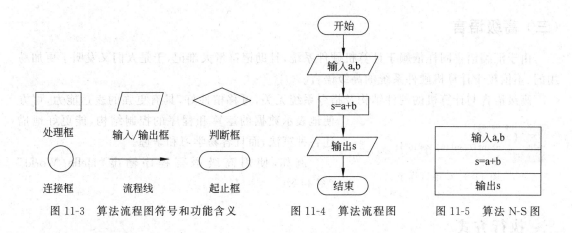

图 11-3　算法流程图符号和功能含义　　图 11-4　算法流程图　　图 11-5　算法 N-S 图

（一）机器语言

机器语言程序由计算机能够直接识别的 0、1 二进制代码指令构成,不同的 CPU 具有不同的指令系统,其优点是 CPU 的电子器件能够直接识别并执行这些指令。程序设计人员使用机器语言编写程序不仅要非常熟悉硬件的组成及其指令系统,还必须熟记计算机的指令代码。

用机器语言编写的程序缺点是编程效率低、易出错、难校正、不易维护、可读性差、难理解、难记忆等,需要用户直接对存储空间进行分配,这极大地限制了程序的质量和应用范围,而且每个机器语言程序只能在特定类型的计算机上运行,相互不兼容,要想在其他计算机上运行,必须重新编写,造成了大量重复工作,因此,机器语言有着很大的局限性。这种语言已经逐渐被淘汰了。

例如,编写一段机器语言代码,实现两个数字相加(10+11=?)并将结果存储在一个特定的存储位置。其中,第一组代码 01000001 是指令码,它告诉计算机要执行的操作是将两个数字相加;第二组代码 00001010 是第一个数字;第三组代码 00001011 是第二个数字;最后一组代码 00000000 是结果存储的位置,如图 11-6 所示。

01000001　00001010　00001011　00000000

图 11-6　机器语言程序

（二）汇编语言

为了克服机器语言以上缺点的局限性,人们采用了一种替代方法,即用助记符来代替操作码,用符号代替操作数的地址。助记符是英文字符的缩写,与操作码的功能相对应;表示地址的符号即符号地址,由用户根据需要来确定。这种由助记符和符号地址组成的指令集合称为汇编语言。

汇编语言编写的程序称为汇编语言源程序,不能被计算机直接执行,必须经过翻译转换为机器语言程序,才能被计算机执行。人们把完成这一翻译任务的程序称为汇编程序,它是系统软件,一般是和计算机设备一起配置的。利用汇编程序将汇编语言程序翻译为机器语言程序的过程称为汇编。汇编语言程序称源代码,翻译后的机器语言程序称为目标代码。

汇编语言是面向机器的低级程序设计语言,它离不开具体的计算机指令系统,因此,对于不同型号的计算机,有着不同结构的汇编语言,而且对于同一问题所编制的汇编语言程序在不同种类的计算机间是互不相通的。

例如,使用汇编语言编写"500−(100+200)=?"的源程序如图 11-7 所示。

```
MOV AX 100
MOV BX 200
ADD BX AX
MOV AX 500
SUB AX BX
      ↓
S=500−(100+200)
```

图 11-7　汇编语言程序

（三）高级语言

由于汇编语言同样依赖于计算机硬件系统，且助记符量大难记，于是人们又发明了更加易用的、不依赖于计算机硬件系统的高级语言。

高级语言与计算机的硬件结构及指令系统无关，可移植性好，具有更强的表达能力，可方便地表示数据的运算和程序的控制结构，能更好地描述各种算法，而且容易学习和掌握。

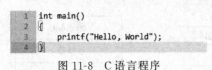

图 11-8　C 语言程序

例如，使用高级语言程序输出"Hello, World"（图 11-8）。

三、执行方式

（一）程序执行方式

计算机在执行用高级语言编写的程序时，主要有两种处理方式，分别是编译方式和解释方式。

（1）编译方式。编译方式需要有一个担任翻译工作的程序，称为编译程序。所谓编译，就是把用高级语言编写的源程序翻译成与之等价的计算机能够直接执行的目标代码。编译过程包括词法分析、语法分析、语义分析、中间代码生成、代码优化和目标代码生成等阶段。

在编译方式下，计算机执行的是与源代码等价的目标程序，源程序和编译程序都不再参与目标程序的执行过程。

（2）解释方式。解释方式需要有一种语言处理程序，称为解释程序。解释过程在词法、语法和语义分析上与编译程序的工作原理基本相同。

在解释方式下，解释程序和源程序都要参与到程序的执行过程中，程序执行的控制权在解释程序，解释一句执行一句，解释程序在翻译源程序的执行过程中不产生独立的目标代码。

（二）程序的 IPO 结构

不论是用哪种语言编写的源程序，基本都是由输入（input）、处理（process）和输出（output）这三部分构成，简称 IPO。

（1）一个用来解决实际问题的程序，希望它不是只能解决一个特定问题，而是能够解决一类性质相同的问题，这就需要能够从外界获得必要的信息，而这些信息往往是通过输入获得的。所以，一个程序应该有输入，即一个有输入的程序才具有通用性。

（2）在程序中，需要对从外界获得的信息进行加工处理，从而得到预期的结果。所以，一个程序要有处理能力。

（3）程序执行完，希望能看到程序执行的结果，这就需要有输出。如果程序执行完毕，没有任何信息展现在人们面前，这样的程序就没有任何意义。所以，一个程序一定要有输出。

因此，输入、处理和输出是程序的基本结构。

例如，求 $z = x + y$ 的程序如下。

程序的第 1 行是输入，第 2 行是计算处理，第 3 行是输出。如果没有第 1 行的 x、y 数值的输入，直接确定两个值相加，且只能求得一个值，程序就不具有通用性，如图 11-9 左侧部分所示;如果有第 1 行的输入,第 2 行根据用户输入的不同数值求得不同的和,第 3 行则相对应输出不同的结果,程序就具有通用性,如图 11-9 右侧部分所示。

计算z=10+20 输出30	输入数值x, y 计算z=x+y 输出z

图 11-9 程序结构

四、程序设计语言和工具

(一) C 语言

C 语言是一种面向过程的、抽象化的通用程序设计语言,广泛应用于底层开发。C 语言能以简易的方式编译、处理低级存储器,是仅产生少量的机器语言以及不需要任何运行环境支持便能运行的高效率程序设计语言。尽管 C 语言提供了许多低级处理的功能,但仍然保持着跨平台的特性,即以一个标准规格写出的 C 语言程序可在包括类似嵌入式处理器以及超级计算机等作业平台的许多计算机平台上进行编译。

(二) C++

C++ 是 C 语言的继承。它既可以进行 C 语言的过程化程序设计,又可以进行以抽象数据类型为特点的基于对象的程序设计,还可以进行以继承和多态为特点的面向对象的程序设计,以及进行基于过程的程序设计。

(三) Java

Java 是一种面向对象的程序设计语言,不仅吸收了 C++ 的各种优点,还摒弃了 C++ 里难以理解的多继承、指针等概念,因此 Java 具有功能强大和简单易用两个特征。Java 作为静态面向对象编程语言的代表,极好地实现了面向对象理论,允许程序员以优雅的思维方式进行复杂的编程。

Java 具有简单性、面向对象、分布式、健壮性、安全性、平台独立与可移植性、多线程、动态性等特点,可以用于编写桌面应用程序、Web 应用程序、分布式系统和嵌入式系统应用程序等。

(四) C#

C# 是微软公司发布的一种由 C 语言和 C++ 衍生出来的面向对象的、运行于.NET Framework 和.NET Core 之上的高级程序设计语言。C# 看起来与 Java 有着很多相似之处,它包括了诸如单一继承、接口、与 Java 几乎同样的语法和编译成中间代码再运行的过程。但是 C# 与 Java 也有着明显的不同,它借鉴了 Delphi 的一个特点,与 COM 是直接集成的,而且它是微软公司.NET Windows 网络框架的主角。已经成为微软应用商店和开发成员非常欢迎的开发语言。

(五) Python

Python 是一种面向对象、交互式计算机程序设计语言,由荷兰数学和计算机科学研究学会的 Guido van Rossum 于 20 世纪 90 年代初设计,作为一门叫作 ABC 语言的替代品。Python 提供了高效的高级数据结构,还能简单有效地面向对象编程。Python 的特点是语法简洁而清晰。Python 因其语法和动态类型,以及解释型语言的特点,对一些新兴的技术如大数据、机器学习等有较好的支持,成为多数平台上编写脚本和快速开发应用的编程语言,并随着版本的不断更新和语言新功能的添加，逐渐被用于独立的、大型项目的开发。

本书以 Python 为例进行程序设计和实践。

任 务 实 现

完成任务 11.1，利用海伦公式计算三角形面积的算法流程图，如图 11-10 所示。

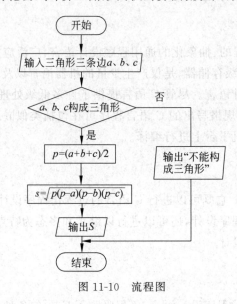

图 11-10　流程图

单 元 练 习

一、填空题

1. 机器语言程序由计算机能够直接识别的_____进制代码指令构成。

2. 常用的算法描述方法有_____、_____和_____。

3. _____语言与计算机的硬件结构及指令系统无关，可移植性强。

二、选择题

1. 机器语言程序由计算机能够直接识别的（　　）代码指令构成。

    A. 二进制　　　　　　B. 八进制　　　　　　C. 十进制　　　　　　D. 十六进制

2. （　　）编程效率低、易出错、难校正、不易维护、可读性差、难理解、难记忆等。

    A. 机器语言　　　　　B. 汇编语言　　　　　C. 高级语言　　　　　D. Python 语言

3. input 是（　　）。

    A. 输出　　　　　　　B. 运算　　　　　　　C. 输入　　　　　　　D. 编译

4. （　　）就是把用高级语言编写的源程序翻译成与之等价的计算机能够直接执行的目标代码。

    A. 翻译　　　　　　　B. 编译　　　　　　　C. 解释　　　　　　　D. 转换

5. （　　）是一种面向对象、交互式计算机程序设计语言。

    A. Python　　　　　　B. C　　　　　　　　C. C++　　　　　　　D. Java

三、判断题

1. 流程图不是算法描述方法。　　　　　　　　　　　　　　　　（　　）

2. 解释程序和源程序都要参与到程序的执行过程中,程序执行的控制权在解释程序,解释一句执行一句。　　　　　　　　　　　　　　　　　　　　　　　　　　　（　　）

3. 汇编语言是不依赖于计算机硬件系统的高级语言。　　　　　　　（　　）

4. Python 是一种面向对象、交互式计算机程序设计语言。　　　　　（　　）

5. 编译就是把用高级语言编写的源程序翻译成与之等价的计算机能够直接执行的目标代码。　　　　　　　　　　　　　　　　　　　　　　　　　　　　　　（　　）

四、简答题

1. 程序的 IPO 结构是什么？

2. 计算机在执行用高级语言编写的程序时的两种处理方式是什么？

3. 程序设计语言的三个发展历程是什么？

五、操作题

1. 模仿机器语言例子编写"15＋5"汇编程序语句。

2. 模仿 C 语言例子编写程序并输出"Hello,Ketty"。

单元 11.2　程序设计方法和实践

学 习 目 标

知识目标:

1. 掌握 Python 两种运行方式；

2. 掌握 Python 遵循的编写规范；

3. 掌握 Python 语法。

能力目标:

1. 能够安装 Python,进行开发环境配置；

2. 能够利用 Python 完成简单程序的编写和调测任务,为相关领域应用开发提供支持。

素养目标:

1. 通过本节学习能够简单编程；

2. 能够从信息化角度分析解决问题,形成自主开展数字化学习的能力和习惯。

工 作 任 务

任务 11.2　编程实现海伦公式计算三角形面积

小张在学习了程序设计基础知识之后,要选择一种主流程序设计语言,具体编程实现利用海伦公式计算三角形面积。

技 术 分 析

Python 语法简单且自然，因此非常好学且易上手，非常适合非计算机专业人士学习。小张决定使用 Python 语言编写程序完成本任务。要想利用 Python 设计程序，需要了解 Python 的安装和运行，掌握 Python 程序设计的基础技能，在编程过程中根据语编写规程和语法规则编写代码。

知 识 与 技 能

一、Python 安装和运行

Python 是一种面向对象的开源的解释型计算机编程语言，具有通用性、高效性、跨平台移植性和安全性等特点。Python 诞生于 1991 年，在其发展过程中经历了 2.x 和 3.x 两个不同版本，且两个版本不兼容。2016 年开始，所有 Python 重要的标准库和第三方库已经在 Python 3.x 下进行使用。

（一）Python 安装

打开浏览器，进入 Python 官网，如图 11-11 所示。

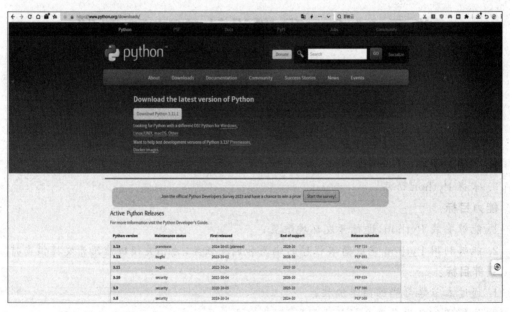

图 11-11　Python 官网

单击 Downloads 选项，即可进入图 11-12 所示的下载界面。

单击图 11-12 页面内黄色按钮 Downloads Python 3.12.1，可下载最新版本的 Python 安装程序。

桌面弹出如图 11-13 所示的"新建下载任务"对话框，在该对话框的"下载到"选项中选择软件下载后存放的位置，单击"下载"按钮。

图 11-12 Python 官网下载页面

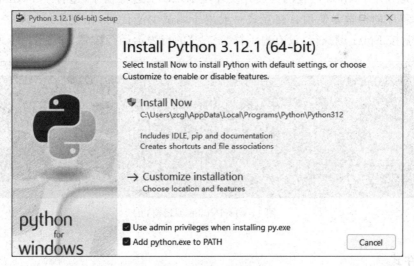

图 11-13 Python 下载页面

下载完成后,双击软件安装,启动的 Python 安装界面如图 11-14 所示。

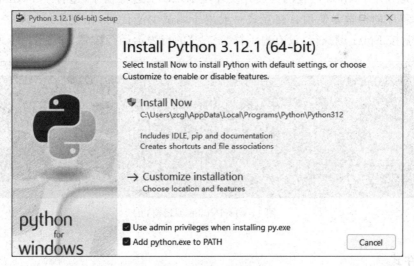

图 11-14 Python 安装页面

　　注意:在图 11-14 安装界面要勾选 Add python.exe to PATH 复选框,把 Python 添加到计算机的环境变量 PATH 中。以后每次使用 Python 时,就不必输入完整的路径了。

　　单击 Install Now 选项,直至安装成功后,单击 Close 按钮,如图 11-15 所示。

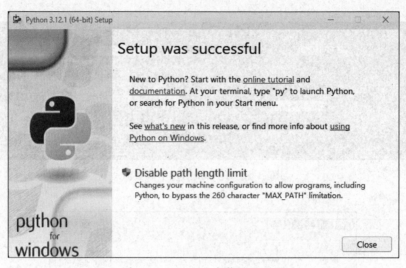

图 11-15　Python 安装过程页面

（二）Python 运行

Python 程序的运行方式有以下两种。

1. 交互式

选择"开始"→Python→Python 3.12 命令，打开如图 11-10 所示的 Python 编辑窗口界面。

交互式是利用 Python 内置的集成开发环境 IDLE 来运行程序，适合于 Python 入门及编写功能简单程序的初学者使用。交互式一般用于调试少量代码，在提示符">>>"后面输入 Python 语句，按 Enter 键执行，没有提示符">>>"的行表示运行结果，如图 11-16 所示。

图 11-16　Python 编辑窗口

2. 文件式

选择"开始"→Python→IDLE(Python 3.12)命令，打开图 11-17 所示的 IDLE 编辑窗口。

文件式是 Python 中最常见的编程方式，文件式程序可以在 IDLE 窗口中编写和执行。在窗口中选择 File→New File 命令，打开 Python 源代码编辑器（见右边窗口），输入程序源代码 print("Hello，World!")，再选择 File→Save 命令，选择存放位置并保存文件。在 Python 源代码编辑器中选择 Run→Run Module 命令，则在 IDLE 编辑窗口（见左边窗口）输出结果。

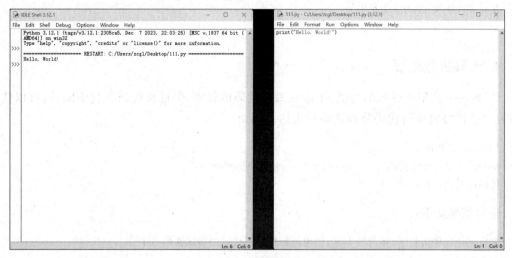

图 11-17　IDLE 编辑窗口

（三）Python 编写规范

为了提高代码的可读性和维护性，编写 Python 源程序需要遵循一定的规范。

1. 标识符命名规则

（1）文件名、变量名、函数名、类名、模块名等标识符由字母、数字和下画线组成，第一个字符必须是字母或者下画线。

（2）标识符字母区分大小写。

（3）不能使用关键字。

2. 层级代码缩进

Python 使用代码块的缩进来体现代码之间的逻辑层级关系，通常以 4 个空格为基本缩进单位。同一个语句块或者程序段缩进量相同。

3. 注释

注释是程序中的说明性文字，不会被计算机执行，主要用于程序员对代码的说明，帮助大家对代码的阅读理解。一个良好的程序需要有一定量的注释来增加程序的可读性。Python语言使用两种方式对程序进行注释。

（1）单行注释。使用"#"号表示一行注释的开始。例如：

```
print("Hello, World!")          #输出语句 Hello, World!
```

（2）多行注释。Python 使用文档字符串进行多行注释，即使用 3 个双引号（"""）或者 3 个单引号（'''）将内容括起来，文档字符串里面的内容可以保留其原有样式。

例如：

```
'''
这是多行注释,使用 3 个单引号
这是多行注释,使用 3 个单引号
```

这是多行注释,使用 3 个单引号

'''

4. 代码折行处理

Python 中代码是逐行编写的,不限制每行代码的长度,但过长代码不利于阅读,可以使用反斜杠"\"符号将单行代码分割成多行表达。例如:

```
#代码折行处理
print("这行字符代码太长了,一行写不下,使用折行处理。\
代码的阅读性好多了。")
```

运行结果如下:

这行字符代码太长了,一行写不下,使用折行处理。代码的阅读性好多了。

二、Python 语法

程序语言的目的是让人能与计算机进行交流。学习 Python 语言就是用 Python 编写程序告诉计算机,让计算机帮助人完成任务。Python 既然是语言,就有其规定的语法规则。

（一）数据类型

Python 定义了六组标准数据类型,包括两种基本数据类型(数值类型和字符串类型)和四种组合数据类型(列表、元组、字典和集合)。

1. 数值类型

数值类型包括整数(int)、浮点数(float)、复数(complex)和布尔值(bool)共四种类型。其中,整数类型有四种进制表示,分别是十进制(0~9)、二进制(0、1)、八进制(0~7)、十六进制(0~9、A~F);浮点数类型与数学中的实数概念一致,表示带有小数的数值;复数类型与数学中的复数概念一致;布尔值类型是一种特殊的数据类型,表示真(True)和假(False),分别映射为 1 和 0。

Python 的数值类型在使用时,不需要先声明,可以直接使用。例如:

```
x=10          #x 为整数类型
y=1.5         #y 为浮点数类型
z=1+2a        #z 为复数类型
t=False       #t 为布尔值类型
```

2. Python 提供了七个基本的算术运算符

- +(加):如 1+2=3。
- -(减):如 5-2=3。
- *(乘):如 2*5=10。
- /(除):结果是浮点数,如 4/2=2.0。
- %(取模):即取余数,如 10%3=1。

- **(幂)：即次方，如 2**3＝8。
- //(整除)：取商的整数部分，10//3＝3。

3. Python 提供了六种关系运算符

关系运算符运算结果是 True(真)或 False(假)。

- ＜(小于)：x＜y，表示 x 小于 y 是否正确。如 3＜5 的运算结果是 True。
- ＜＝(小于或等于)：x＜＝y，表示 x 小于或等于 y 是否正确。如 5＜＝3 的运算结果是 False。
- ＞(大于)：x＞y，表示 x 大于 y 是否正确。如 3＞5 的运算结果是 False。
- ＞＝(大于或等于)：x＞＝y，表示 x 大于或等于 y 是否正确。如 5＞＝3 的运算结果是 True。
- ＝＝(等于)：x＝＝y，表示比较 x 和 y 是否相等。如 5＝＝3 的运算结果是 False。
- ！＝(不等于)：x！＝y，表示比较 x 和 y 是否不相等。如 5！＝3 的运算结果是 True。

4. Python 提供了三个逻辑运算符

逻辑运算符运算结果是 True(真)或 False(假)。

- Not(非)：not x，表示 x 是 True，运算结果是 False；x 是 False，运算结果是 True。如 not 1＜2，运算结果是 False。
- or(或)：x or y，x 或 y 只要有一个 True，运算结果是 True；x 和 y 都是 False，运算结果是 False。如 5＞2 or 2＞5，运算结果是 True；3＞5 or 2＞5，运算结果是 False。
- and(与)：x and y，x 或 y 只要有一个 False，运算结果是 False；x 和 y 都是 True(False)，运算结果是 True(False)。如 5＞2 and 2＞5，运算结果是 False。

5. 字符串

Python 中的字符串是用单引号、双引号、3 个单引号或者 3 个双引号括起来的字符序列，属于不可变序列。3 个单引号或者 3 个双引号括起来的字符串通常用在多行字符串中。

如果要在字符串中包含控制字符和特殊含义的字符，就需要使用转义字符。常用的转义字符如下。

- \n：换行。
- \t：制表符(Tab)。
- \r：回车(Enter)。
- \'：字符串中的“'”本身。
- \\：字符串中的“\”本身。
- \"：字符串中的“"”本身。

转义字符的操作实例如下：

```
print('I\'m a student!')            #\'是转义字符
```

运行结果如下：

```
I'm a student!
```

在 Python 中，字符串可使用“＊”“＋”运算符进行运算，“＋”是连接，“＊”是将字符串重复 n 次。还可以使用 in 或者 not in 来判断一个字符串是否是另外一个字符串的子串。字符串的操作实例如下：

```
print('good boy!' * 3)
print('You are'+'good boy!')
print('boy' in 'You are good boy!')
print('boy' not in 'You are good boy!')
```

运行结果如下：

```
good boy!good boy!good boy!
You are good boy!
True
False
```

6. Python 运算符的优先级

Python 中的各类运算符，优先级从高到低的顺序如下：算术运算符＞关系运算符＞逻辑运算符＞赋值运算符（＝）。

（二）程序控制结构

Python 程序都是由三种基本结构组成的，分别是顺序结构、条件分支结构和循环结构。

1. 顺序结构

图 11-18　顺序结构

顺序结构是程序中的语句是按照书写顺序从上往下逐条依次执行。采用顺序结构的程序段，都是通过输入语句和赋值语句对变量进行赋值，然后进行加工和处理，最后输出语句输出结果，如图 11-18 所示。

例如，计算 $y=10+x$。程序段如下：

```
x=input()          #输入数据并赋值给 x
y=10+x             #计算 10 与 x 的和并赋值给 x
print(y)           #输出结果 y
```

2. 条件分支结构

分支结构是程序在运行过程中根据条件判断结果而选择不同路径继续执行的。采用顺序结构的程序段，都是通过输入语句和赋值语句对变量进行赋值，在运算过程中根据条件比较结果判断真假，执行相应部分的语句，再回到主线继续执行，最后输出语句输出结果，如图 11-19 所示。

图 11-19　条件分支结构

例如，判断输入的数字是否能整除 2，判断其奇偶性并输出相对应的判断结果。程序如下：

```
x=input()                          #输入数据并赋值给 x
if x%2==0:                         #条件判断比较"x 整除 2 的结果"与 0 是否相等
    print("这是个偶数")            #"x 整除 2 的结果"与 0 相等,输出此输出语句
else:                             #
    print("这是个奇数")            #"x 整除 2 的结果"与 0 不相等,输出此输出语句
```

3. 循环结构

循环结构是程序在运行过程中根据循环条件重复执行一组语句,直到不满足循环条件时中断循环,继续执行后续语句的,被重复执行的那组语句块称为"循环体",如图 11-20 所示。循环结构包括 for 循环语句和 while 循环语句。

图 11-20　循环结构

(1) for 循环语句。for 循环语句一般用于循环次数已知的情况。是先进行循环条件判断,再执行循环体。有可能出现输入的数据在第一次循环条件判断时不满足,循环体不执行的情况。

例如,输入整数 n,求 $1+2+3+4+\cdots+n$。

```
n=input()                          #输入数值赋值给变量 n
total=0                           #将变量 total 值置为 0
for i in range(1,int(n)+1):       #循环判断
    total=total+i                 #从 1 开始到 n 循环累加到 total
print(total)                      #输出运算结果
```

(2) while 循环语句。while 循环语句一般用于循环次数未知或难以确定的情况,根据具体条件判断决定到哪一步终止循环,有时也可以用于循环次数已知的情况。

例如,仍然进行(1)中的求和运算。

```
n=int(input())                    #输入数值赋值给变量 n
total=0                           #将变量 total 值置为 0
i=1                              #循环变量置为 1,从 1 开始循环
while (i<=n):                     #循环判断
    total=total+i                 #从 1 开始到 n 循环累加到 total
    i=i+1                        #累加 1,返回循环判断
print(total)                      #输出运算结果
```

任 务 实 现

任务 11.2

完成任务 11.2,根据任务 11.1 的流程图,使用 Python 语言实现海伦公式计算的代码如下:

```
a=float(input("请输入三角形的边长:"))
b=float(input("请输入三角形的边长:"))
c=float(input("请输入三角形的边长:"))
if(a+b>c)and(a+c>b)and(a+c>b):
```

```
    p=(a+b+c)/2
    s=(p*(p-a)*(p-b)*(p-c))**0.5
    print('三角形的面积是%.2f'%s)
else:
    print('不能构成三角形')
```

单 元 练 习

一、填空题

1. _____是一种面向对象的开源的解释型计算机编程语言，具有通用性、高效性、跨平台移植性和安全性等特点。

2. 10%3＝_____。

3. if 语句是_____结构。

二、选择题

1. "#"号表示(   )。
   A. 注释   B. 折行   C. 缩进   D. 标记

2. 2**3＝(   )。
   A. 5   B. 6   C. 8   D. 9

3. 5>=3 运算结果是(   )。
   A. False   B. True   C. 5   D. 3

4. while 语句是(   )结构语句。
   A. 顺序   B. 分支   C. 循环   D. 数组

5. Python 中代码是逐行编写的，不限制每行代码的长度，但过长代码不利于阅读，可以使用(   )符号将单行代码分割成多行表达。
   A. \   B. *   C. /   D. #

三、判断题

1. 3<5 运算结果是 True。 (   )
2. for 语句是循环语句结构。 (   )
3. Python 标识符字母不区分大小写。 (   )
4. while 循环语句一般用于循环次数未知或难以确定的情况。 (   )
5. 10//3＝3。 (   )

四、简答题

1. Python 程序的两种运行方式是什么？
2. Python 程序的三种基本结构分别是什么？
3. Python 中的各类运算符的优先级从高到低的顺序是什么？

五、操作题

1. 参照例子，用 for 循环语句编程求 $1+2+3+4+\cdots+10$。
2. 参照例子，用顺序语句编程 $z=x+y$。

线 上 部 分

模块 12　现代通信技术

模块 13　云计算

模块 14　大数据

模块 15　虚拟现实

模块 16　机器人与流程自动化

模块 17　项目管理

参 考 文 献

[1] 吴军.浪潮之巅[M].北京：人民邮电出版社,2019.

[2] 肖珑.信息技术基础[M].北京：高等教育出版社,2023.

[3] 姚怡.大学信息技术[M].北京：中国铁道出版社,2022.

[4] 王世峰,李健,等.信息技术基础[M].北京：高等教育出版社,2023.

[5] 陈海洲,王俊芳,等.信息技术基础[M].北京：清华大学出版社,2021.

[6] 彭兰.数字媒体传播概论[M].北京：高等教育出版社,2011.

[7] 李四达.数字媒体艺术简史[M].北京：清华大学出版社,2017.

[8] 程远东,王坤.信息技术基础(Windows 10＋WPS Office)(微课版)[M].2 版.北京：人民邮电出版社,2023.

[9] 互联网＋计算机教育研究院.WPS Office 2016 商务办公全能一本通[M].北京：人民邮电出版社,2020.

[10] 眭碧霞.信息技术基础(WPS Office)[M].2 版.北京：高等教育出版社,2021.

[11] 陈哲.信息技术(基础模块)[M].北京：教育科学出版社,2022.

[12] 罗力.新兴信息技术背景下我国个人信息安全保护体系研究[M].上海：上海社会科学院出版社,2020.

[13] 张雪锋.信息安全概论[M].北京：人民邮电出版社,2014.

[14] 李彩容.基于主动防御的个人信息安全保护研究[M].武汉：湖北人民出版社,2020.

[15] 石淑华,池瑞楠.计算机网络安全技术[M].北京：人民邮电出版社,2016.

[16] 秦志光,张凤荔.计算机病毒原理与防范[M].北京：人民邮电出版社,2016.

[17] 刘健.信息战中计算机对抗的研究与应用[D].武汉：湖北工业大学,2016.

[18] 王晓霞.关于计算机黑客攻击与防御的探讨[J].山西电子技术,2019(2).

[19] 李勇.分布式防火墙系统的设计[J].电子技术与软件工程,2021(24).

[20] 魏赟.物联网技术概论[M].北京：中国铁道出版社,2020.

[21] 李如平.物联网概论[M].北京：中国铁道出版社,2021.

[22] 高胜,朱建明,等.区块链技术与实践[M].北京：机械工业出版社,2021.

[23] 李剑,李劼.区块链技术与实践[M].北京：机械工业出版社,2021.

[24] 沈言锦,谢剑虹.区块链概论[M].北京：机械工业出版社,2023.

[25] 余明辉,等.信息技术与人工智能基础[M].北京：人民邮电出版社,2023.

[26] 宋楚平,等.人工智能基础与应用[M].北京：人民邮电出版社,2021.

[27] 刘德山,等.Python 3 程序设计[M].北京：人民邮电出版社,2022.

[28] 黑马程序员.Hadoop 大数据技术原理与应用[M].北京：清华大学出版社,2023.

[29] 黄金凤.大数据分析与应用实战[M].大连：东软电子出版社,2020.

[30] 刘世平.数据挖掘技术及应用[M].北京：高等教育出版社,2010.

[31] 蓝雪芬,苏小华,李春.信息技术[M].北京：电子工业出版社,2021.

后　　记

在作者、教材专家编辑团队的辛勤努力下,《信息技术基础(WPS 视频版)》(以下简称"本教材")一书终于得以面世。

本教材由福建船政交通职业学院林少丹、焦作大学姜桦、重庆工信职业学院彭阳担任主编,北京政法职业学院李焕春、福建船政交通职业学院黄炳乐、焦作大学吴杉、福建船政交通职业学院杨薇薇担任副主编,参编人员包括福建船政交通职业学院的唐晓珊、吴梦炜、沈晓家、郝林倩、周晶晶、熊丽君等。在本教材的编写过程中,教育部门、人社部门的专家及行业专家给予了具体指导,并得到许多职业院校的大力支持。

参加本教材编写的有关人员分工如下。

线下部分:北京政法职业学院李焕春编写模块 1,福建船政交通职业学院唐晓珊、吴梦炜编写模块 2,福建船政交通职业学院沈晓家编写模块 3,焦作大学姜桦编写模块 4 和模块 6,重庆工信职业学院张雨晖编写模块 5,重庆工信职业学院彭阳编写模块 7,焦作大学吴杉编写模块 8、模块 10 和模块 11,重庆工信职业学院康良芳编写模块 9。

线上部分:福建船政交通职业学院黄炳乐、杨薇薇编写模块 12,福建船政交通职业学院郝林倩编写模块 13 和模块 14,福建船政交通职业学院周晶晶编写模块 15,福建船政交通职业学院熊丽君编写模块 16 和模块 17。

福建船政交通职业学院林少丹和北京政法职业学院李焕春对全书内容进行了整体规划、审核和统稿。

编者还广泛参阅很多同类教材和参考资料,在此对相关作者一并表示感谢。

编　者

2024 年 3 月